应用型本科院校大学数学系列规划教材

安徽省高等学校"十三五"省级规划教材
安徽省省级精品资源共享课程"概率论与数理统计"建设成果
安徽省"高等数学"教学团队项目建设成果

概率论与数理统计 理工类

Probability Theory and Mathematical Statistics 第2版

U0241139

主　编　董　毅　李声锋
副主编　张家昕
编　委　（按姓氏笔画排序）
　　　　亓洪胜　王洋军　任行卫　孙西超
　　　　张迎秋　张家昕　李声锋　赵玉梅
　　　　桂　云　贾朝勇　郭竹梅　董　毅
　　　　熊洪斌　潘　花

北京师范大学出版集团
BEIJING NORMAL UNIVERSITY PUBLISHING GROUP
安徽大学出版社

图书在版编目(ＣＩＰ)数据

概率论与数理统计:理工类/董毅,李声锋主编.—2版.—合肥:安徽大学出版社,2018.8(2024.8重印)

应用型本科院校大学数学系列规划教材

ISBN 978-7-5664-1713-8

Ⅰ.①概… Ⅱ.①董… ②李… Ⅲ.①概率论－高等学校－教材②数理统计－高等学校－教材 Ⅳ.①O21

中国版本图书馆 CIP 数据核字(2018)第 200080 号

概率论与数理统计
（理工类）（第 2 版）

董　毅　李声锋 主编

出版发行：北京师范大学出版集团
安　徽　大　学　出　版　社
（安徽省合肥市肥西路 3 号 邮编230039）
www.bnupg.com
www.ahupress.com.cn

印　　刷：安徽利民印务有限公司
经　　销：全国新华书店
开　　本：710 mm×1010 mm　1/16
印　　张：24.25
字　　数：510 千字
版　　次：2018 年 8 月第 2 版
印　　次：2024 年 8 月第 10 次印刷
定　　价：54.00 元
ISBN 978-7-5664-1713-8

策划编辑:刘中飞　张明举　　　　装帧设计:李　军
责任编辑:张明举　　　　　　　　美术编辑:李　军
责任印制:赵明炎

第 2 版前言

　　本书第 1 版被立项为安徽省高等学校"十二五"省级规划教材(项目编号:2013ghjc297),于 2014 年 8 月由安徽大学出版社出版.本书自投入使用以来,受到广大师生的普遍好评,并于 2018 年 4 月被批准为安徽省高等学校"十三五"省级规划教材(项目编号:2017ghjc238),因此进行修订再版.

　　此次修订立足于应用型人才的培养定位,贯穿应用主线,引导应用理论解决实际问题,使学生有兴趣、愿意学、学得会、会应用.在保持原教材体例结构的基础上,突出应用和行业背景,将整个课程的教学内容分成基本、应用和深化三个层面.基本层面内容包括基本概念、基本理论与方法,旨在培养学生的基本数学思想方法;应用层面内容主要是数学计算分析软件使用方法,旨在培养学生应用数学的能力;深化层面是基本层面内容的拓展与深化,旨在满足学生进一步学习的需要。其中,基本层面和应用层面要求所有学生学习,深化层面供学有余力的学生选学.

　　此次修订内容如下:将概率论与数理统计问题的数学软件计算部分集中编写;调整部分例题,增加内容中的专业背景;增加了常用积分公式、倍角与半角等三角公式作为附录;调整了部分作业分类,删去难度过高的作业;更正答案与提示中的问题与印刷错误.力求使新版教材更切合学生实际,更便于教学,更有利于自学.

　　本书由蚌埠学院董毅教授、李声锋副教授共同担任主编,负责统稿工作.蚌埠学院数学与物理学院的赵玉梅、亓洪胜、贾朝勇、孙西超、熊洪斌、桂云和张迎秋,安徽科技学院的张家昕、郭竹梅、潘花、王洋军和任行卫等参与了本书的修订讨论工作,并提出了不少有益建议.

　　非常感谢蚌埠学院各级领导对本书立项和修订再版提供的大力支持.非常感谢为本书的出版发行付出辛勤劳动的安徽大学出版社的同志们.

鉴于编者水平有限,本书不足之处在所难免,恳请广大读者批评指正.

编 者
2018 年 6 月

第 1 版前言

本书立足于新建地方本科院校应用型人才建设,根据应用型人才培养目标的要求,按照"以应用为目的,实现两个转变,形成三个层面,把握四个关系"的思路编写,力求符合新建本科院校学生的实际情况,使学生有兴趣、愿意学、学得会、会应用,真正成为应用型教材."以应用为目的"是指根据应用型人才的培养需要,以问题为导向,以应用理论解决问题为目的."实现两个转变"是指由重视体系完整的课程导向,向重视专业需求的应用导向转变,由重视数学理论的应试导向,向重视数学应用的能力导向转变."形成三个层面"是指将整个课程的教学内容分成基本、应用和深化三个层面.基本部分内容包括基本概念、基本理论、基本思想方法;应用部分主要内容是利用数学软件分析实际问题;深化部分包括理论拓展与深化."把握四个关系"是指在整个课程体系中,要处理好具体与抽象、整体与局部、知识与方法、结果与过程的关系,按照培养应用型人才的要求设计.

本书被立项为安徽省高等学校"十二五"省级规划教材(项目编号:2013ghjc297)、2013 年蚌埠学院规划教材,是安徽省省级精品资源共享课程"概率论与数理统计"项目(项目编号:2013gxk099)建设成果之一,安徽省"高等数学"教学团队项目(项目编号:20101093)建设成果之一,也是蚌埠学院"概率论与数理统计"重点课程项目(项目编号:ZDKC11O1)、蚌埠学院"概率论与数理统计"精品课程项目(项目编号:2013jpc01)建设成果之一。

本书主要特点:

第一,重视理论应用.全书贯穿应用主线,引导学生应用理论解决实际问题.

第二,重视思想方法.突显数学思想,关注直观想法,加深对方法的理解.

第三,重视实验方法.注重演示实验,突出软件计算.

第四,重视纵横贯通.联系离散讲连续,联系一维讲多维,联系概率讲统计,联系检验讲估计,联系现实社会生活,联系学生所学专业.

第五,分层设计作业.方便教学,有利自学。作业按节号编排,题号带 A 的只涉及本节内容,带 B 的涉及章内跨节内容,带 C 的涉及跨章内容.其中带星号的为较难或涉及拓展内容的作业.

本书可以作为应用型本科各专业的教材,也可以作为专科教材。每章分教学要求、基本内容、串讲小结、软件计算、拓展提升、作业设计、自测题 7 个部分,书后有附表、作业答案与提示等.带星号的为选讲内容,适合对理论拓展与深化有兴趣的学生自学.

本书是蚌埠学院"概率论与数理统计"教学团队集体智慧的结晶,由董毅教授和李声锋副教授主编、统稿,多位老师参与编写、修订,熊洪斌讲师负责第 1 章,赵玉梅副教授负责第 2 章,贾朝勇讲师负责第 3 章,孙西超讲师负责第 4 章和第 5 章,亓洪胜讲师负责第 6 章和第 7 章,桂云讲师负责第 8 章,李声锋副教授负责第 9 章.张迎秋副教授、李声锋副教授分别审阅了全书.

非常感谢为本书的出版发行付出辛勤劳动的安徽大学出版社的同志们.

编写应用型教材是初次尝试,加之我们水平所限,拙作的缺点和不当之处在所难免,恳请广大读者批评指正.

编 者
2014 年 5 月

符号说明

本书部分符号可能与其他教材有所不同,现说明如下:

$B(n,p)$ 表示参数为 n , p 的二项分布.

$P(\lambda)$ 表示参数为 λ 的泊松分布.

$G(p)$ 表示参数为 p 的几何分布.

$U(a,b)$ 表示区间 (a,b) 上的均匀分布.

$E(\lambda)$ 表示参数为 λ 的指数分布.

$N(\mu,\sigma^2)$ 表示均值为 μ 、方差为 σ^2 的正态分布.

$F(x)$ 表示随机变量 X 的分布函数 $F(x) = P\{X \leqslant x\}$.

$\Phi(x)$ 表示标准正态分布的分布函数.

$\overline{X} = \dfrac{1}{n}\sum\limits_{i=1}^{n} X_i$ 表示样本均值.

$S^2 = \dfrac{1}{n}\sum\limits_{i=1}^{n} (X_i - \overline{X})^2$ 表示样本方差.

$S^2 = \dfrac{1}{n-1}\sum\limits_{i=1}^{n} (X_i - \overline{X})^2$ 表示样本修正方差.

$x_{(1)} \leqslant x_{(2)} \leqslant \cdots \leqslant x_{(n)}$ 表示数据 $x_1, x_2, \cdots, x_n$ 由小到大的重排.

z_α 表示标准正态分布的概率为 α 的上临界值.

$\chi^2_\alpha(n)$ 表示自由度为 n 的 χ^2 分布的概率为 α 的上临界值.

$t_\alpha(n)$ 表示自由度为 n 的 t 分布的概率为 α 的上临界值.

$F_\alpha(n,m)$ 表示自由度为 n 、m 的 F 分布的概率为 α 的上临界值.

$$S_w^2 = \frac{1}{m+n-2}\Big[\sum_{i=1}^{n} (X_i - \overline{X})^2 + \sum_{i=1}^{m} (Y_i - \overline{Y})^2 \Big],$$

$$\text{其中 } \overline{X} = \frac{1}{n}\sum_{i=1}^{n} X_i , \ \overline{Y} = \frac{1}{m}\sum_{i=1}^{m} Y_i .$$

$i.i.d.$ 表示独立同分布.

$X \sim$ 表示 X 服从的分布.

$X \stackrel{\cdot}{\sim}$ 表示 X 近似服从的分布.

目　录

第 1 章

随机事件及其概率

　　概率论与数理统计是对随机现象的统计规律进行演绎和归纳的科学,是从数量上研究随机现象客观规律的一门数学学科,是近代数学的重要组成部分,也是很有特色的一个数学分支,是高等学校理工科专业的一门重要的基础理论课. 概率论的理论与方法应用几乎遍及所有科学技术领域. 本章主要介绍事件的关系与运算、概率定义与性质、事件的独立性,以及利用古典概型、伯努利概型、乘法公式、全概率公式和贝叶斯公式解决概率问题的方法.

【教学目的】

　　• 理解样本空间、随机事件等概念,熟练掌握事件间的关系与运算.

　　• 掌握概率的定义与性质,理解频率与概率的关系,会计算简单的古典概率.

　　• 理解条件概率的概念,掌握乘法公式、全概率公式和贝叶斯公式,并能灵活运用.

　　• 理解事件的相互独立的概念,会用事件的独立性进行运算.

　　• 掌握伯努利概型,能够将实际问题归结为伯努利概型并计算概率.

§1.1　随机事件及其关系与运算

一、随机事件的概念

　　自然界和社会中的现象有确定性现象和随机性现象.

　　确定性现象是在一定条件下必定会导致某种确定结果的现象,事前可预知. 比如,在标准大气压下,水加热到 100 摄氏度,必然会沸腾;在化学反应中,参加反应的各物质的质量总和等于反应后生成各物质的质量总和. 一般自然科学各学科就是寻求这类必然现象的因果关系.

随机性现象是在一定条件下并不总出现相同结果的现象,即在相同条件下重复进行试验,每次结果未必相同. 随机性现象,也称为"随机现象"或"偶然现象",事前不可预知. 例如,以同样的方式抛掷硬币时可能出现正面向上也可能出现反面向上的情况;走到某十字路口时,可能正好是红灯,也可能正好是绿灯.

从表面上看,随机现象似乎没有什么规律. 但实践证明,在大量观察情况下,同一种随机现象呈现出一定的规律性. 正如恩格斯所说的"偶然性背后隐藏着必然性". 我们把这种由大量同一种随机现象整体所呈现出来的规律性,叫作统计规律性. 概率论和数理统计就是研究随机现象统计规律性的数学学科.

1. 随机试验

具有下列三个特性的试验称为随机试验:

(1) 试验可以在相同的条件下重复地进行;

(2) 每次试验的可能结果不止一个,但事先知道每次试验所有可能结果的范围;

(3) 每次试验前不能确定哪一个结果会出现.

随机试验常用 E 表示,简称为试验.

例 1　E_1:抛掷一枚硬币,观察正面(H)和反面(T)出现的情况;

E_2:抛掷一颗骰子,观察出现的点数;

E_3:观察一天内访问百度百科的独立 IP 数;

E_4:记录某地一昼夜的最高温度和最低温度.

2. 随机事件

试验的结果,称为随机事件(简称"事件"),常以 A、B、C…大写英文字母表示. 一次试验中必然发生的事件称为必然事件,记作 Ω. 一次试验中不可能发生的事件称为不可能事件,记作 $\varnothing$. 通常把必然事件与不可能事件看作特殊的随机事件.

例 2　教师在课堂上随机选一个学号,请对应的学生回答问题,这个学生可以"是男生""是女生""是戴眼镜的学生""是穿红衣服的学生""是体重在60 kg以上的学生",这些都是随机事件.

为了用集合来研究事件,我们引入样本空间的概念.

3. 样本空间

一个试验中直接产生的所有不同结果的集合称为这个试验的样本空间,用 Ω 表示. Ω 中的元素称为样本点,用 ω 表示,即 $\Omega = \{\omega\}$. 样本点是试验中直接产生的不能再分解的结果.

例 3　(1) 投一枚硬币,观察朝上的面,$\Omega=\{$正,反$\}$."正面朝上或反面朝上"是必然事件 Ω,"正面朝上并且反面朝上"是不可能事件 $\varnothing$.

(2) 从一副扑克牌(去掉大小王,下同)中任抽一张,观察抽出的牌,$\Omega=\{\omega_1,\omega_2,\cdots,\omega_{52}\}$."抽到一张牌"是必然事件 Ω,"抽到一张电影票"是不可能事件 $\varnothing$.

4. 事件的集合表示

用集合的观点描述事件时,Ω 的子集表示事件,样本空间(全集)Ω 表示必然事件,空集 $\varnothing$ 表示不可能事件.

我们将只包含一个样本点的集合(单点集)表示的事件称为基本事件.基本事件是试验中直接产生的不能再分解的"最简单"的事件.常常将基本事件等同为样本点.

例 4　在 52 张扑克牌中,任取一张,A 表示"抽到方片",B 表示"抽到 K".A、B 都是事件,可以分别用集合表示为 $A=\{$方片 A,方片 2,$\cdots$,方片 Q,方片 K$\}$,包含了 13 个样本点,不是基本事件;$B=\{$方片 K,红桃 K,黑桃 K,梅花 K$\}$,包含了 4 个样本点,也不是基本事件.而 $C=\{$方片 2$\}$只含了 1 个样本点,是基本事件.

5. 用集合表示事件发生的含义

我们需要研究事件发生的可能性大小,因此,用集合表示事件后,必须明确其"发生"的含义:用集合 B 表示事件 B 时,事件 B 发生当且仅当试验中出现了集合 B 中的样本点.比如,在例 4 中,抽到 B$=\{$方片 K,红桃 K,黑桃 K,梅花 K$\}$中任何一张,都属于事件 B 发生了.

类似地,由于试验中每次出现的结果都在样本空间 Ω 中,所以样本空间表示必然事件;由于试验中每次出现的结果都不在空集 $\varnothing$ 中,所以空集表示不可能事件.这也是我们将必然事件与样本空间都用 Ω 表示,将不可能事件与空集都用 $\varnothing$ 表示的原因.

二、事件的关系与运算

集合有关系与运算,所以用集合表示的事件也有相应的关系与运算.

1. 事件的包含关系

若事件 A 发生必然导致事件 B 发生,则称事件 B 包含事件 A 或称事件 A 包含于事件 B,记作 $A\subset B$(或 $B\supset A$).比如,例 4 中,"抽到方片"$\subset$"抽到红牌".

由集合表示的事件发生的含义容易得到,若集合 A 表示事

件 A，集合 B 表示事件 B，则事件 A 发生必然导致事件 B 发生当且仅当 $A \subset B$.

下面事件之间的关系与运算，同样等价于表示它们的集合之间的关系与运算.

2. 事件的相等关系

若事件 A 与事件 B 相互包含，即 $A \supset B$ 且 $B \supset A$，则称事件 A 与事件 B 相等或等价，记作 $A = B$. 这时，从发生与否看，A 与 B 是同一个事件.

3. 事件的和运算

"事件 A 与事件 B 中至少有一个发生"，这个事件称为 A 与 B 的和事件或 A 与 B 的并事件，记作 $A \cup B$；"n 个事件 $A_1, A_2, \cdots, A_n$ 中至少有一个事件发生"，这个事件称为 n 个事件 $A_1, A_2, \cdots, A_n$ 的和或并，记作 $A_1 \cup A_2 \cup \cdots \cup A_n$（简记为 $\bigcup\limits_{i=1}^{n} A_i$）. 还可以定义一列事件的和："$A_1, A_2, \cdots, A_n, \cdots$ 中至少有一个事件发生"，这个事件称为一列事件 $A_1, A_2, \cdots, A_n, \cdots$ 的和或并，记作 $A_1 \cup A_2 \cup \cdots \cup A_n \cup \cdots$（简记为 $\bigcup\limits_{i=1}^{\infty} A_i$）.

比如，若某种产品的合格与否是由该产品的长度与直径是否合格所决定，则"产品不合格"是"长度不合格"与"直径不合格"的和事件.

4. 事件的积运算

"事件 A 与事件 B 同时发生"，这个事件称为 A 与 B 的交事件或积事件，记作 $A \cap B$（简记为 "AB"）；"n 个事件 $A_1, A_2, \cdots, A_n$ 同时发生"，这个事件称为 $A_1, A_2, \cdots, A_n$ 的交事件或积事件，记作 $A_1 \cap A_2 \cap \cdots \cap A_n$（简记为 $A_1 A_2 \cdots A_n$ 或 $\bigcap\limits_{i=1}^{n} A_i$）.

比如，若某种产品的合格与否是由该产品的长度与直径是否合格所决定，则"产品合格"是"长度合格"与"直径合格"的交事件或积事件.

5. 事件的互斥关系

若事件 A 和事件 B 不能同时发生，即 $AB = \varnothing$，则称事件 A 与事件 B 互不相容或互斥；若 n 个事件 $A_1, A_2, \cdots, A_n$ 中任意两个事件不能同时发生，即 $A_i A_j = \varnothing, (1 \leqslant i < j \leqslant n)$，则称事件 $A_1, A_2, \cdots, A_n$ 两两互不相容或两两互斥.

6. 事件的对立关系

若事件 A 和事件 B 互不相容，且它们至少有一个发生是必然事件，即 $AB = \varnothing$ 且 $A \cup B = \Omega$，则称事件 A 与事件 B 是对立的. 这时

称 A 是 B 的对立事件或 B 是 A 的对立事件. 事件 A 的对立事件记作 $\overline{A}$. 对立事件也称为逆事件.

7.事件的差运算

"事件 A 发生且事件 B 不发生",这个事件称为事件 A 与 B 的差事件,记作 $A-B$(或 $A\overline{B}$).

例 5　生产加工 3 个零件, A_i 表示"第 i 个零件是正品"($i=1,2,3$). 则

(1) $A_1 A_2 A_3$ 表示没有一个零件是次品,即 3 个零件全是正品;

(2) $\overline{A}_1 A_2 A_3$ 表示只有第一个零件是次品;

(3) 恰有一个零件是次品可表示为: $\overline{A}_1 A_2 A_3 \bigcup A_1 \overline{A}_2 A_3 \bigcup A_1 A_2 \overline{A}_3$(不是 $\overline{A}_1 \bigcup \overline{A}_2 \bigcup \overline{A}_3$);

(4) 至少有一个零件是次品可表示为: $\overline{A}_1 \bigcup \overline{A}_2 \bigcup \overline{A}_3$(或 $\overline{A_1 A_2 A_3}$).

注意　不要混淆 $\overline{A}_1 \overline{A}_2 \overline{A}_3$ 和 $\overline{A_1 A_2 A_3}$.

8.事件运算性质

事件运算的性质与集合的运算性质形式上完全相同. 比如,对任意事件 A,B,C 有

交换律: $A \bigcup B = B \bigcup A, AB = BA$.

结合律: $A \bigcup (B \bigcup C) = (A \bigcup B) \bigcup C,$
$\qquad A \bigcap (B \bigcap C) = (A \bigcap B) \bigcap C.$

分配律: $A \bigcup (B \bigcap C) = (A \bigcup B) \bigcap (A \bigcup C),$
$\qquad A \bigcap (B \bigcup C) = (A \bigcap B) \bigcup (A \bigcap C).$

摩根律: $\overline{A \bigcup B} = \overline{A} \bigcap \overline{B}, \overline{A \bigcap B} = \overline{A} \bigcup \overline{B}.$

§1.2　随机事件的概率

一、频率与概率的定义

事件的频率与事件的概率关系密切,可通过频率来认识概率.

1.事件频率的定义

设随机事件 A 在 n 次重复试验中发生了 n_A 次,则称 $\dfrac{n_A}{n}$ 为随机事件 A 发生的频率,记作 $f_n(A)$.

(1) 频率的稳定性. 试验表明,虽然事件 A 在一次试验中是否出现是偶然的,但是在大量重复试验下,事件 A 发生的频率具有稳定性,常常在某个常数附近摆动,而且随着试验次数的增加,摆动的幅度越来越小. 我们称此为频率的稳定性. 比如,在投均匀硬币实验

中，如表 1-1 所示，随着实验次数增加，正面朝上频率稳定于 0.5.

图 1-1

表 1-1　历史上数学家投均匀硬币实验

实验者	实验次数	正面朝上次数	正面朝上频率
德摩根	2048	1061	0.5181
蒲　丰	4040	2048	0.5069
皮尔逊	12000	6019	0.5016
皮尔逊	24000	12012	0.5005

再如，人类出生性别比具有稳定性；英语字母使用频率具有稳定性（键盘位置即按此设置）.

(2) 频率的性质. 设 A 和 $A_1, A_2, \cdots, A_m$ 是随机试验 E 的事件，容易得到：

① $0 \leqslant f_n(A) \leqslant 1$；

② $f_n(\Omega) = 1$，$f_n(\varnothing) = 0$；

③ 若 $A_1, A_2, \cdots, A_m$ 是两两互斥的事件，则

$$f_n(A_1 \bigcup A_2 \bigcup \cdots \bigcup A_m) = f_n(A_1) + f_n(A_2) + \cdots + f_n(A_m).$$

2. 事件概率的统计定义

若试验次数 n 很大时，事件 A 的频率 $f_n(A)$ 在一个稳定的值 $p(0 \leqslant p \leqslant 1)$ 附近摆动，则称 p 为事件 A 的概率，记为 $P(A) = p$.

思考　我们知道，事件的频率能反映事件发生的可能性大小. 那么，为什么还要引入概率来度量事件发生的可能性大小呢？因为同一事件的频率很多，不唯一. 比如，投均匀硬币中正面出现的频率有很多. 从事件的众多频率中抽象概括出事件的概率，它比用频率反映事件发生的可能性更本质且唯一.

概率是频率的稳定值，频率是概率的近似值. 从频率的性质可以抽象出概率的 3 条公理：

(1) 非负性：任何事件 A 的概率都非负，即 $P(A) \geqslant 0$；

(2) 规范性：必然事件的概率为 1，即 $P(\Omega) = 1$；

(3) 完全可加性：若 $A_1, A_2, \cdots, A_m, \cdots$ 是一列两两互斥的事件，则

$$P(A_1 \bigcup A_2 \bigcup \cdots \bigcup A_m \bigcup \cdots)$$
$$= P(A_1) + P(A_2) + \cdots + P(A_m) + \cdots.$$

二、概率的性质

由概率的 3 条公理可以推导出概率的一些重要性质.

性质 1　$P(\varnothing) = 0$.

证明　由 $\Omega = \Omega \cup \varnothing \cup \varnothing \cup \cdots$ 及完全可加性得

$$P(\Omega) = P(\Omega) + P(\varnothing) + P(\varnothing) + \cdots$$

由规范性得

$$0 = P(\varnothing) + P(\varnothing) + \cdots$$

再由非负性得

$$0 = P(\varnothing)$$

性质 2　(有限可加性)设 n 个事件 $A_1, A_2, \cdots, A_n$ 两两互斥,则有

$$P(A_1 \cup A_2 \cup \cdots \cup A_n) = \sum_{i=1}^{n} P(A_i).$$

证明　令 $A_{n+k} = \varnothing$, $k = 1, 2, \cdots$,则 $A_1, A_2, \cdots, A_n, \cdots$ 是一列两两互斥的事件,由完全可加性得

$$P(A_1 \cup A_2 \cup \cdots \cup A_n \cup \cdots) = P(A_1) + P(A_2) + \cdots + P(A_n) + \cdots.$$

由于 $A_{n+k} = \varnothing$, $P(A_{n+k}) = 0$, $k = 1, 2, \cdots$,故

$$\begin{aligned}
P(A_1 \cup A_2 \cup \cdots \cup A_n) &= P(A_1 \cup A_2 \cup \cdots \cup A_n \cup \cdots) \\
&= P(A_1) + P(A_2) + \cdots + P(A_n) + \cdots \\
&= P(A_1) + P(A_2) + \cdots + P(A_n)
\end{aligned}$$

即

$$P(A_1 \cup A_2 \cup \cdots \cup A_n) = \sum_{i=1}^{n} P(A_i).$$

性质 3　对于任意一个事件 A,有 $P(\overline{A}) = 1 - P(A)$.

证明　因为 $\Omega = A \cup \overline{A}$, $A\overline{A} = \varnothing$,由有限可加性及规范性得,

$$1 = P(\Omega) = P(A) + P(\overline{A})$$

故 $P(\overline{A}) = 1 - P(A)$.

性质 4　若事件 A 与事件 B 满足 $A \subset B$,则有

$$P(B - A) = P(B) - P(A), \quad P(A) \leqslant P(B).$$

证明　因 $A \subset B$,故 $B = A \cup (B - A)$, $A(B - A) = \varnothing$,由此据有限可加性得

$$P(B) = P(A) + P(B - A)$$

从而 $P(B - A) = P(B) - P(A)$,并注意到 $P(B - A) \geqslant 0$. 得

$$P(B) \geqslant P(A).$$

注意　$P(B - A) = P(B) - P(A)$ 必须要有条件 $A \subset B$.

思考　$A \subset B$ 表明 B 比 A 发生的可能性更大,这时 $P(B) \geqslant$

$P(A)$. 性质 4 说明概率能度量事件发生的可能性大小：事件发生的可能性越大，其概率越大. 由此可知，必然事件发生的概率最大，且 $P(A) \leqslant 1$.

性质 5 对于任意事件 A 和事件 B，有
$$P(B-A) = P(B) - P(AB).$$

证明 由于 $B-A = B-AB$，$B \supset AB$，据性质 4 得
$$P(B-A) = P(B-AB) = P(B) - P(AB).$$

性质 5 是性质 4 的推广.

性质 6 （加法公式）对于任意事件 A 和事件 B，有
$$P(A \cup B) = P(A) + P(B) - P(AB).$$

证明 由于 $A \cup B = A \cup (B-A)$，$A(B-A) = \varnothing$，据有限可加性及性质 5 得
$$P(A \cup B) = P(A) + P(B-A) = P(A) + P(B) - P(AB).$$

多次使用性质 6 可得到：对于任意 n 个事件 $A_1, A_2, \cdots, A_n$，有
$$P(\bigcup_{i=1}^{n} A_i) = \sum_{i=1}^{n} P(A_i) - \sum_{1 \leqslant i < j \leqslant n} P(A_i A_j) +$$
$$\sum_{1 \leqslant i < j < k \leqslant n} P(A_i A_j A_k) - \cdots + (-1)^{n-1} P(A_1 \cdots A_n).$$

例 6 若 $P(B-A) = P(B)$，求 $P(\overline{A}\,\overline{B})$.

解 由性质 5 得 $P(B) = P(B-A) = P(B) - P(AB)$，故 $P(AB) = 0$，从而由性质 6 得 $P(A \cup B) = P(A) + P(B)$，因此，据性质 3 得
$$P(\overline{A}\,\overline{B}) = P(\overline{A \cup B}) = 1 - P(A \cup B) = 1 - P(A) - P(B).$$

例 7 若 $P(A) = 1$，则对任何事件 B，有 $P(AB) = P(B)$.

证明
$$\begin{aligned} P(B) &= P(B(A \cup \overline{A})) = P(AB \cup \overline{A}B) \\ &= P(AB) + P(\overline{A}B) - P(A\overline{A}B) \\ &= P(AB) + P(\overline{A}B) \end{aligned}$$

而 $0 \leqslant P(\overline{A}B) \leqslant P(\overline{A}) = 1 - P(A) = 0$，故 $P(\overline{A}B) = 0$，所以 $P(AB) = P(B)$.

三、古典概型

古典概型是概率论发展初期研究的主要对象，一般只运用初等数学计算概率，故称为古典概型，其主要特征是"有限等可能".

1. 古典概型概念

具有下列两个特征的随机试验称为古典概型：

(1) 试验的样本空间 Ω 是有限集，不妨设 $\Omega = \{\omega_1, \omega_2, \cdots, \omega_n\}$；

(2) 在每次试验中，每个样本点 $\omega_i (i = 1, 2, \cdots, n)$ 出现的概率

相同,即
$$P(\{\omega_1\}) = P(\{\omega_2\}) = \cdots = P(\{\omega_n\}).$$

2. 古典概型的概率计算

在古典概型中,事件 A 的概率为
$$P(A) = \frac{A \text{ 中所含样本点的个数}}{\Omega \text{ 中所含样本点的个数}} = \frac{k}{n}.$$

证明 由 $P(\{\omega_1\}) = P(\{\omega_2\}) = \cdots = P(\{\omega_n\})$ 知
$$1 = P(\Omega) = P(\{\omega_1\}) + P(\{\omega_2\}) + \cdots + P(\{\omega_n\})$$
$$= nP(\{\omega_i\}), 1 \leqslant i \leqslant n,$$

故 $P(\{\omega_i\}) = \dfrac{1}{n}, 1 \leqslant i \leqslant n.$ 设 $A = \{\omega_{i_1}, \omega_{i_2}, \cdots, \omega_{i_k}\}$,则

$$P(A) = P(\{\omega_{i_1}\}) + P(\{\omega_{i_2}\}) + \cdots + P(\{\omega_{i_k}\}) = \frac{k}{n}.$$

例 8 袋内有 3 个白球和 2 个黑球,现从袋中任取 2 个球,求取出的 2 个球都是白球的概率.

解 设事件 A 表示"取出 2 个白球",有
$$P(A) = \frac{A \text{ 中所含样本点的个数}}{\Omega \text{ 中所含样本点的个数}} = \frac{C_3^2}{C_5^2} = \frac{3}{10}.$$

注意 同时取 2 个球与无放回的先后取 2 个球,效果一样.

例 9 一批产品中有 9 件正品和 3 件次品,从中依次任取 5 件. 设 A 表示"恰有 2 件次品",B 表示"至少有 1 件次品",C 表示"至少有 2 件次品",求事件 A、B、C 的概率.

解 $P(A) = \dfrac{C_9^3 C_3^2}{C_{12}^5} = \dfrac{7}{22}$,$P(B) = 1 - P(\overline{B}) = 1 - \dfrac{C_9^5}{C_{12}^5} = \dfrac{37}{44}.$

$$P(C) = P(A) + P\{\text{恰有 3 件次品}\} = \frac{7}{22} + \frac{C_3^3 C_9^2}{C_{12}^5} = \frac{4}{11}.$$

例 10 袋内有 a 个白球与 b 个黑球,现从袋中任取 $\alpha + \beta$ 个球,求取出的球恰好有 α 个白球与 β 个黑球的概率($a \geqslant \alpha, b \geqslant \beta$).

解 $P(A) = \dfrac{A \text{ 中所含样本点的个数}}{\Omega \text{ 中所含样本点的个数}} = \dfrac{C_a^\alpha C_b^\beta}{C_{a+b}^{\alpha+\beta}}.$

注意 例 10 中事件是例 8 和例 9 中 A 的一般化.

例 11 (抽签问题)袋内有 a 个白球与 b 个黑球,每次从袋中任取一个球,取出的球不放回,接连取 k ($k \leqslant a + b$) 个球,求第 k 次取得白球的概率.

解 取球是讲究顺序的. 观察前 k 次取球情况. 样本点总数为 P_{a+b}^k. 要第 k 个取到白球发生,第 k 次可以从 a 个白球中任取,有 a 种取法,而其余 $k-1$ 个球可从其他 $a+b-1$ 个球中任取,有

P_{a+b-1}^{k-1} 种取法. 故所求概率为

$$P(A) = \frac{P_a^1 P_{a+b-1}^{k-1}}{P_{a+b}^k} = \frac{a}{a+b}.$$

例 12 (生日问题)某班有 30 名同学. 求下列事件的概率:

(1) A="某指定 30 天,每天恰有一位同学过生日";

(2) B="全班同学的生日各不相同";

(3) C="某指定日恰为某 2 人生日".

解 (1) $P(A) = \dfrac{30!}{365^{30}}$;

(2) $P(B) = \dfrac{C_{365}^{30}\,30!}{365^{30}}$ (注意 A,B 的区别!);

(3) $P(C) = \dfrac{C_{30}^2\,364^{28}}{365^{30}}$.

注意 此例中假定一年为 365 天,每个人在每天出生的概率相同. 全班 30 人中至少有 2 人生日相同的概率为 $P(\overline{B}) = 1 - \dfrac{C_{365}^{30}\,30!}{365^{30}}$. 只有当班级人数不少于 366 时,此概率才为 1. 但当班级人数为 50 时此概率约为 0.97,55 人时约为 0.99,与我们想象不一样. 生日问题因此而有名.

例 13 任取一个两位数,求这个数能被 2 或 3 整除的概率.

解 设 A 为事件"取到的数能被 2 整除",B 为事件"取到的数能被 3 整除",则所求概率为

$$P(A \bigcup B) = P(A) + P(B) - P(AB) = \frac{45}{90} + \frac{30}{90} - \frac{15}{90} = \frac{2}{3}.$$

四、几何概型

古典概型特征是"有限等可能",当"有限"不满足时,可以建立几何概型.

如果随机试验的样本空间是一个区域(可以是直线或曲线上的区间、平面或空间中的区域),且样本空间中每个试验结果的出现具有等可能性,那么事件 A 的概率为

$$P(A) = \frac{A\text{的长度(或面积、体积)}}{\text{样本空间的长度(或面积、体积)}}.$$

例 14 男、女两人相约在 0 到 T 分钟内,在预定地点会面. 男先到等女 t ($t<T$) 分钟后离去,女先到等男 $t/2$ 分钟后离去. 设两人在 0 到 T 这段时间内各时刻到达会面点是随机的、等可能的. 求男、女两人能会面的概率.

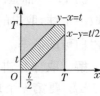

图 1-2

解 设男、女到达时刻分别为 x,y，则 $0\leqslant x\leqslant T,0\leqslant y\leqslant T$. 两人会面的充要条件为：男先到时 $0\leqslant y-x\leqslant t$，女先到时 $0\leqslant x-y\leqslant t/2$.

以 (x,y) 表示平面上点的坐标，参见图 1-2，则由几何概型知，所求的概率为

$$p=\frac{\text{阴影部分面积}}{\text{正方形面积}}=\frac{T^2-(T-t)^2/2-(T-t/2)^2/2}{T^2}$$

$$=\frac{(12T-5t)t}{8T^2}.$$

§1.3　条件概率与全概率公式

一、条件概率与乘法定理

例 15 设两台车床加工同一种零件共 100 个. 第一台车床加工零件 40 个，其中合格品 35 个，次品 5 个；第二台车床加工零件 60 个，其中合格品 51 个，次品 9 个. 从这 100 个零件中任取一个. 求：

（1）$A=$"取出的零件是由第一台车床加工的"的概率；

（2）$B=$"取出的零件是合格品"的概率；

（3）AB 的概率；

（4）"若已知取出的零件是由第一台车床加工的，它是合格品"的概率.

解 （1）$P(A)=\dfrac{40}{100}$；（2）$P(B)=\dfrac{86}{100}$；（3）$P(AB)=\dfrac{35}{100}$；

（4）若已知取出的零件是由第一台车床加工的，则它是合格品的概率为 $p=\dfrac{35}{40}$.

实际问题中常需考虑事件 A 发生的条件下事件 B 发生的概率，这种概率叫做条件概率，记作 $P(B|A)$. 在上例（4）中所求的概率便是条件概率 $P(B|A)$，这时

$$P(B|A)=\frac{35}{40}=\frac{35/100}{40/100}=\frac{P(AB)}{P(A)}.$$

1. 条件概率定义

设 A 与 B 是两个事件，且 $P(A)>0$，称

$$\frac{P(AB)}{P(A)}$$

为在事件 A 发生的条件下事件 B 发生的条件概率，记作 $P(B|A)$.

类似地，当 $P(B)>0$ 时，定义在事件 B 发生下事件 A 发生的

条件概率为

$$P(A \mid B) = \frac{P(AB)}{P(B)}.$$

注意 $P(B \mid A)$ 与 $P(B)$ 不同;容易证明,在同一条件下,条件概率具有概率的一切性质.

例16 某种动物由出生算起活 20 岁以上的概率为 0.8,活到 25 岁以上的概率为 0.4. 现在有一个 20 岁的这种动物,问它能活到 25 岁以上的概率是多少?

解 设 A 表示事件"能活 20 岁以上",B 表示事件"能活 25 岁以上". 则所求概率为

$$P(B \mid A) = \frac{P(AB)}{P(A)} = \frac{P(B)}{P(A)} = \frac{0.4}{0.8} = \frac{1}{2}.$$

2. 两个事件乘法公式

由条件概率定义,可以直接得到乘法公式:

对于任意两个事件 A 与 B,

当 $P(A) > 0$ 时,$P(AB) = P(A)P(B \mid A)$;

当 $P(B) > 0$ 时,$P(AB) = P(B)P(A \mid B)$.

从条件概率到乘法公式不是简单地从除法到乘法,而是一种求 $P(AB)$ 的方法.

3. 推广的乘法公式

乘法公式可以推广到多个事件:当 $P(A_1 A_2 \cdots A_{n-1}) > 0$ 时,

$$P(A_1 A_2 \cdots A_n) = P(A_1)P(A_2 \mid A_1)P(A_3 \mid A_1 A_2) \cdots P(A_n \mid A_1 \cdots A_{n-1}).$$

思考 推广的乘法公式条件为什么只要 $P(A_1 A_2 \cdots A_{n-1}) > 0$?

例17 一盒子中装有 10 张彩票,其中有 2 张一等奖. 每次从中任取 1 张,作不放回抽样. 求:(1)第 3 次能抽到一等奖的概率;(2)若已知前 2 次均未抽到一等奖,求第 3 次能抽到一等奖的概率;(3)第 3 次才抽到一等奖的概率.

解 设 A_i 表示事件"第 i 次抽到一等奖",$i = 1,2,3$.

(1) 由抽签问题得 $P(A_3) = \dfrac{2}{10}$;

(2) $P(A_3 \mid \overline{A}_1 \overline{A}_2) = \dfrac{2}{8}$;

(3) $P(\overline{A}_1 \overline{A}_2 A_3) = P(\overline{A}_1)P(\overline{A}_2 \mid \overline{A}_1)P(A_3 \mid \overline{A}_1 \overline{A}_2)$

$$= \frac{8}{10} \times \frac{7}{9} \times \frac{2}{8}.$$

注意 应区别例 17 中的(1)、(2)和(3).

思考 例 17(3)中作为条件的事件的选择符合什么要求,才能使相应的条件概率计算简便?

例 18　某人忘记了电话号码的最后一位数字,因而他随意地拨号. 求他拨号不超过三次接通手机的概率.

解　设 A_i="第 i 次接通电话", $i=1,2,3$, B="拨号不超过 3 次接通电话",则

$$B = A_1 \bigcup \overline{A_1} A_2 \bigcup \overline{A_1}\,\overline{A_2} A_3.$$

利用概率的加法公式和乘法公式得

$$P(B) = P(A_1) + P(\overline{A_1} A_2) + P(\overline{A_1}\,\overline{A_2} A_3)$$

$$= P(A_1) + P(\overline{A_1})P(A_2 \mid \overline{A_1}) + P(\overline{A_1})P(\overline{A_2} \mid \overline{A_1})P(A_3 \mid \overline{A_1}\,\overline{A_2})$$

$$= \frac{1}{10} + \frac{9}{10} \times \frac{1}{9} + \frac{9}{10} \times \frac{8}{9} \times \frac{1}{8} = \frac{3}{10}.$$

也可以这样计算:

$$P(B) = P(A_1 \bigcup A_2 \bigcup A_3) = 1 - P(\overline{A_1}\,\overline{A_2}\,\overline{A_3})$$

$$= 1 - P(\overline{A_1})P(\overline{A_2} \mid \overline{A_1})P(\overline{A_3} \mid \overline{A_1}\,\overline{A_2})$$

$$= 1 - \frac{9}{10} \times \frac{8}{9} \times \frac{7}{8} = \frac{3}{10}.$$

二、全概率公式与贝叶斯公式

1. 全概率公式

为在全空间中求涉及多种因素的复杂事件概率 B,将全空间分解为若干个互斥的子空间 $A_1, A_2, \cdots, A_n$,先在这些子空间中求出 B 的概率 $P(B \mid A_i)$,再利用有限可加性得到 B 的概率,这种方法就是全概率公式.

若事件 $A_1, A_2, \cdots, A_n$ 和 B 满足下列三个条件:

(1) $A_1, A_2, \cdots, A_n$ 两两互斥;

(2) $P(A_i) > 0, i = 1, 2, \cdots, n$;

(3) $\bigcup\limits_{i=1}^{n} A_i \supset B$.

则 $P(B) = \sum\limits_{i=1}^{n} P(A_i)P(B \mid A_i)$.

全概率公式是概率论中一个非常重要又实用的公式,它可使复杂事件的概率计算简化,是计算"多因一果"事件概率的有效方法.

2. 贝叶斯公式

贝叶斯公式是英国哲学家、数学家 Bayes 于 1763 年首先提出的,这一公式的思想已经发展成为一整套统计推断方法,即"Bayes 方法",被广泛应用于计算机诊断、模式识别、基因调控研究、蛋白质结构预测等领域.

若事件 $A_1, A_2, \cdots, A_n$ 满足全概率公式中的条件，且 $P(B) > 0$，则

$$P(A_i | B) = \frac{P(A_i)P(B|A_i)}{\sum\limits_{i=1}^{n} P(A_i)P(B|A_i)}, \ 1 \leqslant i \leqslant n.$$

例 19 1990 年纽约《游行》杂志登了一篇玛利亚小姐关于"羊和车"的问答，内容如下：现有三扇门，一扇后面是一辆汽车，另两扇后面各有一只羊．你想猜中汽车，就随机地指定一扇门（比方说是 1 号门）．然后主持人打开另外两扇中后面是羊的一扇（比方说 3 号门）．这时主持人问："你是否要从原来选的 1 号门换成 2 号门？"

解 设 $A =$ "不换猜中车"，$B =$ "换猜中车". 显然

$$P(A) = \frac{1}{3}, P(\overline{A}) = \frac{2}{3}, P(B|A) = 0, P(B|\overline{A}) = 1.$$

由全概率公式得

$$P(B) = P(A)P(B|A) + P(\overline{A})P(B|\overline{A}) = \frac{2}{3} > P(A).$$

所以，应当换，换猜中汽车概率更大．

例 20 玻璃杯成箱出售，每箱 20 只，假设各箱含 0、1、2 只残次品的概率分别是 0.8、0.1 和 0.1. 某顾客在购买时，售货员随机取出一箱，顾客开箱随机地查看四只，若无残次品，则买下该箱玻璃杯，否则退回，试求：

（1）顾客买下该箱玻璃杯的概率 α；

（2）在顾客买下的这箱中，确实没有残次品的概率 β.

解 设 $B =$ "顾客买下该箱玻璃杯"，$A_i =$ "抽到的一箱中有 i 件残次品"，$i = 0, 1, 2$.

（1）事件 B 在下面三种情况下均会发生：抽到的一箱中没有残次品、有 1 件残次品或有 2 件次品. 由题意知

$$P(A_0) = 0.8, \ P(A_1) = 0.1, \ P(A_2) = 0.1.$$

$$P(B|A_0) = 1, \ P(B|A_1) = \frac{C_{19}^4}{C_{20}^4} = \frac{4}{5}, \ P(B|A_2) = \frac{C_{18}^4}{C_{20}^4} = \frac{12}{19}.$$

由全概率公式得

$$\alpha = P(B)$$
$$= P(A_0)P(B|A_0) + P(A_1)P(B|A_1) + P(A_2)P(B|A_2)$$
$$\approx 0.943.$$

（2）根据贝叶斯公式，可得在顾客买下的一箱中确实没有残次品的概率为

$$\beta = P(A_0|B) = \frac{P(A_0)P(B|A_0)}{P(B)} \approx 0.848.$$

例 21　根据以往的记录,某种诊断肝炎的化验效果如下:肝炎病人化验呈阳性的概率为 0.95,非肝炎病人化验呈阴性的概率为 0.95. 对自然人群进行普查的结果为:有千分之五的人患有肝炎. 现有某人化验结果为阳性,问此人确有肝炎的概率为多少?

解　设 $A=$ "某人患有肝炎", $B=$ "某人化验结果为阳性";由已知条件有

$$P(A)=0.005, P(B|A)=0.95, P(\overline{B}|\overline{A})=0.95$$

从而 $P(\overline{A})=0.995, P(B|\overline{A})=1-P(\overline{B}|\overline{A})=1-0.95=0.05,$ 由贝叶斯公式得

$$P(A|B)=\frac{P(A)P(B|A)}{P(A)P(B|A)+P(\overline{A})P(B|\overline{A})}\approx0.087.$$

思考　① 这种化验结果为阳性的人是否一定患有肝炎? 试验结果为阳性,此人确患肝炎的概率为 $P(A|B)\approx0.087.$ 说明即使你检出阳性,尚不必过早下肝炎的结论,因为这种可能性只有8.7%(平均来说,1000 个人中大约只有 87 人患肝炎),此时医生常要通过其他方式来确诊.

② 这种化验对于诊断一个人是否患有肝炎有意义吗? 如果不做试验,抽选一人是患者的概率 $P(A)=0.005.$ 若化验是阳性反应,则此人是患者的概率为 $P(A|B)\approx0.087,$ 从 0.005 增加到 0.087,增加了 17 倍多. 说明这种化验对于诊断一个人是否患有肝炎是有意义的.

例 22　(病人的选择)某市对一种严重疾病进行统计表明:在得病的 1000 人中有 200 人幸存,幸存者有 120 人是经手术后活下来的,其余 80 人是没经手术活下来的,并且做过手术的患者共 360 名. 现有一名患者对自己是否进行手术犹豫不决,我们对此问题进行分析,帮他做出选择.

表 1-2　一种严重疾病患者手术与存活情况

	幸存人数	死亡人数	合计
动手术人数	120	240	360
未手术人数	80	560	640
合计	200	800	1000

设 $A=$ "患者幸存", $B=$ "患者动手术". 用频率估计概率得

$$P(A|B)\approx\frac{120}{360}=\frac{1}{3}, P(A|\overline{B})\approx\frac{80}{640}=\frac{1}{8}.$$

可见,动手术患者的存活率约是不动手术患者存活率的 2.7 倍.

由 $P(B)\approx\frac{360}{1000}$,根据贝叶斯公式,可得幸存的患者是由于动

手术而存活的概率为

$$P(B|A) = \frac{P(B)P(A|B)}{P(B)P(A|B) + P(\overline{B})P(A|\overline{B})}$$

$$\approx \frac{\frac{9}{25} \times \frac{1}{3}}{\frac{9}{25} \times \frac{1}{3} + \frac{16}{25} \times \frac{1}{8}} = \frac{3}{5},$$

其大于未手术而存活的概率为 $P(\overline{B}|A) \approx \frac{2}{5}$. 所以,患者选择动手术更佳.

§1.4 随机事件的独立性

一、两个事件独立的定义

我们知道条件概率 $P(B|A)$ 与无条件概率 $P(B)$ 一般不等,但是在一些特殊情况下它们相等.

例23 设试验 E 为"抛甲乙两枚硬币,观察正反面出现的情况",则 E 的样本空间可以表示为 $\Omega = \{$甲正乙正,甲正乙反,甲反乙正,甲反乙反$\}$;设事件 $A =$ "甲币出现正面",事件 $B =$ "乙币出现正面",则 $P(B|A) = 0.5, P(B) = 0.5, P(A) = 0.5, P(A|B) = 0.5,$ 于是有

$$P(B|A) = P(B), \quad P(A|B) = P(A)$$

由条件概率定义,这两式都可推出 $P(AB) = P(A)P(B)$. 由此给出两个事件的独立的定义:

如果事件 A 与 B 满足 $P(AB) = P(A)P(B)$,则称事件 A 与 B 独立.

按定义容易得出:必然事件与任何事件独立,不可能事件与任何事件独立.

二、两个事件独立的性质

1. 两独立事件 A 与 B 发生与否互不影响

由两个事件独立的定义可得:

如果 $P(A) > 0$,那么,事件 A 与 B 独立的充分必要条件是 $P(B|A) = P(B)$;

如果 $P(B) > 0$,那么事件 A 与 B 相互独立的充分必要条件是 $P(A|B) = P(A)$.

2. 下列四个命题等价

(1) 事件 A 与事件 B 独立；

(2) 事件 A 与事件 $\overline{B}$ 独立；

(3) 事件 $\overline{A}$ 与事件 B 独立；

(4) 事件 $\overline{A}$ 与事件 $\overline{B}$ 独立.

以上性质可由两个事件独立的定义证明. 由 A 与 B 独立证明 A 与 $\overline{B}$ 独立的过程如下：

因为 A 与 B 独立，所以 $P(AB) = P(A)P(B)$. 因此，

$$P(A\overline{B}) = P(A - B) = P(A) - P(AB)$$
$$= P(A) - P(A)P(B) = P(A)[1 - P(B)]$$
$$= P(A)P(\overline{B}).$$

所以，A 与 $\overline{B}$ 独立.

三、多个事件的独立性

两个事件的独立性可以作两种推广如下.

如果事件 $A_1, A_2, \cdots, A_n (n \geqslant 2)$ 中任意 $k(2 \leqslant k \leqslant n)$ 个的积事件的概率都等于各个事件的概率之积，则称 $A_1, A_2, \cdots, A_n$ 相互独立；如果 $A_1, A_2, \cdots, A_n$ 中任意两个事件独立，则称 $A_1, A_2, \cdots, A_n$ 两两独立.

显然，若 n 个事件相互独立，则一定两两独立. 反之，则不一定成立.

例 24　我们可以运用概率知识解释孔子的名言"三人行必有我师焉". 首先我们要明确一个问题，即只要在某一方面领先就可以为师. 俗语说"三百六十行，行行出状元"，我们不妨把一个人的才能分成 360 个方面. 孔子是个大圣人，我们假设他在一个方面超过某个人的概率为 99％，那么孔子在这方面超过与他"同行"的两个人的概率为 99％×99％＝98.01％，在 360 个方面孔子总比这两人强的概率为 $(98.01％)^{360} = 0.07％$，即这两个人在某一方面可以做孔子老师的概率为 99.93％. 从数学角度分析，孔子的话是很有道理的.

四、试验的独立性

如果第一次试验的任一结果，第二次试验的任一结果，$\cdots$，第 n 次试验的任一结果都是相互独立的事件，则称这 n 次试验相互独立. 如果 n 次独立试验还是相同的，则称为 n 重独立重复试验. 如果在 n 重独立重复试验中，每次试验的可能结果只有两个：A 或 $\overline{A}$，则称这种试验为 n 重伯努利试验. 例如，掷 n 枚硬币，检查 n 个产品（只关心

产品是否合格)等,都是 n 重独立重复试验.

在 n 重伯努利试验中,若事件 A 在每次试验中发生的概率均为 $P(A) = p(0 < p < 1)$. 下面计算在 n 重伯努利试验中事件 A 恰发生 k 次的概率 $p_k(0 \leqslant k \leqslant n)$.

由于试验是相互独立的,事件 A 在 n 次独立试验中指定的 k 次试验(比如说前 k 次试验)中发生,而在其余 $n-k$ 次试验中不发生,其概率为

$$P(A_1 \cdots A_k \overline{A}_{k+1} \cdots \overline{A}_n) = P(A_1) \cdots P(A_k) P(\overline{A}_{k+1}) \cdots P(\overline{A}_n)$$
$$= p^k (1-p)^{n-k}$$

由组合知识,A 在 n 次试验中发生 k 次共有 C_n^k 种不同的情况,并且这些情况是互不相容的,每种情况的概率都相同. 故所求概率为 $p_k = C_n^k p^k (1-p)^{n-k} (0 \leqslant k \leqslant n)$,称这组概率为二项概率.

例 25 8门炮同时独立地向一目标各射击一发炮弹,共有不少于 2 发炮弹命中目标时,目标被击毁. 如果每门炮命中目标的概率为 0.6,求击毁目标的概率.

解 设 A = "一门炮命中目标",则 $P(A) = 0.6$. 本题可看作 $p = 0.6, n = 8$ 的 n 重伯努利试验,所求概率是事件 A 在 8 次独立重复试验中至少出现两次的概率,即

$$\sum_{k=2}^{8} p_k = 1 - C_8^0 0.6^0 (1-0.6)^{8-0} - C_8^1 0.6^1 (1-0.6)^{8-1}$$
$$\approx 0.9915.$$

例 26 碰运气能否通过英语四级考试? 假设大学英语四级考试包括听力、语法结构、阅读理解、写作等,除写作占 15 分外,其余 85 道题为单项选择题,每道题附有 A、B、C、D 四个选项. 这种考试方法使个别学生产生碰运气和侥幸心理. 靠运气能通过英语四级考试吗?

答案是否定的. 下面我们计算靠运气通过英语四级考试的概率. 假定写作固定得 9 分,按及格为 60 分计算,则 85 道选择题必须要答对 51 道题以上才能及格,这可以看成是 85 重伯努利试验.

设随机变量 X 表示答对的题数,则

$$P(X = k) = C_{85}^k (0.25)^k (0.75)^{85-k}, \quad k = 0, 1, 2, \cdots, 85.$$

若要及格,必须 $X \geqslant 51$,其概率为

$$P(X \geqslant 51) = \sum_{k=51}^{85} C_{85}^k (0.25)^k (0.75)^{85-k} \approx 8.73 \times 10^{-12}.$$

此概率非常小。所以,靠运气通过英语四级考试几乎是不可能发生的事件.

≫ 串讲与答疑 ≪

一、串讲小结

　　本章定义了事件之间的和、积、差运算,介绍了事件之间的包含、相等、互斥、对立、独立关系;定义了频率、概率、样本空间、随机事件、古典概型、条件概率等基本概念;讨论了频率与概率的关系、概率的性质;给出了六种基本的计算概率的方法:一是利用概率的性质通过转化计算,二是利用古典概型计算,三是利用乘法公式计算,四是利用全概率公式和贝叶斯公式计算,五是利用独立性计算,六是利用伯努利概型计算.

　　基本概念、事件的关系与运算是理解和解决问题的基础. 事件之间的关系、运算及法则与集合完全类似. 事件与集合对比如表 1-3 所示.

表 1-3　事件与集合对比表

符号	概率论	集合论
Ω	样本空间　必然事件	全集
$\varnothing$	不可能事件	空集
w	样本点　基本事件	元素
A	事件	子集
$A \subset B$	事件 A 发生必然导致事件 B 发生	集合 A 包含于集合 B
$A = B$	事件 A 与事件 B 相等(等价)	集合 A 与集合 B 相等
$A \cup B$	事件 A 与事件 B 至少有一个发生	集合 A 与集合 B 的并集
$A \cap B$	事件 A 与事件 B 同时发生	集合 A 与集合 B 的交集
$A \cap B = \varnothing$	事件 A 与事件 B 互斥	集合 A 与集合 B 不交
$\overline{A}$	事件 A 的对立事件	集合 A 的余集
$A - B$	事件 A 发生而事件 B 不发生	集合 A 与集合 B 的差集

　　事件的概率是从事件的一系列频率中概括抽象出来的统计规律. 利用频率与概率的关系,可以帮助我们体会和理解概率. 但频率并不是概率,两者存在着内在的统一:频率是概率的近似值,概率是频率的稳定值.

　　概率的性质是本章重点之一,也是全书重点之一,必须很好地掌握.

　　概率的计算方法是本章重点之一. 古典概型是常用的计算概率的概型,运用它需要掌握计数方法,掌握抽签问题、抽样问题、生日问题等典型问题.

常通过概率的性质,转化问题来计算概率. 如求若干个事件中"至少"有一个事件发生的概率,一般转化为求其对立事件的概率比较方便;对立事件的概率公式、概率加法公式、差事件概率公式、概率乘法公式,都可以在一定条件下将问题转化解决.

全概率公式和贝叶斯公式不仅可以简化古典概型中概率的计算,而且可以解决一些古典概型中无法解决的过程比较复杂的概率计算问题. 当所求的事件概率为许多因素引发的某种结果,而该结果又不能简单地看作这诸多事件之和时,可考虑用全概率公式. 贝叶斯公式用于试验结果已知时,追查是何种原因(情况、条件)引发的概率.

重复独立试验下的事件相互独立;在事件独立条件下,乘积事件的概率等于概率的乘积,利用此性质可使概率的计算大大方便. 若给出的试验可视为 n 次独立重复试验,则可以利用二项概率模型计算概率.

二、答疑解惑

1. 样本空间选择的一般原则

同一试验可以用不同的模型来描述,建立不同的样本空间. 对于一个随机试验,如何恰当地选取样本空间来描述它,值得研究.

(1) 样本空间选择的一般原则. 样本空间选择一般原则有两点:

① 能反映试验要观察的内容;

② 尽量简单.

其中①是原则性要求,必须满足. ②是非原则性的,满足了这个原则能更方便地解决问题.

例 27 设某学院 2017 级有文科和理科专业 5 个班,每班人数相等,A、B、C 专业各有一个班,D 专业有 2 个班. 试验:随机地观察 2017 级一个学生的专业. 下面几个样本空间都可用来描述这个试验.

$S_1 = \{A, B, C, D\}$

$S_2 = \{A, B, C, D_1, D_2\}$

$S_3 = \{2017 级全体学生及其所在班级与专业\}$

虽然它们都能反应试验要观察的内容:学生的专业. 但它们观察的细致程度是不同的. S_1 仅观察专业,S_2 观察专业、班级,S_3 观察专业、班级、人. S_1 简单,是比较好的样本空间. 而 $S_0 = \{理,文\}$ 不能作为试验的样本空间. 因为 S_0 虽然更简单,但对应的观察太"粗糙",不能反映试验要观察的内容.

(2)古典概型样本空间的选取. 古典概型要求样本点有限等可能. 因此,古典概型中样本空间的选择原则还有,③样本点有限等可能. 其中①、③是原则性要求,必须满足. 这里的"尽量简单"是指样本点总数和欲求事件所包含的样本点数容易计算,未必是样本点越少就越简单.

例 27 中 S_2、S_3 可以作为古典概型的样本空间,而 S_1 不能作为古典概型的样本空间,因为 S_1 中的样本点不具有等可能性. 用古典概型来解决问题时,初学者要防止在等可能性上犯错误.

例 28　随机抛两枚均匀硬币,求出现两个正面的概率.

这个概率是 1/4. 初学者常取{两正,一正一反,两反}为样本空间,错误地得出 1/3. 类似的错误有,把随机抛 3 颗均匀骰子得{6,6,6}的概率算为 $1/C_{6+3-1}^3$,等等. 这类错误的原因可归结为,将可重组合的所有可辨结果视为等可能了.

我们指出:一般每次抽取是随机的试验中,可重排列、无重排列、无重组合这三种情况的全部可辨结果一般是等可能出现的. 这可借助于实验,由频率和概率的关系来证实. 只有在明确的假设下和一些微观粒子问题(如描述质点动态的波司—爱因斯坦法则)中才将可重组合的不同结果视为等可能.

例 29　袋中有 5 只白球,4 只黑球,陆续从中取出 3 个球(不放回),求顺序为黑白黑的概率.

解　设 A 表示"陆续取出三球顺序为黑白黑". 将不放回地陆续取出 3 个球看作一次取出 3 个球,则所有可能出现的结果是 C_9^3. 取出三球顺序为黑白黑,第一个球可从 4 只黑球中任取,有 4 种取法,第二个球可从 5 只白球中任取,有 5 种取法,第三个球可从剩下的 3 只黑球中任取,有 3 种取法,由乘法原理得,A 所含的结果数为 $4 \times 5 \times 3 = 60$. 从而 $P(A) = 60/C_9^3$.

这个做法是错误的. 原因是在计算 A 包含的基本事件时,将 3 个球的一个排列作为一个基本事件,而在计算样本点总数时,将 3 个球的一个组合作为一个基本事件,这时 A 中的(黑、黑、白)、(黑、白、黑)、(白、黑、黑)这 3 个被算作一个基本事件了. 本例中问题本身讲究次序,所以必须用排列. 正确的答案是 $60/P_9^3$.

注意　古典概型中,事件 A 包含的基本事件必须是样本空间中的一部分. 例 28、例 29 中必须用排列的所有不同结果来建立样本空间. 有些问题中既可用排列也可用组合. 一般可借助于组合来解决的问题,都可用排列,反之却不然.

2. 频率与概率关系及其意义

把握频率与概率之间的密切关系十分重要.

(1)频率与概率关系. 我们知道事件的频率能反映事件发生的可能性大小. 那为什么还要引入概率来度量事件发生的可能性大小呢？因为同一事件的频率很多,不唯一. 如投均匀硬币中正面出现的频率：

$$0.49, 0.52, 0.512, 0.494, \cdots$$

实验表明,大量试验下频率具有稳定性,如投均匀硬币中正面出现的频率稳定在1/2,它是从诸频率抽象出的本质的共性. 概率是从频率中抽象出来的,是频率的稳定值,而频率则是概率的具体体现,是概率的近似值. 它们密切相关,具有很多共性. 概率是抽象的、难测的、人们生疏的. 而相对来说,频率是具体的、易测的、人们熟悉的. 因此利用频率来认识概率是科学的,也是十分必要的.

要注意频率和概率的区别. 频率是随着试验的发生而发生的,其统计值是不断变化的,而概率是随机事件发生可能性大小的确切的度量,是随机事件自身的一个属性. 概率的统计定义是利用频率来刻画的,但频率并不是概率. 两者存在着内在的统一,即多次试验的频率稳定于概率. 当试验次数增多时,频率总是稳定于概率附近,而且偏离的幅度很小. 但无论做多少次试验,频率仍然是概率的一个近似值,而不能等同于概率.

(2)利用频率感受概率. 事件的概率是反映事件发生可能性大小的,而人们是通过事件的频率来感受事件发生的可能性大小. 某试验做了10次,事件 A 发生了8次,人们就可由频率8/10感受这个事件发生的可能性较大. "事件 B 的概率为0.03"是什么概念呢？初学者也要通过频率来感受这个概率的含义：100次试验中事件 B 大约出现3次. 皮亚杰的建构主义理论告诉我们,概率概念只有与学生已有的频率知识相联系,才能真正被学生感知,学生才能体会概率的意义. 有了这种体会,学生才能懂得"小概率原理"——小概率事件在一次试验中几乎不发生.

3. 概率为0的事件未必是不可能事件, 概率为1的事件未必是必然事件

反例如下.

例30 在几何概型中,设样本空间 $\Omega = \{(x,y): 0 \leqslant x^2 + y^2 \leqslant 4\}$, 随机事件 $A = \{(x,y): x^2 + y^2 = 1\}$. 则 $P(A) = \dfrac{A \text{的面积}}{\Omega \text{的面积}} = \dfrac{0}{4\pi} = 0$. 但如果向样本空间 Ω 中随机投点,点落在圆周 $x^2 + y^2 = 1$ 上是可能发生的. 这说明概率为0的随机事件未必是不可能事件.

此时 $\overline{A} = \{(x,y): 0 \leqslant x^2 + y^2 \leqslant 4, \text{且} x^2 + y^2 \neq 1\}$, $P(\overline{A}) = 1 - P(A) = 1$. 但 $\overline{A}$ 不是必然事件. 因为如果向样本空间 Ω 中随机

投点,点完全可能不落在 $\bar{A}$ 中而落在圆周 $x^2 + y^2 = 1$ 上,这说明概率为 1 的事件未必是必然事件.

第 1 章 随机事件及其概率

4. 防止混淆 $\overline{A_1}\ \overline{A_2}\ \overline{A_3}$ 与 $\overline{A_1 A_2 A_3}$

$\overline{A_1}\ \overline{A_2}\ \overline{A_3}$ 是 A_1, A_2, A_3 同时不发生,其对立事件是 $A_1 \bigcup A_2 \bigcup A_3$;而 $\overline{A_1 A_2 A_3}$ 是 A_1, A_2, A_3 不同时发生,其对立事件是:$A_1 A_2 A_3$.

5. 互斥与对立联系与区别

A, B 互斥当且仅当 $AB = \varnothing$;A, B 对立当且仅当 $AB = \varnothing$ 且 $A \bigcup B = \Omega$.

(1) 两事件对立,必定互斥,但互斥未必对立.

(2) 两事件互斥,说明两事件至多只能发生一个,但可以两个都不发生;两事件对立,则它们有且只有一个发生.

(3) 互斥概念适用于多个事件,而对立只适用于 2 个事件.

6. 防止混淆 $A_1 A_2$ 与 $A_2 \mid A_1$

设 A_1, A_2 表示样本空间 Ω 中两个事件,则 $P(A_1 A_2)$ 表示 A_1, A_2 同时发生的概率(交事件概率),$P(A_2 \mid A_1)$ 表示在事件 A_1 已经发生的条件下事件 A_2 的条件概率. 从样本空间的角度来说,这两种事件所对应的样本空间是不同的. 在求 $P(A_1 A_2)$ 时,仍在原样本空间 Ω 中进行讨论,而求 $P(A_2 \mid A_1)$ 时,所考虑的样本空间就不是 Ω 了,这是因为已经知道了一个前提条件(即 A_1 已经发生),所对应的样本空间缩小为 $\Omega_0(\Omega_0 = \Omega A_1 \subset \Omega)$,所以事件 $A_1 A_2$ 与 $A_2 \mid A_1$ 是两个完全不同的事件. 而乘法公式给出了它们概率的关系:$P(A_1 A_2) = P(A_1) P(A_2 \mid A_1)$ $(P(A_1) > 0)$.

例 31 一批零件共 100 个,其中次品 10 个,每次取 1 个零件,取到的零件不放回,试求第三次才取到合格品的概率.

解 以 A_i 表示"第 i 次取到合格品"事件,$i = 1, 2, 3$. "第三次才取到合格品"意思是"第一、第二次取得次品,而第三次取到合格品". 这个事件容易与事件"在已知第一、第二次取得次品的条件下,第三次取到合格品"相混淆,很多初学者出现如下错误解:$p = P(A_3 \mid \overline{A_1}\ \overline{A_2}) = \dfrac{90}{98}$.

分析 造成错误的原因,主要是对条件概率与交事件概率的区别没搞清楚. 本例中 $\mid \Omega \mid = P_{100}^3$,取得结果有 8 类可能情况:

(次品,次品,次品),(次品,次品,合格品),(次品,合格品,次品),(合格品,次品,次品),(次品,合格品,合格品),(合格品,次品,合格品),(合格品,合格品,次品),(合格品,合格品,合格品).

本例中问题是第二种可能情形,即第一次、第二次取得次品并不是事先已经发生,而是与第三次取到合格品同时发生,所以它不

是条件概率问题而是交事件概率问题. 本题的正确解法为

由 $P(\overline{A_1}) = \frac{10}{100}$, $P(\overline{A_2} \mid \overline{A_1}) = \frac{9}{99}$, $P(A_3 \mid \overline{A_1}\,\overline{A_2}) = \frac{90}{98}$

第三次才取到合格品的概率

$$p = P(\overline{A_1}\,\overline{A_2}A_3) = P(\overline{A_1})P(\overline{A_2} \mid \overline{A_1})P(A_3 \mid \overline{A_1}\,\overline{A_2})$$
$$= \frac{10}{100} \times \frac{9}{99} \times \frac{90}{98} = 0.0083.$$

7. 乘法公式一般形式及运用中要注意的问题

(1) 乘法公式一般形式为

$P(A_1A_2\cdots A_n) = P(A_1)P(A_2 \mid A_1)P(A_3 \mid A_1A_2)\cdots P(A_n \mid A_1A_2\cdots A_{n-1}),$
其成立的条件为什么是 $P(A_1A_2\cdots A_{n-1}) > 0$？本来应是下列一组条件：

$$P(A_1) > 0, P(A_1A_2) > 0, \cdots, P(A_1A_2\cdots A_{n-1}) > 0.$$
但由于

$$P(A_1) \geqslant P(A_1A_2) \geqslant \cdots \geqslant P(A_1A_2\cdots A_{n-1}),$$
所以只要有条件 $P(A_1A_2\cdots A_{n-1}) > 0$ 就够了.

(2)乘法公式中事件的编号要求. 运用上面公式时,诸 A_i 编号的选择要按照事件发生的自然顺序,即先发生的事件编号比后发生事件的编号小,以使公式中的诸条件概率均是"由因索果",从而方便问题解决,否则会使问题愈加复杂.

8. 全概率公式的注记

对全概率公式要把握其思想方法,学会突破运用中的难点.

(1) 全概率公式的思想. 全概率公式的理论和实用意义在于,在较复杂情况下直接计算 $P(B)$ 不易,而 B 总是伴随着某组 A_i 出现,适当地去构造一组 A_i 先求出 $P(B \mid A_i)$ (它们计算比 $P(B)$ 简单),再将它们按照 $P(A_i)$ 加权得出 $P(B) = \sum_{i=1}^{n} P(A_i)P(B \mid A_i)$.

全概率公式的思想是,将从全局考虑的复杂问题,转化为从局部考虑的简单问题去解决.

(2) 应用全概率公式的难点. 运用全概率公式解决实际问题的难点是如何找诸 A_i. 突破思路为,从影响欲求概率 $P(B)$ 的因素找.

例 32 甲袋中有 2 个球,1 红 1 黑;乙袋中有 3 个球,2 红 1 黑.从乙袋中任取 1 个球放入甲袋,再从甲袋中任取 1 个球. 求 B = "从甲袋中取出红球"的概率.

分析 显然 $P(B) = (1 或 2)/3$,影响 $P(B)$ 的因素是分子上是 1 还是 2,而这取决于"从乙袋中取出的也就是放入甲袋的是黑球还是红球". 因此将影响 $P(B)$ 的因素"从乙袋中取出黑球"与"从乙袋中取出红球"作为 A_1 与 A_2.

9. 贝叶斯公式的用途

贝叶斯公式可以用于解决"由果索因"问题,如公安破案、医生看病.

例 33 假设引起"发烧"$=B$ 的原因只有 $A_1=$ "感冒"、$A_2=$ "感染病毒"和 $A_3=$ "癌症","感冒"引起"发烧"的概率为 $1/100$,"感染病毒"引起"发烧"的概率为 $5/100$,"癌症"引起"发烧"的概率为 $100/100$(这需要医学知识). 并假设它们的发病率分别为 $1000/10000$,$10/10000$ 和 $1/10000$(这需要实践经验). 由贝叶斯公式计算可得

"发烧"是由"感冒"引起的概率为 $P(A_1|B)=\dfrac{10}{16}$;

"发烧"是由"感染病毒"引起的概率为 $P(A_2|B)=\dfrac{5}{16}$;

"发烧"是由"癌症"引起的概率为 $P(A_3|B)=\dfrac{1}{16}$.

因此,医生一般先推断病因是"感冒"并按此治疗,经过一个疗程不愈,再按"感染病毒"治疗……

≫ 拓展提升 ≪

一、概率的公理化定义

1933 年由俄罗斯数学家柯尔莫哥洛夫给出了概率的公理化定义,使概率论成为一门严谨的数学分支.

设随机试验的样本空间为 Ω,随机事件 A 是 Ω 的子集,$P(A)$ 是实值函数,且满足下列三条公理:

公理 1(非负性):对于任一随机事件 A,有 $P(A)\geqslant 0$;

公理 2(规范性):对于必然事件 Ω,有 $P(\Omega)=1$;

公理 3(可列可加性):对于两两互不相容的事件 $A_1,A_2,\cdots,A_n,\cdots$,有

$$P(\bigcup_{i=1}^{\infty} A_i)=\sum_{i=1}^{\infty} P(A_i),$$

则称 $P(A)$ 为随机事件 A 的概率.

二、古典概型样本空间的等价浓缩

"等价浓缩"是选取古典概型样本空间的一种方法. 下面通过例子来说明.

例 34 求任取一自然数能被 5 整除的概率.

我们的试验是从全体自然数中任取一个. 首先想到的可能是取 $S_3 = \{1, 2, \cdots, n, \cdots\}$ 为样本空间,这时样本点具有等可能性但非有限,不满足古典概型的要求. 因为任一自然数被 5 除得的余数是 0、1、2、3、4 之一,且由于取数是随机的,故得到的余数也是等可能的. 因此可取 $S_2 = \{0, 1, 2, 3, 4\}$ 为样本空间,这时"被 5 除尽"等价于"余数为 0",从而要求的概率为 1/5. 这是一个典型的用等价浓缩方法的例子.

S_2 中样本点是等可能的,我们称它是 S_3 的等价浓缩. 等价是指 S_2 保持了 S_3 的等可能性,浓缩是指无限的 S_3 被浓缩为有限的 S_2. 事件的概率在等价浓缩下不会改变.

在做等价浓缩时必须要保证"等价"和能解决问题. 本例中,如果将 S_3 浓缩为 $S_1 = \{$ "能被 5 除尽","不能被 5 除尽"$\}$,则不是等价浓缩;如果将 S_3 浓缩为 $S_0 = \{$ "取得奇数","取得偶数"$\}$,是等价浓缩,但 S_0 不能反映我们关心的内容——"被 5 除尽",故不能采用. 在例 27 中,S_0, S_1, S_2 都是 S_3 的浓缩,但只有 S_2 是等价浓缩.

三、几何概型中样本空间的等价浓缩

几何概型中也有等价浓缩的思想. 比如,在"向平面上平行线族任意投一枚长为 a 的针"的蒲丰问题中,我们把针和一族平行线中直线相交情况等价浓缩为和一条直线相交情况来讨论. 又如,在问题"平面上两组相互垂直的平行线把平面划分为一系列边长为 a 的正方形,向平面上任意投一半径为 $r(2r < a)$ 的硬币,求硬币不与直线相交的概率"中,我们将硬币和各个正方形边相交的情况,等价浓缩到和一个正方形边相交情况来解决:硬币中心可能投在正方形中任一点,而要硬币和线不交,硬币中心必投在正方形内各边分别与正方形边平行的、边长为 $(a-2r)$ 的小正方形中. 因此要求的概率是 $(a-2r)^2/a^2$.

四、利用频率认识概率

1. 利用频率认识概率的客观性

事件的概率是反映事件发生的可能性大小的一种度量,但往往难以准确测量,再加上每次试验中事件是否出现是偶然的,于是,就可能会产生问题:事件的概率是否为事件本身所固有的客观属性

(历史上确有这方面的争议)？利用频率可使我们认识概率的客观性：因为事件的频率是客观的,事件概率是事件频率的稳定值、是由事件频率决定的,所以事件概率是客观的. 这种认识对唯物主义观点的树立十分重要.

2. 利用频率解决概率争议

利用频率可以来解决概率争议问题. 比如,例 28 中要求的概率是 1/4 还是 1/3,历史上曾发生过激烈的争论. 这个争论归结为：在随机选取的条件下,可重组合全体是否具有等可能性？ 这个问题在理论层面无法解决,因为在不同的领域不一样. 通过做随机投两枚均匀硬币的试验,统计出"出现两个正面"的频率在 1/4 附近而不在 1/3 附近,根据频率是概率的近似值,说明 1/4 是正确的.

3. 利用频率验证概率问题

例 19 中问题的正确答案到底是什么？ 我们可以利用计算机模拟试验. 比如,利用 QBASIC 编程,等可能地产生整数 0、1、2.0 表示车,1 和 2 表示羊,程序如下：

```
RANDOMIZE
INPUT N
LET F=0
FOR I=1 TO N
    LET X=INT(3 * RND)
    IF X=0 THEN F=F+1
NEXT I
LET P=1-F/N
PRINT "P=";P
END
```

我们取 N=1000-100000,得到"换"猜中车的频率为：

实验次数	1000	2000	4000	6000	8000	10000	100000
频率	0.661	0.6685	0.665	0.667	0.66975	0.662	0.66604

根据频率与概率的关系,实验结果证实了玛利亚小姐是对的,即"换"猜中车的概率为 2/3,而"不换"猜中车的概率为 1/3.

我们可以简单地得到答案：从{羊,羊,车}三件中任选一个,选到车的概率是 1/3,这就是"不换"猜中车的概率；而车在剩下两个中的概率是 2/3,由于主持人从剩下的两个中去掉一个羊,所以"换"猜中车的概率就是车在剩下两个中的概率 2/3.

4. 利用频率掌握概率性质

概率是从频率中抽象概括出来的. 所以利用频率来掌握概率性质是一条很好的途径. 比如, 概率的公理化定义中的非负性、规范性、可列可加性是从频率的相应性质中提炼出来的, 而在概率的公理化定义基础上推出的概率性质, 如 $P(\varnothing)=0$、加法公式、有限可加性、减法公式、连续性等, 对频率都成立, 而且概率与频率的这些性质的证明方法也是类似的. 利用频率的性质可以帮助我们掌握概率的公理化定义和性质.

5. 利用频率理解概率理论

利用频率可以帮助我们直观地理解概率论的一些理论. 比如, 借助于频率, 容易理解为什么离散型 $R.V.$ 的期望是其取值按取值概率的加权平均（参见第四章"答疑解惑"）; 可以利用频率来理解开方检验的方法（参见第八章"答疑解惑"）.

6. 利用频率应用概率

在很多实际问题中, 我们很难获得随机事件的概率, 却容易得到其频率. 因此常常利用频率来应用概率, Monto Carlo 方法就是如此. 它是一种将计算机与概率论结合的方法: 用随机投点来模拟随机事件, 利用频率与概率的关系来应用概率解决问题, 如蒲丰利用投针实验计算 π 的近似值.

五、$P(B|A)$ 与 $P(B)$ 没有必然大小关系

一般情况下, 我们不能由定义断言 $P(B|A)$ 与 $P(B)$ 哪个更大, 但有

当 $B \subset A$ 时, $P(B|A) = \dfrac{P(AB)}{P(A)} = \dfrac{P(B)}{P(A)} \geqslant P(B)$.

当 $AB = \varnothing$ 时, $P(B|A) = \dfrac{P(AB)}{P(A)} = 0 \leqslant P(B)$.

六、条件概率性质

条件概率满足:

(1) 非负性: 对任意事件 B, $P(B|A) \geqslant 0$;

(2) 规范性: $P(\Omega|A) = 1$;

(3) 可列可加性: 设事件 $B_1, B_2, \cdots, B_n, \cdots$ 两两互斥, 则

$$P\left(\bigcup_{i=1}^{\infty} B_i \,\middle|\, A\right) = \sum_{i=1}^{\infty} P(B_i|A).$$

概率的性质都是在这三条基础上推出的, 所以, 条件概率 $P(\cdot|A)$ 也满足概率的所有性质.

七、抽样方式与独立性关系

在有放回的情形中,不同次抽样中的事件是相互独立的;在无放回的情形中,不同次抽样中的事件是不独立的. 当总数很庞大时,可认为近似独立.

八、互斥与独立的联系与区别

初学者容易将事件之间的互斥与独立混淆.

1. 两个事件互斥与独立是两个完全不同的概念

A,B 互斥当且仅当 $AB = \varnothing$,与概率无关;

A,B 独立当且仅当 $P(AB) = P(A)P(B)$,与概率有关. 在教学中对于"独立事件",可以直观地解释成:"彼此没有关系"的"互不影响"的事件.

2. 若 $P(A) > 0, P(B) > 0$, 则 A,B 互斥与 A,B 独立不能同时成立

可以通过例子来说明它们之间的关系.

例 35　设一袋子中有四只球,其中红球、白球、黑球各一个,另一只染有红、白、黑三种颜色. 从袋子中任取一球,以 A、B、C 分别表示取到的球有红、白、黑色的事件,则 A、B、C 两两独立但并不是两两互斥.

解　由古典概型知 $P(A) = P(B) = P(C) = \dfrac{1}{2}$, $P(AB) = P(BC) = P(AC) = \dfrac{1}{4}$, 从而 $P(AB) = P(A)P(B)$, $P(AC) = P(A)P(C)$, $P(BC) = P(B)P(C)$, 即 A,B,C 两两独立但并不是两两互斥.

例 36　设两事件概率全不为 0. 若它们互斥,则它们不独立.

证明　设 A、B 互斥. 若 A,B 独立,则 $0 = P(AB) = P(A)P(B)$. 又

$$P(A \bigcup B) = P(A) + P(B) - P(AB)$$
$$= P(A) + P(B) - P(A)P(B)$$
$$= P(A) + P(B)(1 - P(A)) < P(A) + P(B)$$

故 $P(AB) > 0$, 这与 A,B 互斥矛盾. 因此 A,B 不独立.

九、独立关系不具有传递性

对事件 A,B,C, 由 A 与 B 独立、B 与 C 独立,推不出 A 与 C 独立.

例 37　考虑有两个孩子家庭全体,假定生男生女是等可能的,因而样本空间为

$$\Omega = \{(b,b),(b,g),(g,b),(g,g)\},$$

其中 b 表示男孩，g 表示女孩，每一对里的次序是指出生的次序. 现在从全体有两个孩子的家庭中随机地选择一个家庭，并考虑下面三个事件：

$A=$"第一个孩子是男孩"，$B=$"两个孩子不同性别"，$C=$"第一个孩子是女孩"，则

$$AB = \{(b,g)\}, \; BC = \{(g,b)\}, \; AC = \varnothing,$$

$$P(AB) = \frac{1}{4} = P(A)P(B),$$

$$P(BC) = \frac{1}{4} = P(B)P(C),$$

$$P(AC) = 0 \neq P(A)P(C)$$

所以，A、B 独立，B、C 独立，但 A、C 不独立.

顺便指出，不独立关系也不具有传递性，即虽然 A 与 B 不独立，B 与 C 不独立，而 A 与 C 可以独立.

例 38 考察掷 3 枚均匀硬币的试验. 设

$A=$"全正面或全反面"，$B=$"至多两个正面"，$C=$"至多一个正面"，试验的样本空间为

$$\Omega = \{HHH, HHT, HTH, THH, HTT, THT, TTH, TTT\}$$

其中 H 表示正面，T 表示反面，容易算出：

$$P(A) = \frac{2}{8}, P(B) = \frac{7}{8}, P(C) = \frac{4}{8},$$

$$P(AB) = \frac{1}{8}, P(BC) = \frac{4}{8}, P(AC) = \frac{1}{8}.$$

于是有

$$P(AB) = \frac{1}{8} \neq \frac{7}{32} = P(A)P(B),$$

$$P(BC) = \frac{1}{2} \neq \frac{7}{16} = P(B)P(C),$$

$$P(AC) = \frac{1}{8} = P(A)P(C),$$

可见 A 与 B 不独立，B 与 C 不独立，A 与 C 却独立.

十、概率试验的作用

我们倡导多做概率试验，是因为概率试验有多方面作用.

1. 概率试验有助于学生体会随机现象的特点

在进行试验及对试验数据的分析中，学生能逐渐体会到随机现象的不确定性，以及大量重复试验下所呈现的规律性. 众所周知，投掷 1 枚均匀硬币出现正面朝上的概率为 1/2，那么投掷 100 枚均匀硬币出现 50 次正面朝上的概率也为 1/2 吗？不少人想象如此. 通过

试验、计算可知,这个概率只有 8% 左右.

2. 概率试验可以估计一些随机事件的概率

在实际生活中,很多随机事件发生的概率难以得到,人们常常通过做试验,将大量重复试验下得到的事件频率作为概率的估计值. 另外,一些随机事件虽有理论概率,但超出学生现有知识水平,也可通过试验获得事件概率的估计值.

3. 概率试验有助于学生澄清一些错误认识

通过试验让学生亲自动手操作,可使学生由感性经验向理性思考发展. 比如:

问题 1　5 人欲通过抓阄方式决定谁取得某物,为此设 5 个阄,其中只有一个阄是有物的阄,5 人依次从中抓取,是先抓阄的人得到此物的可能性大还是后抓阄的人得到此物的可能性大?

问题 2　假如你已经随意投掷了一枚均匀的硬币九次,每次的结果都是正面朝上,那么第十次随意掷出后是正面朝上的概率大还是反面朝上的概率大? 有的学生会认为,正面朝上的概率大,因为正面朝上出现的次数多,有的学生则认为,反面朝上的概率大,因为前面一直出现的是正面朝上,这次该轮到反面朝上了.

4. 概率试验有助于渗透频率与概率的关系

通过试验让学生感受"当试验次数较大时,频率稳定于理论概率"这一结论的含义,加深学生对概率的理解:当试验次数很大时,总体上讲频率逐步稳定于概率附近;同时,并不意味着试验次数越大,频率就越靠近理论概率. 有可能出现这样的情形:增加试验次数,频率和概率的差距反而扩大了.

5. 概率试验有助于对模拟试验方法的认识和掌握

概率试验本身就是一种应用概率解决问题的方法,如 Monto Carlo 方法. 概率试验还可以帮助我们直观地理解概率论的一些理论.

6. 概率试验有助于学生发展合作能力

学生通过具体的试验操作和统计,可以获得一定的活动经验,并在活动中进一步发展合作交流的能力.

≫ 作业设计 ≪

【1.1A 本节内容作业】

1.1A-1　写出下面给出的几个随机试验的样本空间:

(1) 某品牌电视机的寿命;

(2) 110 每天接到的报警次数；

(3) 从圆心在原点的单位圆内任取一点.

1.1A-2 写出下列随机试验的样本空间及事件包含的样本点：

(1) 掷一颗骰子，"出现奇数点"；

(2) 投掷一枚均匀硬币两次，$A =$ "第一次出现正面"，$B =$ "两次出现同一面"，$C =$ "至少有一次出现正面"；

(3) 在 $1,2,3,4$ 四个数中可重复地抽取两个数，"其中一个数是另一个数的两倍"；

(4) 将 a,b 两只球随机地放到 3 个盒子中去，每个盒子可容纳 2 个球，观察球的分布情况. $A =$ "第一个盒子中至少有一个球".

1.1A-3 写出下列随机试验的样本空间：

(1) 记录学生一次数学考试的平均分数(以百分制记分)；

(2) 一射手进行射击，直到击中目标为止，观察射击次数.

1.1A-4 一个口袋中有 2 个白球、3 个黑球、4 个红球，从中任取一球. 写出随机试验的样本空间并写出下列事件的集合：

(1) 取得白球；

(2) 取得红球.

1.1A-5 化简下列各式：

(1) $AB \bigcup A\overline{B}$；

(2) $(A \cup B) \bigcup (\overline{A} \cup \overline{B})$；

(3) $(\overline{A \cup B}) \bigcap (A - \overline{B})$.

1.1A-6 设 A、B、C 为三个事件，用 A、B、C 的运算关系表示下列各事件：

(1) 仅 A 发生；

(2) A 与 C 都发生，而 B 不发生；

(3) 所有三个事件都不发生；

(4) 恰有一个事件发生；

(5) 恰有两个事件发生；

(6) 至少有一个事件发生；

(7) 至多有两个事件发生；

(8) 至少有两个事件发生.

1.1A-7 对飞机进行两次射击，每次射一弹，设事件 $A = \{$第一次击中飞机$\}$，$B = \{$第二次击中飞机$\}$，$C = \{$恰有一弹击中飞机$\}$，$D = \{$至少有一弹击中飞机$\}$，$E = \{$两弹都击中飞机$\}$.

(1) 试用事件 $A, B,$ 表示事件 C, D, E；

(2) C 与 E 是对立事件吗？为什么？

1.1A-8 设 A,B,C 为随机事件,则 A 与 $\overline{A \cup B \cup C}$ 是互不相容的?

1.1A-9 从一批产品中任意抽取 4 件样品进行质量检查.记事件 A_i 表示"抽出的第 i 件是次品"$(i=1,2,3,4)$,试用 A_i 来表示下列事件:

(1) 至少发现 1 件次品;

(2) 最多发现 2 件次品;

(3) 发现 2 件或 3 件次品.

1.1A-10 把事件 $A \cup B$ 与 $A \cup B \cup C$ 分别写成互不相容事件和的形式.

1.1A-11 指出下列命题中哪些成立,哪些不成立?

(1) $A \cup B = A\overline{B} \cup B$;

(2) $\overline{(A \cup B)}C = \overline{A} \cap \overline{B} \cap \overline{C}$;

(3) $(AB)(A\overline{B}) = \varnothing$;

(4) 若 $A \subset B$,则 $A = AB$;

(5) 若 $AB = \varnothing$ 且 $C \subset A$,则 $BC = \varnothing$.

1.1A-12 在数学系的学生中任选一名学生,令事件 A 表示被选学生是男生,事件 B 表示被选学生是三年级学生,事件 C 表示该生是运动员.

(1) 叙述 $AB\overline{C}$ 的意义;

(2) 在什么条件下 $ABC = C$ 成立?

(3) 什么时候关系式 $C \subset B$ 是正确的?

(4) 什么时候 $\overline{A} = B$ 成立?

1.1A-13* 设 $A = \{x \mid \frac{1}{2} < x \leqslant 1\}$,$B = \{x \mid \frac{1}{4} \leqslant x < \frac{3}{2}\}$.

具体写出下列各事件:

(1) $\overline{AB}$;(2) $\overline{A} \cup B$;(3) $\overline{\overline{A} \cap \overline{B}}$;(4) $\overline{AB}$.

1.1A-14* 证明下列各式:

(1) $(A \cup B) \cap C = (A \cap C) \cup (B \cap C)$;

(2) $\overline{\bigcap_{i=1}^{n} A_i} = \bigcup_{i=1}^{n} \overline{A}_i$.

1.1A-15* 一个工人生产了 n 个零件,以 A_i 表示他生产的第 i 个零件是合格品$(1 \leqslant i \leqslant n)$.用 A_i 表示下列事件:

(1) 没有一个零件是不合格品;

(2) 至少有一个零件是不合格品;

(3) 仅仅只有一个零件是不合格品;

(4) 至少有两个零件是不合格品.

【1.2A 本节内容作业】

1.2A-1 设事件 A 与 B 互不相容,且 $P(A)=p,P(B)=q$,求下列事件的概率: $P(AB),P(A\bigcup B),P(A\overline{B}),P(\overline{AB})$.

1.2A-2 设事件 A,B 及 $A\bigcup B$ 的概率分别为 p、q 及 r,求 $P(AB),P(A\overline{B}),P(\overline{A}B),P(\overline{A}\overline{B})$.

1.2A-3 设 $P(A)=1/4,P(B)=1/3$,且 A,B 互斥. 求:

(1) $P(A\bigcup B)$;(2) $P(A-B)$;(3) $P(\overline{A}B)$;(4) $P(\overline{A}\bigcup\overline{B})$.

1.2A-4 设 A,B,C 是三个事件,已知 $P(A)=P(B)=P(C)=0.3$,$P(AB)=0.2$,$P(AC)=P(BC)=0$. 试求:(1) A,B,C 至少有一个发生的概率;(2) A,B,C 全不发生的概率.

1.2A-5 某城市共发行甲、乙、丙三种报纸. 这个城市的居民中,订甲报的有 45%,订乙报的有 35%,订丙报的有 30%,同时订甲、乙两报的有 10%,同时订甲、丙两报的有 8%,同时订乙、丙两报的有 5%,同时订三种报纸的有 3%,求下述百分比:

(1) 只订甲报的;

(2) 只订甲、乙两报的;

(3) 只订一种报纸的;

(4) 正好订两种报纸的;

(5) 至少订一种报纸的;

(6) 不订任何报纸的.

1.2A-6* 设 A_1,A_2 为两个随机事件,证明:

(1) $P(A_1A_2)=1-P(\overline{A_1})-P(\overline{A_2})+P(\overline{A_1}\,\overline{A_2})$;

(2) $1-P(\overline{A_1})-P(\overline{A_2})\leqslant P(A_1A_2)\leqslant P(A_1\bigcup A_2)\leqslant P(A_1)+P(A_2)$.

1.2A-7 对于任意的随机事件 A、B、C,证明:
$$P(AB)+P(AC)-P(BC)\leqslant P(A).$$

1.2A-8* 试举例说明由 $P(ABC)=P(A)P(B)P(C)$ 不能推出 $P(AB)=P(A)P(B)$.

1.2A-9 电子元件共有 100 个,次品率为 0.05. 从中每次抽取一个,不放回地连续抽取两次. 第二次才取到正品的概率为多少?

1.2A-10 某城市共有 10000 辆自行车,其牌照编号从 00001 到 10000. 问事件"偶然遇到一辆自行车,其牌照号码中有数字 8"的概率为多大?

1.2A-11 在 1500 个产品中有 400 个次品,1100 个正品. 任取 200 个,求:

(1) 恰好有 90 个次品的概率；

(2) 至少有两个次品的概率.

1.2A-12　一个小孩用 13 个字母 A，A，A，C，E，H，I，I，M，M，N，T，T 做组字游戏. 如果字母的各种排列是随机的（等可能的），问恰好组成"MATHEMATICIAN"一词的概率为多大？

1.2A-13　一幢 10 层楼的楼房中的一架电梯，在底层登上 7 位乘客. 电梯在每一层都停，乘客从第二层起离开电梯，假设每位乘客在每一层离开电梯是等可能的，求没有两位及两位以上乘客在同一层离开的概率.

1.2A-14　一份试卷上有 6 道题，某位学生在解答时由于粗心随机地犯了 4 处不同的错误. 试求：

(1) 这 4 处错误发生在最后一道题上的概率；

(2) 这 4 处错误发生在不同题上的概率；

(3) 至少有 3 道题全对的概率.

1.2A-15*　从 5 双不同的鞋子中任取 4 只，求此 4 只鞋子至少有 2 只鞋子配成一双的概率.

1.2A-16*　将 3 个球随机地放入 4 个杯子中去，求杯子中球的最大个数分别为 1，2，3 的概率.

1.2A-17　某公共汽车站每隔 5 分钟有一辆汽车到达，乘客到达汽车站的时刻是任意的，求一个乘客候车时间不超过 3 分钟的概率.

1.2A-18　两艘轮船都要停靠同一个泊位，它们可能在一昼夜的任意时刻到达. 设两船停靠泊位的时间分别为 1 小时与 2 小时，求有一艘船停靠泊位时必须等待一段时间的概率.

1.2A-19　将一枚骰子重复掷 n 次，试求掷出的最大点数为 5 的概率.

1.2A-20　有 n 个人，每个人都以同样的概率 $1/N$ 被分配在 N（$n \leqslant N$）间房中的每一间. 求下列各事件的概率：

(1) $A=$"某指定 n 间房中各有 1 人"；

(2) $B=$"恰有 n 间房，其中各有 1 人"；

(3) $C=$"某指定房间中恰有 $m(m \leqslant n)$ 人".

1.2A-21*　一袋中装有 $N-1$ 只黑球及 1 只白球，每次从袋中随机地摸出一球，并换入 1 只黑球，这样继续下去，问第 k 次摸球时，摸到黑球的概率为多少？

1.2A-22*　在中国象棋的棋盘上任意地放上一只红"车"及一只黑"车"，求它们正好可以相互吃掉的概率.

1.2A-23*　一个人把 6 根草握在手中，仅露出它们的头和尾. 然后请另一个人把 6 个头两两相接，6 个尾也两两相接. 求放开手以后

6根草恰好连成一个环的概率,并把上述结果推广到 $2n$ 根草的情形.

1.2A-24* 甲、乙两人从装有 a 个白球与 b 个黑球的口袋中轮流摸取一球,甲先取,乙后取,每次取后不放回,直到两人中有一人取到白球时停止.试描述这一随机现象的概率空间,并求甲或乙先取到白球的概率.

1.2A-25* 某数学家有两盒火柴,每盒都有 n 根火柴,每次用火柴时他在两盒中任取一盒并从中抽出一根.求他用完一盒时另一盒中还有 r 根火柴($1 \leqslant r \leqslant n$)的概率.

1.2A-26* 某班有 n 个学生参加口试,考签共 N 张,每人抽到的考签用后即放回,在考试结束后,问至少有一张考签没有被抽到的概率是多少?

1.2A-27* 从 n 阶行列式的一般展开式中任取一项,问这项包含主对角线元素的概率是多少?

1.2A-28* 在矩形 $\{(a,b): 1 \leqslant a \leqslant 2, -1 \leqslant b \leqslant 1\}$ 中任取一点,求使方程 $ax+b=0$ 的解大于 $\frac{1}{4}$ 的概率.

1.2A-29* 把长为 a 的棒任意折成 3 段,求此三段能构成一个三角形的概率.

1.2A-30* 在 $\triangle ABC$ 中任取一点 P,证明:$\triangle ABP$ 与 $\triangle ABC$ 的面积之比大于 $\frac{n-1}{n}$ 的概率为 $\frac{1}{n^2}$.

1.2A-31* 在线段 AB 上任取三点 x_1, x_2, x_3,求:
(1) x_2 位于 x_1 与 x_3 之间的概率;
(2) Ax_1, Ax_2, Ax_3 能构成一个三角形的概率.

1.2A-32* 平面上画有间隔为 l 的等距平行线,向平面任意地投掷一个三角形,该三角形的边长分别为 a、b、c(均小于 l),求三角形与平行线相交的概率.

1.2A-33* 从区间 $(0,1)$ 中任取两个数,求两数之积小于 1/4 的概率.

1.2A-34* 随机向半圆 $0 < y < \sqrt{2ax - x^2}$ 内掷一点,点落在半圆内区域的概率与区域的面积成正比,求原点和该点的连线与 x 轴的夹角小于 $\pi/4$ 的概率.

【1.3A 本节内容作业】

1.3A-1 长期统计资料表明,某地区 6 月份下雨(记为事件 A)

的概率为 4/15,刮风(记为事件 B)的概率为 7/15,既下雨又刮风概率为 1/10,求 $P(A|B)$, $P(B|A)$.

1.3A-2　设 A , B 是两个事件, $P(A) = P(B) = \dfrac{1}{3}$, $P(A|B) = \dfrac{1}{6}$,求 $P(\overline{A}|\overline{B})$.

1.3A-3　n 个人用依次摸彩的方式决定谁得 1 张电影票.

(1) 已知前 $k-1$ ($k \leqslant n$) 个人都没摸到,求第 k 个人摸到的概率;

(2) 求第 k ($k \leqslant n$) 个人摸到的概率.

1.3A-4　将一枚骰子重复掷 n 次,试用条件概率求掷出的最大点数为 5 的概率.

1.3A-5　设 M 件产品中有 m 件是不合格品,从中随机任取两件.

(1) 在所取产品中有一件是不合格品的条件下,求另一件也是不合格品的概率;

(2) 在所取产品中有一件是合格品的条件下,求另一件是不合格品的概率.

1.3A-6　设有甲乙两袋,甲袋中装有 3 只白球、2 只红球,乙袋中装有 2 只白球、3 只红球. 今从甲袋中任取一球放入乙袋,再从乙袋中任取 2 个球,问取出的 2 个都为白球的概率是多少?

1.3A-7　某地有甲乙两种彩票,它们所占份额比为 3∶2. 甲的中奖率为 0.1,乙的中奖率为 0.3.任购 1 张彩票,求中奖的概率.

1.3A-8　设仓库内有 10 箱产品,分别来自于甲厂(5 箱)、乙厂(3 箱)、丙厂(2 箱),而三个厂的次品概率依次为 $\dfrac{1}{10}$, $\dfrac{1}{15}$, $\dfrac{1}{20}$. 先任取一箱,再从中取一产品,求取得正品的概率.

1.3A-9　某射击小组共有 20 名射手,其中一级射手 4 人,二级射手 8 人,三级射手 7 人,四级射手 1 人.一、二、三、四级射手能通过选拔进入决赛的概率分别是 0.9、0.7、0.5、0.2. 在这组内任选一名射手,求该射手能通过选拔进入决赛的概率.

1.3A-10　某工厂里有甲、乙、丙三台机器生产螺丝钉,它们的产量各占 25%、35%、40%,它们产品中不合格品分别占有 5%、4%、2%.现在从该厂产品中任取一只恰是不合格品,问此不合格品是甲、乙、丙机器生产的概率分别为多少?

1.3A-11　某工厂的车床、钻床、磨床、刨床的台数之比为 9∶3∶2∶1,它们在一定时间内需要修理的概率之比为 1∶2∶3∶1.当有一台机床需要修理时,问这台机床是车床的概率是多少?

1.3A-12 已知一批产品中 96% 是合格品. 检查产品时,一合格品被误认为是次品的概率是 0.02,一次品被误认为是合格品的概率是 0.05. 求在被检查后认为是合格品的产品确实是合格品的概率.

1.3A-13 假设某一地区患有癌症的人占 0.005,患者对一种试验反应是阳性的概率为 0.95,正常人对这种试验反应是阳性的概率为 0.04. 现抽查了一个人,试验反应是阳性,问此人是癌症患者的概率有多大?

1.3A-14 用卡车运送防"非典"用品下乡,车上装 10 个纸箱,其中 5 箱民用口罩、2 箱医用口罩、3 箱消毒棉花. 到目的地时发现丢失 1 箱,不知丢失哪一箱. 现从剩下 9 箱中任意打开 2 箱,发现都是民用口罩,求丢失的一箱也是民用口罩的概率.

1.3A-15 有朋友自远方来访,他乘火车、轮船、汽车、飞机来的概率分别是 0.3、0.2、0.1、0.4. 如果他乘火车、轮船、汽车来的话,迟到的概率分别是 $\frac{1}{4}$、$\frac{1}{3}$、$\frac{1}{12}$,而乘飞机不会迟到. 结果他迟到了,试问他乘火车来的概率是多少?

1.3A-16 设机器正常时,生产合格品的概率为 95%,当机器有故障时,生产合格品的概率为 50%,而机器无故障的概率为 95%. 某天上班时,工人生产的第一件产品是合格品,问能以多大的把握判断该机器是正常的?

1.3A-17 某电子设备制造厂所用的晶体管是由三家元件制造厂提供的. 以往的记录如下:

表 1-4　三家晶体管制造厂次品率与份额

元件制造厂	次品率	提供晶体管的份额
1	0.02	0.15
2	0.01	0.80
3	0.03	0.05

设这三家工厂的产品在仓库中是均匀混合的,且无区别的标志.

(1) 在仓库中随机地取一只晶体管,求它是次品的概率;

(2) 在仓库中随机地取一只晶体管,若已知取到的是次品,这只次品来自何厂的可能性最大?

1.3A-18* 已知一个母鸡生 k 个蛋的概率为 $\frac{\lambda^k}{k!}e^{-\lambda}(\lambda > 0)$,而每一个蛋能孵化成小鸡的概率为 p,证明:一个母鸡恰有 r 个下一代(即小鸡)的概率为 $\frac{(\lambda p)^r}{r!}e^{-\lambda p}$.

【1.3B 跨节内容作业】

1.3B-1 设 A, B 为互斥事件,且 $P(A) > 0, P(B) > 0$. 下面四个结论中,正确的是:

(1) $P(B \mid A) > 0$;

(2) $P(A \mid B) = P(A)$;

(3) $P(A \mid B) = 0$;

(4) $P(AB) = P(A)P(B)$.

1.3B-2 设 $B \subset A$,则下面等式正确的是:

(1) $P(\overline{AB}) = 1 - P(A)$;

(2) $P(B \mid A) = P(B)$;

(3) $P(\overline{B} - \overline{A}) = P(\overline{B}) - P(\overline{A})$;

(4) $P(A \mid \overline{B}) = P(A)$.

1.3B-3 设 A, B 为随机事件,且 $P(B) > 0, P(A \mid B) = 1$,下面四个结论中,正确的是:

(1) $P(A \bigcup B) > P(A)$;

(2) $P(A \bigcup B) > P(B)$;

(3) $P(A \bigcup B) = P(A)$;

(4) $P(A \bigcup B) = P(B)$.

1.3B-4 为防止意外,在矿内设有两种报警系统,单独使用时,系统 A 有效的概率为 0.92,系统 B 有效的概率为 0.93. 在系统 A 失灵的条件下,系统 B 有效的概率为 0.85. 求:(1) 发生意外时,这两种系统至少有一个系统有效的概率;(2) 系统 B 失灵的条件下,系统 A 有效的概率.

1.3B-5 已知 $P(\overline{A}) = 0.3, P(B) = 0.4, P(A\overline{B}) = 0.5$,求 $P(B \mid A \bigcup \overline{B})$.

1.3B-6 设 A, B 为两随机事件,已知 $P(A) = 0.7 = 0.3 + P(B)$,$P(A \bigcup B) = 0.8$,求 $P(A \mid \overline{A} \bigcup B)$.

1.3B-7 掷 3 颗骰子,若已知出现的点数没有两个相同,求至少有一颗骰子是一点的概率.

1.3B-8 袋中有 3 个白球和一个红球,逐次从袋中摸球,每次摸出一球,如是红球则把它放回,并再放入一只红球,如是白球,则不放回,求第 3 次摸球时摸到红球的概率.

1.3B-9 已知一个家庭中有三个小孩,且其中一个是女孩,求至少有一个男孩的概率(假设一个小孩是男孩或是女孩是等可能的).

1.3B-10* 设袋中有 m 枚正品硬币,n 枚次品硬币(次品硬币的两面均有国徽),从袋中任取一枚硬币,将它投掷 r 次,已知每次都得到国徽. 问这枚硬币是正品的概率是多少?

【1.4A 本节内容作业】

1.4A-1 加工某零件有三道工序,各道工序合格的概率分别为 0.95、0.9、0.85. 求加工出来的零件合格率.

1.4A-2 某厂用两种工艺生产一种产品. 第一种工艺有三道工序,各道工序出现废品的概率分别为 0.05、0.1、0.15;第二种工艺有两道工序,各道工序出现废品的概率都是 0.15,各道工序独立工作. 设用这两种工艺在合格品中得到优等品的概率分别为 0.95 和0.85. 试比较用哪种工艺得到优等品的概率更大.

1.4A-3 设有两门高射炮,每一门击中目标的概率都是 0.6,试问同时发射一发炮弹击中飞机的概率是多少? 若又有一架敌机入侵领空,欲以 99% 以上的概率击中它,问至少需要多少门高射炮同时射击?

1.4A-4 设每个元件的可靠度为 0.96. 试问,至少要并联多少个元件才能使系统的可靠度大于 0.9999? 假定每个元件是否正常工作是相互独立的.

1.4A-5 某车间有 10 台同类型的设备,每台设备的电动机功率为 10 千瓦. 已知每台设备每小时实际开动 12 分钟,它们使用与否是相互独立的. 因某种原因,这天供电部门只能给车间提供 50 千瓦的电力,问这 10 台设备能正常运作的概率是多少?

【1.4B 跨节内容作业】

1.4B-1 设 A、B 为独立事件,且 $P(A) > 0$,$P(B) > 0$,下面四个结论中,不正确的是:

(1) $P(B|A) > 0$;

(2) $P(A|B) = P(A)$;

(3) $P(A|B) = 0$;

(4) $P(AB) = P(A)P(B)$.

1.4B-2 $P(A) = \dfrac{1}{4}$,$P(A - B) = \dfrac{1}{8}$,且 A, B 独立. 求 $P(\overline{B})$ 和 $P(A \bigcup B)$.

1.4B-3 思考下列问题是否成立:

(1) 若 A 与 B 互斥,且 $P(A) > 0$,$P(B) > 0$,则 A 与 B 不独立;

(2) 若 A 与 B 独立,且 $P(A) > 0$,$P(B) > 0$,则 A 与 B 不互斥.

1.4B-4 有甲、乙、丙三门火炮同时独立地向某目标射击,命中

率分别为 0.2、0.3、0.5,求:(1)至少有一门火炮命中目标的概率;
(2)恰有一门火炮命中目标的概率.

1.4B-5 已知事件 A,B 相互独立且互不相容,求 $\min(P(A),P(B))$.

1.4B-6 一名工人照看 A、B、C 三台机床,已知在 1 小时内三台机床各自不需要工人照看的概率分别为 $P(\bar{A}) = 0.9, P(\bar{B}) = 0.8$, $P(\bar{C}) = 0.7$. 求 1 小时内三台机床至多有一台需要照看的概率.

1.4B-7 两个相互独立的事件 A,B 都不发生的概率为 $\dfrac{1}{9}$,A 发生 B 不发生的概率与 B 发生 A 不发生的概率相等,求 $P(A)$.

1.4B-8 证明:若三个事件 A、B、C 独立,则 $A \bigcup B$、AB 及 $A - B$ 都与 C 独立.

1.4B-9 一个人的血型为 O、A、B、AB 型的概率分别为 0.46、0.40、0.11、0.03,现在任意挑选五个人,求下列事件的概率:

(1) 两个人为 O 型,其他三个人分别为另外的三种血型;

(2) 三个人为 O 型,两个人为 A 型;

(3) 没有一个人为 AB 型.

1.4B-10 设 $A_1, A_2, \cdots, A_n$ 为 n 个相互独立的事件,且 $P(A_k) = p_k (1 \leqslant k \leqslant n)$,求下列事件的概率:

(1) n 个事件全不发生;

(2) n 个事件中至少发生一件;

(3) n 个事件中恰好发生一件.

1.4B-11 设 A、B 是任意两个事件,A 的概率不等于 0 或 1. 证明:$P(B \mid A) = P(B \mid \bar{A})$ 是 A、B 独立的充分必要条件.

1.4B-12* 做一系列独立的试验,每次试验中成功的概率为 p,求在成功 n 次之前已失败了 m 次的概率.

1.4B-13* 甲乙两人轮流射击,先击中目标者为胜,设甲乙击中目标的概率分别为 α、β,甲先射,求甲乙分别为胜者的概率.

1.4B-14* 甲、乙两选手进行比赛,假定每局比赛甲胜的概率为 0.6,乙胜的概率为 0.4,问采用 3 局 2 胜制还是 5 局 3 胜制对甲有利?

第 1 章自测题

一、填空题

1.袋中有 50 个乒乓球,其中 20 个黄球,30 个白球. 今有两人依次随机地从袋中各取一球,取后不放回,问第二人取得黄球的概率是_____.

2.在 4 张同样的卡片上分别写有字母 D、D、E、E,现在将 4 张卡片随机排成一列,则恰好排成英文单词 DEED 的概率 $p =$ _____.

3.铁路一编组站随机地编组发往三个不同地区 E_1,E_2 和 E_3 的车皮分别为 2、3 和 4 节,则发往同一地区的车皮恰好相邻的概率 $p =$ _____.

4.设在 10 件产品中有 4 件一等品,6 件二等品.现在随机从中取出 2 件,已知其中至少有 1 件是一等品,则 2 件都是一等品的条件概率为_____.

5.设事件 A 在每次试验中出现的概率为 p,则在 n 次独立重复试验中事件 A 最多出现一次的概率 $p =$ _____.

6.对同一目标接连进行 3 次独立重复射击,假设至少命中目标一次的概率为 7/8,则每次射击命中目标的概率 $p =$ _____.

7.设事件 A、B、C 满足 $P(AB) = P(BC) = P(AC) = \dfrac{1}{4}$,$P(ABC) = \dfrac{1}{16}$,则 A、B、C 中不多于一个发生的概率为_____.

8.已知 $P(A) = \dfrac{4}{5}$,$P(A\bar{B}) = \dfrac{4}{5}$,则 $P(\bar{A} \cup \bar{B}) =$ _____.

9.设两两独立的三个事件 A,B,C 满足条件:$ABC = \varnothing$,$P(A) = P(B) = P(C) < \dfrac{1}{2}$,且已知 $P(A \cup B \cup C) = \dfrac{9}{16}$,则 $P(A) =$ _____.

10.掷 n 颗骰子,出现最大的点数为 4 的概率为_____.

二、选择题

1.设 A,B,C 是任意三事件,则下列选项中正确的选项是(　　).

(A) 若 $A \cup B = B \cup C$,则 $A = C$;

(B) 若 $A - C = B - C$,则 $A = B$;

(C) 若 $AC = BC$,则 $A = B$;

(D) 若 $AB = \varnothing$ 且 $\overline{AB} = \varnothing$,则 $\bar{A} = B$.

2.从一批产品中,每次取出一个(取后不放回),抽取三次,用 $A_i (i = 1,2,3)$ 表示"第 i 次取到的是正品",下列结论中不正确的是(　　).

(A) $A_1 A_2 \bar{A}_3 \cup A_1 \bar{A}_2 A_3 \cup \bar{A}_1 A_2 A_3 \cup A_1 A_2 A_3$ 表示"至少抽到 2 个正品";

(B) $A_1A_2 \bigcup A_1A_3 \bigcup A_2A_3$ 表示"至少有 1 个是次品";

(C) $\overline{A_1A_2A_3}$ 表示"至少有 1 个不是正品";

(D) $A_1 \bigcup A_2 \bigcup A_3$ 表示"至少有 1 个是正品".

3. 某城市居民中订阅 A 报的有 45%, 同时订阅 A、B 报的有 10%, 同时订阅 A、C 报的有 8%, 同时订阅 A、B、C 报的有 3%, 则只订阅 A 报的概率为（　　）.

(A) 0.655;　　(B)0.30;　　(C) 0.24;　　(D) 0.73.

4. 已知 $P(A) = 0.5, P(B) = 0.4$, 则 $P(\overline{A} \bigcup \overline{B}) - P(A \bigcup B)$ 等于（　　）.

(A) 0.1;　　(B) 0.2;　　(C) 0.3;　　(D) 0.4.

5. 设事件 A、B 同时发生时, 事件 C 一定发生, 则（　　）.

(A) $P(C) \leqslant P(A) + P(B) - 1$;

(B) $P(C) \geqslant P(A) + P(B) - 1$;

(C) $P(C) = P(AB)$;

(D) $P(C) = P(A \bigcup B)$.

6. 设事件 A, B, C 满足 $P(AB) = P(A)P(B)$, $0 < P(B), P(C) < 1$, 则有（　　）.

(A) $P(AB | C) = P(A | C)P(B | C)$;

(B) $P(A | B) + P(\overline{A} | \overline{B}) = P(\overline{C} | \overline{C})$;

(C) $P(A | B) + P(\overline{A} | \overline{B}) = P(\overline{C} | C)$;

(D) $P(A | B) = P(\overline{A} | \overline{B})$.

7. 已知 $0 < P(B) < 1$ 且 $P((A_1 \bigcup A_2) | B) = P(A_1 | B) + P(A_2 | B)$, 则下列选项成立的是（　　）.

(A) $P((A_1 \bigcup A_2) | B) = P(A_1 | \overline{B}) + P(A_2 | \overline{B})$;

(B) $P(A_1B \bigcup A_2B) = P(A_1B) + P(A_2B)$;

(C) $P(A_1 \bigcup A_2) = P(A_1 | B) + P(A_2 | B)$;

(D) $P(B) = P(A_1)P(B | A_1) + P(A_2)P(B | A_2)$.

8. 已知 $P(A) = 0.5, P(B) = 0.6$ 以及 $P(B | A) = 0.8$, 则 $P(B | A \bigcup B)$ 等于（　　）.

(A) $\dfrac{4}{5}$;　　(B) $\dfrac{6}{11}$;　　(C) $\dfrac{3}{4}$;　　(D) $\dfrac{6}{7}$.

9. 设 A、B 是两个随机事件, 且 $0 < P(A), P(B) < 1, P(B | A) = P(B | \overline{A})$, 则一定有（　　）.

(A) $P(A | B) = P(\overline{A} | B)$;　　(B) $P(A | B) \neq P(\overline{A} | B)$;

(C) $P(AB) = P(A)P(B)$;　　(D) $P(AB) \neq P(A)P(B)$.

10. 一个班级中有 8 个男生和 7 个女生,今要选出 3 名学生参加比赛,则选出的学生中,男生数多于女生数的概率为(   ).

(A) $\dfrac{36}{65}$;　　　　(B) $\dfrac{25}{65}$;　　　　(C) $\dfrac{28}{65}$;　　　　(D) $\dfrac{1856}{3375}$.

三、解答题

1. 假设某四个人的准考证混放在一起,现在将其随机地发给这四个人.试求事件 A =“没有一个人领到自己准考证”的概率 p.

2. 假设有来自三个地区的考生报名表分别为 10 份、15 份和 25 份,其中女生的报名表分别为 3 份、7 份和 5 份.现在随机抽取一个地区的报名表,并从中先后随机抽出两份.

(1) 求先抽出的一份是女生表的概率;

(2) 已知后抽出的一份是男生表,求先抽出的一份是女生表的概率.

3. 设事件 A 在每次试验中出现的概率为 p.接连不断地独立地重复进行试验,为使事件 A 至少出现一次的概率不小于 $q(0<q<1)$,至少需要进行多少次试验?

4. 在空战训练中,甲机先向乙机开火,击落乙机的概率为 0.2;若乙机未被击落,就进行还击,击落甲机的概率是 0.3;若甲机也没被击落,则再进攻乙机,此时击落乙机的概率是 0.4,求这几个回合中:

(1) 甲机被击落的概率;

(2) 乙机被击落的概率.

5. 袋中有黑、白球各 1 个,每次从袋中任取 1 球,取出的球不放回,但再放进 1 只白球,求第 n 次取到的为白球的概率.

6. 三个电子元件串联的电路中,每个元件断电的概率分别为 0.1,0.2,0.3,且各元件是否断电相互独立,问电路断电的概率是多少?

7. 一道考题同时列出 m 个答案,要求学生把其中的一个正确答案选择出来.某考生可能知道哪个是正确答案,也可能乱猜一个,假设他知道正确答案的概率为 p,而乱猜的概率为 $1-p$.如果已知他答对了,问他确实知道正确答案的概率是多少?

8. 有枪 8 支,其中的 5 支经过试射校正,3 支未经试射校正.校正过的枪,击中靶的概率为 0.8,未经校正的枪,击中靶的概率为 0.3.今任取一支枪射击,结果击中靶,问此枪为校正过的概率是多少?

9. 已知 100 件产品中有 10 件正品,每次使用正品时肯定不会发生故障,而每次使用非正品时,均有 0.1 的可能性发生故障. 现从这 100 件产品中随机抽取一件,若使用了 n 次均未发生故障,问 n 为多大时,才能有 70% 的把握认为所取的产品为正品.

10. 假设某自动生产线上产品的不合格品率为 0.02. 随机抽取的 30 件产品,求:

(1) 不合格品不少于两件的概率 α;

(2) 在已经发现一件不合格品的条件下,不合格品不少于两件的概率 β.

第 2 章

随机变量及其概率分布

上章逐个研究一个试验下事件的概率. 本章对一个试验, 引入随机变量, 建立分布函数、分布律和概率密度, 并利用它们统一研究这个试验下所有事件的概率, 使对随机现象的研究更深入和简单.

【教学目的】

- 理解随机变量的概念.
- 熟练掌握分布律、分布函数、概率密度的概念, 熟练掌握它们的性质及利用它们求概率的方法.
- 掌握分布函数与概率密度、分布函数与分布律的关系.
- 熟练掌握常见的 5 个分布, 熟练运用标准正态分布表计算正态分布的概率.
- 会求简单的随机变量函数的分布.

§2.1 随机变量及其分布函数

一、随机变量

为了建立数学工具, 需要将随机试验的结果数量化. 为此, 我们引入随机变量.

1. 随机变量的概念

有些随机试验的结果本身就是数量. 例如, 一只灯泡的寿命, 每天的最高气温等. 有些随机试验的结果不是数量. 例如, 检查一个产品, 结果可能是"合格"与"不合格". 我们可以将其数量化, 比如用"1"表示"合格", 用"0"表示"不合格".

随机试验结果的数量化就是随机变量, 一般用大写字母 X、Y、Z 等表示. 设随机试验的样本空间为 $\Omega = \{\omega\}$, 随机变量 $X = X(\omega)$ 就

是定义在样本空间 Ω 上的实值单值"函数".

例 1　掷一枚均匀硬币 1 次, X 表示"出现正面的次数". X 是随机变量,其可能取值为 1、0. 即 $\{X=1\}$ 表示"正面朝上", $\{X=0\}$ 表示"反面朝上",并且 $P\{X=1\}=P\{X=0\}=0.5$.

以 X 表示从一副(不含大小王的)牌中抽出的牌的点数, X 是随机变量. $\{X\leqslant 5\}$ 表示"抽出的牌的点数不超过 5".

2. 随机变量的特点

随机变量的取值随试验的结果而定,在试验之前不能预知它取到的值,且它的取值有一定的概率,这是随机变量相对于一般变量的主要特点. 可以利用随机变量的取值(范围)来表示该试验中所有事件. 比如, $\{a\leqslant X\leqslant b\}=\{\omega\mid a\leqslant X_{(\omega)}\leqslant b\}$ 表示的是 ω 的集合,表示的是事件.

二、随机变量的分布函数

分布函数是我们研究随机变量的分布的重要工具.

1. 分布函数的定义

设 X 是一个随机变量,对任意实数 x,事件 $\{X\leqslant x\}$ 的概率是 x 的函数,我们称为随机变量 X 的分布函数. 这时也称 X 服从 $F(x)$,记为 $X\sim F(x)$.
$$F(x)=P\{X\leqslant x\},-\infty<x<+\infty.$$

由分布函数的定义易知,对任意实数 $a,b(a\leqslant b)$,有
$$P\{a<X\leqslant b\}=P\{X\leqslant b\}-P\{X\leqslant a\}=F(b)-F(a).$$

2. 分布函数的性质

容易证明分布函数 $F(x)$ 具有以下三条基本性质:

(1) 单调性: $F(x)$ 是定义在整个实数轴 $(-\infty,+\infty)$ 上的单调非减函数,即对任意的 $x_1\leqslant x_2$,有 $F(x_1)\leqslant F(x_2)$;

(2) 有界性:对任意实数 x,有 $0\leqslant F(x)\leqslant 1$,且
$$F(-\infty)\doteq\lim_{x\to-\infty}F(x)=0,\ F(+\infty)\doteq\lim_{x\to+\infty}F(x)=1.$$

(3) 右连续性: $F(x)$ 是右连续函数,即对任意的 x_0,有
$$\lim_{x\to x_0^+}F(x)=F(x_0).$$

这三个基本性质是判别分布函数的充分必要条件.

例 2　证明 $F(x)=\dfrac{1}{\pi}\left(\arctan x+\dfrac{\pi}{2}\right)$ 是分布函数.

证明　显然 $F(x)$ 在整个数轴上是连续、单调严格增函数,且
$$F(-\infty)=\lim_{x\to-\infty}F(x)=0,\ F(+\infty)=\lim_{x\to+\infty}F(x)=1.$$
因此它满足分布函数的三条基本性质,是一个分布函数,称为"柯西

分布函数".

例3 向半径为 r 的圆盘内随机抛一点,求此点到圆心的距离 X 的分布函数 $F(x)$,并求 $P\left\{X > \dfrac{2r}{3}\right\}$.

解 由几何概型和分布函数定义得

$$F(x) = P\{X \leqslant x\} = \begin{cases} 0, & x \leqslant 0, \\ \left(\dfrac{x}{r}\right)^2, & 0 < x < r, \\ 1, & x \geqslant r, \end{cases}$$

$$P\left\{X > \frac{2r}{3}\right\} = 1 - P\left\{X \leqslant \frac{2r}{3}\right\} = 1 - F\left(\frac{2r}{3}\right) = 1 - \frac{4}{9} = \frac{5}{9}.$$

三、用分布函数求概率

随机变量 X 的分布函数 $F(x) = P\{X \leqslant x\}$ 本身就是事件的概率.

对任意实数 $a, b(a \leqslant b)$,我们已得到

$P\{a < X \leqslant b\} = P\{X \leqslant b\} - P\{X \leqslant a\} = F(b) - F(a)$.

容易得到 $P\{X = a\} = F(a) - F(a-0)$. 由它们还可推出

$$P\{X > x\} = 1 - F(x),$$
$$P\{X \geqslant x\} = 1 - F(x-0),$$
$$P\{X < x\} = F(x-0),$$
$$P\{a < X < b\} = F(b-0) - F(a),$$
$$P\{a \leqslant X \leqslant b\} = F(b) - F(a-0),$$
$$P\{a \leqslant X < b\} = F(b-0) - F(a-0).$$

利用这些公式可以用随机变量的分布函数求该随机变量表示的各种事件的概率.

§2.2 离散型随机变量及其分布律

分布律是研究离散型随机变量的重要工具.

一、离散型随机变量

如果随机变量的全部可能取值是有限个或可列个(与自然数一样多),称其为离散型随机变量. 比如,掷骰子时朝上一面的点数,一昼夜 110 接到的呼叫次数等都是离散型随机变量. 离散型随机变量的所有可能取值(取该值的概率大于零)可列,或者说可数(即按某个规则可数到每一个),将它们全部标在数轴上,不会充满一个区间,而是彼此之间分离,显示出离散特点.

二、离散型随机变量的分布律

设 X 是一个离散型随机变量,若 X 的全部可能取值为 $x_1, x_2, \cdots,$ $x_n, \cdots,$ 则称下列一组概率

$$P\{X = x_i\} = p_i, \ i = 1, 2, \cdots$$

为 X 的分布律(列)或概率分布,也称为 X 的概率函数. X 的分布律也可用表格表示为

X	x_1	x_2	$\cdots$	x_n	$\cdots$
p_i	p_1	p_2	$\cdots$	p_n	$\cdots$

或

$$\begin{bmatrix} x_1 & x_2 & \cdots & x_k & \cdots \\ p_1 & p_2 & \cdots & p_k & \cdots \end{bmatrix}.$$

注意　$x_1, x_2, \cdots, x_n, \cdots$ 互不相同,排列不计次序.

三、分布律性质

1. 非负性

$$p_i \geqslant 0, \ i = 1, 2, \cdots.$$

2. 归一性

$$\sum_i p_i = 1.$$

以上两条性质是判别离散型随机变量分布律的充分必要条件.

由离散型随机变量 X 的分布律可求得其分布函数

$$F(x) = P\{X \leqslant x\} = \sum_{x_i \leqslant x} p_i, \ -\infty < x < +\infty.$$

例 4　设随机变量 X 的分布律为 $P\{X = k\} = 3a\left(\dfrac{1}{2}\right)^k (k = 1,$ $2, \cdots)$,求 a 的值.

解　因为 $\displaystyle\sum_{k=1}^{\infty} 3a\left(\dfrac{1}{2}\right)^k = 3a \dfrac{\frac{1}{2}}{1 - \frac{1}{2}} = 1$,所以 $a = \dfrac{1}{3}$.

例 5　设离散型随机变量 X 的分布律为

X	-1	2	3
p_i	0.25	0.5	0.25

试计算 $P\{X \leqslant 0.5\}$,$P\{1.5 < X \leqslant 2.5\}$,并求 X 的分布函数.

解　$P\{X \leqslant 0.5\} = P\{X = -1\} = 0.25$

$P\{1.5 < X \leqslant 2.5\} = P\{X = 2\} = 0.5$

X 的分布函数为

$$F(x) = P\{X \leqslant x\}$$
$$= \sum_{x_i \leqslant x} p_i$$
$$= \begin{cases} 0, & x < -1, \\ 0.25, & -1 \leqslant x < 2, \\ 0.75, & 2 \leqslant x < 3, \\ 1, & x \geqslant 3. \end{cases}$$

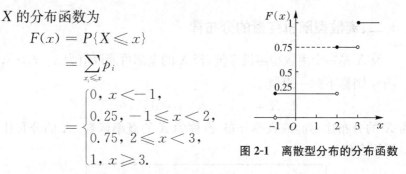

图 2-1　离散型分布的分布函数

$F(x)$ 右连续,其图形呈阶梯形,在 X 的可能取值处有跳跃.

四、常用离散分布

1. 二项分布

在第 1 章 §1.4 介绍的 n 重伯努利试验中我们已经知道,若事件 A 在每次试验中发生的概率为 $P(A) = p(0 < p < 1)$,则 n 次试验中事件 A 恰好发生 k 次的概率为

$$p_k = C_n^k p^k (1-p)^{n-k} (0 \leqslant k \leqslant n).$$

由于 $p_k \geqslant 0 \ (0 \leqslant k \leqslant n)$,且 $\sum_{k=0}^{n} p_k = \sum_{k=0}^{n} C_n^k p^k (1-p)^{n-k} = [p + (1-p)]^n = 1$,所以 $p_k (0 \leqslant k \leqslant n)$ 是离散型随机变量分布律.

如果随机变量 X 的分布律是

$$P\{X = k\} = p_k = C_n^k p^k (1-p)^{n-k}, k = 0, 1, \cdots, n,$$

则称 X 服从二项分布,记为 $X \sim B(n, p)$. 二项分布是一种常用的离散分布,其对应的是 n 重伯努利试验的概率模型. 当 $n = 1$ 时,X 只可能取 0 与 1 两个值,且

$$P\{X = 0\} = 1 - p, P\{X = 1\} = p,$$

这时称 X 服从 $0-1$ 分布或两点分布,即 $0-1$ 分布就是 $B(1, p)$ 分布. 试验只有两个结果的都可以用二点分布作为概率模型,如人口性别统计、产品是否合格、系统是否正常、电力消耗是否超负荷,等等.

例 6　设某工厂有 80 台同类型设备,各台设备工作与否是相互独立的,发生故障的概率都是 0.01,且一台设备的故障要有 1 人处理. 为了提高设备维修的效率,节省人力资源,考虑两种配备维修工人的方案:其一是由 4 人维护,每人负责 20 台;其二是由 3 人共同维护 80 台. 试比较两种配备维修工人方案的工作效率.

解　在第一种方案中,设 $A_i = $ "第 i 个人维护的 20 台设备发生故障不能及时维修" $(i = 1, 2, 3, 4)$. 设 $X = $ "第 1 个人维护的 20 台

设备同一时刻发生故障的台数",由于 $X \sim B(20, 0.01)$,所以有

$$P\{X \geqslant 2\} = 1 - C_{20}^{0} 0.01^{0} \times 0.99^{20} - C_{20}^{1} 0.01^{1} \times 0.99^{19}$$
$$\approx 0.0169.$$

因此,80 台设备发生故障不能及时得到维修的概率为

$$P\{A_1 \bigcup A_2 \bigcup A_3 \bigcup A_4\} \geqslant P(A_1) = P\{X \geqslant 2\} \approx 0.0169.$$

在第二种方案中,设 $Y =$ "80 台设备同一时刻发生故障的台数",$Y \sim B(80, 0.01)$,故 80 台设备发生故障不能及时得到维修的概率为

$$P\{Y \geqslant 4\} = 1 - \sum_{k=0}^{3} C_{80}^{k} 0.01^{k} 0.99^{80-k} \approx 0.0087.$$

可见,第二种方案维修效率更高.

2. 泊松分布

泊松分布是概率论中又一种重要的离散分布,它适用于描述单位时间内随机事件发生的次数,在理论和实践中有广泛的应用. 一定时期内出现的稀有事件(如意外事故、自然灾害等)个数,都可以用泊松分布来研究. 例如,某时间段内的电话呼叫、纱线断头、顾客到来,矿井在某段时间内发生的事故次数,单位体积空气中含有某种微粒个数,单位时间内某医院急诊病人数,产品的缺陷(如布匹上的疵点、玻璃内的气泡等),放射性物质发射出的离子数,一本书中的印刷错误,等等.

如果随机变量 X 的分布律为

$$P\{X = k\} = \frac{\lambda^{k}}{k!} e^{-\lambda} (\lambda > 0, k = 0,1,2,\cdots),$$

则称 X 服从泊松分布,记为 $X \sim P(\lambda)$.

思考　为什么 $P\{X = k\} = \frac{\lambda^{k}}{k!} e^{-\lambda} (\lambda > 0, k = 0,1,2,\cdots)$ 是分布律? $\sum_{k=0}^{\infty} \frac{\lambda^{k}}{k!} = ?$

例 7　某种铸件的砂眼(缺陷)数服从参数为 0.5 的泊松分布,试求该铸件至多有一个砂眼(合格品)的概率和至少有 2 个砂眼(不合格品)的概率.

解　以 X 表示铸件的砂眼的个数,由题意知 $X \sim P(0.5)$,故该种铸件上至多有 1 个砂眼的概率为 $P\{X \leqslant 1\} = P\{X = 0\} + P\{X = 1\} = \frac{0.5^{0}}{0!} e^{-0.5} + \frac{0.5^{1}}{1!} e^{-0.5} \approx 0.91$;至少有 2 个砂眼的概率为 $P\{X \geqslant 2\} = 1 - P\{X \leqslant 1\} \approx 1 - 0.91 = 0.09.$

§2.3　连续型随机变量及其概率密度

概率密度是研究连续型随机变量的重要工具.

一、连续型随机变量及其概率密度概念

设随机变量 X 的分布函数为 $F(x)$，如果存在一个非负函数 $f(x)$，使得对于任一实数 x，有

$$F(x) = \int_{-\infty}^{x} f(t)\mathrm{d}t$$

成立，则称 X 为连续型随机变量或 X 服从连续分布，称函数 $f(x)$ 为连续型随机变量 X 的概率密度函数或概率密度，也称为"分布密度"，简称为"密度函数"或"密度".

二、概率密度的基本性质

1. 非负性

$$f(x) \geqslant 0, -\infty < x < +\infty.$$

2. 归一性

$$\int_{-\infty}^{+\infty} f(x)\mathrm{d}x = 1.$$

以上两条基本性质是判别概率密度的充分必要条件.

注意　概率密度的性质与分布律完全相同，只是求和方式上不同.

三、连续型分布特点

设连续型随机变量 X 的分布函数为 $F(X)$，密度函数是 $f(x)$.

1. 连续型随机变量的分布函数连续，分布函数的导数是密度函数

由于连续型的分布函数 $F(x)$ 是密度 $f(x)$ 的变上限积分，由高等数学知，$F(x)(-\infty < x < +\infty)$ 是连续函数，且在 $f(x)$ 的连续点处有 $F'(x) = f(x)$.

注意　由 $F'(x) = f(x)$ 求 $f(x)$ 时，不计少数点，因为改变被积函数少数点处的值不影响可积性与积分值，从而不影响计算概率.

2. 连续型随机变量取一点的概率为 0，取值在一个区间中的概率相同

由于连续型的分布函数连续，对任意一个实数 c，$P\{X = c\} = F(c) - F(c-0) = 0$. 因此，对任意 $a,b(a \leqslant b)$

$$P(a < X < b) = P(a \leqslant X \leqslant b) = P(a \leqslant X < b)$$
$$= P(a < X \leqslant b) = \int_{a}^{b} f(x)\mathrm{d}x.$$

注意　由 2 知,连续型随机变量 X 取某个点的事件可以发生,但其概率为 0. 这表明:概率为 0 的事件不一定是不可能事件;类似地,概率为 1 的事件不一定是必然事件.

例 8　设 X 的概率密度如下,求 k 及 $P\{1 \leqslant X \leqslant 3\}$, $P\{X \leqslant 1\}$.

$$f(x) = \begin{cases} k(4x - 2x^2), 0 \leqslant x \leqslant 2, \\ 0, \text{其他}. \end{cases}$$

解　由 $1 = \int_{-\infty}^{+\infty} f(x)\mathrm{d}x = k\int_0^2 (4x - 2x^2)\mathrm{d}x = k\left(2x^2 - \dfrac{2x^3}{3}\right)\bigg|_0^2 =$

$k\dfrac{8}{3}$, 得 $k = \dfrac{3}{8}$. 从而

$$P\{1 \leqslant X \leqslant 3\} = \int_1^3 f(x)\mathrm{d}x = \int_0^1 \frac{3}{8}(4x - 2x^2)\mathrm{d}x = \frac{1}{2}.$$

同样可得 $P\{X \leqslant 1\} = \int_1^2 \dfrac{3}{8}(4x - 2x^2)\mathrm{d}x = \dfrac{1}{2}$.

例 9　设随机变量 X 的分布函数为 $F(x) = A + B\arctan x$, $-\infty < x < +\infty$.

(1) 求系数 A 和 B;(2) 求 X 的概率密度;(3) 求 X 落在 $(-1,1)$ 内的概率.

解　(1) 由 $F(-\infty) = 0, F(+\infty) = 1$, 得

$$\begin{cases} A + B \times \left(-\dfrac{\pi}{2}\right) = 0 \\ A + B \times \dfrac{\pi}{2} = 1 \end{cases} \Rightarrow A = \frac{1}{2}, B = \frac{1}{\pi}.$$

所以

$$F(x) = \frac{1}{2} + \frac{1}{\pi}\arctan x, -\infty < x < +\infty;$$

(2) $f(x) = F'(x) = \dfrac{1}{\pi(1 + x^2)}, -\infty < x < +\infty$;

(3) $P\{-1 < X < 1\} = F(1) - F(-1) = \dfrac{1}{2}$ 或

$$P\{-1 < X < 1\} = \int_{-1}^1 f(x)\mathrm{d}x = \frac{1}{2}.$$

四、常用连续型分布

1. 均匀分布

如果连续型随机变量 X 具有概率密度

$$f(x) = \begin{cases} \dfrac{1}{b-a}, a \leqslant x \leqslant b, \\ 0, \text{其他}, \end{cases}$$

则称 X 服从区间 (a,b) 上的均匀分布,记为 $X \sim U(a,b)$. 区间 (a,b) 上均匀分布的分布函数为

$$F(x) = \begin{cases} 0, & x < a, \\ \dfrac{x-a}{b-a}, & a \leqslant x < b, \\ 1, & x \geqslant b. \end{cases}$$

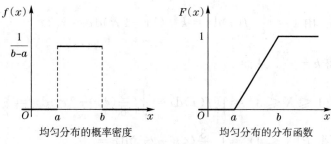

均匀分布的概率密度　　　　　均匀分布的分布函数

图 2-2　均匀分布的概率密度与分布函数

注意　均匀分布是最简单的连续型分布,其中 $\dfrac{1}{b-a}$ 是区间 (a,b) 长度的倒数.

均匀分布广泛应用于误差研究中. 遵从均匀分布的有数据切尾引起的舍入误差、电子计算器的量化误差、数字或仪器在 ± 1 单位以内不能分辨的误差、仪表盘刻度误差或仪器传动机构的空程误差、平衡指示器调零不准引起的误差、摩擦引起的误差、人员瞄准误差、人员读数误差等.

2. 指数分布

如果连续型随机变量 X 具有概率密度

$$f(x) = \begin{cases} \lambda e^{-\lambda x}, & x > 0, \\ 0, & \text{其他}, \end{cases} \quad (\lambda > 0)$$

则称 X 服从参数为 λ 的指数分布,记为 $X \sim E(\lambda)$. 参数为 λ 的指数分布的分布函数为

$$F(x) = \begin{cases} 1 - e^{-\lambda x}, & x > 0, \\ 0, & x \leqslant 0. \end{cases}$$

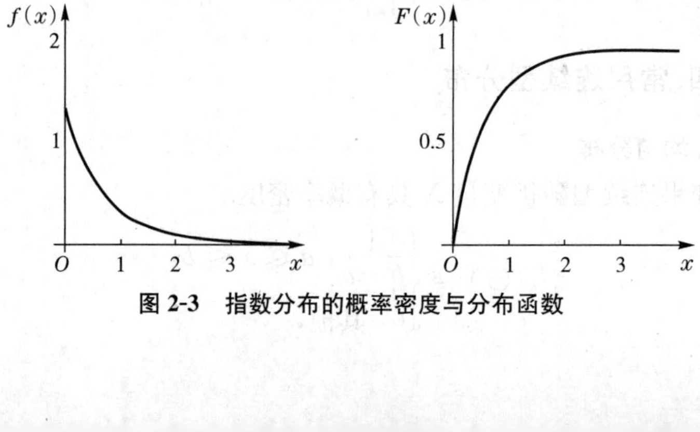

图 2-3　指数分布的概率密度与分布函数

指数分布又称为"寿命分布",常被用作各种"寿命"分布的研究.例如,电子元器件的寿命、随机服务系统中的服务时间等都可假定服从指数分布.指数分布在可靠性理论与排队论中有着广泛的应用.指数分布还可用于描述大型复杂系统(如计算机)的平均故障间隔时间(MTBF)的失效分布.

3. 正态分布

正态分布是应用最广泛、最重要的分布.

(1) 正态分布概念.如果连续型随机变量 X 具有概率密度

$$f(x) = \frac{1}{\sqrt{2\pi}\sigma} e^{-\frac{(x-\mu)^2}{2\sigma^2}}, \; -\infty < x < +\infty,$$

其中 μ, σ 是参数,$-\infty < \mu < +\infty, \sigma > 0$,则称 X 服从参数为 μ, σ 的正态分布(又称为"高斯分布"),记为 $X \sim N(\mu, \sigma^2)$.参数为 μ, σ 的正态分布的分布函数为

$$F(x) = \frac{1}{\sqrt{2\pi}\sigma} \int_{-\infty}^{x} e^{-\frac{(t-\mu)^2}{2\sigma^2}} \mathrm{d}t.$$

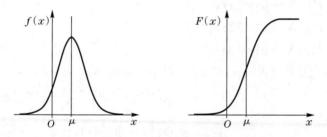

图 2-4　正态分布的概率密度和分布函数

正态分布是最重要的分布.在自然界中,取值受众多微小独立因素综合影响的随机变量一般都服从正态分布.例如,实验中的随机误差;在生产条件不变的情况下,产品的强力、抗压强度、口径、长度等指标;同一种生物体的身长、体重等指标;农作物的收获量;测量同一物体的误差;弹着点沿某一方向的偏差;某个地区的年降水量;红细胞数、血红蛋白量,等等.

当 $\mu = 0, \sigma = 1$ 时,称 $N(0,1)$ 为标准正态分布,它的概率密度为

$$\varphi(x) = \frac{1}{\sqrt{2\pi}} e^{-\frac{x^2}{2}}, \; -\infty < x < +\infty,$$

它的分布函数记作 $\Phi(x)$,即

$$\Phi(x) = \int_{-\infty}^{x} \frac{1}{\sqrt{2\pi}} e^{-\frac{t^2}{2}} \mathrm{d}t.$$

由于正态分布应用很广,为方便计算,人们制定了附表1,可由 x 查得 $\Phi(x)$.

(2) 正态密度特点. ① 图像呈钟形线,"中间大,两头小";② 密度曲线关于直线 $x=\mu$ 对称;③ $x=\mu$ 时,密度达最大值 $\dfrac{1}{\sqrt{2\pi}\sigma}$ (最高点),在 μ 两侧逐渐降低;④ 有渐近线 $y=0$ (x 轴);⑤ $x=\mu\pm\sigma$ 对应密度曲线拐点;⑥ σ 固定而 μ 变动时,密度曲线左、右平移,形状不变;μ 不变而 σ 变动时,因面积恒定为 1,故 σ 越大(小),密度曲线越平坦(陡峭).

(3) 正态分布的概率计算. 当 $x\geqslant 0$ 时,$\Phi(x)$ 可查附表1得到;当 $x<0$ 时,$\Phi(x)$ 可由 $\Phi(-x)=1-\Phi(x)$ 转换后查表得到.

设 $a>b,X\sim N(\mu,\sigma^2),X$ 的分布函数为 $F(x)$, 则有

$$F(x)=\Phi\left(\frac{x-\mu}{\sigma}\right);\ P(a<X\leqslant b)=\Phi\left(\frac{b-\mu}{\sigma}\right)-\Phi\left(\frac{a-\mu}{\sigma}\right).$$

特别地,$X\sim N(0,1)$ 时,$P\{a<X\leqslant b\}=\Phi(b)-\Phi(a)$.

例 10 设 $X\sim N(\mu,\sigma^2)$,求以下概率:

① $P\{|X-\mu|<\sigma\}$;

② $P\{|X-\mu|<2\sigma\}$;

③ $P\{|X-\mu|<3\sigma\}$.

解 ① $P\{|X-\mu|<\sigma\}=P\{\mu-\sigma<X<\mu+\sigma\}$

$$=\Phi\left(\frac{\mu+\sigma-\mu}{\sigma}\right)-\Phi\left(\frac{\mu-\sigma-\mu}{\sigma}\right)$$

$$=\Phi(1)-\Phi(-1)$$

$$=2\Phi(1)-1=0.6826;$$

② $P\{|X-\mu|<2\sigma\}=2\Phi(2)-1=0.9544$;

③ $P\{|X-\mu|<3\sigma\}=2\Phi(3)-1=0.9974$.

③表明正态变量的取值以 99.74% 的概率落入以 μ 为中心、3σ 为半径的区间 $(\mu-3\sigma,\mu+3\sigma)$ 内,因此可以说,正态变量几乎都在区间 $(\mu-3\sigma,\mu+3\sigma)$ 内取值. 这称为正态分布的"3σ性",统计学的快速分析中经常会用到.

由③可知,$x>3$ 时,$\Phi(x)\approx 1$,而不必查表;相应地,$x<-3$ 时,$\Phi(x)\approx 0$.

例 11 $X\sim N(0,1),0<\alpha<1$,记满足 $P\{X>A\}=\alpha$ 的 A 为 z_α. 在统计部分经常要找 z_α. 因为 $P\{X\leqslant z_\alpha\}=1-\alpha$,即 $\Phi(z_\alpha)=1-\alpha$,依此由 α 从附表1可查得 z_α,比如 $z_{0.05}=1.64$.

例 12 正态分布在人才招聘中的应用. 某公司准备通过考试招工 300 名. 其中 280 名正式工,20 名临时工. 实际报考人数为 1657

名.考试满分 400 分.考试后通过当地新闻媒体得到如下消息:考试平均成绩是 166 分,360 分以上的高分考生 31 名.某考生 A 的成绩为 256 分.问他能否被录取? 若被录取,能否是正式工?

我们用正态分布来解决这个问题.

先预测最低录取分数线,记最低录取分数为 x_0.设考生成绩为 X,对一次成功的考试来说,X 应服从正态分布,即 $X \sim N(166, \sigma^2)$,故

$$P(X > 360) = 1 - \Phi\left(\frac{360 - 166}{\sigma}\right) = 1 - \Phi\left(\frac{194}{\sigma}\right).$$

由题设知 $P(X > 360) \approx \dfrac{31}{1657}$

于是 $\Phi\left(\dfrac{194}{\sigma}\right) \approx 1 - \dfrac{31}{1657} \approx 0.981$. 查正态分布表,得 $\dfrac{194}{\sigma} \approx 2.08$, 从而 $\sigma \approx 93$. 因此认为 $X \sim N(166, 93^2)$.

因为最低录取分数线 x_0 的确定,应使高于此线的考生的频率等于 $\dfrac{300}{1657}$, 即

$$P(X > x_0) \approx \frac{300}{1657},$$

$$\Phi\left(\frac{x_0 - 166}{93}\right) \approx 1 - \frac{300}{1657} \approx 0.819.$$

查正态分布表得 $\dfrac{x_0 - 166}{93} \approx 0.91, x_0 \approx 251$. 即最低录取分数线是 251 分.

下面预测考分 256 的考生名次.

$$P(X < 256) = \Phi\left(\frac{256 - 166}{93}\right) \approx 0.831.$$

故 $P(X > 256) \approx 1 - 0.831 = 0.169$, 即成绩高于考生 A 的人数约占总人数的 16.9%.

由 $1657 \times 0.169 > 280$ 知考生 A 的排名在 283 名之后.

因为该考生的成绩是 256 分,大于录取分数限 251 分,因此考生 A 能被录取.但他的排名在 280 名之后,所以他不能被录取为正式工,只能是临时工.

例 13　公交车门高度设计.汽车设计手册中指出:人的身高服从正态分布 $N(\mu, \sigma^2)$. 根据各国的统计资料可得各国、各民族男子身高的 μ 和 σ. 中国人的 $\mu = 1.75$ m, $\sigma = 0.05$ m. 若要求上下车时要低头的人不超过 0.5%,应如何设计车门高度?

解　设公交车门高为 h,乘客的身高为 X. 则

$$X \sim N(1.75, 0.05^2),$$

由题意知
$$P\{X > h\} \leqslant 0.5\%, \text{即 } P\{X \leqslant h\} \geqslant 99.5\%$$
由
$$P\{X \leqslant h\} = \Phi\left(\frac{h - 1.75}{0.05}\right) \geqslant 99.5\%$$
查表得
$$\frac{h - 1.75}{0.05} \geqslant 2.58$$
故 $h \geqslant 1.879$，即车门设计为 $1.9\,\text{m}$ 即可满足要求.

§2.4　随机变量函数的分布

本节将讨论如何由已知的随机变量 X 的概率分布去求它的函数 $Y = g(X)$ 的概率分布，其中 $g(x)$ 是已知的连续函数.

一、离散型随机变量函数的分布

设 X 是离散型随机变量，其分布律为

X	x_1	x_2	$\cdots$	x_n	$\cdots$
p_i	p_1	p_2	$\cdots$	p_n	$\cdots$

则 $Y = g(X)$ 也是一个离散型随机变量，其分布律为

$Y = g(X)$	$g(x_1)$	$g(x_2)$	$\cdots$	$g(x_n)$	$\cdots$
p_i	p_1	p_2	$\cdots$	p_n	$\cdots$

即 $Y = g(X)$ 的可能取值为
$$y_k = g(x_k)\ (k = 1,2,3,\cdots),$$
相应取值的概率为
$$P\{Y = y_k\} = P\{X = x_k\} = p_k,\ k = 1,2,\cdots.$$

当诸 $g(x_k)$ 中有某些值相等时，则要分别将相等取值的概率相加合并.

例 14　设 X 的分布律为

X	-2	-1	0	1	2
p_i	0.2	0.1	0.1	0.3	0.3

求 $Y = 2X + 1$ 和 $Y = X^2 + 1$ 的分布律.

解　$Y = 2X + 1$ 的分布律为

$Y = 2X + 1$	-3	-1	1	3	5
p_i	0.2	0.1	0.1	0.3	0.3

$Y = X^2 + 1$ 的取值及其概率为

$Y = X^2 + 1$	5	2	1	2	5
p_i	0.2	0.1	0.1	0.3	0.3

去掉相同值,并合它们的概率,即得 $Y = X^2 + 1$ 的分布律

$Y = X^2 + 1$	5	2	1		
p_i	0.5	0.4	0.1		

二、连续型随机变量函数的分布

设连续型随机变量 X 的概率密度为 $f_X(x)$,则随机变量 $Y = g(X)$ 的分布函数为

$$F_Y(y) = P\{Y \leqslant y\} = P\{g(X) \leqslant y\} = P\{X \in I_y\} = \int_{I_y} f_X(x)\mathrm{d}x.$$

其中 $I_y = \{x \mid g(x) \leqslant y\}$ 是实数轴上的某个集合.

随机变量 Y 的概率密度 $f_Y(y)$ 可由

$$f_Y(y) = F'_Y(y)$$

得到. 当 $Y = g(X)$ 是单调函数,且具有一阶连续导数时,设 $x = h(y)$ 是 $y = g(x)$ 的反函数,则 $Y = g(X)$ 的概率密度为

$$f_Y(y) = f(h(y)) \cdot |h'(y)|.$$

注意　利用上式求 $Y = g(X)$ 的概率密度,要求 $g(x)$ 是单调函数,且具有一阶连续导数,所以不少情况下不能用(如例 15)或不好用.建议先求 $Y = g(X)$ 的分布函数,再对其求导得到 Y 的概率密度.

例 15　设 $X \sim U(-1,1)$,求 $Y = X^2$ 的分布函数与概率密度.

解　X 的概率密度为 $f_X(x) = \begin{cases} \dfrac{1}{2}, & -1 \leqslant x \leqslant 1, \\ 0, & \text{其他.} \end{cases}$

Y 的分布函数 $F_Y(y) = P\{X^2 \leqslant y\}$.

当 $y < 0$ 时,　$F_Y(y) = P\{X^2 \leqslant y\} = P(\varnothing) = 0$;

当 $0 \leqslant y < 1$ 时,$F_Y(y) = P\{X^2 \leqslant y\} = \int_{-\sqrt{y}}^{\sqrt{y}} \dfrac{1}{2}\mathrm{d}t = \sqrt{y}$;

当 $y \geqslant 1$ 时,$F_Y(y) = P\{X^2 \leqslant y\} = \int_{-1}^{1} \dfrac{1}{2}\mathrm{d}t = 1$.

即 Y 的分布函数 $F_Y(y) = \begin{cases} 0, & y < 0, \\ \sqrt{y}, & 0 \leqslant y < 1, \\ 1, & y \geqslant 1. \end{cases}$

因此 Y 的概率密度

$$f_Y(y) = F'_Y(y) = \begin{cases} \dfrac{1}{2\sqrt{y}}, & 0 < y < 1, \\ 0, & \text{其他.} \end{cases}$$

例 16　设 $X \sim N(\mu, \sigma^2)$，求 $Y = kX + b$ 分布，其中 $k \neq 0$.

解　X 的概率密度为 $f_X(x) = \dfrac{1}{\sqrt{2\pi}\sigma} e^{-\frac{(x-\mu)^2}{2\sigma^2}}$. 设 X 的分布函数

为 $F_X(x)$，不妨设 $k > 0$. Y 的分布函数为

$$F_Y(y) = P\{kX + b \leqslant y\} = P\left\{X \leqslant \frac{y-b}{k}\right\} = F_X\left(\frac{y-b}{k}\right).$$

Y 的概率密度

$$\begin{aligned} f_Y(y) = F'_Y(y) &= \frac{\mathrm{d}}{\mathrm{d}y} F_X\left(\frac{y-b}{k}\right) = \frac{1}{k} f_X\left(\frac{y-b}{k}\right) \\ &= \frac{1}{\sqrt{2\pi}k\sigma} e^{-\frac{1}{2\sigma^2}\left(\frac{y-b}{k}-\mu\right)^2} = \frac{1}{\sqrt{2\pi}k\sigma} e^{-\frac{1}{2(k\sigma)^2}\left[y-(k\mu+b)\right]^2}. \end{aligned}$$

即 $Y = kX + b \sim N(k\mu + b, k^2\sigma^2)$，特别地，有 $\dfrac{X-\mu}{\sigma} \sim N(0,1)$.

例 17　（对数正态分布）如果 $Y = \ln X \sim N(\mu, \sigma^2)$，则称 X 服从
参数为 μ, σ 的对数正态分布. 试求对数正态分布的密度函数.

解　设 Y 的分布函数为 $F_Y(y)$，密度函数为 $f_Y(y)$. 由于
$Y = \ln X \sim N(\mu, \sigma^2)$，所以 $X = e^Y$. 我们先来求 X 的分布函数 $F(x)$.

当 $x \leqslant 0$ 时，$F(x) = P\{X \leqslant x\} = P\{e^Y \leqslant x\} = 0$；

当 $x > 0$ 时，$F(x) = P\{X \leqslant x\} = P\{e^Y \leqslant x\} = P\{Y \leqslant \ln x\}$
$$= F_Y(\ln x);$$

X 的密度函数为

$$f(x) = F'(x) = \begin{cases} \dfrac{1}{x} f_y(\ln x), & x > 0 \\ 0, & x \leqslant 0 \end{cases} = \begin{cases} \dfrac{1}{\sqrt{2\pi}\sigma x} e^{-\frac{(\ln x - \mu)^2}{2\sigma^2}}, & x > 0 \\ 0, & x \leqslant 0 \end{cases}.$$

注意　对数正态分布常用来描述价格分布，特别是在金融市场
理论研究中，如著名的期权定价公式（Black-Scholes 公式），以及金
融资产的价格描述.

≫ 串讲与答疑 ≪

一、串讲小结

本章通过引入随机变量，将一个试验下所有事件用随机变量统
一表示，更重要的是，通过随机变量，将一个试验下所有事件表现为

数集,从而可以借助高等数学工具来研究事件的概率.第一章是逐
个研究一个试验下事件的概率,而本章在一个试验下引入一个随机
变量,并建立相应的分布函数、密度函数或概率函数,作为工具,整
体研究一个试验下所有事件的概率.

　　本章重点是随机变量的概率分布.概率分布就是随机变量取值
及其概率.对离散型随机变量,概率分布表现为分布函数或分布律;
对连续型随机变量,概率分布表现为分布函数或密度函数.本章的
主线是分布函数、密度函数、概率函数这三个工具,主要内容是它们
的定义、性质、相互关系,以及如何利用它们求概率.

　　从随机变量的类型来看,本章内容分为离散与连续平行的两
块,它们的概念与结论是类似的,有联系的.离散型随机变量比较简
单,且能较好地阐述概率思想、说明方法.在学习过程中要善于将离
散与连续联系对比,融会贯通.这样,就可将离散型的概念和结果
"移植"到连续型情形.分布律在离散中扮演的角色与密度函数在连
续型中扮演的角色相同,可以对比如表 2-1.分布函数是离散与连续
对立统一的数学表现形式.在研究连续型随机变量的概率分布时,
我们可以用离散化方法,反过来,离散型随机变量的分布在一定条
件之下又以连续型分布为极限.

表 2-1　离散与连续分布比较

分布类型	连续	离散
取值	x(充满一个区间)	x_i(只取可数个点)
刻画分布专门工具 满足非负和为 1	密度函数 $f(x)$ $f(x) \geqslant 0, \int_{-\infty}^{+\infty} f(x)\mathrm{d}x = 1$	分布律 p_i $p_i \geqslant 0, \sum_i p_i = 1$
取值概率	$f(x)\mathrm{d}x$	$p_i = P\{X = x_i\}$
求和方式	用 $\int$ 逐段求和	用 $\sum$ 逐点求和
分布函数特点	连续	间断

二、答疑解惑

1. 随机变量注解

　　(1)随机变量是单值实"函数",随机变量的"定义域"是样本空
间.由于样本空间中的元素未必是数,所以严格地说随机变量是将
样本空间中元素对应到实数的映射.

　　(2)随机变量是随试验结果而变的.随机变量是样本点的"函
数",而试验中出现哪个样本点是随机的.所以,随机变量的取值随
样本点出现的随机性而显示出其取值的随机性.

（3）随机变量的概率背景. 随机变量是变量,但它不仅仅是变量,它有概率背景,随机变量取不同值的概率可能不同. 这是随机变量与变量的最大区别.

（4）随机变量的研究角度. 随机变量是变量,当然会关注其作为变量的特点,但我们主要研究其取值及其取值的概率.

2.离散型随机变量的注解

在离散型随机变量 X 的分布律

X	x_1	x_2	$\cdots$	x_n	$\cdots$
p_i	p_1	p_2	$\cdots$	p_n	$\cdots$

中,要求 $x_1, x_2, \cdots, x_n, \cdots$ 互不相同,但排列次序没有要求,并且 $p_i > 0, i = 1, 2, \cdots$. 概率为 0 的取值不列入.

例 18 离散型随机变量 X 的分布律

X	1	-5	25
p_i	0.2	0.1	0.7

与离散型随机变量 Y 的分布律

Y	-5	25	1
p_i	0.1	0.7	0.2

相同.

3.泊松分布用途

泊松分布适合研究随机质点流. 例如,电话交换台所接到的呼唤形成的呼唤流,到某商店去购物的顾客形成的顾客流,经过某块天空的流星形成的流星流,放射性物质不断放出的质点形成的质点流,等等. 其主要特征之一就是在任意两个不相交的时间区间内各自出现的质点个数是相互独立的.

4. 正态分布的 3σ 性

正态分布应用最为广泛,是最重要的分布. 例如人体的身高、体重、测量的误差等都服从正态分布. 设 $X \sim N(\mu, \sigma^2)$, 则

$$P\{|X - \mu| < 3\sigma\} = 2\Phi(3) - 1 = 0.9974.$$

这说明,虽然正态变量可以在 $(-\infty, +\infty)$ 中取值,其在任何区间中取值的概率都大于 0,但其以 99.74% 的概率落入以 3σ 为半径的区间 $(\mu - 3\sigma, \mu + 3\sigma)$ 中. 因此可以说,正态变量几乎都在区间 $(\mu - 3\sigma, \mu + 3\sigma)$ 内取值. 所以当 $x > \mu + 3\sigma$ 时, $P\{X > x\} \approx 0, P\{X \leqslant x\} \approx 1$. 正态分布的这个特点称为"$3\sigma$ 性".

5.密度函数的不唯一性

设 X 是连续型随机变量, $F(x)$ 和 $f(x)$ 分别为其分布函数和密

度函数,则

$$F(x) = \int_{-\infty}^{x} f(t)\mathrm{d}t.$$

由于在若干点上改变 $f(x)$ 的值,并不影响其积分值,从而不影响分布函数 $F(x)$ 的值,这就意味着不影响概率. 所以,概率论中忽略密度函数在若干点上的不同. 因此,通过分布函数求导来求密度函数时,不必计较若干点上的值,如分段函数在分段点处的值. 这是概率论与高等数学在求导上的不同之处. 从函数角度看,同一个随机变量的密度函数不唯一,但最多只是相差若干点上的定义.

例 19　函数

$$f_1(x) = \begin{cases} 0.5, & -1 \leqslant x \leqslant 1, \\ 0, & \text{其他}, \end{cases} \quad f_2(x) = \begin{cases} 0.5, & -1 < x < 1, \\ 0, & \text{其他}, \end{cases}$$

都是均匀分布 $U(-1, 1)$ 的密度函数,它们在 $x = \pm 1$ 处定义不同.

≫ 拓展提升 ≪

一、随机变量分布类型

我们讨论了离散型随机变量和连续型随机变量两类,还有既不是离散型又不是连续型分布,如例 20 中的分布.

二、随机变量函数的分布类型

设 $g(x)$ 是连续函数.

若 X 是离散型随机变量,它的取值是有限或可列无穷多个,因此 $Y = g(X)$ 的取值也是有限或可列无穷多个,故其也是离散型随机变量.

若 X 是连续型随机变量,那么 $Y = g(X)$ 不一定是连续型随机变量.

例 20　设 $X \sim U(0, 2)$,连续函数 $g(x) = \begin{cases} x, & 0 \leqslant x \leqslant 1, \\ 1, & 1 < x \leqslant 2, \end{cases}$
$Y = g(X)$ 的分布函数 $F_Y(y) = P\{g(X) \leqslant y\}$.

当 $y \leqslant 0$ 时, $F_Y(y) = P\{g(X) \leqslant y\} = 0$;

当 $0 < y < 1$ 时, $F_Y(y) = P\{g(X) \leqslant y\} = P\{X < y\} = \dfrac{y}{2}$;

当 $y \geqslant 1$ 时, $F_Y(y) = P\{g(X) \leqslant y\} = 1$.

显然 $Y = g(X)$ 的分布函数不连续,所以 Y 不是连续型随机变量. Y 也不是离散型随机变量,因为它的取值充满一个区间.

如果一个分布函数 $F(x)$ 是连续的,并且其导函数几乎处处等于零(关于勒贝格测度而言),则称 $F(x)$ 为奇异型分布函数. 可以证明,任何一个奇异型的分布函数都是一个既非离散型又非连续型的分布函数.

三、分布函数的右连续性

分布函数 $F(x) = P\{X \leqslant x\}$ 是单调非降有界函数,故其在任意一点 x_0 的右极限 $F(x_0 + 0)$ 存在. 为证明 $F(x) = P\{X \leqslant x\}$ 是右连续的,只需对单调下降的数列 $x_1 > x_2 > \cdots > x_n > \cdots > x_0$,当 $x_n \to x_0 (n \to +\infty)$ 时,证明 $\lim\limits_{n \to \infty} F(x_n) = F(x_0)$ 即可. 由于

$$\begin{aligned}
F(x_1) - F(x_0) &= P\{x_0 < x \leqslant x_1\} \\
&= P(\bigcup_{i=1}^{+\infty} \{x_{i+1} < X \leqslant x_1\}) \\
&= \sum_{i=1}^{+\infty} P\{x_{i+1} < x \leqslant x_i\} \\
&= \sum_{i=1}^{+\infty} [F(x_i) - F(x_{i+1})] \\
&= \lim_{n \to \infty} \sum_{i=1}^{n-1} [F(x_i) - F(x_{i+1})] \\
&= \lim_{n \to \infty} \{[F(x_1) - F(x_2)] + [F(x_2) - F(x_3)] + \cdots \\
&\quad + [F(x_n) - F(x_{n-1})]\} \\
&= \lim_{n \to \infty} [F(x_1) - F(x_n)] \\
&= F(x_1) - \lim_{n \to \infty} F(x_n).
\end{aligned}$$

比较上式两边,得 $F(x_0) = \lim\limits_{n \to \infty} F(x_n) = F(x_0 + 0)$. 这就证明了 $F(x) = P\{X \leqslant x\}$ 是右连续的.

四、离散型分布的最可能值未必唯一

离散型分布的最可能值指的是该随机变量取值中那些使概率达到最大的值. 对离散型分布:

X	x_1	x_2	$\cdots$	x_n	$\cdots$
p_i	p_1	p_2	$\cdots$	p_n	$\cdots$

若 $p_k = \sup\limits_i p_i$,则称 x_k 为此分布的最可能值. 一般而言,离散型分布的最可能值不唯一.

例 21 二项分布 $B(n, p)$ 中,当 $(n+1)p$ 为非负整数时,恰有两个最可能值:$(n+1)p$ 与 $(n+1)p-1$. 如二项分布 $B(8, 1/3)$,其最可能值为 2 或 3.

可以证明,任何离散型分布的最可能值一定存在（证明见王梓坤《概率论基础及其应用》,科学出版社,1976）.

≫ 作业设计 ≪

【2.1A 本节内容作业】

2.1A-1　为什么说随机变量是样本点的函数,又不是样本点的函数?

2.1A-2　随机变量 X 本身是事件吗?

2.1A-3　我们研究随机变量的什么内容?

2.1A-4　在 n 重努利试验中,每次只关心事件 A 是否出现.

（1）如何定义随机变量来表示第 $i\,(1\leqslant i\leqslant n)$ 次试验中 A 出现的次数?

（2）如何用（1）中定义的随机变量来表示 n 重伯努利试验中 A 出现的次数?

2.1A-5　现有 10 件产品中,其中有 3 件次品.现任取 2 件产品,记 X 是"抽得的次品数".（1）求 X 的可能取值;（2）用 X 表示事件"最多有 1 个次品".

2.1A-6[*]　试述随机变量中"随机"的含义.

2.1A-7[*]　试述引入随机变量研究概率的意义.

2.1A-8　设随机变量 ξ 的分布函数为 $F(x)$,试以 $F(x)$ 表示下列概率:

（1）$P(\xi = a)$;（2）$P(\xi < a)$;（3）$P(\xi \geqslant a)$;（4）$P(\xi > a)$.

2.1A-9　函数 $F(x) = \dfrac{1}{1+x^2}$ 是否可以作为某一随机变量的分布函数,如果:

（1）$-\infty < x < +\infty$;

（2）$0 < x < +\infty$,在其他场合适当定义;

（3）$-\infty < x < 0$,在其他场合适当定义.

2.1A-10　设 $F_1(x)$ 与 $F_2(x)$ 都是分布函数,又 $a > 0, b > 0$ 是两个常数,且 $a + b = 1$. 证明

$$F(x) = aF_1(x) + bF_2(x)$$

也是一个分布函数.

2.1A-11　在半径为 R,球心为 o 的球内任取一点 P,求 $\xi = oP$ 的分布函数.

2.1A-12 设随机变量 X 的绝对值不大于 1，$P\{X=-1\}=\dfrac{1}{8}$，

$P\{X=1\}=\dfrac{1}{4}$，在事件 $\{-1<X<1\}$ 出现的条件下，X 在 $(-1,1)$

内的任一子区间上的取值的条件概率与该子区间的长度成正比，求 X 的分布函数 $F(x)=P\{X\leqslant x\}$.

2.1A-13 设 $F(x)$ 是分布函数，证明：对于任意 $h\neq 0$，函数

$\varphi(x)=\dfrac{1}{2h}\displaystyle\int_{x-k}^{x+k}F(t)\mathrm{d}t$ 也是分布函数.

【2.2A 本节内容作业】

2.2A-1 下列给出的是不是随机变量的分布律？

(1) $\begin{bmatrix} 1 & 3 & 5 \\ 0.5 & 0.3 & 0.2 \end{bmatrix}$;

(2) $\begin{bmatrix} 1 & 2 & 3 \\ 0.7 & 0.1 & 0.1 \end{bmatrix}$;

(3) $\begin{bmatrix} 0 & 1 & 2 & \cdots & n & \cdots \\ \dfrac{1}{2} & \dfrac{1}{2}\left(\dfrac{1}{3}\right) & \dfrac{1}{2}\left(\dfrac{1}{3}\right)^2 & \cdots & \dfrac{1}{2}\left(\dfrac{1}{3}\right)^n & \cdots \end{bmatrix}$;

(4) $\begin{bmatrix} 1 & 2 & \cdots & n & \cdots \\ \dfrac{1}{2} & \left(\dfrac{1}{2}\right)^2 & \cdots & \left(\dfrac{1}{2}\right)^2 & \cdots \end{bmatrix}$.

2.2A-2 设随机变量 ξ 的分布律为 $P(\xi=k)=\dfrac{k}{15},k=1,2,3,$ $4,5$，求：

(1) $P(\xi=1\ 或\ \xi=2)$；

(2) $P\left(\dfrac{1}{2}<\xi<\dfrac{5}{2}\right)$；

(3) $P(1\leqslant\xi\leqslant 2)$.

2.2A-3 设随机变量 ξ 的分布律为 $P(\xi=i)=C\left(\dfrac{2}{3}\right)^i,i=1,$ $2,3$. 求 C 的值.

2.2A-4 设随机变量 X 具有分布律

X	-1	0	1	2	3
p_k	0.16	$a/10$	a^2	$a/5$	0.3

确定常数 a.

2.2A-5 设 X 的分布律为 $P(X=k)=k/10,k=1,2,\cdots,n$，求 n.

2.2A-6　袋中装 6 只白球和 4 只红球,从中任取一只,"取得白球数"为 X,求 X 的分布律.

2.2A-7　随机变量 ξ 只取正整数 N,且 $P(\xi = N)$ 与 N^2 成反比,求 ξ 的分布律.

2.2A-8　抛掷一枚不均匀的硬币,出现正面的概率为 $p(0 < p < 1)$.设 ξ 为一直掷到正、反面都出现时所需要的次数,求 ξ 的分布律.

2.2A-9　设某批电子管的合格品率为 $\dfrac{3}{4}$,不合格品率为 $\dfrac{1}{4}$,现在对该批电子管进行测试,设第 ξ 次为首次测到合格品,求 ξ 的分布律.

2.2A-10　设随机变量 ξ 服从泊松分布,且 $P(\xi = 1) = P(\xi = 2)$,求 $P(\xi = 4)$.

2.2A-11　某种疾病的发病率为 0.01,求下列概率的近似值:

(1) 100 个人中恰有一人发病的概率.

(2) 100 个人中至少有一人发病的概率.

2.2A-12　从某大学到火车站途中有 6 个路口,假设在各路口遇到红灯的事件相互独立,且概率都是 $\dfrac{1}{3}$.

(1) 以 X 表示途中遇到的红灯次数,求 X 的分布律;

(2) 以 Y 表示汽车行驶途中在停止前所通过的路口数,求 Y 的分布律;

(3) 求从该大学到火车站途中至少遇到一次红灯的概率.

2.2A-13　假设某汽车站在任何长为 t(分钟)的时间内到达的候车人数 $N(t)$ 服从参数为 $3t$ 的泊松分布.

(1) 求在相邻 2 分钟内至少来 3 名乘客的概率;

(2) 求在连续 5 分钟内无乘客到达的概率.

2.2A-14　如果在时间 t(分钟)内,通过某交叉路口的汽车数量服从参数与 t 成正比的泊松分布.已知在一分钟内没有汽车通过的概率为 0.2,求在 2 分钟内有多于一辆汽车通过的概率.

2.2A-15*　一本 500 页的书共有 500 个错误,每个错误等可能地出现在每一页上(每一页的印刷符号超过 500 个).试求指定的一页上至少有三个错误的概率.

2.2A-16*　有一决策系统,其中每一成员作出决策互不影响,且每一成员作出正确决策的概率均为 $p(0 < p < 1)$,当半数以上成员作出正确决策时,系统作出正确决策.问 p 多大时,5 个成员的决策系统比 3 个成员的决策系统更为可靠?

2.2A-17* 设随机变量 X 服从超几何分布,即 X 的概率函数为

$$P(X = k) = \frac{C_M^k C_{N-M}^{n-k}}{C_N^n}, k = 0, 1, \cdots, n.$$

试证:$\sum_{k=0}^{n} \frac{C_M^k C_{N-M}^{n-k}}{C_N^n} = 1.$

【2.2B 跨节内容作业】

2.2B-1 从一个装有 4 个红球和 2 个白球的口袋中不放回地任取 5 个球,以 X 表示取出的红球个数.

(1) 求 X 的分布律;

(2) 求 X 的分布函数;

(3) 求 $P(0 < X < 4)$.

2.2B-2 设随机变量 X 的所有可能取值为 $1, 2, 3, 4$,已知 $P\{X = k\}$ 正比于 k 值,求 X 的分布律及分布函数,并求 $P\{X < 3\}$,$P\{X = 3\}$,$P\{X \leqslant 3\}$.

2.2B-3 设离散型随机变量 X 的分布函数为

$$F(x) = \begin{cases} A, & x < 2, \\ \dfrac{1}{8}, & 2 \leqslant x < 4, \\ \dfrac{3}{8}, & 4 \leqslant x < 6, \\ B, & x \geqslant 6. \end{cases}$$

(1) 求参数 A, B;(2) 求 X 的分布律.

2.2B-4 设随机变量 X 的分布函数为

$$F(x) = \begin{cases} 0, & x < -1, \\ a, & -1 \leqslant x < 1, \\ \dfrac{2}{3} - a, & 1 \leqslant x < 2, \\ a + b, & x \geqslant 2, \end{cases}$$

且 $P(X = 2) = \dfrac{1}{2}$,求 a, b 的值和 X 的分布律.

2.2B-5 甲乙两名篮球队员轮流投篮,直到某人投中时为止.甲先投,每次投中的概率为 0.4.乙后投,每次投中的概率为 0.6,求甲乙投篮次数的分布律.

2.2B-6 一个口袋中装有 m 个白球、$n-m$ 个黑球,不返回地连续从袋中取球,直到取出黑球时停止.设此时取出了 ξ 个白球,求 ξ 的分布律.

【2.2C 跨章内容作业】

2.2C-1　一个口袋中有 5 个同样大小的球,编号为 1、2、3、4、5,从中同时取出 3 只球,以 ξ 表示取出球的最大号码,求 ξ 的分布律.

2.2C-2　盒中有 10 个合格品和 3 个次品,从盒中一件一件地抽取产品检验,每件检验后不再放回盒中,以 X 表示直到取到第一件合格品为止所需检验次数.求 X 的分布律,并求概率 $P\{X<3\}$.

2.2C-3　袋中装有编上号码 $1,2,\cdots,9$ 的 9 个相同的球,从袋中任取 5 个球,以 X 表示所取的 5 个球中偶数号球的个数.求 X 的分布律,并求其中至少有两个偶数号球的概率.

2.2C-4　射手对目标独立射击 5 发,单发命中概率为 0.6.求:

(1) 恰好命中两发的概率;(2) 至多命中 3 发的概率;(3) 至少命中一发的概率.

2.2C-5*　设 X 为只取正整数值的随机变量,证明下列命题等价:

(1) X 服从几何分布;

(2) $P(X>m+n\mid X>n)=P(X>m)$,$m=1,2,\cdots,n=0,$ $1,2,\cdots$;

(3) $P(X=m+n\mid X>n)=P(X=m)$,$m=1,2,\cdots,n=0,$ $1,2,\cdots$.

【2.3A 本节内容作业】

2.3A-1　确定下列函数中的常数 A,使该函数成为一维分布的密度函数.

(1) $p(x)=Ae^{-|x|}$;

(2) $p(x)=\begin{cases}A\cos x,&-\dfrac{\pi}{2}\leqslant x\leqslant\dfrac{\pi}{2},\\0,&\text{其他};\end{cases}$

(3) $p(x)=\begin{cases}Ax^2,&1\leqslant x\leqslant 2,\\Ax,&2<x<3,\\0,&\text{其他}.\end{cases}$

2.3A-2　函数 $\sin x$ 是不是某个随机变量 ξ 的分布密度? 如果 ξ 的取值范围为

(1) $\left[0,\dfrac{\pi}{2}\right]$;　　(2) $[0,\pi]$;　　(3) $\left[0,\dfrac{3}{2}\pi\right]$.

2.3A-3 已知 $f(x)$ 和 $f(x)+f_1(x)$ 均为概率密度,则 f_1 必满足(   ).

(1) $\displaystyle\int_{-\infty}^{+\infty} f_1(x)\mathrm{d}x = 1, f_1(x) \geqslant 0$;

(2) $\displaystyle\int_{-\infty}^{+\infty} f_1(x)\mathrm{d}x = 1, f_1(x) \geqslant -f(x)$;

(3) $\displaystyle\int_{-\infty}^{+\infty} f_1(x)\mathrm{d}x = 0, f_1(x) \geqslant 0$;

(4) $\displaystyle\int_{-\infty}^{+\infty} f_1(x)\mathrm{d}x = 0, f_1(x) \geqslant -f(x)$.

2.3A-4 设 $X \sim N(0,1)$. 求 b 使:

(1) $P\{X > b\} = 0.05$;

(2) $P\{X < b\} = 0.05$;

(3) $P\{|X| < b\} = 0.05$.

2.3A-5 设随机变量 $X \sim N(2, \sigma^2)$,且 $P(2 < X < 4) = 0.3$,求 $P(X < 0)$.

2.3A-6 某汽车加油站的油库每周需油量 X (kg)服从 $N(500, 50^2)$ 分布.为使该站无油可售的概率小于 0.01,这个站的油库容量起码应多大?

2.3A-7 某城市每天用电量不超过一百万度,以 ξ 表示每天的耗电率(即用电量除以一百万度),它具有分布密度为

$$p(x) = \begin{cases} 12x(1-x)^2, & 0 < x < 1, \\ 0, & \text{其他.} \end{cases}$$

若该城市每天的供电量仅有 80 万度,求供电量不能满足需要的概率是多少? 如每天供电量 90 万度又是怎样呢?

2.3A-8 某种电池的寿命 ξ 服从正态 $N(a, \sigma^2)$ 分布,其中 $a = 300$ 小时,$\sigma = 35$ 小时.

(1) 求电池寿命在 250 小时以上的概率;

(2) 求 x,使寿命在 $a-x$ 与 $a+x$ 之间的概率不小于 0.9.

2.3A-9 设随机变数 ξ 服从 $(0,5)$ 上的均匀分布,求方程

$$4x^2 + 4\xi x + \xi + 2 = 0$$

有实根的概率.

2.3A-10 设随机变量 ξ 具有对称的分布密度函数 $p(x)$,即 $p(x) = p(-x)$,ξ 的分布函数为 $F(x)$. 证明:对任意的 $a > 0$,有

(1) $F(-a) = 1 - F(a) = \dfrac{1}{2} - \displaystyle\int_0^a p(x)\mathrm{d}x$;

(2) $P(|\xi| < a) = 2F(a) - 1$;

(3) $P(|\xi| > a) = 2[1 - F(a)]$.

2.3A-11　设 $f_1(x)$ 和 $\Phi(x)$ 分别是 $U(-1,3)$ 和 $N(0,1)$ 的密度函数. 若

$$f(x) = \begin{cases} a\Phi(x), & x \leqslant 0 \\ bf_1(x), & x < 0 \end{cases} \quad (a > 0, b > 0)$$

是密度函数, 则 a,b 应满足(　　).

(1) $2a + 3b = 4$;　　　　(2) $3a + 2b = 4$;

(3) $a + b = 1$;　　　　　(4) $a + b = 2$.

2.3A-12[*]　设随机变量 $X \sim N(0, \sigma^2)$, 问当 σ 取何值时, 概率 $P(1 < X < 3)$ 取到最大?

【2.3B 跨节内容作业】

2.3B-1　随机变量 ξ 的分布函数为 $F(x) = A + B\arctan x$, 求常数 A 与 B 及相应的密度函数 $p(x)$.

2.3B-2　设随机变量 ξ 的分布函数为

$$F(x) = \begin{cases} 1 - (1+x)\mathrm{e}^{-x}, & x \geqslant 0, \\ 0, & x < 0, \end{cases}$$

求相应的密度函数, 并求 $P(\xi \leqslant 1)$.

2.3B-3　设随机变量 ξ 的分布函数为

$$F(x) = \begin{cases} 0, & x < 0, \\ Ax^2, & 0 \leqslant x < 1, \\ 1, & x \geqslant 1, \end{cases}$$

求常数 A 及密度函数.

2.3B-4　设随机变量 X 的密度函数为

$$f(x) = \begin{cases} 4x\mathrm{e}^{-2x}, & x \geqslant 0, \\ 0, & x < 0, \end{cases}$$

求:(1) X 的分布函数; (2) $P\left(-\dfrac{1}{2} \leqslant X < 1\right)$; (3) $P\left(X = \dfrac{3}{2}\right)$.

2.3B-5　已知随机变量 ξ 的分布密度函数为

$$p(x) = \begin{cases} x, & 0 < x \leqslant 1, \\ 2 - x, & 1 < x \leqslant 2, \\ 0, & \text{其他}. \end{cases}$$

(1) 求相应的分布函数 $F(x)$;

(2) 求 $P(\xi < 0.5), P(\xi > 1.3), P(0.2 < \xi < 1.2)$.

2.3B-6　设随机变量 X 的密度函数为

$$f(x) = A\mathrm{e}^{-|x|}, \quad -\infty < x < +\infty,$$

求:(1) 确定常数 A; (2) $P(0 < X < 1)$; (3) X 的分布函数.

2.3B-7 设随机变量 X 的密度函数为

$$f(x) = \begin{cases} Ax, & 1 < x < 2, \\ B, & 2 < x < 3, \\ 0, & 其他, \end{cases}$$

且 $P(X \in (1,2)) = P(X \in (2,3))$. 求：(1)常数 A,B；(2) X 的分布函数.

2.3B-8 设连续型随机变量 X 的分布函数为

$$F(x) = \begin{cases} A + Be^{-\lambda x}, & x > 0, \\ 0, & x \leqslant 0, \end{cases} \quad 其中 \lambda > 0 是常数.$$

求：(1)参数 A,B；(2) $P\{X \leqslant 2\}, P\{X > 3\}$；(3) X 的概率密度.

2.3B-9 设随机变量 X 的概率密度为

$$f(x) = \begin{cases} cx^2, & 1 \leqslant x \leqslant 2, \\ cx, & 2 < x < 3, \\ 0, & 其他. \end{cases}$$

(1) 确定常数 c，并求 X 的分布函数；

(2) 求 x_0，使 $P\{X > x_0\} = 0.05$.

2.3B-10 已知 X 的概率密度为

$$f(x) = \begin{cases} A(1+2x), & 0 < x < 1, \\ 0, & 其他, \end{cases}$$

求：(1) 常数 A ；(2) $P\{X > 0.5\}$；(3) X 的分布函数 $F(x)$.

2.3B-11 测量某目标的距离时，误差 $X \sim N(20, 40^2)$ （m）. 求 3 次测量中至少有一次误差绝对值不超过 30 m 的概率.

【2.4A 本节内容作业】

2.4A-1 设随机变量 ξ 的分布律为

$$\begin{pmatrix} 0 & \dfrac{\pi}{2} & \pi \\ \dfrac{1}{4} & \dfrac{1}{2} & \dfrac{1}{4} \end{pmatrix},$$

求 $\eta = \dfrac{2}{3}\xi + 2$ 与 $\zeta = \cos\xi$ 的分布律.

2.4A-2 已知离散型随机变量 ξ 的分布律为

$$\begin{pmatrix} -2 & -1 & 0 & 1 & 3 \\ \dfrac{1}{5} & \dfrac{1}{6} & \dfrac{1}{5} & \dfrac{1}{15} & \dfrac{11}{30} \end{pmatrix},$$

求 $\eta = \xi^2$ 的分布律.

2.4A-3 设离散型随机变量 X 具有分布律 $P(X = k) = \dfrac{1}{2^k}$,

$k = 1, 2, \cdots$,求随机变量 $Y = \sin\left(\dfrac{\pi}{2}X\right)$ 的分布律.

2.4A-4 设随机变量 $X \sim U(0,1)$,求 $Y = 2 - 3X$ 的密度函数.

2.4A-5 已知 X 的概率密度为 $f(x) = \begin{cases} \dfrac{3}{8}x^2, & 0 < x < 2, \\ 0, & \text{其他}, \end{cases}$

求 $Y = X^2 + 1$ 的分布函数和概率密度.

2.4A-6 设电压 $V = A\sin\Theta$,其中 A 是一个已知的正常数,相角 Θ 是一个随机变量,在区间 $(0, \pi)$ 上服从均匀分布,试求电压 V 的概率密度.

2.4A-7 对球的直径作近似测量,设其值在区间 (a, b) 均匀分布,求球体积的密度函数.

2.4A-8 设随机变量 $X \sim N(0,1)$,求:(1) $Y = 2X^2 + 1$ 的密度函数;(2) $Z = |X|$ 的密度函数.

2.4A-9 设随机变数 ξ 服从 $N(a, \sigma^2)$ 分布,求 e^ξ 的分布密度.

2.4A-10* 设 X 的分布函数为 $F(x)$,概率密度为

$$f(x) = \begin{cases} \dfrac{2}{\pi(x^2 + 1)}, & x > 0, \\ 0, & x \leqslant 0. \end{cases}$$

求下列随机变量 Y 的概率密度 $f_Y(y)$:

(1) $Y = 2X^3$;(2) $Y = \log_{\frac{1}{2}} X$.

2.4A-11* 已知 X 的概率密度为

$$f(x) = \begin{cases} \dfrac{50}{x^2}, & |x| > 100, \\ 0, & |x| \leqslant 100. \end{cases}$$

设 $Y = 1 - X^2$,$Z = e^{-X}$. 求 Y 与 Z 的概率密度.

2.4A-12* 设连续型随机变量 X 的概率密度为 $f(x)$,分布函数为 $F(x)$,求下列随机变量 Y 的概率密度 $f_Y(y)$:

(1) $Y = \dfrac{1}{X}$;(2) $Y = |X|$;(3) $Y = \tan X$.

【2.4B 跨节内容作业】

2.4B-1 某人上班地点离家仅一站路. 他在公共汽车站候车时

间为 X(分钟),X 服从指数分布,其概率密度为

$$f(x) = \begin{cases} \dfrac{1}{5}e^{-\frac{1}{5}x}, & x > 0, \\ 0, & x \leqslant 0. \end{cases}$$

他每天要在车站候车 4 次,每次若候车时间超过 5 分钟,他就改为步行. 求他在一天内步行次数恰好是 2 次的概率.

2.4B-2 假设一设备开机后无故障工作的时间 X 服从指数分布,平均无故障工作的时间为 5 小时. 设备定时开机,出现故障时自动关机,而无故障的情况下工作 2 小时便关机. 求:

(1) 该设备每次开机无故障工作的时间 Y 的分布函数 $F_Y(y)$;

(2) $Z = e^Y$ 的分布函数,并判断 Z 是否为连续型随机变量.

2.4B-3 设连续型随机变量 X 的概率密度为

$$f(x) = Ce^{-\frac{|x|}{a}} \quad (a > 0).$$

求:(1) C;(2) X 的分布函数 $F(x)$;(3) $P\{|X| < 2\}$;

(4) $Y = \dfrac{1}{4}X^2$ 的分布函数.

2.4B-4[*] 设随机变量 ξ 在任一有限区间 $[a,b]$ 上的概率均大于 0(例如正态分布等),其分布函数为 $F_\xi(x)$,又 η 服从 $(0,1)$ 上的均匀分布. 证明 $\zeta = F_\xi^{-1}(\eta)$ 的分布函数与 ξ 的分布函数相同.

2.4B-5[*] 过平面上一点 $(0,1)$ 任作一直线 L 与 x 轴的夹角为 α. 设 α 服从区间 $(0,\pi)$ 上的均匀分布,求:(1) 此直线在 x 轴上截距 Z 的分布函数;(2) 截距 Z 在 1 到 2 之间的概率.

【2.4C 跨章内容作业】

2.4C-1 在电源电压不超过 200 V、200~240 V 和超过 240 V 三种情况下,某电器损坏的概率分别为 0.01、0.001 和 0.1. 假设电源电压 X 服从正态分布 $N(220,\sigma^2)$,且知电压在 250 V 以下的概率为 0.9. 现该电器损坏,求损坏时电源电压在 200~240 V 之间的概率.

2.4C-2 设随机变量 X 与 Y 同分布,X 的密度函数为

$$f(x) = \begin{cases} \dfrac{3}{8}x^2, & 0 < x < 2, \\ 0, & \text{其他,} \end{cases}$$

两个事件 $A = \{X > a\}$ 与 $B = \{Y > a\}$ 相互独立,$P(A \bigcup B) = \dfrac{3}{4}$,求 a.

2.4C-3 假设一个人在一年内患感冒的次数 X 服从参数为 5 的泊松分布. 正在销售的一种药品 A 对于 75% 的人, 可以将一年内患感冒的平均次数降低到 3 次, 而对于 25% 的人无效. 现在有某人试用此药一年, 结果在试用期患感冒 2 次, 试求此药有效的概率 α.

2.4C-4* 假设一日内到过某商店的顾客数服从参数为 λ 的泊松分布, 而每个顾客实际购货的概率为 p. 分别以 X 和 Y 表示一日内到过该商店的顾客中购货和未购货的人数, 分别求 X 和 Y 的概率分布.

2.4C-5* 使用了 t 小时的计算机, 在以后 Δt 小时内损坏的概率等于 $\lambda \Delta t + o(\Delta t)$, 其中 λ 为不依赖于 t 的常数, 假设在不相重叠的时间内, 计算机损坏与否相互独立, 求计算机在 T 小时内损坏的概率.

第 2 章自测题

一、填空题

1. 设 10 件产品中恰好有 2 件不合格品, 从中一件一件地抽出产品直到抽到合格品为止, 则抽到合格品时抽出产品件数 X 的分布律为_____.

2. 已知离散型随机变量 X 的分布为

X	-2	0	2	$\sqrt{5}$
P	$\dfrac{1}{a}$	$\dfrac{3}{2a}$	$\dfrac{5}{4a}$	$\dfrac{1}{4a}$

则 $P(|X| \leqslant 2, X \geqslant 0) = $ _____.

3. 设 X 服从二项分布 $B(n,p)$, 且已知 $P(X=1) = P(X=2)$, $P(X=2) = 2P(X=3)$, 则 $P(X=4) = $ _____.

4. 设一本书的各页的印刷错误个数 X 服从泊松分布. 已知有一个和两个印刷错误的概率相同, 则随机抽查的 4 页中无印刷错误的概率 = _____.

5. 设随机变量 X 的分布函数为
$$F(x) = \begin{cases} 0, & x < 0, \\ x/2, & 0 \leqslant x < 1, \\ 2/3, & 1 \leqslant x < 3, \\ 1, & x \geqslant 3, \end{cases}$$

则 $P(1 \leqslant X < 2) = $ _____.

6. 设随机变量 X 的概率密度函数为

$$f(x) = \begin{cases} \dfrac{1}{3}, & 0 \leqslant x \leqslant 1, \\ \dfrac{2}{9}, & 3 \leqslant x \leqslant 6, \\ 0, & \text{其他}, \end{cases}$$

若 k 使得 $P(k \leqslant X) = \dfrac{2}{3}$，则 k 的取值范围是 _____．

7. 假设 X 是在区间 $(0,1)$ 内取值的连续型随机变量，而 $Y = 1 - X$．已知 $P(X \leqslant 0.29) = 0.75$，则满足 $P(Y \leqslant k) = 0.25$ 的常数 $k =$ _____．

8. 若随机变量 X 服从正态分布 $N(\mu, \sigma^2)(\sigma > 0)$，且二次方程 $y^2 + 4y + X = 0$ 无实根的概率是 $\dfrac{1}{2}$，则 $\mu =$ _____ ．

9. 设随机变量 X 的概率密度函数为 $f(x) = \begin{cases} 2x, & 0 < x < 1, \\ 0, & \text{其他}, \end{cases}$

Y 表示对 X 的 3 次独立重复观察中事件 $\left\{ X \leqslant \dfrac{1}{2} \right\}$ 出现的次数，则 $P(Y = 2) =$ _____．

10. 已知随机变量 X 服从正态分布 $N(2,4)$，则 $Y = \mathrm{e}^{\frac{X}{2}}$ 的概率密度 $f_Y(y) =$ _____ ．

二、选择题

1. 随机变量 X 的分布律为 $P(X = k) = \dfrac{C2^k}{k!}, k = 0, 1, 2, \cdots$，则常数 C 等于( )．

(A) e^{-1}；　　　(B) e^{-2}；　　　(C) e^{-3}；　　　(D) e^{-4}．

2. 下列函数中，可以做随机变量分布函数的是( )．

(A) $F(x) = \dfrac{1}{1 + x^2}$；

(B) $F(x) = \dfrac{3}{4} + \dfrac{1}{2\pi} \arctan x$；

(C) $F(x) = \begin{cases} 0, & x \leqslant 0, \\ \dfrac{x}{1+x}, & x > 0; \end{cases}$

(D) $F(x) = 1 + \dfrac{2}{\pi} \arctan x$．

3. 设随机变量 $X \sim N(\mu, \sigma^2)$，则随 σ 的增大，概率 $P\{|X - \mu| \leqslant \sigma\}$ ( )．

(A) 单调增大；　(B) 单调减小；　(C) 保持不变；　(D) 增减不定．

4.设函数 $F(x) = \begin{cases} 0, & x < 0, \\ \dfrac{x}{2}, & 0 \leqslant x < 2, \\ 1, & x \geqslant 2, \end{cases}$ 则 $F(x)$（   ）.

(A) 是随机变量的分布函数；

(B) 不是随机变量的分布函数；

(C) 是离散型随机变量的分布函数；

(D) 是连续型随机变量的分布函数.

5.设 X_1, X_2 是任意两个连续型随机变量，它们的概率密度函数分别为 $f_1(x), f_2(x)$，分布函数分别为 $F_1(x), F_2(x)$，则（   ）.

(A) $\dfrac{1}{3} f_1(x) + \dfrac{2}{3} f_2(x)$ 必为某一随机变量的概率密度；

(B) $f_1(x) f_2(x)$ 必为某一随机变量的概率密度；

(C) $F_1(x) + F_2(x)$ 必为某一随机变量的分布函数；

(D) $F_1(x) - F_2(x)$ 必为某一随机变量的分布函数.

6.随机变量 X 服从参数为 $\lambda > 0$ 的泊松分布，且 $P(X = 1 \mid X \leqslant 1) = 0.8$，则 λ 等于（   ）.

(A) 0.8；   (B) 2；   (C) 4；   (D) 0.25.

7.已知 $X^3 \sim N(1, 7^2)$，则 $P(1 < X < 2)$ 等于（   ）.

(A) $\Phi(2) - \Phi(1)$；   (B) $\Phi(\sqrt[3]{2}) - \Phi(1)$；

(C) $\Phi(1) - 1/2$；   (D) $\Phi(\sqrt[3]{3}) - \Phi(\sqrt[3]{2})$.

8.假设 X 是只取两个可能值的离散型随机变量，Y 是连续型随机变量，且 X 和 Y 相互独立，则随机变量 $X + Y$ 的分布函数（   ）.

(A) 是阶梯函数；   (B) 恰好有一个间断点；

(C) 是连续函数；   (D) 恰好有两个间断点.

9.对随机变量 X 的任一线性函数 $Y = aX + b, a \neq 0$，则下面命题不成立的是（   ）.

(A) 如果 X 是连续型随机变量，则 Y 也是连续型随机变量；

(B) 如果 X 是泊松分布，则 Y 也是泊松分布；

(C) 如果 X 是均匀分布，则 Y 也是均匀分布；

(D) 如果 X 是正态分布，则 Y 也是正态分布.

三、解答题

1.一袋中装有 4 个球，球上分别记有号码 1、2、3、4. 从中任意取 2 个球，以 X 记取出的球中最小的号码. 求 X 的分布律与分布函数.

2. 设离散型随机变量 X 的概率分布为 $P(X=n)=aq^n$, $n=0$, $1,2,\cdots$, 而且 X 取奇数值的概率为 $\dfrac{3}{7}$, 试求常数 a,q 的值.

3. 假设随机变量 X 服从正态分布 $N(108,9)$, 求满足 $P\{|X-a|\geqslant a\}=0.01$ 的常数 a.

4. 设随机变量 X 的概率密度函数为

$$f(x)=\frac{C}{\mathrm{e}^x+\mathrm{e}^{-x}}.$$

试求:(1) 常数 C;(2) $P(X>0)$;(3) 在对 X 进行的 5 次独立观察中, X 的取值都小于 0 的概率.

5. 某生产线平均每三分钟生产一件产品,假设不合格品率为 0.01. 问为使至少出现一件不合格品的概率超过 95% 最少需要多长时间?

6. 假设一商店每周(7 天)平均售出 56 台电冰箱,其中因为质量问题要求返修的占 5‰. 试求一个季度(90 天)售出的电冰箱中返修件数 X 的概率分布.

7. 设随机变量 X 的概率密度为

$$f(x)=\frac{1}{\sqrt{\pi}}\,\mathrm{e}^{-x^2+2x-1},\ -\infty<x<\infty.$$

试求:(1) $Y=X^2$ 的概率密度;(2) $P(1<X<1+\sqrt{2})$.

8. 假设随机测量的误差 $X\sim N(0,10^2)$, 求在 100 次独立重复测量中,至少三次测量的绝对误差大于 19.6 的概率 α 的近似值.

9. 设试验 E 是伯努利试验,其成功的概率为 p, 失败的概率为 $q=1-p$. 现在将 E 独立地一次接一次地进行直到成功或完成 n 次试验为止,其中 $n\geqslant 2$ 是给定的自然数. 试求所作试验次数 X 的概率分布.

10. 设随机变量 X 的概率密度函数为

$$f(x)=\begin{cases}\dfrac{1}{3\sqrt[3]{x^2}}, & 1\leqslant x\leqslant 8,\\ 0, & \text{其他},\end{cases}$$

$F(x)$ 是 X 的分布函数,求随机变量 $Y=F(X)$ 的分布函数.

11. 设 $P(X=k)=\dfrac{1}{2^k}$, $k=1,2,\cdots$, 令

$$Y=\begin{cases}1, & \text{如果 } X \text{ 是偶数},\\ -1, & \text{如果 } X \text{ 是奇数},\end{cases}$$

试求二次方程 $2t^2+t+Y=0$ 无实根的概率.

12. 设随机变量 T 服从数学期望为 $\dfrac{1}{2}$ 的指数分布,求方程 $x^2+Tx+4=0$ 有实根的概率.

13.设随机变量 X 的概率密度为

$$f(x) = \frac{1}{2}e^{-|x|}, \ -\infty < x < +\infty.$$

求:(1) $Y = |X|$ 的分布函数 $F_Y(y)$;

(2)证明对任意的实数 $a > 0, b > 0, P(Y \geqslant a+b | Y \geqslant a) = P(y \geqslant b)$.

第 3 章

随机向量及其概率分布

本章学习多维随机变量及其分布的有关概念、理论和应用.多维随机变量中最简单且具有多维特性的是二维随机变量,所以我们下面主要研究二维随机变量,其结论适用于多维随机变量.

【教学目的】

• 理解随机向量的概念,掌握二维随机变量的分布函数、分布律、概率密度的概念和性质,会利用它们求概率,掌握它们之间的相互关系.

• 掌握边缘分布与条件分布的概念和求法.

• 理解随机变量的独立性概念,掌握随机变量相互独立的条件和判断方法,会利用随机变量的独立性进行概率计算.

• 掌握二维均匀分布、二维正态分布的概率密度,理解其中参数的概率意义.

• 掌握求随机向量函数分布的一般方法,会求两个随机变量的线性函数的分布,会求多个相互独立随机变量的简单函数的分布,包括多个相互独立随机变量的最大值和最小值分布.

§3.1　随机向量及其分布函数

本节将随机变量的研究概率的三个工具完全类似地推广到随机向量中.

一、二维随机变量

若对于试验的样本空间 Ω 中的每个试验结果 ω,都有确定的一对有序实数值 $(X(\omega),Y(\omega))$ 与 ω 相对应,则称 $(X(\omega),Y(\omega))$ 为二维随机变量或二维随机向量,简写为 (X,Y),其中 $X=X(\omega),Y=Y(\omega)$.

一般地,如果 $X_1(\omega),X_2(\omega),\cdots,X_n(\omega)$ 是定义在同一个样本空

间 $\Omega=\{\omega\}$ 上的 n 个随机变量，则称 $(X_1(\omega),X_2(\omega),\cdots,X_n(\omega))$ 为 n 维随机变量或 n 维随机向量.

注意　n 维随机向量 $(X_1(\omega),X_2(\omega),\cdots,X_n(\omega))$ 中的每个随机变量是定义在同一样本空间上的. 随机向量的性质不仅与随机向量中的每个随机变量的性质有关，而且还依赖于这 n 个随机变量的相互关系. 因此，逐个地来研究每个随机变量的性质是不够的，需要将 $(X_1(\omega),X_2(\omega),\cdots,X_n(\omega))$ 作为一个整体来进行研究.

二、二维随机向量的分布函数

1. 二维分布函数定义

设 (X,Y) 为二维随机向量，对于任意实数 x,y，称事件 $\{X\leqslant x\}$ 与事件 $\{Y\leqslant y\}$ 同时发生的概率

$$F(x,y)=P\{X\leqslant x,Y\leqslant y\},\ -\infty<x<+\infty,\ -\infty<y<+\infty$$

为随机向量 (X,Y) 的分布函数，或 X 与 Y 的联合分布函数.

注意　$\{X\leqslant x,Y\leqslant y\}$ 中逗号表示"交"的意思，即 $\{X\leqslant x,Y\leqslant y\}=\{X\leqslant x\}\bigcap\{Y\leqslant y\}$，其他类似.

如果将二维随机变量 (X,Y) 看成是平面上随机点的坐标，那么分布函数 $F(x,y)$ 在 (x,y) 处的函数值就是随机点 (X,Y) 落在以点 (x,y) 为右上角的无穷矩形内的概率，如图 3-1 所示.

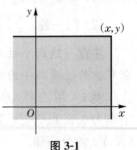

图 3-1

2. 二维分布函数性质

容易证明二维分布函数 $F(x,y)$ 具有以下的性质：

(1) 有界性. $0\leqslant F(x,y)\leqslant 1$；$\lim\limits_{x\to-\infty}F(x,y)=0$，$\lim\limits_{y\to-\infty}F(x,y)=0$，$\lim\limits_{\substack{x\to+\infty\\y\to+\infty}}F(x,y)=1$.

(2) 单调性. $F(x,y)$ 关于每个变量是非减函数.

(3) 右连续性. $F(x,y)$ 关于每个变量是右连续函数.

(4) 对任意的 $x_1<x_2,y_1<y_2$，有 $P\{x_1<X\leqslant x_2,y_1<Y\leqslant y_2\}=F(x_2,y_2)-F(x_2,y_1)-F(x_1,y_2)+F(x_1,y_1)$.

注意　上面四个性质是一个二元函数成为二维分布函数的充要条件. 二维分布函数性质与一维分布函数相似，但有差异.

三、二维离散型随机变量及其分布律

1. 二维离散型随机变量及其分布律定义

若二维随机向量 (X,Y) 仅可能取有限个或可列个值，则称

(X,Y) 为二维离散型随机向量.

若二维离散型随机向量 (X,Y) 的所有可能取值为 (x_i,y_j), $i,j=1,2,\cdots$, 则称

$$P\{X=x_i,Y=y_j\}=p_{ij}, \quad i,j=1,2,\cdots$$

为 (X,Y) 的分布律, 或 X 与 Y 的联合分布律, 也可用如下表格形式表示 (X,Y) 的分布律:

表 3-1　二维联合分布律

X＼Y	y_1	y_2	$\cdots$	y_j	$\cdots$
x_1	p_{11}	p_{12}	$\cdots$	p_{1j}	$\cdots$
x_2	p_{21}	p_{22}	$\cdots$	p_{2j}	$\cdots$
$\vdots$	$\vdots$	$\vdots$		$\vdots$	
x_i	p_{i1}	p_{i2}	$\cdots$	p_{ij}	$\cdots$
$\vdots$	$\vdots$	$\vdots$		$\vdots$	

2. 二维分布律的性质

X 与 Y 的联合分布律具有如下性质:

(1) 非负性. $p_{ij} \geqslant 0, i,j=1,2,\cdots$.

(2) 归一性. $\sum_i \sum_j p_{ij}=1$.

注意　这两个性质是诸 p_{ij} 为二维分布律的充分必要条件. 二维分布律的性质与一维分布律完全相同, 只是求和方式不同.

例 1　甲乙两人独立进行射击, 甲每次命中率为 0.2, 乙每次命中率为 0.5. 以 X、Y 分别表示甲、乙各射击两次时的命中次数, 试求 (X,Y) 的分布律.

解　由题知

$$P\{X=i,Y=j\}=P\{X=i\}P\{Y=j\}$$
$$=C_2^i \, 0.2^i \, 0.8^{2-i} C_2^j \, 0.5^j \, 0.5^{2-j}, \quad 0 \leqslant i,j \leqslant 2.$$

计算得 (X,Y) 的分布律为

X＼Y	0	1	2
0	0.16	0.32	0.16
1	0.08	0.16	0.08
2	0.01	0.02	0.01

四、二维连续型随机变量及其概率密度

1. 二维概率密度定义

对于二维随机变量 (X,Y) 的分布函数 $F(x,y)$, 如果存在一个

二元非负函数 $f(x,y)$，使得对于任意一对实数 (x,y) 有

$$F(x,y) = \int_{-\infty}^{x} \int_{-\infty}^{y} f(s,t)\mathrm{d}s\mathrm{d}t$$

成立，则称 (X,Y) 为二维连续型随机向量，称 $f(x,y)$ 为 (X,Y) 的概率密度，或 X 与 Y 的联合概率密度，简称密度.

2. 二维概率密度的性质

(1) 非负性. $f(x,y) \geqslant 0,\ -\infty < x < +\infty,\ -\infty < y < +\infty$.

(2) 归一性. $\int_{-\infty}^{+\infty} \int_{-\infty}^{+\infty} f(x,y)\mathrm{d}x\mathrm{d}y = 1$.

(3) 对任意一条平面曲线 L，有 $P\{(X,Y) \in L\} = 0$.

(4) 在 $f(x,y)$ 的连续点处有

$$\frac{\partial^2 F(x,y)}{\partial x \partial y} = f(x,y).$$

(5) 对平面上任一区域 D，$P\{(X,Y) \in D\} = \iint_D f(x,y)\mathrm{d}x\mathrm{d}y$.

注意 二维概率密度的性质(1)和(2)是 $f(x,y)$ 为二维概率密度的充分必要条件. 二维概率密度性质与二维分布律的性质完全相同，也与一维概率密度的性质完全相同，只是求和方式不同.

例2 已知随机变量 X 与 Y 的联合概率密度为

$$f(x,y) = \begin{cases} k\mathrm{e}^{-(2x+y)}, & 0 < x < +\infty, 0 < y < +\infty, \\ 0, & \text{其他.} \end{cases}$$

试求 k、(X,Y) 的分布函数 $F(x,y)$ 和 $P\{X \leqslant Y\}$.

解 由 $1 = \int_{-\infty}^{+\infty} \int_{-\infty}^{+\infty} f(x,y)\mathrm{d}x\mathrm{d}y = k/2$，得 $k = 2$.

$$F(x,y) = \int_{-\infty}^{y} \int_{-\infty}^{x} f(u,v)\mathrm{d}u\mathrm{d}v$$

$$= \begin{cases} \int_0^y \int_0^x 2\mathrm{e}^{-(2u+v)}\mathrm{d}u\mathrm{d}v, & x > 0, y > 0, \\ 0, & \text{其他.} \end{cases}$$

得

$$F(x,y) = \begin{cases} (1 - \mathrm{e}^{-2x})(1 - \mathrm{e}^{-y}), & x > 0, y > 0, \\ 0, & \text{其他.} \end{cases}$$

$$P\{Y \leqslant X\} = P\{(X,Y) \in G\}$$
$$= \iint_G f(x,y)\mathrm{d}x\mathrm{d}y$$
$$= \int_0^{+\infty} \mathrm{d}y \int_y^{+\infty} 2\mathrm{e}^{-(2x+y)}\mathrm{d}x = \frac{1}{3}.$$

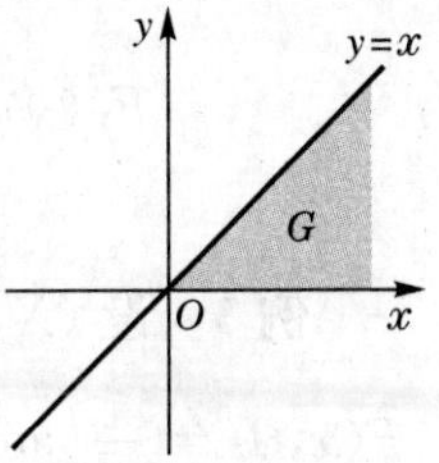

图 3-2

3. 常用二维连续分布
常用的二维连续分布有均匀分布和正态分布.

(1) 二维均匀分布.设 G 是平面上的一个有界区域. 若

$$f(x,y) = \begin{cases} \dfrac{1}{A}, & (x,y) \in G, \\ 0, & \text{其他}, \end{cases}$$

是二维随机变量 (X,Y) 的概率密度,称 (X,Y) 服从区域 G 上的均匀分布,其中 A 是正常数.

注意 A 一定是 G 的面积,为什么? 二维均匀分布与 $U(a,b)$ 有什么共性?

(2) 二维正态分布.如果二维随机变量 (X,Y) 的概率密度为

$$f(x,y) = \frac{1}{2\pi\sigma_1\sigma_2\sqrt{1-\rho^2}} \times$$

$$\exp\left\{-\frac{1}{2(1-\rho^2)}\left[\frac{(x-\mu_1)^2}{\sigma_1^2} - 2\rho\frac{(x-\mu_1)(y-\mu_2)}{\sigma_1\sigma_2} + \frac{(y-\mu_2)^2}{\sigma_2^2}\right]\right\},$$

则称 (X,Y) 服从二维正态分布,并记为

$$(X,Y) \sim N(\mu_1,\mu_2,\sigma_1^2,\sigma_2^2,\rho),$$

其中 $\mu_1,\mu_2,\sigma_1,\sigma_2,\rho$ 都是常数,$\sigma_1 > 0, \sigma_2 > 0, |\rho| < 1$.

§3.2　随机向量的边缘分布

随机向量的分布包含了其每个分量的信息.本节讨论如何由随机向量的分布来获得其每个分量的分布.

我们将 X 和 Y 的分布,分别称为随机向量 (X,Y) 的关于 X 和关于 Y 的边缘分布.这里的分布可以是分布函数,也可以是分布律或概率密度.

一、由随机向量的分布函数求其边缘分布函数

设随机向量 (X,Y) 的分布函数为 $F(x,y)$,(X,Y) 的关于 X 和关于 Y 的边缘分布函数分别是 $F_X(x)$ 和 $F_Y(y)$,则

$$F_X(x) = P\{X \leqslant x\} = P\{X \leqslant x, Y < +\infty\}$$

$$= \lim_{y \to +\infty} F(x,y) \hat{=} F(x, +\infty);$$

$$F_Y(y) = P\{Y \leqslant y\} = P\{X < +\infty, Y \leqslant y\}$$

$$= \lim_{x \to +\infty} F(x,y) \hat{=} F(+\infty, y).$$

例 3　设 (X,Y) 的分布函数为

$$F(x,y) = \frac{1}{\pi^2}\left(\arctan x + \frac{\pi}{2}\right)\left(\arctan y + \frac{\pi}{2}\right), \quad -\infty < x, \, y < +\infty,$$

求 (X,Y) 的关于 X 和 Y 的边缘分布函数 $F_X(x)$ 和 $F_Y(y)$.

解　$F_X(x) = \lim_{y \to +\infty} F(x, y)$

$$= \lim_{y \to +\infty} \frac{1}{\pi^2} \Big(\arctan x + \frac{\pi}{2} \Big) \Big(\arctan y + \frac{\pi}{2} \Big)$$

$$= \frac{1}{\pi} \arctan x + \frac{1}{2}.$$

同理可求得（或由对称性可得） $F_Y(y) = \dfrac{1}{\pi} \arctan y + \dfrac{1}{2}$.

二、由随机向量的分布律求其边缘分布律

设 (X, Y) 为二维离散型随机变量, p_{ij} 为其分布律 ($i, j = 1, 2, \cdots$), (X, Y) 的关于 X 和关于 Y 的边缘分布律分别是 $p_{i\cdot}(i = 1, 2, \cdots)$ 和 $p_{\cdot j}(j = 1, 2, \cdots)$, 则

$$p_{i\cdot} = P\{X = x_i\}$$
$$= P\{X = x_i, Y < +\infty\}$$
$$= P\{X = x_i, \bigcup_j \{Y = y_j\}\}$$
$$= P\{\bigcup_j \{X = x_i, Y = y_j\}\}$$
$$= \sum_j p_{ij}, i = 1, 2, \cdots.$$

同理可求得 $p_{\cdot j} = P\{Y = y_j\} = \sum_i p_{ij}, j = 1, 2, \cdots$.

例 4　设 (X, Y) 的分布律为

表 3-2　**(X,Y)的分布律**

Y \ X	1	3
0	0	1/8
1	3/8	0
2	3/8	0
3	0	1/8

其边际分布律为

表 3-3　**二维离散型边际分布律**

Y \ X	1	3	$P\{X = x_i\}$
0	0	1/8	1/8
1	3/8	0	3/8
2	3/8	0	3/8
3	0	1/8	1/8
$P\{Y = y_i\}$	6/8	2/8	1

注意　$p_{i\cdot}(i = 1, 2, \cdots)$ 正好是 (p_{ij}) 的第 i 行上数的和,

$p_{\cdot j}(j=1,2,\cdots)$ 正好是 (p_{ij}) 的第 j 列上数的和;边缘分布律写在联合分布律表格的边缘上.

三、由随机向量的概率密度求其边缘概率密度

设 $f(x,y)$ 为随机向量 (X,Y) 的概率密度,(X,Y) 的关于 X 和关于 Y 的边缘概率密度分别是 $f_X(x)$ 和 $f_Y(y)$,类似于由随机向量的分布律求其边缘分布律方法,有

$$f_X(x) = \int_{-\infty}^{+\infty} f(x,y)\mathrm{d}y,$$

$$f_Y(y) = \int_{-\infty}^{+\infty} f(x,y)\mathrm{d}x.$$

例5 设 $(X,Y) \sim N(\mu_1,\mu_2,\sigma_1^2,\sigma_2^2,\rho)$,试求其边缘概率密度 $f_X(x)$ 和 $f_Y(y)$.

解 $f_X(x) = \int_{-\infty}^{+\infty} f(x,y)\mathrm{d}y =$

$$\frac{1}{2\pi\sigma_1\sigma_2\sqrt{1-\rho^2}}\mathrm{e}^{-\frac{(x-\mu_1)^2}{2\sigma_1^2}}\int_{-\infty}^{+\infty}\exp\left\{-\frac{1}{2(1-\rho^2)}\left(\frac{y-\mu_2}{\sigma_2}-\rho\frac{y-\mu_1}{\sigma_1}\right)^2\right\}\mathrm{d}y.$$

令 $t = \frac{1}{\sqrt{1-\rho^2}}\left(\frac{y-\mu_2}{\sigma_2}-\rho\frac{y-\mu_1}{\sigma_1}\right)$,则有

$$f_X(x) = \frac{1}{2\pi\sigma_1}\mathrm{e}^{-\frac{(x-\mu_1)^2}{2\sigma_1^2}}\int_{-\infty}^{+\infty}\mathrm{e}^{-\frac{t^2}{2}}\mathrm{d}t = \frac{1}{\sqrt{2\pi}\sigma_1}\mathrm{e}^{-\frac{(x-\mu_1)^2}{2\sigma_1^2}}$$

即 $X \sim N(\mu_1,\sigma_1^2)$. 同理 $Y \sim N(\mu_2,\sigma_2^2)$.

注意 二维正态分布的两个边缘分布都是一维正态分布,并且不依赖于参数 ρ. 由此可知,边缘分布不能决定随机向量的分布.

§3.3 随机向量的条件分布与独立性

本节讨论二维随机向量中新出现的条件分布与随机变量的独立性概念.

一、离散型随机变量的条件分布

设二维离散型随机向量 (X,Y) 的分布律为
$$P\{X=x_i, Y=y_i\} = P_{ij}, \ i,j=1,2,\cdots,$$
对使 $p_{\cdot j} = P\{Y=y_j\} = \sum_i p_{ij} > 0$ 的 y_j,称

$$p_{i|j} \hat{=} P\{X=x_i \mid Y=y_j\}$$

$$= \frac{P\{X=x_i, Y=y_j\}}{P\{Y=y_j\}} = \frac{p_{ij}}{p_{\cdot j}}, \ j=1,2,\cdots$$

为给定 $Y = y_j$ 条件下 X 的条件分布律.

对使 $p_{i\cdot} = P\{X = x_i\} = \sum_j p_{ij} > 0$ 的 x_i,称

$$p_{j|i} \hat{=} P\{Y = y_j \mid X = x_i\}$$

$$= \frac{P\{X = x_i, Y = y_i\}}{P\{X = x_i\}} = \frac{p_{ij}}{p_{i\cdot}}, j = 1, 2, \cdots$$

为给定 $X = x_i$ 条件下 Y 的条件分布律.

例 6 设在一段时间内进入某一商店的顾客人数 X 服从泊松分布 $P(\lambda)$,每个顾客购买某种物品的概率为 p,并且各个顾客是否购买该种物品相互独立,求进入商店的顾客购买这种物品的人数 Y 的分布律.

解 已知

$$P\{X = m\} = \frac{\lambda^m}{m!} e^{-\lambda}, m = 0, 1, 2, \cdots.$$

由题意知,在进入商店的人数 $X = m$ 的条件下,购买某种物品的人数 Y 的条件分布为二项分布 $B(m, p)$,即

$$P\{Y = k \mid X = m\} = C_m^k p^k (1-p)^{m-k}, k = 0, 1, 2, \cdots, m.$$

由全概率公式有

$$
\begin{aligned}
P(Y = k) &= \sum_{m=k}^{+\infty} P\{X = m\} P\{Y = k \mid X = m\} \\
&= \sum_{m=k}^{+\infty} \frac{\lambda^m}{m!} e^{-\lambda} C_m^k p^k (1-p)^{m-k} \\
&= \sum_{m=k}^{+\infty} \frac{\lambda^m}{m!} e^{-\lambda} \frac{m!}{k!(m-k)!} p^k (1-p)^{m-k} \\
&= e^{-\lambda} \frac{(\lambda p)^k}{k!} \sum_{m=k}^{+\infty} \frac{[(1-p)\lambda]^{m-k}}{(m-k)!} \\
&= e^{-\lambda} \frac{(\lambda p)^k}{k!} e^{(1-p)\lambda} = \frac{(\lambda p)^k}{k!} e^{-\lambda p}, k = 0, 1, 2, \cdots.
\end{aligned}
$$

即 $Y \sim P(\lambda p)$.

二、连续型随机变量的条件分布

设 (X, Y) 的概率密度为 $f(x, y)$,(X, Y) 的关于 X 和关于 Y 的边缘概率密度分别是 $f_X(x)$ 和 $f_Y(y)$.

若对于固定的 y,$f_Y(y) > 0$,则称 $\dfrac{f(x, y)}{f_Y(y)}$ 为在 $Y = y$ 的条件下 X 的条件概率密度,记为

$$f_{X|Y}(x \mid y) = \frac{f(x, y)}{f_Y(y)}.$$

若对于固定的 x,$f_X(x) > 0$,则称 $\dfrac{f(x, y)}{f_X(x)}$ 为在 $X = x$ 的条件

下 Y 的条件概率密度,记为

$$f_{Y|X}(y \mid x) = \frac{f(x,y)}{f_X(x)}.$$

例 7 设 X 表示从区间 $(0,1)$ 中随机地取到的数值. 当 $X = x$ $(0 < x < 1)$ 时, Y 表示从区间 $(x, 1)$ 中随机地取到的数值. 求 Y 的概率密度.

解 按题意 X 具有概率密度

$$f_X(x) = \begin{cases} 1, & 0 < x < 1, \\ 0, & \text{其他}. \end{cases}$$

在 $X = x\,(0 < x < 1)$ 的条件下, Y 的条件概率密度为

$$f_{Y|X}(y|x) = \begin{cases} \dfrac{1}{1-x}, & x \leqslant y \leqslant 1, \\ 0, & \text{其他}. \end{cases}$$

因此, (X,Y) 的概率密度为

$$f(x,y) = f_{Y|X}(y|x) f_X(x) = \begin{cases} \dfrac{1}{1-x}, & 0 < x < y < 1, \\ 0, & \text{其他}. \end{cases}$$

从而 (X,Y) 的关于的 Y 边缘概率密度为

$$f_Y(y) = \int_{-\infty}^{+\infty} f(x,y)\mathrm{d}x = \begin{cases} \displaystyle\int_0^y \frac{1}{1-x}\mathrm{d}x, & 0 < y < 1, \\ 0, & \text{其他}, \end{cases}$$

$$= \begin{cases} -\ln(1-y), & 0 < y < 1, \\ 0, & \text{其他}. \end{cases}$$

注意 本例中 $f_{Y|X}(y|x) \neq f_Y(y)$. 一般来说,条件分布不等于边缘分布.

例 8 由脚印长度估计身高. 公安人员按照脚印长度×6.876 来算出嫌疑犯的身高. 这个公式是如何推导出来的?

解 设一个人身高为 X, 其脚印长度为 Y, 则 (X,Y) 可以看成近似服从二维正态分布 $N(\mu_1, \mu_2, \sigma_1^2, \sigma_2^2, \rho)$, 其中参数 $\mu_1, \mu_2, \sigma_1^2, \sigma_2^2, \rho$ 因区域、民族、生活习惯等的不同而有所变化,但它们都能通过统计方法而获得. 已知脚印长度为 y, X 的条件密度为

$$f_{X|Y}(x \mid y) = \frac{f(x,y)}{f_Y(y)} = \frac{\sqrt{2\pi}\sigma_2}{2\pi\sigma_1\sigma_2\sqrt{1-\rho^2}} \times$$

$$\frac{\exp\left\{-\dfrac{1}{2(1-\rho^2)}\left[\dfrac{(x-\mu_1)^2}{\sigma_1^2} - 2\rho\dfrac{(x-\mu_1)(y-\mu_2)}{\sigma_1\sigma_2} + \dfrac{(y-\mu_2)^2}{\sigma_2^2}\right]\right\}}{\exp\left\{-\dfrac{(y-\mu_2)^2}{2\sigma_2^2}\right\}}$$

是正态分布 $N\left(\mu_1 + \rho\dfrac{\sigma_1}{\sigma_2}(y-\mu_2), \sigma_1^2(1-\rho^2)\right)$ 的密度函数. 由此,

按中国人的相应参数 $\mu_1,\mu_2,\sigma_1^2,\sigma_2^2,\rho$ 代入上式,即可得出由脚印长度
估计身高的近似公式:身高=脚印长度×6.876.

注意 联合分布、边缘分布、条件分布的关系:

三、随机变量的独立性

1. X 与 Y 相互独立概念

设 (X,Y) 的概率密度为 $f(x,y)$,(X,Y) 的边缘概率密度分别
为 $f_X(x)$ 和 $f_Y(y)$. 我们知道,一般说来,$f_{Y|X}(y\mid x)\neq\dfrac{f(x,y)}{f_X(y)}$. 如
果 $\dfrac{f(x,y)}{f_X(x)}=f_Y(y)$,从而 $f(x,y)=f_X(x)f_Y(y)$,两边积分可得 (X,Y)
的分布函数等于其边缘分布函数的乘积,即 $F(x,y)=F_X(x)F_Y(y)$,
亦即

$$P\{X\leqslant x,Y\leqslant y\}=P\{X\leqslant x\}P\{Y\leqslant y\}.$$

这说明事件 $\{X\leqslant x\}$ 与 $\{Y\leqslant y\}$ 总是独立的,而这种独立性是由随
机变量 X 和 Y 决定的,由此引出随机变量独立性概念.

设 (X,Y) 的分布函数为 $F(x,y)$,其边缘分布函数为 $F_X(x)$,
$F_Y(y)$. 如果对任意实数 x,y,都有 $F(x,y)=F_X(x)F_Y(y)$,则称随
机变量 X 与 Y 相互独立.

2. X 与 Y 相互独立的等价条件

容易得到:

(1) 设 (X,Y) 为二维离散型随机变量,X 与 Y 相互独立的充分
必要条件为联合分布律等于 X,Y 的边缘分布律之积,即

$$p_{ij}=p_{i\cdot}\,p_{\cdot j}\,(i,j=1,2,\cdots).$$

上式等价于矩阵 (p_{ij}) 相邻行或相邻列成比例.

(2) 设 (X,Y) 为二维连续型随机变量,则 X 与 Y 相互独立的充
分必要条件为联合概率密度等于 X,Y 的边缘概率密度之积,即

$$f(x,y)=f_X(x)f_Y(y),\ -\infty<x,y<+\infty.$$

例 9 设 (X,Y) 的分布律为

X \ Y	-1	0	1
1	0.2	0.1	0.1
2	0.1	0	0.1
3	0	0.3	0.1

解 由矩阵 (p_{ij}) 相邻行不成比例可知，X 与 Y 不独立.

例 10 设 (X, Y) 的概率密度为

$$f(x, y) = \begin{cases} 2, & 0 < x < y, 0 < y < 1, \\ 0, & \text{其他}, \end{cases}$$

问 X 与 Y 是否独立？

解 $f_X(x) = \int_x^1 2\mathrm{d}y = 2(1 - x), \ 0 < x < 1,$

$$f_Y(y) = \int_0^y 2\mathrm{d}x = 2y, \ 0 < y < 1,$$

因 $f(x, y) \neq f_X(x) f_Y(y)$，所以 X 与 Y 不独立.

若 $(X, Y) \sim N(\mu_1, \mu_2, \sigma_1^2, \sigma_2^2, \rho)$，容易得到：$X$ 与 Y 相互独立的充分必要条件是 $\rho = 0$.

3. 多个随机变量的独立性

两个随机变量的独立性可以推广到多个随机变量的情形.

设随机向量 $(X_1, X_2, \cdots, X_n)$ 的分布函数为 $F(x_1, x_2, \cdots, x_n)$，其 X_i 的边缘分布函数为 $F_{X_i}(x_i)$. 如果对任意 n 个实数 $x_1, x_2, \cdots, x_n$，有

$$F(x_1, x_2, \cdots, x_n) = \prod_{i=1}^n F_{X_i}(x_i),$$

则称 $X_1, X_2, \cdots, X_n$ 相互独立.

两个随机变量独立性的等价条件，对多个随机变量的独立性也类似成立.

§3.4　随机向量函数的分布

求随机向量的函数的分布方法，与求随机变量的函数的分布方法相同：对离散型直接求；对连续型，先求分布函数，再由分布函数"求导"得到密度函数.

一、二维离散型随机向量函数的分布

1. 一般情形

如果二维离散型随机变量 (X, Y) 的分布律为

$$P(X = x_i, Y = y_j) = p_{ij}, \ i, j = 1, 2, \cdots,$$

则 (X, Y) 的函数 $Z = g(X, Y)$ 的分布律为

$$P(Z = g(x_i, y_j)) = p_{ij}, \ i, j = 1, 2, \cdots,$$

上式可能要修正，将相同 $g(x_i, y_j)$ 值对应的那些概率相加合并.

2. X 与 Y 独立情形

X 与 Y 独立时，有下面的结论：

(1) 设 $X \sim B(m,p)$，$Y \sim B(n,p)$，且 X 与 Y 相互独立，则 $X+Y \sim B(m+n,p)$；

(2) 设 $X \sim P(\lambda_1)$，$Y \sim P(\lambda_2)$，且 X 与 Y 相互独立，则 $X+Y \sim P(\lambda_1+\lambda_2)$．

二、二维连续型随机向量函数的概率密度

1. 一般情形

设二维连续型随机向量 (X,Y) 的联合概率密度为 $f(x,y)$，则随机向量函数 $Z=g(X,Y)$ 的分布函数为

$$F_Z(z) = P(Z \leqslant z) = P(g(X,Y) \leqslant z)$$

$$= P((X,Y) \in D_Z) = \iint\limits_{D_Z} f(x,y)\mathrm{d}x\mathrm{d}y,$$

其中 $\{(X,Y) \in D_Z\}$ 是与 $\{g(X,Y) \leqslant z\}$ 等价的随机事件，而 $D_Z = \{(x,y) \mid g(x,y) \leqslant z\}$ 是二维平面上的某个集合（通常是一个区域或若干个区域的并集）．

随机向量 (X,Y) 的函数 $Z=g(X,Y)$ 的概率密度为

$$f_Z(z) = F_Z'(z).$$

2. X 与 Y 独立情形

设 X 与 Y 相互独立．

(1) 若 X 的概率密度为 $f_X(x)$，Y 的概率密度为 $f_Y(y)$，则随机变量函数 $Z=X+Y$ 的概率密度为

$$f_Z(z) = \int_{-\infty}^{+\infty} f_X(x) f_Y(z-x)\mathrm{d}x,$$

或

$$f_Z(z) = \int_{-\infty}^{+\infty} f_X(z-y) f_Y(y)\mathrm{d}y.$$

以上两个公式也称为"卷积公式"．

注意 求 $Z=X+Y$ 的密度宜采用一般情形中介绍的一般方法．因为利用卷积公式往往难以明确要对哪些 z 值进行讨论．

例 11 有两台同样的自动记录仪，每台无故障工作时间服从参数为 5 的指数分布．首先开启其中一台，当它发生故障时停用而另一台自动开启．试求两台记录仪无故障的总时间 T 的概率密度．

解 设第一和第二台自动记录仪无故障工作时间分别为 T_1 和 T_2，它们是相互独立的，分布均为 $g(x) = \begin{cases} 5\mathrm{e}^{-5x}, & x > 0, \\ 0, & x \leqslant 0, \end{cases}$ 而 $T = T_1 + T_2$．T 的分布函数

$$F_T(t) = P\{T \leqslant t\} = P\{T_1 + T_2 \leqslant t\} = \iint\limits_{t_1+t_2 \leqslant t} g(t_1)g(t_2)\mathrm{d}t_1\mathrm{d}t_2.$$

当 $t < 0$ 时，$F_T(t) = 0$；

当 $t \geqslant 0$ 时，$F_T(t) = 25 \int_0^t \mathrm{e}^{-5t_1} \, \mathrm{d}t_1 \int_0^{t-t_1} \mathrm{e}^{-5t_2} \, \mathrm{d}t_2 = (1 - \mathrm{e}^{-5t}) - 5t\mathrm{e}^{-5t}$.

T 的概率密度 $f_T(t) = F_T(t) = \begin{cases} 25t\mathrm{e}^{-5t}, & t > 0, \\ 0, & t < 0. \end{cases}$

（2）若 X 的分布函数为 $F_X(x)$，Y 的分布函数为 $F_Y(y)$，则随机向量函数 $Z = \max(X, Y)$ 的分布函数为

$$F_Z(z) = F_X(z)F_Y(z),$$

随机变量函数 $W = \min(X, Y)$ 的分布函数为

$$F_W(w) = 1 - (1 - F_X(w))(1 - F_Y(w)).$$

通过求导，可以求得 Z, W 的概率密度.

推广 设 $X_1, X_2, \cdots, X_n$ 相互独立，X_i 的分布函数为 $F_i(x_i)$，$i = 1, 2, \cdots, n$，

$$Z = \max(X_1, X_2, \cdots, X_n), \quad W = \min(X_1, X_2, \cdots, X_n),$$

则 Z 和 W 的分布函数分别为：

$$F_Z(z) = F_1(z)F_2(z)\cdots F_n(z),$$

$$F_W(w) = 1 - (1 - F_1(w))(1 - F_2(w))\cdots(1 - F_n(w)).$$

（3）特别地，设 $X \sim N(\mu_1, \sigma_1^2)$，$Y \sim N(\mu_2, \sigma_2^2)$，且 X 与 Y 相互独立，则 $X + Y \sim N(\mu_1 + \mu_2, \sigma_1^2 + \sigma_2^2)$.

一般地，若 $X_i \sim N(\mu_i, \sigma_i^2)$，$i = 1, 2, \cdots, n$，且 $X_1, X_2, \cdots, X_n$ 相互独立，则

$$Y = C_1X_1 + C_2X_2 + \cdots + C_nX_n + C$$

仍服从正态分布，其中 $C_1, C_2, \cdots, C_n$ 不全为 0.

≫ 串讲与答疑 ≪

一、串讲小结

本章重点是随机向量的概率分布. 对离散型随机向量，概率分布表现为分布函数或分布律；对连续型随机向量，概率分布表现为分布函数或密度函数. 本章的主线仍然是分布函数、密度函数、分布律这三个工具. 本章的主要内容是它们的定义、性质、相互关系，如何利用它们求概率，以及如何由联合分布求边际分布、随机变量的独立性判断.

本章是第二章的推广与延伸，全章内容分为两大块.

第一块是第二章的直接推广. 以二维为例，将第二章的随机变量、分布函数、密度函数和概率函数等概念，完全类似地平行建立在多维中. 这块大部分概念的名称、定义方法与形式、结论等，与第二

章相同或相似. 所以,一维与多维联系广泛,多维随机变量的概念和结论大多和一维随机变量是平行的,形式上是相似的,思想方法上是类同的. 一般只要注意一元函数与多元函数的对应,相应地,一重极限与多重极限、一重求和或积分与多重求和或积分、导数与偏导数的对应,就可由一维随机变量的概念和结论类似建立多维的概念和结论. 值得注意的是,正像一元函数与多元函数的联系一样,一维随机变量与多维随机变量也有区别,存在很多不同之处,如分布函数的性质,它们的比较如表 3-4 所示.

表 3-4　一维与二维比较

		一维	二维	备注
随机变(向)量		$X = X(\omega), \omega \in \Omega$	$(X,Y) = (X(\omega), Y(\omega)), \omega \in \Omega$	
分布律定义		$p_i = P(X = x_i)$	$p_{ij} = P(X = x_i, Y = y_j)$	
分布律性质		$p_i \geqslant 0, \sum\limits_i p_i = 1$	$p_{ij} \geqslant 0, \sum\limits_i \sum\limits_j p_{ij} = 1$	非负、和为1是充要条件
分布函数定义		$F(x) = P(X \leqslant x)$	$F(x,y) = P(X \leqslant x, Y \leqslant y)$	
分布函数性质		$F(x)$ 单调增 $F(x)$ 右连续 $F(+\infty) = 1$ $F(-\infty) = 0$	$F(x,y)$ 关于每个变量单调增 $F(x,y)$ 关于每个变量右连续 $F(+\infty, +\infty) = 1$ $F(-\infty, y) = F(x, -\infty) = 0$	一维分布函数性质是充要条件 二维分布函数性质只是必要条件
密度函数定义		$F(x) = \int_{-\infty}^{x} f(t)\mathrm{d}t$	$F(x,y) = \int_{-\infty}^{x} \int_{-\infty}^{y} f(s,t)\mathrm{d}t\mathrm{d}s$	用分布函数定义密度函数
密度函数性质		$f(x) \geqslant 0$ $\int_{-\infty}^{+\infty} f(x)\mathrm{d}x = 1$ $F'(x) = f(x)$ $P(a < X < b) =$ $\int_a^b f(x)\mathrm{d}x$	$f(x,y) \geqslant 0$ $\int_{-\infty}^{+\infty} \int_{-\infty}^{+\infty} f(x,y)\mathrm{d}x\mathrm{d}y = 1$ $\dfrac{\partial^2 F(x,y)}{\partial x \partial y} = f(x,y)$ $P((X,Y) \in B) =$ $\iint\limits_B f(x,y)\mathrm{d}x\mathrm{d}y$	非负、和为1是充要条件
函数分布		$Y = g(X)$	$Z = g(X,Y)$	
二维新问题	给定 Y 下 X 的条件分布	无	$P(X = x_i \mid Y = y_j) = \dfrac{p_{ij}}{p_{\cdot j}}$ $f_{X\mid Y}(x \mid y) = \dfrac{f(x,y)}{f_Y(y)}$	用分布律表示 用密度函数表示
	边际分布（X 的分布）	无	$F_X(x) = F(x, +\infty)$ $p_{i\cdot} = \sum\limits_j p_{ij}$ $f_X(x) = \int_{-\infty}^{+\infty} f(x,y)\mathrm{d}y$	用分布函数表示 用分布律表示 用密度函数表示
	独立性	无	$F(x,y) \equiv F_X(x)F_Y(y)$ $p_{ij} \equiv p_{i\cdot} \, p_{\cdot j}$ $f(x,y) \equiv f_X(x)f_Y(y)$	用分布函数表示 用分布律表示 用密度函数表示

从随机向量的类型来看,本章内容仍分为离散与连续平行的两块,它们的概念与结论是类似的、有联系的.分布律在离散中扮演的角色与密度函数在连续中扮演的角色相同.在学习过程中要和第二章一样,善于将它们联系对比,融会贯通.

第二块是第二章没有涉及的内容.是将一维推广到多维后出现的边际分布、条件分布以及随机变量的独立性等新问题.

联合分布是向量(X,Y)的分布,边缘分布是其分量X与Y的分布.边际分布、条件分布以及随机变量的独立性都可以看成是联合分布与其边缘分布的关系及组合.

一般来说,向量的分布可以确定其分量的分布,可由分布函数、分布律和密度函数三种方式来确定,反之不然.

向量的分布可以由其诸分量的分布确定时,称X与Y独立.

向量的分布除其某个分量的分布得到条件分布,分量相互独立时,条件分布等于无条件分布.

二、答疑解惑

1. 事件$\{X \leqslant x, Y \leqslant y\}$含义

事件$\{X \leqslant x, Y \leqslant y\}$表示事件$\{X \leqslant x\} \bigcap \{Y \leqslant y\}$.在一个大括号中几个用随机变量表示的事件之间的",”代表了"$\bigcap$".例如,当X与Y独立时,有$P\{X \leqslant x, Y \leqslant y\} = P\{X \leqslant x\}P\{Y \leqslant y\}$.

2. 边缘分布不能决定联合分布

例5提供了连续型随机向量的边缘分布不能决定联合分布的反例.我们再看一个离散型的例子.

例12 下列二个不同的离散型联合分布:

X＼Y	0	1
0	0.1	0.2
1	0.2	0.5

X＼Y	0	1
0	0.15	0.15
1	0.15	0.55

它们的边缘分布完全相同:

X	0	1
P	0.3	0.7

Y	0	1
P	0.3	0.7

由此可见,边缘分布由联合分布唯一决定,但反之不成立.

3. 区分多维随机变量的联合分布与它们和的分布

几个独立随机变量的联合分布与它们和的分布是不同的,初学者要注意区分.

其概率分布

95

例 13 设 n 个随机变量 $X_1, X_2, \cdots, X_n\, i.i.d.$，每个 X_i 的分布律为

$$P(X_i = 1) = p, P(X_i = 0) = 1 - p, i = 1, 2, \cdots, n,$$

则 $(X_1, X_2, \cdots, X_n)$ 的联合分布为

$$P(X_1 = x_1, X_2 = x_2, \cdots, X_n = x_n) = p^{\sum_{i=1}^{n} x_i}(1-p)^{n - \sum_{i=1}^{n} x_i},$$
$$x_i = 0 \text{ 或 } 1, i = 1, 2, \cdots, n,$$

而它们和 $\sum_{i=1}^{n} X_i \sim B(n, p)$.

例 14* n 个随机变量 $X_1, X_2, \cdots, X_n\, i.i.d.$，每个 $X_i \sim N(\mu, \sigma^2)$，$i = 1, 2, \cdots, n$，则 $(X_1, X_2, \cdots, X_n)$ 的联合分布为 $N(U, I_n \sigma^2)$，其中 $U = (\mu, \mu, \cdots, \mu)'$，而它们和 $\sum_{i=1}^{n} X_i \sim N(n\mu, n\sigma^2)$.

4. 独立随机变量的函数未必独立

例 15 设 X, Y 为相互独立的随机变量，且都服从如下分布：

$$\begin{bmatrix} 1 & 2 & 3 & 4 & 5 & 6 \\ \dfrac{1}{6} & \dfrac{1}{6} & \dfrac{1}{6} & \dfrac{1}{6} & \dfrac{1}{6} & \dfrac{1}{6} \end{bmatrix}$$

$Z = X + Y, W = X - Y$. 此时 Z 与 W 或者同为奇数或者同为偶数，所以 Z 与 W 不独立.

5. 联合分布与其边缘分布未必是同类型分布

我们知道二维正态分布的边缘分布仍为正态分布. 那么，一般联合分布与边缘分布是否为同类型分布呢？答案是否定的.

例 16 二维均匀分布的边缘分布可以是均匀分布，也可以不是均匀分布. 比如，边与坐标轴平行的矩形域上的二维均匀分布的边缘分布仍是均匀分布，而圆域上的二维均匀分布的边缘分布不再是均匀分布.

≫ 拓展提升 ≪

一、分布函数 $F(x, y)$ 的性质(4)不能由前三条性质推出

例 17 设 $F(x, y) = \begin{cases} 1, & x + y > -1, \\ 0, & x + y \leqslant -1, \end{cases}$

显然 $F(x, y)$ 满足分布函数(1)、(2)、(3)三条性质，但它不满足(4)，因为

$$F(1, 1) - F(-1, 1) - F(1, -1) + F(-1, -1) = 1 - 1 - 1 + 0 < 0.$$

这说明性质(4)不能由前三条性质推出. 因此，一维分布函数与二维分布函数性质不全同.

二、边缘分布均为正态分布的随机变量的联合分布不一定是正态分布

例 18　设 (X,Y) 分布为:

$$f(x,y) = \frac{1}{2\pi} e^{-\frac{x^2+y^2}{2}} (1+\sin x \sin y),$$

(X,Y) 不服从二维正态分布,但其边缘分布

$$f_X(x) = \frac{1}{\sqrt{2\pi}} e^{-\frac{x^2}{2}}, \quad f_Y(y) = \frac{1}{\sqrt{2\pi}} e^{-\frac{y^2}{2}}$$

均为正态分布.

三、几乎相等的随机变量具有相同的分布,反之不然

若两个随机变量 X,Y 满足 $P(X \neq Y) = 0$,则称 X 与 Y 几乎相等. 容易知道,几乎相等的随机变量具有相同的分布. 但有相同的分布的两个随机变量未必几乎相等.

例 19　设 X,Y 相互独立并具有下列相同的分布:

$$\begin{bmatrix} -1 & 1 \\ \dfrac{1}{2} & \dfrac{1}{2} \end{bmatrix},$$

则 $P(X \neq Y) = \dfrac{1}{2} \neq 1$,即 X 与 Y 不几乎相等.

四、若随机变量 X 与 Y 独立,则 X^2 与 Y^2 必相互独立,其逆不真

例 20　(X,Y) 的联合密度函数及边缘分布分别为

$$f(x,y) = \begin{cases} \dfrac{1}{4}(1+xy), & |x| < 1, |y| < 1, \\ 0, & \text{其他}, \end{cases}$$

$$f_X(x) = \begin{cases} \dfrac{1}{2}, & |x| < 1, \\ 0, & \text{其他}, \end{cases} \qquad f_Y(y) = \begin{cases} \dfrac{1}{2}, & |y| < 1, \\ 0, & \text{其他}, \end{cases}$$

显然 $f(x,y) \neq f_X(x) f_Y(y)$,所以 X 与 Y 不独立. 由于 X^2 与 Y^2 的分布函数分别为

$$F_{X^2}(x) = P(X^2 \leqslant x) = \begin{cases} 0, & x < 0, \\ \displaystyle\int_{-\sqrt{x}}^{\sqrt{x}} \mathrm{d}u \int_{-1}^{1} \frac{1+uv}{4} \mathrm{d}v = \sqrt{x}, & 0 \leqslant x < 1, \\ 1, & x \geqslant 1, \end{cases}$$

$$F_{Y^2}(y) = P(Y^2 \leqslant y) = \begin{cases} 0, & y < 0, \\ \sqrt{y}, & 0 \leqslant y < 1, \\ 1, & y \geqslant 1, \end{cases}$$

X^2 和 Y^2 联合分布函数 $F(x,y)$ 为

$$F(x,y) = \begin{cases} 0, & x < 0 \text{ 或 } y < 0, \\ \sqrt{x}, & 0 \leqslant x < 1, y \geqslant 1, \\ \sqrt{y}, & x \geqslant 1, 0 \leqslant y < 1, \\ \sqrt{xy}, & 0 \leqslant x < 1, 0 \leqslant y < 1, \\ 1, & x \geqslant 1, y \geqslant 1. \end{cases}$$

显然 $F(x,y) = F_{X^2}(x) F_{Y^2}(y)$，所以 X^2 与 Y^2 独立.

五、随机变量不独立,但它们的函数可以独立

例 21　设 (X,Y) 服从二维正态分布,即使 X,Y 不独立,令

$$Z = X\cos\theta + Y\sin\theta, \quad W = -X\sin\theta + Y\cos\theta,$$

则 (Z,W) 服从二维正态分布,其联合密度函数为

$$f(z,w) = \frac{1}{2\pi\sigma_1\sigma_2\sqrt{1-\rho^2}} e^{-\frac{1}{2(1-\rho^2)}(Az^2 - Bzw + Cw^2)}.$$

只要适当地选择 θ,使 $\tan 2\theta = \dfrac{2\rho\sigma_1\sigma_2}{\sigma_1^2 - \sigma_2^2}$,作坐标轴的旋转,则 $B = 0$,

此时 Z 与 W 独立.

更一般地,正态分布有个特性:任何 $n(n > 1)$ 维正态随机变量,可由坐标轴的旋转转变为几个独立的正态随机变量(参见丁寿田译的苏联教材《概率论教程》,P157).

六、有函数关系的随机变量不一定不独立

例 22　设 X,Y 为相互独立的随机变量,且都服从参数为 p 的 $0-1$ 分布,Z 是 X 与 Y 的函数:

$$Z = \begin{cases} 0, & X+Y \text{ 为偶数}, \\ 1, & X+Y \text{ 为奇数}. \end{cases}$$

由于 X,Y 独立,可得 (X,Y) 的联合分布律为

X \ Y	0	1
0	$(1-p)^2$	$p(1-p)$
1	$p(1-p)$	p^2

Z 的概率分布为

$$\begin{pmatrix} 0 & 1 \\ p^2 + (1-p)^2 & 2p - 2p^2 \end{pmatrix}$$

X,Z 的联合分布率为

X \ Z	0	1
0	$(1-p)^2$	$p(1-p)$
1	p^2	$p(1-p)$

显然当 $p=1/2$ 时, Z 与 X 相互独立. 可见, 尽管 Z 与 X 之间存在函数关系, 但它们相互独立.

七、判断二维离散型随机变量独立的简便方法

设 (X,Y) 的联合分布律矩阵为 $P_{ij}=(p_{ij})$. X 与 Y 独立当且仅当 $P_{ij}=(p_{ij})$ 的相邻行(列)成比例.

证明 若二维离散型随机变量 X 与 Y 相互独立, 则 $p_{ij}=p_{i\cdot}p_{\cdot j}$ $(i,j=1,2,\cdots)$, 从而 $p_{ij}/p_{kj}=p_{i\cdot}p_{\cdot j}/p_{k\cdot}p_{\cdot j}=p_{i\cdot}/p_{k\cdot}$, $j=1,2,\cdots$, 即 i 行与 k 行成比例. 反之, 若 $P_{ij}=(p_{ij})$ 的相邻行成比例, 不妨设 $p_{ij}=t_i p_{1j}$, $i=2,3,\cdots$. 因此

$$p_{i\cdot}=\sum_j p_{ij}=\sum_j t_i p_{1j}=t_i\sum_j p_{1j}=t_i p_{1\cdot},$$

$$1=\sum_i p_{i\cdot}=p_{1\cdot}\sum_i t_i,$$

$$p_{\cdot j}=\sum_i p_{ij}=\sum_i t_i p_{1j}=p_{1j}\sum_i t_i.$$

所以

$$p_{i\cdot}p_{\cdot j}=t_i p_{1\cdot}p_{1j}\sum_i t_i=t_i p_{1j}=p_{ij}, i,j=1,2,\cdots,$$

故 X 与 Y 相互独立.

例 23 设 (X,Y) 的联合概率分布为

X \ Y	1	3
2	A	0.1
5	B	0.4

且 X,Y 为相互独立, 求 A,B.

解 因 X,Y 为相互独立, (X,Y) 的联合分布律矩阵的两行成比例, 所以

$$\frac{A}{B}=\frac{0.1}{0.4},$$

故 $B=4A$. 又由分布律性质得 $A+B+0.1+0.4=1$, 从而 $5A=0.5$, $A=0.1$. 因此 $B=0.4$.

八、巧用密度积分简化计算

在求随机变量的函数的分布或求概率时,常会碰到比较困难的积分,若能巧妙地利用密度积分的值为 1,则可使问题简化.

例 24[*]　随机变量 ξ 与 η 独立,且分别具有概率密度函数:

$$p_\xi(x) = \frac{1}{\sqrt{2\pi}} e^{-x^2/2}, \ -\infty < x < +\infty,$$

$$p_\eta(y) = \begin{cases} ye^{-y^2/2}, \ y \geqslant 0, \\ 0, \ y < 0, \end{cases}$$

求 $\zeta = \xi\eta$ 的概率密度函数.

解　由两个独立的随机变量之积的密度函数公式有

$$p_\zeta(z) = \int_{-\infty}^{+\infty} p_\xi(z/y) p_\eta(y) \cdot 1/|y| \, dy$$

$$= \int_0^{+\infty} \frac{1}{\sqrt{2\pi}} e^{-y^2/2 - (z/y)^2/2} \, dy$$

$$= \int_0^{+\infty} \frac{1}{\sqrt{2\pi}} e^{-(y - |z|/y)^2/2} e^{-|z|} \, dy$$

$$= \int_{-\infty}^{+\infty} \frac{1}{\sqrt{2\pi}} e^{-t^2/2} (1 + t/\sqrt{t^2 + 4|z|}) \cdot \frac{1}{2} e^{-|z|} \, dt$$

$$\text{(其中 } t = y - |z|/y)$$

$$= \frac{1}{2} e^{-|z|} \int_{-\infty}^{+\infty} \frac{1}{\sqrt{2\pi}} e^{-t^2/2} \, dt + \frac{1}{2} e^{-|z|} \int_{-\infty}^{+\infty} \frac{t}{\sqrt{t^2 + 4|z|}} \, dt$$

$$= e^{-|z|} / 2.$$

这里最后一步是利用 $\displaystyle\int_{-\infty}^{+\infty} e^{-t^2/2} \, dt / \sqrt{2\pi} = 1$.

例 25[*]　设 $(\xi, \eta) \sim N_2(0,0,1,1,\rho)$,证明:

$$P(\xi > 0, \eta > 0) = \frac{1}{4} + \arcsin \rho / 2\pi.$$

证明:

$$P(\xi > 0, \eta > 0) = \int_0^{+\infty} e^{-y^2/2} \, dy \int_0^{+\infty} \exp\{-(x - \rho y)^2/2(1 - \rho^2)\} / (2\pi\sqrt{1 - \rho^2}) \, dx$$

$$= \int_0^{+\infty} e^{-y^2/2} \, dy \int_{-\rho/\sqrt{1-\rho^2}}^{+\infty} y e^{-t^2 y^2/2} / 2\pi \, dt$$

$$\text{(其中令 } (x - \rho y)/(y\sqrt{1 - \rho^2}) = t)$$

$$= \int_{-\rho/\sqrt{1-\rho^2}}^{+\infty} dt \int_0^{+\infty} e^{-(1 + t^2)y^2/2} \, d(y^2/2) / 2\pi$$

$$= \int_{-\rho/\sqrt{1-\rho^2}}^{+\infty} dt \int_0^{+\infty} 1/(1 + t^2) \cdot e^{-u} \, du / 2\pi$$

$$\text{(其中令 } (1 + t^2)y^2/2 = u)$$

$$= \int_{-\rho/\sqrt{1-\rho^2}}^{+\infty} 1/(1+t^2)\,\mathrm{d}t/2\pi$$

$$= \frac{1}{2\pi}\arctan t \Big|_{-\rho/\sqrt{1-\rho^2}}^{+\infty} = \frac{1}{4} + \frac{1}{2\pi}\arcsin\rho.$$

此题在证明过程中要利用 $\int_0^{+\infty} \mathrm{e}^{-u}\,\mathrm{d}u = 1$，并且巧用积分变换和交换积分次序.

≫ 作业设计 ≪

【3.1A 本节内容作业】

3.1A-1　概率 $P\{a < X \leqslant b, Y \leqslant c\}\ (a < b)$ 用 (X,Y) 的分布函数 $F(x,y)$ 可以表示为_____.

3.1A-2　设 (X,Y) 的分布函数为

$$F(x,y) = \begin{cases} 1 - 3^{-x} - 3^{-y} - 3^{-x-y}, & x \geqslant 0, y \geqslant 0 \\ 0, & \text{其他} \end{cases}$$

则 (X,Y) 的密度为_____.

3.1A-3　将一枚硬币连抛 3 次，以 X 表示出现的正面次数，Y 表示出现反面的次数，求 X 与 Y 的联合分布律，并求事件"至少出现一次正面、一次反面"的概率.

3.1A-4　一个袋中有 4 个球，分别标有数字 1、2、2、3，从袋中随机取出 2 个球，令 X、Y 分别表示第一个球和第二个球上的号码，在无放回和有放回情形下，求 (X,Y) 的分布律.

3.1A-5　设随机向量 (X,Y) 在区域 $D = \{(x,y); 0 \leqslant x \leqslant 1, 0 \leqslant y \leqslant 2\}$ 上服从均匀分布，求 X 与 Y 中至少有一个大于 $\frac{1}{2}$ 的概率.

3.1A-6　二维随机变量 (X,Y) 的分布函数为

$$F(x,y) = \begin{cases} (a - x^{-2})(1 - \mathrm{e}^{-y+1}), & x > 1, y > 1, \\ b, & \text{其他}. \end{cases}$$

(1) 求参数 a,b；(2) 求 $P\{1 < X \leqslant 2, 0 < Y \leqslant 1\}$.

3.1A-7　设随机向量 (X,Y) 具有密度函数

$$f(x,y) = \begin{cases} \dfrac{c\mathrm{e}^{-y+1}}{x^2}, & x > 1, y > 1, \\ 0, & \text{其他}. \end{cases}$$

(1) 求 c；(2) 求 $P(X < 2)$，$P(Y > 2)$.

3.1A-8　设二维随机变量 (ξ, η) 的密度函数为

$$p(x, y) = \begin{cases} 4xy, & 0 < x < 1, 0 < y < 1, \\ 0, & \text{其他}. \end{cases}$$

求:(1) $P(0 < \xi < \frac{1}{2}, \frac{1}{4} < \eta < 1)$; (2) $P(\xi = \eta)$; (3) $P(\xi < \eta)$;

(4) $P(\xi \leqslant \eta)$.

3.1A-9　设二维随机变量 (ξ, η) 的联合密度为

$$p(x, y) = \begin{cases} k e^{-3x-4y}, & x > 0, y > 0, \\ 0, & \text{其他}. \end{cases}$$

(1) 求常数 k;

(2) 求相应的分布函数 $F(x, y)$;

(3) 求 $P(0 < \xi < 1, 0 < \eta < 2)$.

3.1A-10　设随机变量 (X, Y) 的概率密度为

$$f(x, y) = \begin{cases} xy e^{-(x+y)}, & x \geqslant 0, y \geqslant 0, \\ 0, & \text{其他}. \end{cases}$$

求 $P(X \geqslant Y)$.

3.1A-11　设二维随机变量 (ξ, η) 有密度函数

$$p(x, y) = \frac{A}{\pi^2 (16 + x^2)(25 + y^2)},$$

求常数 A 及 (ξ, η) 的分布函数.

3.1A-12　设 $p_1(x), p_2(x)$ 都是一维分布的密度函数,为使

$$p(x, y) = p_1(x) p_2(y) + h(x, y)$$

成为一个二维分布的密度函数,问其中的 $h(x, y)$ 必需且只需满足
什么条件?

3.1A-13　设随机变量 (X, Y) 具有下列概率密度

$$f(x, y) = \begin{cases} x^2 + \dfrac{xy}{3}, & 0 \leqslant x \leqslant 1, 0 \leqslant y \leqslant 2, \\ 0, & \text{其他}. \end{cases}$$

求:(1) (X, Y) 的分布函数;(2) $P(X + Y > 1)$;(3) $P(Y > X)$.

3.1A-14　设 X 与 Y 的联合密度函数为

$$f(x, y) = \begin{cases} A(2 - x)y, & 0 \leqslant x \leqslant 1, 0 \leqslant y \leqslant x, \\ 0, & \text{其他}. \end{cases}$$

(1) 求参数 A;

(2) 求 $P(2X - Y < 1)$;

(3) 求分布函数在 $\left(\frac{1}{2}, \frac{1}{4} \right), \left(\frac{1}{2}, 1 \right)$ 两点的值.

3.1A-15* 设二维随机变量 (ξ,η) 的密度

$$p(x,y)=\begin{cases}\dfrac{1}{2}\sin(x+y), & 0\leqslant x\leqslant\dfrac{\pi}{2},\ 0\leqslant y\leqslant\dfrac{\pi}{2},\\ 0, & \text{其他.}\end{cases}$$

求 (ξ,η) 的分布函数.

3.1A-16* 证明:二元函数

$$F(x,y)=\begin{cases}1, & x+y>0,\\ 0, & x+y\leqslant 0,\end{cases}$$

对每个变元单调非降,左连续,且 $F(-\infty,y)=F(x,-\infty)=0$,$F(+\infty,+\infty)=1$,但是 $F(x,y)$ 并不是一个分布函数.

【3.1C 跨章内容作业】

3.1C-1 一个电子部件包含两个主要元件,分别以 X,Y 表示这两个元件的寿命(以小时计),设 (X,Y) 的分布函数为

$$F(x,y)=\begin{cases}1-\mathrm{e}^{-0.01x}-\mathrm{e}^{-0.01y}+\mathrm{e}^{-0.01(x+y)}, & x\geqslant 0,y\geqslant 0,\\ 0, & \text{其他,}\end{cases}$$

求两个元件的寿命都超过 120 小时的概率.

3.1C-2 设 (X,Y) 为二维随机变量,试用联合分布函数 $F(x,y)$ 表示概率 $P\{X>x,Y>y\}$.

3.1C-3 在 $[0,\pi]$ 上任取两数 X 和 Y,求 $P\{\cos(X+Y)<0\}$.

【3.2A 本节内容作业】

3.2A-1 设二维随机变量 (ξ,η) 的联合分布律为

$$P(\xi=n,\eta=m)=\frac{\lambda^n p^m (1-p)^{n-m}}{m!(n-m!)}\mathrm{e}^{-\lambda}(\lambda>0,\ 0<p<1),$$

$$m=0,1,\cdots,n\quad n=0,1,2,\cdots,$$

求边际分布律.

3.2A-2 设二维随机变量 (X,Y) 的联合密度函数为

$$p(x,y)=\begin{cases}6, & 0<x^2<y<x<1,\\ 0, & \text{其他,}\end{cases}$$

试求边际密度函数 $p_X(x)$ 和 $p_Y(y)$.

3.2A-3 设二维随机变量 (ξ,η) 具有下列密度函数,求边际分布.

$$(1)\ p(x,y)=\begin{cases}\dfrac{2\mathrm{e}^{-y+1}}{x^3}, & x>1,y>1,\\ 0, & \text{其他;}\end{cases}$$

$$(2)\ p(x,y)=\begin{cases}\dfrac{1}{\pi}\mathrm{e}^{-\frac{1}{2}(x^2+y^2)}, & x>0,y\leqslant 0\ \text{或}\ x\leqslant 0,y>0,\\ 0, & \text{其他.}\end{cases}$$

3.2A-4 设平面区域 D 由曲线 $y = \dfrac{1}{x}$ 及直线 $x = 0, y = 1, y = e^2$ 所围成,二维随机变量 (X, Y) 在区域 D 上服从均匀分布,求 (X, Y) 关于 Y 的边缘概率密度在 $y = 2$ 处的值.

3.2A-5* 设二维随机变量 (ξ, η) 的密度函数为

$$p(x, y) = \begin{cases} \dfrac{1}{\Gamma(k_1)\Gamma(k_2)} x^{k_1-1}(y-x)^{k_2-1}e^{-y}, 0 < x < y, \\ 0, \text{其他}, \end{cases}$$

求边际分布.

3.2A-6 设二维随机变量 (X, Y) 的分布函数为

$$F(x, y) = \begin{cases} (1-x^2)(1-e^{-y+1}), \ x > 1, \ y > 1, \\ 0, \text{其他}, \end{cases}$$

求边际分布函数.

【3.2B 跨节内容作业】

3.2B-1 抛掷三次均匀的硬币,以 ξ 表示出现正面的次数,以 η 表示正面出现次数与反面出现次数之差的绝对值,求 (ξ, η) 的联合分布律及边际分布律.

3.2B-2 设 X 的分布律为

X	1	2	3	4
p	$\dfrac{1}{8}$	$\dfrac{1}{2}$	$\dfrac{1}{4}$	$\dfrac{1}{8}$

$Y = \max\{X, 2\}$,求 (X, Y) 的联合分布律与边缘分布律.

3.2B-3 设随机变量 (X, Y) 具有下列概率密度

(1) $f(x, y) = \begin{cases} cx, 0 < x \leqslant 1, 0 \leqslant y \leqslant x, \\ 0, \text{其他}; \end{cases}$

(2) $f(x, y) = \begin{cases} c\left(x^2 + \dfrac{xy}{3}\right), 0 \leqslant x \leqslant 1, 0 \leqslant y \leqslant 2, \\ 0, \text{其他}; \end{cases}$

(3) $f(x, y) = \begin{cases} c, -1 \leqslant x \leqslant 0, |y| \leqslant -x, \\ 0, \text{其他}; \end{cases}$

(4) $f(x, y) = \begin{cases} cx^2 y, x^2 \leqslant y \leqslant 1, \\ 0, \text{其他}. \end{cases}$

求其中的未知参数 c,并求关于 X 和关于 Y 的边缘概率密度.

3.2B-4 已知 (X,Y) 联合密度为

$$\phi(x,y) = \begin{cases} c\sin(x+y), & 0 \leqslant x,y \leqslant \dfrac{\pi}{4}, \\ 0, & \text{其他}, \end{cases}$$

求 c 和 Y 的边缘概率密度 $\varphi_Y(y)$.

3.2B-5[*] 在一批产品中一等品占 50%，二等品占 30%，三等品占 20%. 从中任取 4 件，设一、二、三等品的件数分别为 ξ、η、ζ，求 (ξ,η,ζ) 的分布律与边际分布律.

【3.3A 本节内容作业】

3.3A-1 在整数 0 到 9 中先后按下列两种方式任取两个数，记为 ξ 和 η：(1)第一个数取后放回再取第二个数；(2)第一个数取后不放回再取第二个数. 求在 $\eta = k(0 \leqslant k \leqslant 9)$ 的条件下 ξ 的分布律.

3.3A-2 设随机变量 X 和 Y 是相互独立的，X 的密度函数

$$f_1(x) = \frac{1}{\sqrt{2\pi}} e^{-\frac{x^2}{2}}, \quad -\infty < x < \infty,$$

Y 的密度函数

$$f_2(y) = \begin{cases} e^{-y}, & y \geqslant 0, \\ 0, & y < 0, \end{cases}$$

则 (X,Y) 的联合密度函数为何？

3.3A-3 已知二维随机变量 (X,Y) 的联合概率函数为

$$\begin{pmatrix} \dfrac{1}{9} & \dfrac{1}{18} & \dfrac{1}{6} \\ \alpha & \beta & \dfrac{1}{3} \end{pmatrix}$$

问 α, β 取何值时，X 与 Y 相互独立？

3.3A-4 设随机变量 X 与 Y 独立. 下表列出了 (X,Y) 的分布律及关于 X 和关于 Y 的边缘分布律的部分数值，试将其余数值填入表中的空白处.

X＼Y	y_1	y_2	y_3	$p_{i\cdot}$
x_1		1/8		
x_2	1/8			
$p_{\cdot j}$	1/6			1

3.3A-5　设随机变量 X 与 Y 独立,它们相同的分布为

$$\begin{bmatrix} 1 & -1 \\ 1/2 & 1/2 \end{bmatrix}$$

则下列正确的是(　　).

(A) $X = Y$;　　　　　　　(B) $P\{X = Y\} = 0$;

(C) $P\{X = Y\} = 1/2$;　　(D) $P\{X = Y\} = 1$.

【3.3B 跨节内容作业】

3.3B-1　设二维随机变量 (ξ, η) 的联合分布密度为

$$p(x, y) = \begin{cases} \dfrac{(n-1)(n-2)}{(1+x+y)^n}, & x > 0, y > 0, \\ 0, & \text{其他}, \end{cases}$$

其中 $n > 2$. 求 $\xi = 1$ 条件下 η 的条件分布密度.

3.3B-2　设连续型随机变量 X 和 Y 相互独立且服从同一分布,求 $P(X \leqslant Y)$.

3.3B-3　设 (X, Y) 的概率密度为

$$f(x, y) = \begin{cases} 1, & |y| < x, 0 < x < 1, \\ 0, & \text{其他}. \end{cases}$$

(1) 求条件概率 $f_{X|Y}(x|y)$, $f_{Y|X}(y|x)$;

(2) 求 $P\{X > \dfrac{1}{2} | Y > 0\}$, $P\{Y > \dfrac{1}{2} \big| X > \dfrac{1}{2}\}$.

3.3B-4　设随机变量 (X, Y) 具有下列概率密度:

(1) $f(x, y) = \begin{cases} cx, & 0 < x \leqslant 1, 0 \leqslant y \leqslant x, \\ 0, & \text{其他}; \end{cases}$

(2) $f(x, y) = \begin{cases} x^2 + \dfrac{xy}{3}, & 0 \leqslant x \leqslant 1, 0 \leqslant y \leqslant 2, \\ 0, & \text{其他}; \end{cases}$

(3) $f(x, y) = \begin{cases} c, & -1 \leqslant x \leqslant 0, |y| \leqslant -x, \\ 0, & \text{其他}; \end{cases}$

(4) $f(x, y) = \begin{cases} cx^2 y, & x^2 \leqslant y \leqslant 1, \\ 0, & \text{其他}. \end{cases}$

判断 X 与 Y 的独立性.

3.3B-5　雷达的圆形屏幕的半径为 R,设目标出现点 (X, Y) 在屏幕上均匀分布.(1)求 X, Y 的边缘分布;(2)问 X, Y 是否独立?

3.3B-6　设 (X, Y) 的密度为

$$\varphi(x, y) = \begin{cases} 24y(1 - x - y), & x > 0, y > 0, x + y < 1, \\ 0, & \text{其他}, \end{cases} \quad \text{求}:$$

(1) $\varphi_X(x)$，$\varphi(y \mid x)$，$\varphi\left(y \mid x = \dfrac{1}{2}\right)$；

(2) $\varphi_Y(y)$，$\varphi(x \mid y)$，$\varphi\left(x \mid y = \dfrac{1}{2}\right)$．

3.3B-7 设随机变量 ξ 服从 $N(m, \tau^2)$ 分布，随机变量 η 在 $\xi = x$ 时的条件分布为 $N(x, \sigma^2)$，求 η 的分布及 ξ 关于 η 的条件分布．

【3.3C 跨章内容作业】

3.3C-1 设随机变量 ξ 与 η 独立，且 $P(\xi = 1) = P(\eta = 1) = p > 0$，又 $P(\xi = 0) = P(\eta = 0) = 1 - p > 0$，定义

$$\zeta = \begin{cases} 1, & \text{若 } \xi + \eta \text{ 为偶数,} \\ 0, & \text{若 } \xi + \eta \text{ 为奇数.} \end{cases}$$

问 p 取什么值时 ξ 与 ζ 独立？

3.3C-2 设随机变量 ξ_1, ξ_2 相互独立，分别服从参数为 λ_1 与 λ_2 的泊松分布，试证：

$$P(\xi_1 = k \mid \xi_1 + \xi_2 = n) = C_k^n \left(\frac{\lambda_1}{\lambda_1 + \lambda_2}\right)^k \left(1 - \frac{\lambda_1}{\lambda_1 + \lambda_2}\right)^{n-k}.$$

3.3C-3 在 n 重伯努利试验中，事件 A 出现的概率为 p，令

$$\xi_i = \begin{cases} 1, & \text{在第 } i \text{ 次试验中} A \text{ 出现,} \\ 0, & \text{在第 } i \text{ 次试验中} A \text{ 不出现,} \end{cases} \quad i = 1, 2, \cdots, n.$$

求在 $\xi_1 + \xi_2 + \cdots + \xi_n = r (0 \leqslant r \leqslant n)$ 的条件下，$\xi_i (0 \leqslant i \leqslant n)$ 的分布律．

3.3C-4* 证明：若随机变量 ξ 只取一个值 a，则 ξ 与任意的随机变量 η 独立．

3.3C-5* 证明：若随机变量 ξ 与自己独立，则必有常数 c，使 $P(\xi = c) = 1$．

3.3C-6* 设 $\xi_1, \xi_2, \cdots, \xi_r$ 为 r 个相互独立随机变量，且 $\xi_i (1 \leqslant i \leqslant r)$ 服从同一几何分布，即有 $P(\xi_i = k) = qp^{k-1}, k = 1, 2, \cdots, (1 \leqslant i \leqslant r)$，其中 $q = 1 - p$．试证明在 $\xi_1 + \xi_2 + \cdots + \xi_r = n$ 的条件下，$(\xi_1, \xi_2, \cdots, \xi_r)$ 的分布是均匀分布，即

$$P(\xi_1 = n_1, \cdots, \xi_r = n_r \mid \xi_1 + \xi_2 + \cdots + \xi_r = n) = \frac{1}{C_{n-1}^{r-1}},$$

其中 $n_1 + n_2 + \cdots + n_r = n$．

【3.4A 本节内容作业】

3.4A-1 设二维随机变量的分布律为

X \ Y	-1	1	2
-1	5/20	2/20	6/20
2	3/20	3/20	1/20

求:(1) $X+Y$ 概率分布;(2) XY 概率分布.

3.4A-2 设 X 和 Y 为两个随机变量,且

$$P\{X \geqslant 0, Y \geqslant 0\} = \frac{3}{7}, P\{X \geqslant 0\} = P\{Y \geqslant 0\} = \frac{4}{7},$$

求 $P\{\max\{X, Y\} \geqslant 0\}$.

3.4A-3 设 (X, Y) 在 $G = \{(x, y) | 1 \leqslant x \leqslant 3, 1 \leqslant y \leqslant 3\}$ 上均匀分布,求 $Z = |X - Y|$ 的密度.

3.4A-4* 设 (X, Y) 的联合概率密度为

$$f(x, y) = \begin{cases} 1, & 0 \leqslant x \leqslant 1, 0 \leqslant y \leqslant 1, \\ 0, & \text{其他}, \end{cases}$$

令 $U = \min(X, Y)$,$V = \max(X, Y)$,求 (U, V) 的联合概率密度.

【3.4B 跨节内容作业】

3.4B-1 设二维随机变量 (X, Y) 的概率分布为

X \ Y	0	1
0	0.4	a
1	b	0.1

已知随机事件 $\{X = 0\}$ 与 $\{X + Y = 1\}$ 相互独立,则

(A) $a = 0.2$, $b = 0.3$; (B) $a = 0.4$, $b = 0.1$;

(C) $a = 0.3$, $b = 0.2$; (D) $a = 0.1$, $b = 0.4$.

3.4B-2 设离散型随机变量 ξ 与 η 的分布律为

$$\xi \sim \begin{bmatrix} 0 & 1 & 3 \\ \dfrac{1}{2} & \dfrac{3}{8} & \dfrac{1}{8} \end{bmatrix}, \eta \sim \begin{bmatrix} 0 & 1 \\ \dfrac{1}{3} & \dfrac{2}{3} \end{bmatrix},$$

且 ξ 与 η 相互独立,求 $\zeta = \xi + \eta$ 的分布律.

3.4B-3 设 ξ 与 η 为独立同分布的离散型随机变量,其分布律为

$$P(\xi = n) = P(\eta = n) = \frac{1}{2^n}, n = 1, 2, \cdots,$$

求 $\xi + \eta$ 的分布律.

3.4B-4 设二维随机变量 (X,Y) 的概率密度为

$$f(x,y) = \begin{cases} 2-x-y, & 0<x<1,0<y<1, \\ 0, & \text{其他}. \end{cases}$$

(1) 求 $P\{X>2Y\}$;

(2) 求 $Z=X+Y$ 的概率密度 $f_Z(z)$.

3.4B-5 设随机变量 X 与 Y 相互独立,且分别服从 $N(0,1)$ 和 $N(1,1)$,则(   )

(A) $P\{X+Y\leqslant 0\}=1/2$;   (B) $P\{X+Y\leqslant 1\}=1/2$;

(C) $P\{X+Y\geqslant 0\}=1/2$;   (D) $P\{X-Y\leqslant 1\}=1/2$.

3.4B-6 设相互独立的两个随机变量 X,Y 具有同一分布律,且 X 的分布律为

$$P\{X=0\}=P\{X=1\}=\frac{1}{2},$$

求随机变量 $Z=\max\{X,Y\}$ 的分布律.

3.4B-7 设 X 与 Y 相互独立,且 $X\sim P(1)$,$Y\sim P(2)$,求 $P\{\max(X,Y)\neq 0\}$ 和 $P\{\min(X,Y)\neq 0\}$.

3.4B-8 设随机变量 ξ 与 η 独立,都服从 $(0,1)$ 上的均匀分布,求 $X=|\xi-\eta|$ 的分布密度.

3.4B-9 设 X 和 Y 相互独立且服从同一分布,求

$$P\{a<\min(X,Y)\leqslant b\}(a<b).$$

3.4B-10 设一电路装有三个同种电器元件,其工作状态相互独立,且无故障工作时间都服从参数为 $\lambda>0$ 的指数分布,当三个元件都无故障时,电路正常工作,否则整个电路不能正常工作. 试求电路正常工作时间 T 的概率分布.

3.4B-11 某种商品一周需求量是随机变量,其密度为 $f(t)=\begin{cases} te^{-t}, & t>0, \\ 0, & t\leqslant 0. \end{cases}$ 设各周需求量相互独立,求两周需求量的概率密度.

3.4B-12 随机变量 X 与 Y 的联合概率密度为

$$f(x,y) = \begin{cases} 12e^{-3x-4y}, & x>0,y>0, \\ 0, & \text{其他}. \end{cases}$$

(1) 求 $Z=X+Y$ 的概率密度;

(2) 求 $M=\max(X,Y)$ 的概率密度;

(3) 求 $N=\min(X,Y)$ 的概率密度.

3.4B-13 已知随机变量 $X\sim N(9,4)$,$Y\sim N(7,4)$,且 X 与 Y 是相互独立,求 $Z=X+Y$ 的概率密度函数.

3.4B-14 设随机变量 X 在区间 $(0,1)$ 上服从均匀分布,在 $X=x(0<x<1)$ 的条件下,随机变量 Y 在区间 $(0,x)$ 上服从均

匀分布，求：

（1）随机变量 X 和 Y 的联合概率密度；

（2）Y 的概率密度；

（3）概率 $P\{X+Y>1\}$.

3.4B-15　设独立随机变量 ξ 与 η 分别服从二项分布 $B(n_1,p)$ 与 $B(n_2,p)$，求 $\xi+\eta$ 的分布.

3.4B-16　设随机变量 X 与 Y 独立，且 X 服从 $[0,1]$ 上的均匀分布，Y 服从参数为 1 的指数分布，试求：

（1）$Z=X+Y$ 的概率密度；

（2）$M=\max(X,Y)$ 的概率密度；

（3）$N=\min(X,Y)$ 的概率密度；

（4）$U=2X-Y$ 的概率密度.

3.4B-17　进行打靶，设弹着点 $A(X,Y)$ 的坐标 X 和 Y 相互独立，且都服从 $N(0,1)$ 分布，规定点 A 落入区域 $D_1=\{(x,y)\,|\,x^2+y^2\leqslant1\}$ 得 2 分，点 A 落入区域 $D_2=\{(x,y)\,|\,1<x^2+y^2\leqslant4\}$ 得 1 分，点 A 落入区域 $D_3=\{(x,y)\,|\,x^2+y^2>4\}$ 得 0 分，以 Z 记打靶的得分. 求 X,Y 的联合概率密度，并求 Z 的分布律.

3.4B-18　把三个球等可能地放入编号为 1,2,3 的三个盒子中，记落入第 1 号盒子中的球的个数为 X，落入第 2 号盒子中的球的个数为 Y.（1）求二维随机变量 (X,Y) 的联合概率分布；（2）X,Y 是否独立，为什么？（3）求在 $Y=1$ 的条件下 X 的分布律.

3.4B-19*　设 X,Y 相互独立且 $X\sim P(\lambda_1),Y\sim P(\lambda_2)$，证明 $Z=X+Y\sim P(\lambda_1+\lambda_2)$.

3.4B-20　设随机变量 X 和 Y 独立，并分别服从正态分布 $N(2,25)$ 和 $N(3,4)$，求随机变量 $Z=X-3Y+5$ 的分布密度函数.

3.4B-21*　设随机变量 ξ 与 η 独立，服从相同的拉普拉斯分布，其密度函数为

$$p(x)=\frac{1}{2a}\cdot e^{-|x|/a},\ a>0,$$

求 $\xi+\eta$ 的密度函数.

3.4B-22*　设随机变量 X 与 Y 独立，都服从 $U(0,a)$. 求 $Z=X/Y$ 的密度.

3.4B-23*　设随机变量 ξ 与 η 独立，且只取值 1、2、3、4、5、6，证明：$\xi+\eta$ 不服从均匀分布（即不可能有 $P(\xi+\eta=k)=\dfrac{1}{11}$，

$k=2,3,\cdots,12$）.

3.4B-24＊ 设二维随机变量 (ξ, η) 的联合分布密度为

$$p(x, y) = \begin{cases} \dfrac{1+xy}{4}, & |x| < 1, |y| < 1, \\ 0, & \text{其他,} \end{cases}$$

证明：ξ 与 η 不独立,但 ξ^2 与 η^2 独立.

3.4B-25＊ 设随机变量 ξ 与 η 独立,且 $P(\xi=\pm 1)=P(\eta=\pm 1)=\dfrac{1}{2}$,

定义 $\zeta = \xi\eta$,证明：ζ, ξ, η 两两独立,但不相互独立.

3.4B-26＊ 设随机变量 ξ 与 η 独立,且分别具有密度函数为

$$p_\xi(x) = \begin{cases} \dfrac{1}{\pi\sqrt{1-x^2}}, & |x| < 1, \\ 0, & |x| \geqslant 1, \end{cases} \qquad p_\eta(y) = \begin{cases} xe^{-\frac{x^2}{2}}, & x > 0, \\ 0, & x \leqslant 0, \end{cases}$$

证明：$\xi\eta$ 服从 $N(0,1)$ 分布.

3.4B-27＊ 设随机变量 ξ 与 η 独立,都服从参数为 λ 的指数分布,

求 $\dfrac{\xi}{\eta}$ 的密度函数.

3.4B-28＊ 设 $\xi_1, \xi_2, \cdots, \xi_n$ 为 n 个独立同服从柯西分布的随机变

量,证明 $\dfrac{1}{n}\sum\limits_{i=1}^{n}\xi_i$ 与 ξ_1 有相同的分布.

【3.4C 跨章内容作业】

3.4C-1 从数 $1, 2, 3, 4$ 中任取一个数,记为 X,再从 $1, 2, \cdots, X$ 中任取一个数,记为 Y,求 $P\{Y = 2\}$.

3.4C-2 一旅客到达火车站的时间 X 均匀分布在早上 7：55 至 8 点,而火车在这段时间开出的时刻为 Y（单位：分钟）的概率密度为

$$f_Y(y) = \begin{cases} \dfrac{2(5-y)}{25}, & 0 \leqslant y \leqslant 5, \\ 0, & \text{其他,} \end{cases}$$

试求：(1)旅客能上火车的概率；(2) $Z = Y - X$ 的概率密度.

3.4C-3 设二维随机变量 (X, Y) 的概率密度为

$$f(x, y) = \begin{cases} 1, & 0 < x < 1, 0 < y < 2x, \\ 0, & \text{其他,} \end{cases}$$

求：(1) (X, Y) 的边缘概率密度 $f_X(x), f_Y(y)$；

(2) $Z = 2X - Y$ 的概率密度 $f_Z(z)$；

(3) $P\{Y \leqslant \dfrac{1}{2} \,\big|\, X \leqslant \dfrac{1}{2}\}$.

3.4C-4　设随机变量 X 与 Y 相互独立,X 的概率分布为

$$P\{X=i\}=\frac{1}{3},(i=-1,0,1),$$

Y 的概率密度为 $f_Y(y)=\begin{cases}1,0\leqslant y\leqslant 1,\\0,其他,\end{cases}$ 记 $Z=X+Y$. 求：

(1) $P\left\{Z\leqslant\dfrac{1}{2}\Big|X=0\right\}$；(2) Z 的概率密度.

第 3 章自测题

一、填空题

1.设随机变量 X,Y 均服从正态分布 $N(\mu,\sigma^2)$,若概率 $P(X\leqslant 0,$ $Y>0)=\dfrac{1}{3}$,则 $P(X>0,Y\leqslant 0)=$ _____.

2.设二维随机变量 X,Y 的联合概率密度为

$$f(x,y)=\begin{cases}6x,0\leqslant x\leqslant y\leqslant 1,\\0,其他,\end{cases}\text{则}\ P(X+Y\leqslant 1)=\text{_____}.$$

3.设随机变量 X 和 Y 相互独立,均服从[0,2]上的均匀分布,则 $P(2X-Y\leqslant 1)=$ _____.

4.设随机变量 X 与 Y 相互独立, $X\sim B(2,p),Y\sim B(3,p)$,且 $P(X\geqslant 1)=\dfrac{5}{9}$,则 $P(X+Y=1)=$ _____.

5.设随机变量 X_i $(i=1,2)$ 均服从如下分布：

$$P(X_i=-1)=P(X_i=1)=\frac{1}{4},P(X_i=0)=\frac{1}{2},i=1,2.$$

且满足 $P(X_1X_2=0)=1$, 则 $P(X_1=X_2)=$ _____.

6.设随机变量 U 在区间 $(-2,2)$ 上服从均匀分布,而随机变量

$$X=\begin{cases}-1,\text{若}\ U\leqslant-1,\\1,\text{若}\ U>-1,\end{cases}\qquad Y=\begin{cases}-1,\text{若}\ U\leqslant 1,\\1,\text{若}\ U>1,\end{cases}$$

则 X 和 Y 的联合概率分布为 _____.

7.设随机变量 X,Y 的联合分布函数为

$$F(x,y)=\begin{cases}0,&\text{若}\ \min(x,y)<0,\\\min\{x,y\},&\text{若}\ 0\leqslant\min\{x,y\}<1,\\1,&\text{若}\ \min(x,y)\geqslant 1,\end{cases}$$

则随机变量 X 的分布函数 $F(x)$ 为 _____.

8.设随机变量 X,Y 的联合概率分布为

$$(X,Y) \sim \begin{pmatrix} (0,0) & (0,1) & (1,0) & (1,1) \\ 0.12 & 0.28 & 0.18 & 0.42 \end{pmatrix}$$

则其联合分布函数 $F(x,y) = $ _____.

9.设 X_1 和 X_2 独立,$P(X_i = 1) = p, P(X_i = 2) = q, (i = 1,2; p+q = 1)$,

$$X = \begin{cases} 1, 若 X_1 + X_2 为奇数, \\ 0, 若 X_1 + X_2 为偶数, \end{cases}$$

则 X^2 的概率分布为 _____.

10.随机向量(X,Y)的概率密度

$$f(x,y) = \frac{1 + \sin x \sin y}{2\pi} e^{-\frac{1}{2}(x^2+y^2)}, \quad -\infty < x, y < \infty,$$

的两个边缘密度 $f_1(x), f_2(y)$ 分别为 _____.

11.设 X,Y 是相互独立的随机变量,其分布函数分别为 $F_X(x)$,$F_Y(x)$,则 $Z = \min(X,Y) - 1$ 的分布函数 $F_Z(z) = $ _____.

12.设 X,Y 相互独立,下表为 X,Y 的分布律及边缘分布律的部分数值,又知 $P(X+Y=2) = \frac{1}{4}$,试将其余值填入下表中:

X＼Y	0	1	2	$P_{i\cdot}$
0			1/12	
1				
$P_{\cdot j}$		1/4		1

二、选择题

1.设 X 和 Y 独立同服从 0-1 分布: $P(X=1) = P(Y=1) = \frac{1}{3}$,则 $P(X=Y) = ($).

(A) 0;　　(B) $\frac{5}{9}$;　　(C) $\frac{7}{9}$;　　(D) 1.

2.设 X,Y 是任意两个相互独立的连续型随机变量,它们的概率密度函数分别为 $f_1(x), f_2(x)$,分布函数分别为 $F_1(x), F_2(x)$,则( ).

(A) $f_1(x) + f_2(x)$ 必为某一随机变量的概率密度;

(B) $f_1(x) f_2(x)$ 必为某一随机变量的概率密度;

(C) $F_1(x) + F_2(x)$ 必为某一随机变量的概率分布函数;

(D) $F_1(x) F_2(x)$ 必为某一随机变量的概率分布函数.

3.设随机变量 X 和 Y 相互独立,其分布函数相应为 $F_1(x)$ 和 $F_2(x)$,则随机变量 $U = \max\{X,Y\}$ 的分布函数为(   ).

(A) $\max\{F_1(u) + F_2(u)\}$;

(B) $\min\{1 - F_1(u), 1 - F_2(u)\}$;

(C) $F_1(u)F_2(u)$;

(D) $1 - [1 - F_1(u)][1 - F_2(u)]$.

4.设随机变量 X,Y 相互独立均服从正态分布 $N(1,\sigma^2)$,若概率 $P(aX - bY < 1) = \dfrac{1}{2}$,则(   ).

(A) $a = 2, b = 1$;   (B) $a = 1, b = 2$;

(C) $a = -2, b = 1$;   (D) $a = 1, b = -2$.

5.设随机变量 X 与 Y 相互独立,且 $X \sim B(n_1, p)$,$Y \sim B(n_2, p)$,则 $X + Y \sim$(   ).

(A) $B(n_1 + n_2, 2p)$;   (B) $B(n_1 + n_2, p)$;

(C) $B\left(\dfrac{n_1 + n_2}{2}, p\right)$;   (D) $B\left(\dfrac{n_1 + n_2}{2}, 2p\right)$.

三、解答题

1.设 (X,Y) 的联合密度为

$$f(x,y) = \begin{cases} Cxy, & 0 < x < 1, 0 < y < 1, \\ 0, & \text{其他}, \end{cases}$$

试求:(1) 常数 C;(2) $P(X = Y)$;(3) $P(X < Y)$.

2.假设某地区一年内发生大暴雨的次数 X 和一般暴雨的次数 Y 相互独立,且分别服从参数为 λ_1 和 λ_2 的泊松分布.在一年共发生了 $n(n > 1)$ 次暴雨的条件下,试求大暴雨次数 X 的条件概率分布.

3.随机变量 X_1, X_2, X_3 独立同分布,且分布密度为

$$f(x) = \begin{cases} 3x^2, & 0 \leqslant x \leqslant 1, \\ 0, & \text{其他}, \end{cases}$$

设 $Y = \max\{X_1, X_2, X_3\}$,求 $P(Y > 0.5)$.

4.假设随机向量 X 与 Y 的联合密度为

$$f(x,y) = \frac{1}{2}[\varphi_1(x,y) + \varphi_2(x,y)],$$

其中 $\varphi_1(x,y)$ 和 $\varphi_2(x,y)$ 都是二维正态分布密度:

$$\varphi_1(x,y) = \frac{3}{4\pi\sqrt{2}}\exp\left\{-\frac{9}{16}\left(x^2 - \frac{2}{3}xy + y^2\right)\right\},$$

$$\varphi_2(x,y) = \frac{3}{4\pi\sqrt{2}}\exp\left\{-\frac{9}{16}\left(x^2 + \frac{2}{3}xy + y^2\right)\right\}.$$

(1) 求随机变量 X 和 Y 概率密度 $f_1(x)$ 和 $f_2(y)$;

(2) 问随机变量 X 与 Y 是否独立? 为什么?

5. 向区域 $G = \{(x,y): |x| + |y| \leqslant 2\}$ 上均匀地掷一随机点 (X,Y). 求 (X,Y), X 和 Y 的概率密度 $f(x,y)$, $f_1(x)$ 和 $f_2(y)$.

6. 设二维随机变量 (X,Y) 的分布函数为

$$F(x,y) = A(B + \arctan \frac{x}{2})(C + \arctan \frac{y}{3}), \quad -\infty < x, \ y < +\infty,$$

试求常数 A、B、C 及概率 $P(X > 2)$, 并问 X 与 Y 是否相互独立, 为什么?

7. 设 (X,Y) 的联合概率密度为

$$f(x,y) = \begin{cases} be^{-(x+y)}, & 0 < x < 1, y > 0, \\ 0, & \text{其他}. \end{cases}$$

求:(1)常数 b;

(2)边缘概率密度 $f_X(x)$, $f_Y(y)$;

(3)$U = \max\{X,Y\}$ 的分布函数 $F_U(u)$.

8. 假设 $G = \{(x,y): 0 \leqslant x \leqslant 2, 0 \leqslant y \leqslant 1\}$. 随机向量 (X,Y) 服从 G 上的均匀分布. 求边长为 X 和 Y 的矩形面积 S 的分布.

9. 设随机变量 X 在 $1,2,3,4$ 四个整数中等可能地取值, 另一随机变量 Y 在 $1 \sim X$ 中等可能地取整数值, 求条件分布率 $P(Y = k | X = i)$.

10. 设某班车起点站上客人数 X 服从参数为 $\lambda > 0$ 的泊松分布, 每位乘客在中途下车的概率为 $p(0 < p < 1)$, 且中途下车与否相互独立, 以 Y 表示在中途下车的人数, 求:

(1) 在发车时有 n 个乘客的条件下, 中途有 m 人下车的概率;

(2) 二维随机变量 X,Y 的概率分布.

11. 一射手对同一目标进行射击, 每次击中目标的概率为 $p(0 < p < 1)$, 射击进行到第二次击中目标为止, 设 X 表示第一次击中目标时所进行的射击次数, Y 表示第二次击中目标时所需要的射击次数, 试求 (X,Y) 的分布律以及两个条件分布律.

12. 设事件 A,B 满足 $P(A) = \frac{1}{4}$, $P(B|A) = P(A|B) = \frac{1}{2}$, 令

$$X = \begin{cases} 1, & \text{若 } A \text{ 发生}, \\ 0, & \text{否则}, \end{cases} \qquad Y = \begin{cases} 1, & \text{若 } B \text{ 发生}, \\ 0, & \text{否则}, \end{cases}$$

试求 (X,Y) 的联合分布律, 并问 X,Y 是否独立?

13. 设 $X_1, X_2, \cdots, X_n$ 独立同服从 $0-1$ 分布, 参数为 p. 若固定正整数 $k \leqslant n$, 试求:

(1) $P(\sum_{i=1}^{n} X_i = k)$;

(2) $P(\sum_{i=1}^{n} X_i = k, X_n = 1)$;

(3) $P(\min\{n: X_n \neq 0, n = 1, 2, \cdots\} = k)$.

14. 设随机变量 X, Y 相互独立，X 的密度函数为 $f(x)$，Y 的分布律为 $P(Y = a_i) = p_i$，$i = 1, 2, \cdots, n$，试求 $Z = X + Y$ 的密度函数.

15. 设随机变量 X 在区间 $(1, 3)$ 上服从均匀分布，而 Y 在区间 $(X, 3)$ 上服从均匀分布. 试求：

(1) 随机变量 X 和 Y 联合密度 $f(x, y)$；

(2) 随机变量 Y 的概率密度 $f_2(y)$；

(3) $P(X + Y < 4)$.

16. 假设随机变量 Y 服从参数为 $\lambda = 1$ 的指数分布，随机变量

$$X_k = \begin{cases} 0, & \text{若 } Y \leqslant k, \\ 1, & \text{若 } Y > k, \end{cases} (k = 1, 2),$$

求：(1) X_1 和 X_2 的联合概率分布；(2) $U = X_1 - X_2$ 的分布.

17. 已知二维随机变量 (X, Y) 的概率密度为

$$f(x, y) = A\mathrm{e}^{-ax^2 + bxy - cy^2}, \quad -\infty < x, y < +\infty,$$

问在什么条件下，X, Y 相互独立，其中 $a > 0, b > 0$.

18. 设随机变量 (X, Y) 的概率密度为

$$f(x, y) = \begin{cases} \sin y, & 0 < x < \dfrac{1}{2}, \ 0 < y < \pi, \\ 0, & \text{其他}, \end{cases}$$

试求：$Z = X/Y$ 的概率密度.

四、证明题

1. 设 X, Y 的联合概率密度函数为

$$f(x, y) = \begin{cases} \lambda^2 \mathrm{e}^{-\lambda x}, & 0 < y < x, \\ 0, & \text{其他}, \end{cases} (\lambda > 0),$$

证明随机变量 Y 具有如下性质：

对任意的 $s, t > 0$，有 $P(Y > t + s | Y > s) = P(Y > t)$.

2. 对于任意两个事件 A_1, A_2，考虑两个随机变量

$$X_i = \begin{cases} 1, & \text{若事件 } A_i \text{ 出现}, \\ 0, & \text{若事件 } A_i \text{ 不出现}, \end{cases} (i = 1, 2).$$

证明：随机变量 X_1, X_2 独立的充分必要条件是事件 A_1, A_2 相互独立.

随机变量的数字特征

　　随机变量的概率分布虽然已经包含了随机变量的全部信息,但在一些实际问题中,常常不需要或者不能全面考察随机变量的整体变化情况,只需知道随机变量的数字特征就可以了,这样既简便又可凸显统计特征.比如,在检查一批棉花的质量时,只需要注意纤维的平均长度,以及纤维长度与平均长度的偏离程度,平均长度越长、偏离程度越小,质量就越好.

　　本章介绍随机变量的几个常用数字特征:数学期望、方差、协方差和相关系数.

【教学要求】

　　• 掌握随机变量的数学期望、方差的定义,理解数学期望与方差概念的概率意义.

　　• 掌握数学期望与方差的性质,会求随机变量函数的数学期望和方差.

　　• 熟记二项分布、泊松分布、均匀分布、指数分布和正态分布的数学期望和方差.

　　• 掌握随机变量的协方差、相关系数定义及性质,理解其概率意义,会求简单函数的协方差和相关系数.

　　• 掌握两个随机变量不相关的概念及其与独立性的关系.

　　• 了解矩和协方差矩阵的概念和性质.

§4.1　随机变量的数学期望

随机变量的数学期望就是随机变量取值的平均数.

一、随机变量的数学期望概念

如何定义随机变量的取值的平均数即数学期望?我们通过一个

例子来看.

例1 设 X 是从 6 个数 1、2、1、3、1、2 中任取的一个,显然 X 的分布为:

X	1	2	3
P	3/6	2/6	1/6

如何定义 X 取值的平均数呢? 虽然 X 只取 1、2、3 三个数,但显然不能将这三个数的平均数 $\dfrac{1+2+3}{3}$ 作为 X 取值的平均数. 我们知道,X 取值的平均数应当是对 X 多次取值的平均. 设取 X 的值 N 次,其中 1、2、3 分别出现 n_1、n_2、n_3 次. 由于事件的频率是事件的概率的近似值,所以

$$\frac{n_1}{N} \approx \frac{3}{6}, \frac{n_2}{N} \approx \frac{2}{6}, \frac{n_3}{N} \approx \frac{1}{6}.$$

从而

$$n_1 \approx \frac{3}{6}N, n_2 \approx \frac{2}{6}N, n_3 \approx \frac{1}{6}N.$$

因此,X 的 N 次取值的平均数约为

$$\frac{1}{N}(1 \times \frac{3}{6}N + 2 \times \frac{2}{6}N + 3 \times \frac{1}{6}N) = 1 \times \frac{3}{6} + 2 \times \frac{2}{6} + 3 \times \frac{1}{6}$$

与 N 无关. 由此得出离散型随机变量取值的平均数——数学期望的定义.

设离散型随机变量 X 的分布律为

$$P\{X = x_i\} = p_i, \ i = 1, 2, \cdots, n, \cdots.$$

如果级数 $\sum\limits_i x_i p_i$ 绝对收敛,则定义 X 的数学期望为

$$E(X) = \sum_i x_i p_i.$$

类似地,设 X 为连续型随机变量,其概率密度为 $f(x)$,如果广义积分 $\displaystyle\int_{-\infty}^{+\infty} xf(x)\mathrm{d}x$ 绝对可积,则定义 X 的数学期望为

$$E(X) = \int_{-\infty}^{+\infty} xf(x)\mathrm{d}x,$$

$E(X)$ 常简记为 EX.

二、常见分布的期望

例2 设随机变量 $X \sim B(n, p)$,求 $E(X)$.

解 由于 $P\{X = k\} = C_n^k p^k (1-p)^{n-k}$, $k = 0, 1, 2, \cdots, n$,

$$E(X) = \sum_{k=0}^{n} kP\{X = k\}$$

$$= \sum_{k=0}^{n} k \frac{n!}{k!(n-k)!} p^k (1-p)^{n-k}$$

$$= np \sum_{k=1}^{n} C_{n-1}^{k-1} p^{k-1} (1-p)^{[n-1-(k-1)]}$$

$$= np [p + (1-p)]^{n-1}$$

$$= np.$$

例 3 设 X 服从参数为 λ 的指数分布,求 $E(X)$.

解 X 的概率密度为

$$f(x) = \begin{cases} \lambda e^{-\lambda x}, x > 0, \\ 0, 其他, \end{cases}$$

故

$$E(X) = \int_{-\infty}^{+\infty} xf(x)\,dx = \int_{0}^{+\infty} x\lambda e^{-\lambda x}\,dx = -\int_{0}^{+\infty} x\,d(e^{-\lambda x})$$

$$= - xe^{-\lambda x}\Big|_{0}^{+\infty} + \int_{0}^{+\infty} e^{-\lambda x}\,dx = \frac{1}{\lambda}.$$

同样,可以求出

$$X \sim P(\lambda), E(X) = \lambda ;$$

$$X \sim U(a,b), E(X) = \frac{a+b}{2} ;$$

$$X \sim N(\mu,\sigma^2), E(X) = \mu.$$

三、数学期望的性质

设 X,Y 是随机变量,a,b,c 为常数. 则

$$E(aX + bY + c) = aE(X) + bE(Y) + c.$$

特别地,当 $a = b = 0$ 时,得 $E(c) = c$;

当 $a = b = 1, c = 0$ 时,得 $E(X+Y) = E(X) + E(Y)$;

当 $b = c = 0$ 时,得 $E(aX) = aE(X)$;

当 $a = 1, b = 0$ 时,得 $E(X+c) = E(X) + c$.

四、随机变量函数的数学期望

设 $g(x)$ 是一元函数. 若 X 为离散型随机变量,其分布律为

$$P(X = x_i) = p_i, \ i = 1, 2, \cdots, n, \cdots,$$

如果级数 $\sum_i g(x_i) p_i$ 绝对收敛,则 X 的函数 $g(X)$ 的数学期望为

$$E[g(X)] = \sum_i g(x_i) p_i.$$

若 (X,Y) 为二维离散型随机变量，其分布律为

$$P(X = x_i, Y = y_j) = p_{ij}, \ i,j = 1,2,\cdots,n,\cdots,$$

如果级数 $\sum\limits_i \sum\limits_j g(x_i, y_j)p_{ij}$ 绝对收敛，则 (X,Y) 的函数 $g(X,Y)$ 的数学期望为

$$E[g(X,Y)] = \sum_i \sum_j g(x_i, y_j)p_{ij}.$$

特别地，

$$E(X) = \sum_i \sum_j x_i p_{ij}, \ E(Y) = \sum_i \sum_j y_j p_{ij}.$$

若 X 为连续型随机变量，其概率密度为 $f(x)$，如果广义积分 $\int_{-\infty}^{+\infty} g(x)f(x)\mathrm{d}x$ 绝对收敛，则 X 的函数 $g(X)$ 的数学期望为

$$E[g(X)] = \int_{-\infty}^{+\infty} g(x)f(x)\mathrm{d}x.$$

设 (X,Y) 为二维连续型随机变量，其概率密度为 $f(x,y)$，如果广义积分 $\int_{-\infty}^{+\infty}\int_{-\infty}^{+\infty} g(x,y)f(x,y)\mathrm{d}x\mathrm{d}y$ 绝对收敛，则 (X,Y) 的函数 $g(X,Y)$ 的数学期望为

$$E[g(X,Y)] = \int_{-\infty}^{+\infty}\int_{-\infty}^{+\infty} g(x,y)f(x,y)\mathrm{d}x\mathrm{d}y.$$

特别地，

$$E(X) = \int_{-\infty}^{+\infty}\int_{-\infty}^{+\infty} xf(x,y)\mathrm{d}x\mathrm{d}y, \quad E(Y) = \int_{-\infty}^{+\infty}\int_{-\infty}^{+\infty} yf(x,y)\mathrm{d}x\mathrm{d}y.$$

例 4　设 (X,Y) 的分布律如表 4-1 所示.

表 4-1　(X,Y) 的分布律

Y \ X	1	2	3
-1	0.2	0.1	0
0	0.1	0	0.3
1	0.1	0.1	0.1

求 $E(X), E(Y), E(Y/X), E[(X-Y)^2]$.

解

$$\begin{aligned}
E(X) &= \sum_i \sum_j x_i p_{ij} \\
&= 1 \times 0.2 + 1 \times 0.1 + 1 \times 0.1 + 2 \times 0.1 + 2 \times 0.1 + \\
&\quad 3 \times 0.3 + 3 \times 0.1 \\
&= 2;
\end{aligned}$$

$$\begin{aligned}
E(Y) &= \sum_i \sum_i y_j p_{ij} \\
&= (-1) \times 0.2 + (-1) \times 0.1 + 1 \times 0.1 + 1 \times 0.1 + 1 \times 0.1 \\
&= 0;
\end{aligned}$$

$$E(Y/X) = \sum_i \sum_i \frac{y_j}{x_i} p_{ij}$$

$$= \frac{-1}{1} \times 0.2 + \frac{-1}{2} \times 0.1 + \frac{1}{1} \times 0.1 + \frac{1}{2} \times 0.1 + \frac{1}{3} \times 0.1$$

$$= -\frac{1}{15};$$

$$E[(X-Y)^2] = \sum_i \sum_j (x_i - y_j)^2 p_{ij}$$

$$= [1-(-1)]^2 \times 0.2 + [1-0]^2 \times 0.1 + [1-1]^2 \times 0.1 +$$

$$[2-(-1)]^2 \times 0.1 + [2-1]^2 \times 0.1 + [3-0]^2 \times 0.3 +$$

$$[3-1]^2 \times 0.1 = 5.$$

例5 某矿物的一个样品中含有杂质的比例为 X，其概率密度为

$$f(x) = \begin{cases} \frac{3}{2}x^2 + x, & 0 \leqslant x \leqslant 1, \\ 0, & 其他, \end{cases}$$

一个样品的价值(以元计)为 $Y = 5 - 0.5X$，求 $E(Y)$.

解 $E(Y) = 5 - 0.5E(X) = 5 - 0.5\int_0^1 x\left(\frac{3}{2}x^2 + x\right)\mathrm{d}x$

$$\approx 4.65 \,(元).$$

例6 设 (X, Y) 的概率密度为

$$f(x, y) = \begin{cases} \dfrac{x+y}{3}, & 0 \leqslant x \leqslant 2, \ 0 \leqslant y \leqslant 1, \\ 0, & 其他, \end{cases}$$

求 $E(X), E(X+Y), E(X^2+Y^2)$.

解 $E(X) = \iint\limits_{R^2} xf(x,y)\mathrm{d}x\mathrm{d}y = \int_0^2 \int_0^1 x(x+y)/3\mathrm{d}x\mathrm{d}y = \frac{11}{9}$,

$$E(X+Y) = \iint\limits_{R^2} (x+y)f(x,y)\mathrm{d}x\mathrm{d}y$$

$$= \frac{1}{3}\int_0^2 \int_0^1 (x^2 + 2xy + y^2)\mathrm{d}x\mathrm{d}y = \frac{16}{9},$$

$$E(X^2+Y^2) = \iint\limits_{R^2} (x^2+y^2)f(x,y)\mathrm{d}x\mathrm{d}y$$

$$= \frac{1}{3}\int_0^2 \int_0^1 (x^3 + xy^2 + x^2y + y^3)\mathrm{d}x\mathrm{d}y = \frac{13}{6}.$$

五、数学期望的应用

例7 (发行明信片的利润计算) 1994 中国邮政贺年(有奖)明信片一组编号 000001 到 999999. 经摇奖后，每组中奖号码为

一等奖(3000 元)：768691，929617，009949

二等奖(1000 元)：后 5 位是 33793 或 78768

三等奖(300 元)：后 4 位是 6122 或 2258

四等奖(50 元纪念邮票)：后 3 位是 127

五等奖(4 元邮票)：后 2 位是 46

纪念奖(0.5 元纪念明信片)：最后 1 位是 7

邮政贺年(有奖)明信片每张售价 0.5 元,而一张有奖明信片的成本为 0.18 元. 试测算平均获利.

解　设随机变量 X 为每张明信片可能获得的奖金额,其分布律为：

X	0.5	4	50	300	1000	3000	0
P	$\dfrac{100000}{999999}$	$\dfrac{10000}{999999}$	$\dfrac{1000}{999999}$	$\dfrac{200}{999999}$	$\dfrac{20}{999999}$	$\dfrac{3}{999999}$	$\dfrac{888776}{999999}$

于是每张明信片的期望奖金为

$$EX = \sum_{i=1}^{7} x_i p_i = 0.229(元),$$

国家邮政局从每张明信片平均获利：

$$0.5 - 0.18 - 0.229 = 0.091(元).$$

国家邮政局明信片用一个英文字母和两位数字编组,最多可设 $99 \times 26 = 2574$ 组. 所以在整个项目上最多可获利：

$$0.091 \times 999999 \times 2574 \approx 23423.4(万元).$$

例 8　(检验方案的确定)某地区为了进行某种疾病普查,需要检验 N 个人的血液,可用两种方法进行. 方法(一)：对每个人的血液逐个检验,这时需要检验 N 次. 方法(二)：将 N 个人的血液分组,每组 k 个人,把一组的 k 个人抽出的血液混合在一起进行一次检验. 如果检验结果为阴性,则说明这 k 个人的血液均为阴性,这时这 k 个人总共检验了一次;如果检验结果为阳性,为了明确这 k 个人中哪些人为阳性,就要对这 k 个人再逐个进行检验,这时这 k 个人总共进行了 $1 + k$ 次检验. 假设每个人的检验结果是否为阳性是独立的,且每个人为阴性的概率为 q. 问哪种检验方法检验次数少些?

解　对方法(二),设每个人所需检验次数是一个随机变量 X,则 X 的分布律为

$$\begin{bmatrix} \dfrac{1}{k} & 1 + \dfrac{1}{k} \\ q^k & 1 - q^k \end{bmatrix},$$

$$EX = \frac{1}{k} q^k + \left(1 + \frac{1}{k}\right)(1 - q^k) = 1 - q^k + \frac{1}{k}.$$

由此可知,适当选择 k,使得 $EX < 1$,即当 $q > \dfrac{1}{\sqrt{k}}$ 时,方法(二)比方法(一)检验次数少.

当 q 已知,还可以选出使 $EX = 1 - q^k + \dfrac{1}{k}$ 最小的整数 k_0,从而使得检验次数最少. 比如,若需检验 1000 人,且 $q = 0.9$,则 $k_0 = 4$,按方法(二)平均只需进行检验 $1000 \times \left(1 - 0.9^4 + \dfrac{1}{4}\right) \approx 594$ 次,这样可以减少约 40% 的工作量,为检验工作节约大量的人力、物力和财力.

例 9 (风险型决策模型)某渔船要对下个月是否出海打鱼作出决策. 如果出海后是好天,可获收益 5000 元,若出海后天气变坏,将损失 2000 元;若不出海,无论天气好坏都要承担 1000 元损失费. 据预测下月好天的概率为 0.6,天气变坏的概率为 0.4,应如何选择最佳方案?

解 我们将出海的收益作为随机变量 X,其概率分布如下:

X	5000	-2000
P	0.6	0.4

X 的数学期望为

$$EX = 5000 \times 0.6 + (-2000) \times 0.4 = 2200 (元).$$

显然,出海的收益比不出海的收益好.

例 10 (产值测算)一批产品中有一、二、三等品及废品 4 种等级,相应比例分别为 60%、20%、10% 及 10%,若各等级产品的产值分别为 6 元、4.8 元、4 元及 0 元,求产品的平均产值.

解 设 X 表示产品的产值,则 $EX = 6 \times 0.6 + 4.8 \times 0.2 + 4 \times 0.1 + 0 \times 0.1 = 4.96 (元).$

思考 很多赌博问题可以用概率来揭秘. 比如,抛两枚均匀骰子,出现点数之和为 7,你输给我 1 个单位;和为 2,你赢我 5 个单位,和为其他值为平局. 你愿意 PK 吗? 为什么?

§4.2 随机变量的方差

前面介绍了随机变量的数学期望,它体现了随机变量取值的平均水平,是随机变量的一个重要的数字特征. 但是在一些场合,仅仅知道平均值是不够的. 比如,若两班学生成绩分布分别为

甲班分数 X	49	51	乙班分数 Y	0	100
P	1/2	1/2	P	1/2	1/2

两班的平均成绩相同,但学生水平差异很不相同. 显然,甲班学生分数差异较小.

又如,甲、乙两门炮同时向一目标射击 10 发炮弹,其落点距目标的位置如图 4-1 所示.

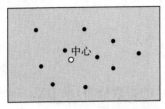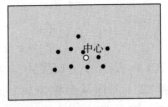

图 4-1　甲、乙两门炮射击落点距目标的位置

显然两门炮射击效果明显不同. 我们可以利用随机变量的方差来度量它们的差异.

一、方差与标准差的定义

随机变量 X 的方差定义为
$$D(X) = E[X - E(X)]^2.$$

若 X 为离散型随机变量,其分布律为
$$P\{X = x_i\} = p_i, \ i = 1, 2, \cdots, n, \cdots,$$

如果级数 $\sum_i (x_i - E(X))^2 p_i$ 收敛,则 X 的方差为
$$D(X) = \sum_i (x_i - E(X))^2 p_i.$$

若 X 为连续型随机变量,其概率密度为 $f(x)$,如果广义积分 $\int_{-\infty}^{+\infty} (x - E(X))^2 f(x) \mathrm{d}x$ 收敛,则 X 的方差为
$$D(X) = \int_{-\infty}^{+\infty} (x - E(X))^2 f(x) \mathrm{d}x.$$

随机变量 X 的方差 $D(X)$ 的算术平方根 $\sqrt{D(X)}$ 称为其标准差. 方差 $D(X)$ 可简记作 DX.

二、方差的性质

设 X, Y 是随机变量,a, b, c 为常数.

(1) $D(X) = E(X^2) - (EX)^2$.

(2) $D(aX + c) = a^2 D(X)$;特别地,

$\quad a = 0$ 时,得 $D(c) = 0$;

$\quad a = -1, c = 0$ 时,得 $D(-X) = D(X)$.

三、常见分布的方差

例 11　设随机变量 $X \sim P(\lambda)(\lambda > 0)$,求 DX.

解 $P\{X=k\} = \mathrm{e}^{-\lambda} \dfrac{\lambda^k}{k!}, k = 0,1,2,\cdots,$ 已知 $E(X) = \lambda.$ 而

$$E(X^2) = E[X(X-1)+X] = E[X(X-1)] + E(X)$$

$$= \sum_{k=0}^{\infty} k(k-1)\mathrm{e}^{-\lambda}\frac{\lambda^k}{k!} + \lambda$$

$$= \mathrm{e}^{-\lambda}\lambda^2 \sum_{k=2}^{\infty} \frac{\lambda^{k-2}}{(k-2)!} + \lambda = \lambda^2 + \lambda.$$

故 $D(X) = E(X^2) - (EX)^2 = \lambda.$

例 12 X 服从参数为 $\lambda(\lambda > 0)$ 的指数分布,求 $DX.$

解 X 的概率密度为

$$f(x) = \begin{cases} \lambda\mathrm{e}^{-\lambda x}, & x > 0, \\ 0, & \text{其他}, \end{cases}$$

已得 $E(X) = \dfrac{1}{\lambda}$, 而

$$E(X^2) = \int_{-\infty}^{+\infty} x^2 f(x)\mathrm{d}x = \int_0^{+\infty} x^2 \lambda\mathrm{e}^{-\lambda x}\mathrm{d}x = -\int_0^{+\infty} x^2 \mathrm{d}(\mathrm{e}^{-\lambda x})$$

$$= -x^2 \mathrm{e}^{-\lambda x}\Big|_0^{+\infty} + \frac{2}{\lambda}\int_0^{+\infty} x\lambda\mathrm{e}^{-\lambda x}\mathrm{d}x = \frac{2}{\lambda^2}.$$

故 $D(X) = E(X^2) - (EX)^2 = \dfrac{1}{\lambda^2}.$

同样,可以求出:

$X \sim B(n,p),\ D(X) = np(1-p);$

$X \sim U(a,b),\ D(X) = \dfrac{(b-a)^2}{12};$

$X \sim N(\mu,\sigma^2),\ D(X) = \sigma^2.$

四、方差的应用

例 13 (最小风险最大利润)设某经销商正与某出版社联系订购下一年的挂历,根据多年的经验,经销商得出需求量为 150 本、160 本、170 本、180 本的概率分别为 0.1、0.4、0.3、0.2,各种订购方案的获利 X_i ($i=1,2,3,4$)(百元)是随机变量,经计算各种订购方案在不同需求情况下的获利如下表:

表 4-2 采购方案与获利表

需求数量 订购方案	需求 150 本 (概率 0.1)	需求 160 本 (概率 0.4)	需求 170 本 (概率 0.3)	需求 180 本 (概率 0.2)
购 150 本获利 X_1	45	45	45	45
购 160 本获利 X_2	42	48	48	48
购 170 本获利 X_3	39	45	51	51
购 180 本获利 X_4	36	42	48	54

(1) 经销商订购多少本挂历可使期望利润最大?

(2) 在期望利润相等的情况下,考虑风险最小,经销商应订购多少本挂历?

解　计算得 $EX_1 = 45, EX_2 = 47.4, EX_3 = 47.4, EX_4 = 45.6$. 要使期望利润最大,可订购 160 本或 170 本. 由于 $DX_2 = 3.24$, $DX_3 = 15.84$, 从风险考虑应订购 160 本.

例 14　(标准分数)由于卷面分(原始分数)不可比不可加,不能进行各科水平的横向比较和考试的评价分析. 可将卷面分转化为标准分来比较. 对一门课,比较标准分的大小;对多门课,比较标准分总和. 用 X 表示分数,标准分就是这个随机变量的标准化: $Z = \dfrac{X - EX}{\sqrt{DX}}$. 甲乙两名考生原始分数如表 4-3 所示,按卷面总分看,乙较好. 而按标准分数评价,认为甲较好.

表 4-3　甲乙两名考生分数

科目	原始分数		全体考生		标准分数	
	甲	乙	平均数	标准差	甲	乙
语文	85	89	70	10	1.500	1.900
数学	70	62	65	5	1.000	−0.600
英语	68	72	69	8	−0.125	0.375
物理	53	40	50	6	0.500	−1.670
化学	72	87	75	8	−0.375	1.500
总计	348	350			2.500	1.505

由于标准分数分值小,并带有小数和负值,在许多情形下直接使用不大合乎人们的习惯,故通常根据具体情况,把标准分数通过线性变换化为各种导出分数. 常见的有

① 教育与心理测验中的分数:$T = 50 + 10Z$;

② 韦氏智力量表中各分测验的量表分数:$T = 10 + 3Z$;

③ 韦氏智力量表智商(离差智商)分数:$IQ = 100 + 15Z$;

④ 美国大学入学考试委员会使用的标准分数:$CEEB = 500 + 100Z$;

⑤ 美国教育测验中心举办"托福"考试分数:$TOEFL = 500 + 70Z$;

⑥ 我国出国人员英语水平考试所使用的分数:$EPT = 90 + 20Z$;

⑦ 五等级分数:由标准分的值按表 4-4 来分段确定等级. 按此方式,40 人的班,每次考试,不管原始分数如何,大约有 3 人(占 7%)不及格. 美国不少大学采用这种"竞争"的评分方式.

表 4-4　标准分与五等级划分

标准分	$(-\infty, -1.5)$	$[-1.5, -0.5)$	$[-0.5, 0.5)$	$[0.5, 1.5)$	$[1.5, +\infty)$
等级	不及格	及格	中等	良好	优秀
比例	7%	24%	38%	24%	7%

§4.3 随机变量的协方差与相关系数

前面介绍了随机变量的数学期望和方差. 对于多维随机向量, 反映其分量之间关系的数字特征中, 最重要的, 就是本节要讨论的协方差和相关系数.

一、协方差定义与性质

1. 协方差定义

随机变量 X 与 Y 的协方差定义为

$$\mathrm{cov}(X,Y) = E[(X - E(X))(Y - E(Y))].$$

显然, 当 $X = Y$ 时, $\mathrm{cov}(X,Y) = \mathrm{cov}(X,X) = DX$.

2. 协方差性质

设 X, Y, X_1, X_2 是随机变量, a, b, c 为常数. 协方差具有下列性质:

(1) $\mathrm{cov}(X,Y) = E(XY) - E(X)E(Y)$;

(2) $\mathrm{cov}(X,c) = 0$;

(3) $\mathrm{cov}(X,Y) = \mathrm{cov}(Y,X)$;

(4) $\mathrm{cov}(X_1 + X_2, Y) = \mathrm{cov}(X_1,Y) + \mathrm{cov}(X_2,Y)$;

(5) $\mathrm{cov}(aX, bY) = ab\,\mathrm{cov}(X,Y)$.

协方差的大小在一定程度上反映了 X 与 Y 相互间的关系, 但它还受 X 与 Y 本身度量单位的影响, 可以改进为相关系数.

二、相关系数定义与性质

1. 相关系数定义

随机变量 X 与 Y 的相关系数定义为

$$\rho_{XY} = \frac{\mathrm{cov}(X,Y)}{\sqrt{D(X)}\,\sqrt{D(Y)}}.$$

相关系数 ρ_{XY} 反映了随机变量 X 与 Y 之间线性关系的紧密程度与方向.

ρ_{XY} 的正负反映随机变量 X 与 Y 之间线性关系的方向: 若 $\rho_{XY} > 0$, 则 X 与 Y 变化方向一致; 若 $\rho_{XY} < 0$, 则 X 与 Y 变化方向相反.

ρ_{XY} 绝对值反映随机变量 X 与 Y 之间线性关系的紧密程度: $|\rho_{XY}|$ 越大, X 与 Y 之间的线性相关程度越密切; 当 $\rho_{XY} = 0$ 时, 称 X 与 Y 不相关.

2. 相关系数性质

(1) $|\rho_{XY}| \leqslant 1$.

(2) $|\rho_{XY}| = 1$ 的充要条件是 $P(Y = aX + b) = 1$, 其中 a, b 为常数.

(3) 下列 5 个命题是等价的:

① $\rho_{XY} = 0$;

② $\text{cov}(X, Y) = 0$;

③ $E(XY) = E(X)E(Y)$;

④ $D(X \pm Y) = D(X) + D(Y)$;

⑤ X 与 Y 不相关.

若随机变量 X 与 Y 相互独立, 则 X 与 Y 不相关. 反之不然.

例 15 设 X 服从 $(-1/2, 1/2)$ 上的均匀分布, $Y = \cos X$. 不难求得, $\text{cov}(X, Y) = 0$, 因而 $\rho_{XY} = 0$, 即 X 与 Y 不相关. 但 X 与 Y 有严格的函数关系, 即 X 与 Y 不独立.

例 16 (X, Y) 服从二维正态分布, 其概率密度为

$$f(x, y) = \frac{1}{2\pi\sigma_1\sigma_2\sqrt{1-\rho^2}} \times$$

$$\exp\left\{-\frac{1}{2(1-\rho^2)}\left[\frac{(x-\mu_1)^2}{\sigma_1^2} - 2\rho\frac{(x-\mu_1)(y-\mu_2)}{\sigma_1\sigma_2} + \frac{(y-\mu_2)^2}{\sigma_2^2}\right]\right\}.$$

则 $\text{cov}(X, Y) = \rho\sigma_1\sigma_2$, $\rho_{XY} = \rho$. 并且 $\rho = 0$ 时 X 与 Y 相互独立. 即对二维正态分布来说, X 与 Y 独立与 X 与 Y 不相关等价.

三、方差、协方差及相关系数关系

$$D(X \pm Y) = D(X) + D(Y) \pm 2\text{cov}(X, Y)$$
$$= D(X) + D(Y) \pm 2\rho_{XY}\sqrt{D(X)}\sqrt{D(Y)}.$$

§4.4 随机向量的矩与协方差矩阵

一、原点矩与中心矩

随机变量 X 的 k 阶原点矩定义为 $E(X^k)$. 数学期望 $E(X)$ 是 X 的 1 阶原点矩.

随机变量 X 的 k 阶中心矩定义为 $E[X - E(X)]^k$. 方差 $D(X)$ 是 X 的 2 阶中心矩.

随机变量 (X, Y) 的 (k, l) 阶混合原点矩定义为 $E(X^kY^l)$.

随机变量 (X, Y) 的 (k, l) 阶混合中心矩定义为 $E[(X - E(X))^k(Y - E(Y))^l]$. 协方差 $\text{cov}(X, Y)$ 是 (X, Y) 的 $(1, 1)$ 阶混合中心矩.

二、协方差矩阵

设 n 维随机向量 $(X_1, X_2, \cdots, X_n)$ 的 $(1,1)$ 阶混合中心矩

$$c_{ij} = \text{cov}(X_i, Y_j) = E[(X_i - EX_i)(Y_j - EY_j)], \ i, j =, 1, 2, \cdots, n$$

都存在,则称矩阵

$$C = \begin{pmatrix} c_{11} & c_{12} & \cdots & c_{1n} \\ c_{21} & c_{22} & \cdots & c_{2n} \\ \vdots & \vdots & & \vdots \\ c_{n1} & c_{n2} & \cdots & c_{nn} \end{pmatrix}$$

为 n 维随机向量 $(X_1, X_2, \cdots, X_n)$ 的协方差矩阵. 可以通过协方差矩阵对多维随机变量进行研究.

》 串讲与答疑 《

一、串讲小结

本章介绍了一个随机变量的期望、方差,两个随机变量的协方差与相关系数.

知道了一个随机变量或随机向量的分布,即知道了其分布函数、分布密度或分布律,就掌握了这个随机变量或随机向量的全部统计规律性. 为什么还要研究随机变量或随机向量的数字特征呢?一是实际问题中,求一个随机变量或随机向量的分布往往比较困难,而数字特征比较容易得到并且可以满足我们研究分析很多具体问题的需要;二是一个随机变量或随机向量的分布信息虽然十分详尽,但我们关心的它们的一些特征却不明显,不便运用,需要用一个简单明了的数字将其某方面特征突显出来.

学习中要理解数字特征的概率意义.

一个随机变量的期望是其取值的平均数,是将随机变量的取值按照随机变量取值的概率加权平均得到的,是理论上的平均数. 表现为具体问题中的平均长度、平均时间、平均成绩、期望利润、期望成本等. 对随机变量的一次观察得到的结果是随机的,很难恰好等于这个平均数,只能"期望"得到它,所以又将这个平均数称为随机变量的期望.

一个随机变量的方差 DX,反映的是这个随机变量的取值的差异程度或者说是离散程度,是以随机变量的平均数——期望 EX 为参照,通过随机变量的取值与 EX 差的平方这个随机变量的平均数来反映的. DX 和标准差 $\sqrt{DX}$ 都是随机变量 X 的差异程度指标.

它们的值越大,说明 X 取值的差异程度越大,反之则越小. 标准差与数据的单位一致,方差却不然.

一个随机变量的方差是另一个随机变量的期望. 所以期望是基础,方差的计算与性质可以归结为期望的计算与性质.

两个随机变量的协方差与相关系数反映了这两个随机变量之间的线性相关性.

相关系数,其取值在 -1 与 1 之间,并且没有单位,可以反映两个随机变量之间的线性相关程度,并且可以比较不同的两组随机变量的线性相关程度.

两个随机变量的协方差或相关系数为零时,称两个随机变量不相关. 两个随机变量独立则它们一定不相关,反之不成立.

两个随机变量关系程度从无到有、从小到大依次为:独立、不线性相关、线性相关、相等或存在函数等逻辑关系.

要熟记以下常用分布的数字特征:

(1) $X \sim B(n, p)$,$E(X) = np$,$D(X) = np(1-p)$.

(2) $X \sim P(\lambda)$,$E(X) = \lambda$,$D(X) = \lambda$.

(3) $X \sim U(a, b)$,$E(X) = \dfrac{a+b}{2}$,$D(X) = \dfrac{(b-a)^2}{12}$.

(4) $X \sim E(\lambda)$,$E(X) = \dfrac{1}{\lambda}$,$D(X) = \dfrac{1}{\lambda^2}$.

(5) $X \sim N(\mu, \sigma^2)$,$E(X) = \mu$,$D(X) = \sigma^2$.

(6) $(X, Y) \sim N(\mu_1, \mu_2, \sigma_1^2, \sigma_2^2, \rho)$,则
$$E(X) = \mu_1,\ D(X) = \sigma_1^2,\ E(Y) = \mu_2,\ D(Y) = \sigma_2^2,$$
$$\mathrm{cov}(X, Y) = \rho\sigma_1\sigma_1,\ \rho_{XY} = \rho.$$

二、答疑解惑

1. 在数学期望定义中为什么要求级数或广义积分绝对收敛?

这是为了保证同一个随机变量的期望有限并唯一. 我们知道,离散型随机变量 X 的概率分布律

X	x_1	x_2	$\cdots$	x_n	$\cdots$
P_r	p_1	p_2	$\cdots$	p_n	$\cdots$

中,要求 x_1,x_2,$\cdots$,x_n,$\cdots$ 互不相同,但排列次序没有要求. 因此

X	1	-5	25
P_r	0.7	0.1	0.2

Y	-5	25	1
P_r	0.1	0.2	0.7

分布相同,从而期望相等. 但是,当 X 取可列个值时,对同一个分布而言,按照 x_1,x_2,$\cdots$,x_n,$\cdots$ 不同排列次序求期望,得到的结果就不

能保证相等了! 因为这时改变 X 取值的排列次序,就等于改变 $E(X) = \sum\limits_i x_i p_i$ 中无穷多项求和次序. 由高等数学知道,改变一些数项级数的求和次序,可以使其收敛于某个指定数,还可使其变成发散级数. 这样一来,由于 X 取值的排列次序不同,会使得求出的期望不唯一或为 ∞. 要排除这种情况,就要求 $E(X) = \sum\limits_i x_i p_i$ 绝对收敛,从而保证改变无穷多项求和次序时其值有限且不变.

对连续型随机变量,在定义期望时,类似地要求广义积分 $\int_{-\infty}^{+\infty} x f(x) \mathrm{d}x$ 绝对可积.

2. 为什么数学期望可以反映随机变量取值的平均值?

这个问题可以由下面不等式来说明.

例 17 对任意常数 C, $E(X - E(X))^2 \leqslant E(X - C)^2$.

事实上,根据期望的性质,有

$$E(X - C)^2 = E[(X - E(X)) + (E(X) - C)]^2$$
$$= E(X - E(X))^2 + (E(X) - C)^2 + 2(E(X) - C)E(X - E(X))$$
$$= E(X - E(X))^2 + (E(X) - C)^2$$
$$\geqslant E(X - E(X))^2.$$

这个不等式说明 $E(X)$ 是距离随机变量 X 最近的数,所以可以很好地表示 X 的诸取值的集中趋势.

3. 计算方差公式的构造

我们知道随机变量 X 的方差,是以随机变量的平均数——期望 EX 为参照,通过随机变量取值与 EX 差的平方这个随机变量的平均数来反映的,定义为 $D(X) = E(X - E(X))^2$.

若定义为 $E(X - E(X))$ 则不行. 因为这时 X 与 EX 的正差与负差中和了,掩盖了 X 取值的差异.

若定义为 $E|X - E(X)|$,理论上是完全可以,它能很好地反映 X 取值的差异,这也是最初的想法. 但由于计算式中带有绝对值,数学演算困难. 因此,将 $|X - E(X)|$ 改变为 $|X - E(X)|^2$. 后者避免了绝对值在运算中的麻烦,且能很好地反映 X 取值的差异,只是用平方"放大"了.

4. 数字特征的几个公式的直观解释

数字特征的性质都是严格证明的,但善于直观想象或解释,对于理解与掌握公式、把握思想方法非常重要. 我们给出以下 6 个公式的直观解释.

(1) $E(c) = c$. 随机变量总是取常数 c,其取值的平均数当然是 c.

(2) $E(aX) = aE(X)$. 因为 aX 的取值是 X 取值的 a 倍, 所以, aX 取值的平均数是 X 取值平均数的 a 倍.

(3) $E(X+c) = E(X) + c$. 因为 $X+c$ 的取值是 X 的取值加 c, 所以 $X+c$ 取值的平均数是 X 取值的平均数加 c.

(4) $D(c) = 0$. 因为随机变量总是取常数 c, 其取值没有差异, 所以反映差异的方差是 0.

(5) $D(-X) = D(X)$. $-X$ 的每个取值是 X 的相应取值的相反数, 所以 $-X$ 将 X 的每个取值都改变了, 但是没有改变诸取值之间的差异, 即 $-X$ 的诸取值之间的差异与 X 的诸取值之间的差异相同, 所以它们的方差相等.

(6) $D(X+c) = D(X)$. $X+c$ 的每个取值是 X 的相应的取值加 c, 所以 $X+c$ 虽将 X 的每个取值都改变了, 但没有改变诸取值之间的差异, 即 $X+c$ 的诸取值之间的差异与 X 的诸取值之间的差异相同, 所以它们的方差相等.

5. 几个分布的数字特征的直观解释

分布的数字特征都是严格计算得到的, 但直观想象或解释, 有利于理解与记住这些分布的数字特征. 我们给出以下几个分布的数字特征的直观解释.

(1) $X \sim U(a, b)$, $E(X) = \dfrac{a+b}{2}$, $D(X) = \dfrac{(b-a)^2}{12}$. 用 X 表示从区间 (a, b) 中任取的数, 则 $X \sim U(a, b)$. 既然 X 是从 (a, b) 中随机取得的数, X 取值平均数当然应该是 (a, b) 的中点, 即 $E(X) = \dfrac{a+b}{2}$. 同样, X 是从 (a, b) 中随机取得的数, X 取值的差异程度与 (a, b) 长度有关, $b-a$ 越小, X 取值的差异就越小, $b-a$ 越大, X 取值的差异就越大. 事实上, X 的方差 $D(X) = \dfrac{(b-a)^2}{12}$ 确实与 $b-a$ 有关.

(2) $X \sim N(\mu, \sigma^2)$, $E(X) = \mu$, $D(X) = \sigma^2$. X 的概率密度

$$f(x) = \frac{1}{\sqrt{2\pi}\sigma} e^{-\frac{(x-\mu)^2}{2\sigma^2}}$$

是关于 $x = \mu$ 对称的, 所以 X 取值的平均数应该是 μ.

正态分布有 3σ 性, 即服从正态分布的随机变量 X 主要在 $[\mu - 3\sigma, \mu + 3\sigma]$ 中取值, 且 σ 越大, 正态密度曲线形状越低阔; σ 越小, 正态密度曲线形状越高狭. 所以, σ 越大, X 主要取值的区间 $[\mu - 3\sigma, \mu + 3\sigma]$ 越大, X 取值的差异越大. 反之, σ 越小, X 主要取值的区间 $[\mu - 3\sigma, \mu + 3\sigma]$ 越小, X 取值的差异越小. 这说明 X 取值的差异与 σ 有关, 事实上, $D(X) = \sigma^2$.

(3) $X \sim B(n,p), E(X) = np$. 将只有成功和失败两个可能结果的试验,重复独立进行 n 次,若每次成功的概率为 p,令 X 表示 n 次试验中成功的次数,则 $X \sim B(n,p)$. 显然,由于 X 是 n 次试验中成功的次数,n 越大,n 次试验中成功平均次数越大,反之则越小. 所以 n 与 $E(X)$ 成正比;同样每次成功的概率 p 越大,n 次试验中成功平均次数越大,反之则越小. 所以 p 与 $E(X)$ 也成正比. 事实上,n 次试验中成功平均次数 $E(X) = np$.

6. 随机变量的独立性与不相关性辨析

随机变量 X 与 Y 独立,指的是 X 与 Y 的统计规律之间没有任何联系,X 与 Y 不相关指的是 X 与 Y 间没有线性相关关系. 直观上显然有,若 X 与 Y 独立,则 X 与 Y 必不相关,但反过来不一定成立. 一般有

(1) X 与 Y 独立 $\Rightarrow$ X 与 Y 不相关;

(2) X 与 Y 不相关 $\not\Rightarrow$ X 与 Y 独立;

(3) X 与 Y 相关 $\Rightarrow$ X 与 Y 不独立;

(4) 二维正态随机变量不相关性与独立性等价. 因此,若随机变量 X 与 Y 独立,都服从正态分布,要判断 $X-Y$ 与 $X+Y$ 的独立性,不必去求 $(X-Y, X+Y)$ 的联合密度函数,只要能得出 $\text{cov}(X-Y, X+Y) = 0$ 即可,这样非常简单.

例 19 设 ξ 的分布律为

ξ	-1	0	1
P	$1/3$	$1/3$	$1/3$

$\eta = \xi^2$. 由于 ξ 与 η 之间具有关系 $\eta = \xi^2$,故 ξ 与 η 不独立. 另一方面,容易验证 ξ 与 η 不相关.

7. 随机变量函数的期望计算

以连续型为例.

例 20 设 $g(x)$ 是一元函数,X 为连续型随机变量,其概率密度为 $f(x)$. 求 $E[g(X)]$ 有两种方法:

方法一 先求 $Y = g(X)$ 的分布. 为此,先求 Y 的分布函数

$$F_Y(Y \leqslant y) = P(g(X) \leqslant y) = \int_{g(x) \leqslant y} f(x) \mathrm{d}x,$$

再求 Y 的密度函数

$$f_Y(y) = F_Y'(Y \leqslant y),$$

然后,按定义求 Y 的期望

$$E[g(X)] = E(Y) = \int_{-\infty}^{+\infty} y f_Y(y) \mathrm{d}y.$$

方法二　由随机变量函数的期望计算公式,得

$$E[g(X)] = \int_{-\infty}^{+\infty} g(x) f(x) \mathrm{d}x.$$

一般来说,方法二比方法一计算量小得多(对二维也是如此).

例 21　设 $g(x,y)$ 是二元函数,(X,Y) 为二维连续型随机变量,其联合概率密度为 $f(x,y)$. 求 $E(X)$ 有两种方法:

方法一　先求 (X,Y) 的第一个分量的边际密度

$$f_X(x) = \int_{-\infty}^{+\infty} f(x,y) \mathrm{d}y,$$

然后,按定义求 X 的期望

$$E(X) = \int_{-\infty}^{+\infty} x f_X(x) \mathrm{d}x.$$

方法二　由随机变量函数的期望计算公式,得

$$E(X) = \int_{-\infty}^{+\infty} \int_{-\infty}^{+\infty} x f(x,y) \mathrm{d}x \mathrm{d}y.$$

一般来说,方法二比方法一计算量小得多.

8. 相关系数 ρ_{XY} 反映了随机变量 X 和 Y 之间的什么关系?

相关系数 ρ_{XY} 反映了随机变量 X 和 Y 之间的线性相关程度. 当 $|\rho_{XY}| = 1$ 时,称 X 与 Y 依概率 1 线性相关;当 $\rho_{XY} = 0$ 时,称 X 与 Y 不相关;当 $0 < |\rho_{XY}| < 1$ 时,又分为强相关与弱相关.

≫ 拓展提升 ≪

一、方差的局限性及其改造

方差利用了随机变量的全部信息,反应灵敏,适合代数运算,是性质优良的反映随机变量差异的数字特征, 运用较多. 但方差也有局限性,在一些情况下需要将其改造.

为使方差的单位与数据的相同,将其(开方)改造为标准差;为比较不同单位的数据的差异或需要相对于随机变量的平均数来度量差异,将其改造为不带单位的标准差系数

$$\frac{\sqrt{D(X)}}{E(X)}.$$

它是相对差异量.

二、随机变量的方差为零等价于随机变量以概率 1 取常数

例 22　证明 $D(X) = 0 \Leftrightarrow P\{X = EX\} = 1$.

证明　**充分性**　由于 $P\{X = EX\} = 1$,则根据方差的定义,有

$$D(X) = E[X - EX]^2 = (EX - EX)^2 \times 1 = 0.$$

必要性 令 $A_n = \{|X - E(X)| < \frac{1}{n}\}$，则

$$\{|X - E(X)| = 0\} = \bigcap_{n=1}^{+\infty} \{|X - E(X)| < \frac{1}{n}\} = \bigcap_{n=1}^{+\infty} A_n.$$

根据对偶原理，有

$$\overline{\bigcap_{n=1}^{+\infty} A_n} = \bigcup_{n=1}^{+\infty} \overline{A_n},$$

即

$$\{|X - E(X)| \neq 0\} = \bigcup_{n=1}^{+\infty} \{|X - E(X)| \geqslant \frac{1}{n}\}.$$

因此，结合概率的次可加性，得

$$0 \leqslant P\{|X - E(X)| \neq 0\} = P\{\bigcup_{n=1}^{+\infty} [|X - E(X)| \geqslant \frac{1}{n}]\}$$
$$\leqslant \sum_{n=1}^{+\infty} P\{|X - E(X)| \geqslant \frac{1}{n}\}.$$

再根据切比雪夫不等式，有

$$P\{|X - E(X)| \geqslant \frac{1}{n}\} \leqslant \frac{D(X)}{(1/n)^2}$$

然而，$D(X) = 0$. 故

$$P\{\bigcup_{n=1}^{+\infty} [|X - E(X)| \geqslant \frac{1}{n}]\} \leqslant \sum_{n=1}^{+\infty} P\{|X - E(X)| \geqslant \frac{1}{n}\} = 0.$$

从而

$$P\{|X - E(X)| \neq 0\} = 0,$$

即

$$1 = P\{|X - E(X)| = 0\} = P\{X = E(X)\}.$$

三、随机变量函数的均值和标准差的近似计算方法

在工程上，已知随机变量的均值和标准差，求随机变量函数的均值和标准差的近似方法主要有泰勒展开式、变异系数法、基本函数法.

例 23 设 X、Y 的均值、标准差分别为 $\mu_X, \sigma_X, \mu_Y, \sigma_Y$.

(1) 找出函数 $f(X) = X^2$ 的均值和标准差的近似计算公式；

(2) 找出函数 $g(X, Y) = \frac{X}{Y}$ 的均值和标准差的近似计算公式.

解 (1) 对 $Z = f(X) = X^2$ 在 $X = \mu_X$ 附近进行线性逼近，

$$f(X) \approx f(\mu_X) + f'(\mu_X)(X - \mu_X) = \mu_X^2 + 2\mu_X(X - \mu_X).$$

所以

$$D(X^2) = D[\mu_X^2 + 2\mu_X(X - \mu_X)] = 4\mu_X^2 \sigma_X^2, \quad \sigma_{X^2} = 2\mu_X \sigma_X,$$

而
$$\mu_{X^2} = DX + (EX)^2 = \sigma_X^2 + \mu_X^2.$$

(2) 对 $g(X,Y) = \dfrac{X}{Y}$ 在 $X = \mu_X$ 附近进行线性逼近，

$$g(X,Y) \approx g(\mu_X,\mu_Y) + g_X'(\mu_X,\mu_Y)(X - \mu_X) + g_Y'(\mu_X,\mu_Y)(Y - \mu_Y)$$

$$= \frac{\mu_X}{\mu_Y} + \frac{1}{\mu_Y}(X - \mu_X) - \frac{\mu_X}{\mu_Y^2}(Y - \mu_Y).$$

所以
$$E(\frac{X}{Y}) = \frac{\mu_X}{\mu_Y},$$

$$D(\frac{X}{Y}) = \frac{\sigma_X^2}{\mu_Y^2} + \frac{\mu_X^2}{\mu_Y^4}\sigma_Y^2,$$

$$\sigma_{\frac{X}{Y}} = \frac{1}{\mu_Y^2}(\mu_X^2\sigma_Y^2 + \mu_Y^2\sigma_X^2)^{\frac{1}{2}}.$$

四、约束条件下最值问题的概率解法

定理　设离散型随机变量 ξ 的分布律为 $P(\xi = x_k) = p_k, k = 1,$
$2,\cdots,n$，则 $E\xi^2 \geqslant (E\xi)^2$，当且仅当 $x_1 = x_2 = \cdots = x_n = E\xi$ 时，等
式成立.

证明　$E\xi^2 - (E\xi)^2 = D\xi \geqslant 0$，即证.

利用上面定理可以求解一些最值问题.

例 24　已知 $x + 2y + 3z + 4u + 5v = 30$，求 $W = x^2 + 2y^2 + 3z^2 + 4u^2 + 5v^2$ 的最小值.

解　设离散型随机变量 ξ 的分布律为

$$P(\xi = x) = \frac{1}{15},\ P(\xi = y) = \frac{2}{15},\ P(\xi = z) = \frac{3}{15},$$

$$P(\xi = u) = \frac{4}{15},\ P(\xi = v) = \frac{5}{15},$$

则
$$E\xi = x\frac{1}{15} + y\frac{2}{15} + z\frac{3}{15} + u\frac{4}{15} + v\frac{5}{15},$$

$$E\xi^2 = x^2\frac{1}{15} + y^2\frac{2}{15} + z^2\frac{3}{15} + u^2\frac{4}{15} + v^2\frac{5}{15},$$

由 $E\xi^2 \geqslant (E\xi)^2$ 得

$$x^2\frac{1}{15} + y^2\frac{2}{15} + z^2\frac{3}{15} + u^2\frac{4}{15} + v^2\frac{5}{15} \geqslant$$

$$\left(x\frac{1}{15} + y\frac{2}{15} + z\frac{3}{15} + u\frac{4}{15} + v\frac{5}{15}\right)^2.$$

即 $W = x^2 + 2y^2 + 3z^2 + 4u^2 + 5v^2 \geqslant 60$，当且仅当 $x = y = z = u = v = E\xi = 2$ 时，W 取得最小值 60.

例 25 设实数 a,b,c,d,e 满足 $a+b+c+d+e = 8, a^2 + b^2 + c^2 + d^2 + e^2 = 16$，求 $a_{\max}$.

解 化方程为 $b+c+d+e = 8-a, b^2+c^2+d^2+e^2 = 16-a^2$.

设离散型随机变量 ξ 的分布律为 $P(\xi = b) = \dfrac{1}{4}, P(\xi = c) = \dfrac{1}{4}$,

$P(\xi = d) = \dfrac{1}{4}, P(\xi = e) = \dfrac{1}{4}$，则有

$$E\xi = b\frac{1}{4} + c\frac{1}{4} + d\frac{1}{4} + e\frac{1}{4} = \frac{8-a}{4}$$

$$E\xi^2 = b^2\frac{1}{4} + c^2\frac{1}{4} + d^2\frac{1}{4} + e^2\frac{1}{4} = \frac{16-a^2}{4}$$

由 $E\xi^2 \geqslant (E\xi)^2$ 得 $\dfrac{16-a^2}{4} \geqslant \dfrac{(8-a)^2}{16}$，解得 $0 \leqslant a \leqslant \dfrac{16}{5}$,

故 $a_{\max} = \dfrac{16}{5}$.

例 26 已知 x,y,z,u 都是正实数，$8x^2 + 18y^4 + 4z^6 + 3u^8 = 12$，求 $2x + 3y^2 + 4z^3 + 3u^4$ 的最大值.

解 设离散型随机变量 ξ 的分布律为

$$P(\xi = 4x) = \frac{1}{16}, P(\xi = 6y^2) = \frac{1}{16},$$

$$P(\xi = z^3) = \frac{8}{16}, P(\xi = u^4) = \frac{6}{16},$$

则有

$$E\xi = 4x\frac{1}{16} + 6y^2\frac{1}{16} + z^3\frac{8}{16} + u^4\frac{6}{16}$$

$$= \frac{2x + 3y^2 + 4z^3 + 3u^4}{8},$$

$$E\xi^2 = 16x^2\frac{1}{16} + 36y^4\frac{1}{16} + z^6\frac{8}{16} + u^8\frac{6}{16}$$

$$= \frac{8x^2 + 18y^4 + 4z^6 + 3u^8}{8} = \frac{3}{2},$$

由 $E\xi^2 \geqslant (E\xi)^2$ 得 $\left(\dfrac{2x + 3y^2 + 4z^3 + 3u^4}{8}\right)^2 \leqslant \dfrac{3}{2}$，即得 $2x + 3y^2 + 4z^3 + 3u^4$ 的最大值为 $4\sqrt{6}$.

五、随机变量的特征函数

随机变量 X 的特征函数定义为

$$\varphi(t) = Ee^{itX} = E(\cos tX) + iE(\sin tX),$$

是 X 的函数的期望. 随机向量 (X,Y) 的特征函数定义为 $\varphi(t_1,t_2)=Ee^{i(t_1X+t_2Y)}$ 是 (X,Y) 的函数的期望.

傅立叶变换是数学中非常重要而有效的工具,将之应用到分布函数就产生了所谓的特征函数. 随机变量的特征函数由随机变量的分布决定,是研究概率的重要工具.

≫ 作业设计 ≪

【4.1A 本节内容作业】

4.1A-1 设离散型随机变量 ξ 的分布律为: $P\{\xi=(-1)^k\frac{2^k}{k}\}=\frac{1}{2^k}$, $k=1,2,\cdots$, 问 ξ 是否有数学期望?

4.1A-2 设随机变量 ξ 具有分布: $P(\xi=k)=\frac{1}{5}$, $k=1,2,3,4,5$, 求 $E\xi$、$E\xi^2$ 及 $E(\xi+2)^2$.

4.1A-3 某个边长为 500 m 的正方形场地,测量的误差为 0 m 的概率是 0.42,±10 m 的概率各是 0.16,±20 m 的概率各是 0.08,±30 m 的概率各是 0.05,求场地面积的数学期望.

4.1A-4 对三架仪器进行检验,各仪器发生故障是独立的,且概率分别为 p_1、p_2、p_3. 试证发生故障的仪器数的数学期望为 $p_1+p_2+p_3$.

4.1A-5 如果在 15000 件产品中有 1000 件不合格品,从中任意抽取 150 件进行检查,求查得不合格品数的数学期望.

4.1A-6 把数字 $1,2,\cdots,n$ 任意排成一列,如果数字 k 恰好出现在第 k 个位置上,则称有一个匹配,求匹配数的数学期望.

4.1A-7 一学徒工用车床加工 10 个零件,设第 i 个零件报废的概率为 $\frac{1}{i+1}(i=1,2,\cdots,10)$,求报废零件个数的数学期望.

4.1A-8 一台仪器有 3 个元件,各元件发生故障的概率分别为 0.2、0.3、0.4,试用两种方法求发生故障的元件数 X 的数学期望(写出 X 的分布律及不写出 X 的分布律的两种情况).

4.1A-9 设随机变量 X 具有概率密度为

$$f(x)=\begin{cases}\dfrac{2}{\pi}\cos^2x, & |x|\leqslant\dfrac{1}{2},\\[2mm]0, & \text{其他},\end{cases}$$

求 EX.

4.1A-10 设 X_1,X_2,X_3 都服从 $(0,2)$ 上的均匀分布,求 $E(3X_1-X_2+2X_3)$.

4.1A-11 设 X 的密度函数为

$$f(x) = \begin{cases} \dfrac{x}{a^2} e^{-x^2/2a^2}, & x > 0, \\ 0, & x \leqslant 0, \end{cases} \quad (a \text{ 为正常数})$$

记 $Y = \dfrac{1}{X}$，求 Y 的数学期望 $E(Y)$.

4.1A-12 设 (X, Y) 是一个二维连续型随机变量，密度函数为

$$p(x, y) = \begin{cases} x + y, & 0 \leqslant x \leqslant 1,\ 0 \leqslant y \leqslant 1, \\ 0, & \text{其他}, \end{cases}$$

求 $E(XY)$.

4.1A-13 设二维随机变量 (X, Y) 的概率密度函数为

$$f(x, y) = \begin{cases} 12y^2, & 0 \leqslant y \leqslant x \leqslant 1, \\ 0, & x \leqslant 0, \end{cases}$$

求 $E(X), E(Y), E(XY), E(X^2 + Y^2)$.

4.1A-14 设随机变量 X_1, X_2 的概率密度分别为

$$f_1(x) = \begin{cases} 2e^{-2x}, & x > 0, \\ 0, & x \leqslant 0, \end{cases} \qquad f_2(x) = \begin{cases} 4e^{-4x}, & x > 0, \\ 0, & x \leqslant 0, \end{cases}$$

用数学期望性质求：(1) $E(X_1 + X_2)$，$E(2X_1 - 3X_2^2)$；(2) 又设 X_1，X_2 相互独立，求 $E(X_1 X_2)$.

4.1A-15 设市场对某种电视机的年需求量 X 服从 $(10, 20)$ 上的均匀分布. 每售出 1 万台，则获利 50 万元，如果积压 1 万台，则损失 10 万元. 问产量应定为多少，才能使厂家的期望收益最大？

4.1A-16 * 设 (X, Y) 的分布密度为

$$\varphi(x, y) = \begin{cases} 4xy e^{-(x^2 + y^2)}, & x > 0,\ y > 0, \\ 0, & \text{其他}, \end{cases}$$

求 $E(\sqrt{X^2 + Y^2})$.

4.1A-17 * 设 (X, Y) 是一个二维连续型随机变量，密度函数为

$$p(x, y) = \begin{cases} \dfrac{3}{2x^3 y^2}, & \dfrac{1}{x} \leqslant y < x,\ x > 1, \\ 0, & \text{其他}, \end{cases}$$

试求 $EY, E\left(\dfrac{1}{XY}\right)$.

4.1A-18 * 设 X 的分布律为 $P(X = k), k = 0, 1, 2, \cdots$，

证明 $EX = \displaystyle\sum_{k=1}^{\infty} P(X \geqslant k)$.

4.1A-19 * 设 ξ, η 都是连续型或都是离散型随机变量证明下述不等式：

(1) 若 ξ 与 η 都有 $p \geqslant 1$ 阶矩,则有
$$[E|\xi+\eta|^p]^{1/p} \leqslant [E|\xi|^p]^{1/p} + [E|\eta|^p]^{1/p};$$
$$E|\xi+\eta|^p \leqslant 2^{p-1}(E|\xi|^p + E|\eta|^p).$$

(2) 若 ξ 与 η 都具有 $p > 0$ 阶矩,则
$$E|\xi+\eta|^p \leqslant 2^p(E|\xi|^p + E|\eta|^p).$$

4.1A-20* 设 $\xi_1, \xi_2 \cdots, \xi_n, \cdots$ 为具有数学期望的独立随机变量序列,随机变量 η 只取正整数值,且与 $\{\xi_n, n \geqslant 1\}$ 独立,证明:
$$E\left(\sum_{k=1}^{\eta} \xi_k\right) = \sum_{k=1}^{\infty} E\xi_k \cdot P(\eta \leqslant k).$$

【4.1C 跨章内容作业】

4.1C-1 用天平秤某种物品的重量(砝码仅允许放在一个秤盘中),物品的重量以相同的概率为 1 克、2 克、…、10 克. 现有三组砝码:

(甲组)1,2,2,5,10(克)

(乙组)1,2,3,4,10(克)

(丙组)1,1,2,5,10(克)

请问哪一组砝码秤重时所用的平均砝码个数最少?

4.1C-2 设某企业生产线上产品合格率为 0.96,不合格产品中只有 $\frac{3}{4}$ 的产品可进行再加工,且再加工的合格率为 0.8,其余均为废品. 每件合格品获利 80 元,每件废品亏损 20 元. 为保证该企业每天平均利润不低于 2 万元,问企业每天应至少生产多少产品?

4.1C-3 从数字 $0,1,\cdots,n$ 中任取两个不同的数字,求这两个数字之差的绝对值的数学期望.

4.1C-4 设袋中装有编号 $1,2,\cdots,n$ 的球,第 k 号的有 k 个,现从中摸出一球,求所出现号码的数学期望.

4.1C-5 袋中有 n 只黑球,每次从中随机取出一球,并换入一个白球,如此交换共进行 n 次. 已知袋中白球数的数学期望为 a,求第 $n+1$ 次从袋中任取一球为白球的概率.

4.1C-6 假设一部机器在一天内发生故障的概率为 0.2,机器发生故障时全天停止工作,若一周 5 个工作日里无故障,可获利润 10 万元,发生一次故障仍可获利润 5 万元;发生二次故障所获利润 0 万元;发生三次或三次以上故障就要亏损 2 万元,求一周内期望利润.

4.1C-7 一汽车沿一街道行使需要通过三个设有红绿信号灯路口,每个信号灯为红或绿与其他信号灯为红或绿相互独立,且红绿两种信号显示的时间相等,以 X 表示该汽车首次遇到红灯前已通过的路口的个数,求:(1) X 的概率分布;(2) $E\left(\dfrac{1}{1+X}\right)$.

4.1C-8 从一个装有 m 个白球、n 个黑球的袋中摸球,直至摸到白球时停止.摸球是有放回的,求取出黑球数的数学期望.

4.1C-9 在伯努利试验中,每次试验成功的概率为 p,试验进行到成功与失败均出现时停止,求平均试验次数.

4.1C-10 对一批产品进行检验,如果检查到第 n 件仍未发现不合格品就认为这批产品合格,如在尚未抽到第 n 件时已检查到不合格品即停止继续检查,且认为这批产品不合格.设产品数量很大,可以认为每次检查到不合格品的概率都是 p,问平均每批要检查多少件?

4.1C-11* 设 ξ 是非负连续型随机变量,证明:对 $x>0$,有
$$P(\xi<x)\geqslant 1-\frac{E\xi}{x}.$$

4.1C-12* 设 $\xi_1,\xi_2,\cdots\xi_n$ 为正的且独立同分布的随机变量(分布为连续型或离散型),证明:对任意的 $k(1\leqslant k\leqslant n)$,有
$$E\left(\frac{\xi_1+\cdots+\xi_k}{\xi_1+\cdots+\xi_n}\right)=\frac{k}{n}.$$

【4.2A 本节内容作业】

4.2A-1 设 X 为 n 次独立试验中事件 A 出现的次数,在第 i 次试验中事件 A 出现的概率为 $p_i,i=1,2,\ldots,n$,求 DX.

4.2A-2 设随机变量 ξ 具有密度函数
$$p(x)=\begin{cases}\dfrac{2}{\pi}\cos^2 x, & -\dfrac{\pi}{2}\leqslant x\leqslant\dfrac{\pi}{2},\\[2mm] 0, & \text{其他},\end{cases}$$
求 $E\xi,D\xi$.

4.2A-3 设相互独立的随机变量 X 和 Y 的方差分别为 3 和 2,求方差 $D(2X-3Y)$.

4.2A-4 设 X_1,X_2,X_3,X_4 独立同服从 $(0,1)$ 均匀分布,求:
$$D\left(\frac{1}{\sqrt{5}}\sum_{k=1}^{4}kX_k\right).$$

4.2A-5 设随机变量 ξ 与 η 独立,且方差存在,则有
$$D(\xi\eta)=D\xi\cdot D\eta+(E\xi)^2\cdot D\eta+D\xi\cdot(E\eta)^2$$
$$(\text{由此可得 }D(\xi\eta)\geqslant D\xi\cdot D\eta).$$

4.2A-6 设随机变量 X 服从超几何分布,即 X 的概率函数为

$$P(X=k)=\frac{C_M^k C_{N-M}^{n-k}}{C_N^n},k=0,1,\cdots,n.$$

试证:(1) $E(X)=\dfrac{nM}{N}$;(2) $D(X)=\dfrac{nM}{N}\left(1-\dfrac{M}{N}\right)\dfrac{N-n}{N-1}.$

【4.2B 跨节内容作业】

4.2B-1 设随机变量 X 的分布律为

X	-1	1	2
P	0.3	0.5	0.2

求 $E(X)$,$E(X^2)$,$D(X)$.

4.2B-2 设随机变量 ξ 具有密度函数

$$p(x)=\begin{cases} x,\ 0<x\leqslant 1,\\ 2-x,\ 1<x<2,\\ 0,\ 其他,\end{cases}$$

求 $E\xi$ 及 $D\xi$.

4.2B-3 设 $X\sim\begin{pmatrix} 2 & 0 & 1 & 3 \\ 4/12 & 6/12 & 1/12 & 1/12 \end{pmatrix}$,求 $E(2X^3+5)$,$D(2X^3+5)$.

4.2B-4 设随机变量 ξ 具有分布:$P(\xi=k)=\dfrac{1}{2^k},k=1,2,\cdots.$ 求 $E\xi$ 及 $D\xi$.

4.2B-5 * 某地 17 岁男子身高,体重分别用 X,Y 表示,身高的数学期望为 166.06 cm,标准差为 4.95 cm,体重的数学期望为 53.72 kg,标准差为 4.96 kg,试问身高和体重的波动程度哪一个更大?

4.2B-6 已知随机变量 X 服从二项分布,且 $E(X)=2.4$,$D(X)=1.44$,求二项分布的参数 n、p 的值.

4.2B-7 地下铁道列车的运行间隔时间为五分钟,一个旅客在任意时刻进入月台,求候车时间的数学期望与方差.

4.2B-8 设随机变量 X 服从参数为 2 的泊松分布,求随机变量 $Z=3X-2$ 的期望与方差.

4.2B-9 设随机变量 ξ 服从 $\left(-\dfrac{1}{2},\dfrac{1}{2}\right)$ 上的均匀分布,求 $\eta=\sin\pi\xi$ 的数学期望与方差.

4.2B-10 随机变量 ξ 具有密度函数

$$p(x) = \begin{cases} Ax^\alpha e^{-x/\beta}, \ x > 0, \\ 0, \ x \leqslant 0, \end{cases}$$

其中 $\alpha > 1, \beta > 0$, 求常数 $A, E\xi$ 及 $D\xi$.

4.2B-11* 设 ξ 为取非负整数值的随机变量, 证明:

(1) $E\xi = \sum\limits_{n=1}^{\infty} P(\xi \geqslant n)$;

(2) $D\xi = 2\sum\limits_{n=1}^{\infty} nP\{\xi \geqslant n\} - E\xi(E\xi + 1)$.

【4.2C 跨章内容作业】

4.2C-1 对某一目标进行射击, 直到击中目标为止, 若每次射击命中率为 p, 求射击次数的期望与方差.

4.2C-2 某产品的次品率为 0.1, 检验员每天检验 4 次. 每次随机地取 10 件产品进行检验, 如发现其中的次品数多于 1 件, 就去调整设备. 以 X 表示一天中调整设备的次数, 试求 $E(X)$ (设诸产品是否为次品是相互独立的).

4.2C-3 设随机变量 ξ 的分布函数为

$$F(x) = \begin{cases} 0, \ x < -1, \\ a + b\arcsin x, \ -1 \leqslant x < 1, \\ 1, \ x \geqslant 1, \end{cases}$$

试确定常数 a, b, 并求 $E\xi$ 与 $D\xi$.

4.2C-4 设 X, Y 相互独立, 分别服从参数为 $\lambda > 0$ 和 $\mu > 0$ 的指数分布, 令

$$Z = \begin{cases} 1, \ 2X \leqslant Y, \\ 0, \ 2X > Y, \end{cases}$$

求 Z 的分布函数和方差.

4.2C-5 流水作业线上生产出的每个产品为不合格品的概率为 p, 当生产出 k 个不合格品时即停工检修一次. 求在两次检修之间产品总数的数学期望与方差.

4.2C-6 在长为 l 的线段上任选两点, 求两点间距离的数学期望与方差.

4.2C-7* 设事件 A 在每次试验中发生的概率为 p, 现独立地一次接一次地重复进行试验, 直到事件 A 恰好发生 $r(r \geqslant 1)$ 次为止, 求需要进行试验总次数 X 的概率分布、数学期望及方差.

4.2C-8* 设 X 服从均值为 3 的指数分布, 求:

(1) $E(2X), D(2X)$; (2) $P\{|X - E(X)| < 2\sqrt{D(X)}\}$.

【4.3A 本节内容作业】

4.3A-1　设随机变量 (X,Y) 的分布律为

X＼Y	0	1
0	0.1	0.8
1	0.1	0

试求协方差 $\mathrm{cov}(X,Y)$，相关系数 ρ_{XY} 和 $\mathrm{cov}(X^2,Y^2)$.

4.3A-2　设随机变量 (X,Y) 的密度函数为

$$f(x,y)=\begin{cases}2-x-y, & 0<x<1,0<y<1,\\ 0, & \text{其他},\end{cases}$$

求相关系数 ρ_{XY}.

4.3A-3　设 θ 服从区间 $[-\pi,\pi]$ 上的均匀分布，$\xi=\sin\theta$，$\eta=\mathrm{con}\,\theta$，试求 ξ 与 η 的相关系数.

4.3A-4　设 (X,Y) 服从区域 $D=\{(x,y):0<x<1,\ 0<y<x\}$ 上的均匀分布，求相关系数 ρ_{XY}.

4.3A-5　已知随机变量 ξ 与 η 的相关系数为 ρ，求 $\xi_1=a\xi+b$ 与 $\eta_1=c\eta+d$ 的相关系数，其中 a,b,c,d 均为常数，a,c 皆不为零.

4.3A-6*　设随机变量 $\xi_1,\xi_2,\cdots,\xi_n$ 中任意两个的相关系数都是 ρ，试证：$\rho\geqslant-\dfrac{1}{n-1}$.

【4.3B 跨节内容作业】

4.3B-1　设 (X,Y) 的概率密度函数为

$$p(x,y)=\begin{cases}3xy/16, & 0\leqslant x\leqslant 2,\ 0\leqslant y\leqslant x^2,\\ 0, & \text{其他},\end{cases}$$

求：(1) $E(X),E(Y)$；(2) $D(X),D(Y)$；(3) ρ_{XY}.

4.3B-2　已知随机变量 X,Y 的方差分别为 25 和 36，相关系数为 0.4，求：$U=3X+2Y$ 与 $V=X-3Y$ 的协方差.

4.3B-3　设 $X_1,X_2,\cdots X_n$ 相互独立，它们的均值都为 0，方差都为 1，记 $\overline{X}=\dfrac{1}{n}\sum_{i=1}^{n}X_i$，求 $X_i-\overline{X}$ 与 $X_j-\overline{X}$ 的相关系数，$i\neq j$.

4.3B-4　设 $X_1,X_2,\cdots X_n$ 的均值都是 a，均方差都是 σ，任何两个的相关系数都是 ρ，$W=\dfrac{1}{n}\sum_{i=1}^{n}X_i$，求 $E(W)$ 和 $D(W)$.

4.3B-5 设二维离散型随机变量 (X_1, X_2) 的联合分布律为

$$P(X_1 = n_1, X_2 = n_2) =$$

$$\frac{n!}{n_1! n_2! (n - n_1 - n_2)!} p_1^{n_1} p_2^{n_2} (1 - p_1 - p_2)^{n - n_1 - n_2},$$

$$0 \leqslant n_1 \leqslant n, 0 \leqslant n_2 \leqslant n, n_1 + n_2 \leqslant n,$$

其中 n, p_1, p_2 为未知参数（$0 < p_1, p_2 < 1$）.

(1) 计算 $E(X_2 \mid X_1 = n_1)$;

(2) 证明：$\text{cov}(X_1, X_2) = -\sqrt{\dfrac{p_1 p_2}{(1 - p_1)(1 - p_2)}}.$

4.3B-6 设 $X_1, X_2, \cdots, X_n (n > 2)$ 独立且同服从 $N(0, \sigma^2)$ 分布，记 $\overline{X} = \dfrac{1}{n} \sum\limits_{i=1}^{n} X_i, Y_i = X_i - \overline{X}, i = 1, 2, \cdots, n.$ 求：

(1) Y_i 的方差 $DY_i, i = 1, 2, \cdots, n$;

(2) Y_1 与 Y_n 的协方差 $\text{cov}(Y_1, Y_n)$.

(3) $P\{Y_1 + Y_n \leqslant 0\}$.

【4.3C 跨章内容作业】

4.3C-1 某箱装有 100 件产品，其中一、二和三等品分别有 80、10 和 10 件，现在随机抽取一件，令

$$X_i = \begin{cases} 1, & \text{抽到 } i \text{ 等品}, \\ 0, & \text{其他}, \end{cases} \quad i = 1, 2, 3,$$

(1) 求 X_1 和 X_2 的联合分布;

(2) 求 X_1 和 X_2 的相关系数.

4.3C-2 设 A, B 为事件，且 $P(A) = \dfrac{1}{4}$, $P(B \mid A) = \dfrac{1}{2}$,

$P(A \mid B) = \dfrac{1}{2}.$ 令 $X = \begin{cases} 1, \text{若 } A \text{ 发生}, \\ 0, \text{否则}, \end{cases}$ $Y = \begin{cases} 1, \text{若 } B \text{ 发生}, \\ 0, \text{否则}, \end{cases}$

(1) 试求 (X, Y) 的分布律;

(2) 计算 $\text{cov}(X, Y)$;

(3) 计算 $\text{cov}(2X^2, 4Y^2 + 3)$.

4.3C-3 设随机变量 X 与 Y 独立同分布，且 X 的概率分布为

X	1	2
P	$\dfrac{2}{3}$	$\dfrac{1}{3}$

记 $U = \max\{X, Y\}, V = \min\{X, Y\}.$ 求：(1) (U, V) 的概率分布；

(2) $\text{cov}(U, V).$

4.3C-4 设 X,Y 相互独立且都服从 $0-1$ 分布：$P(X=1)=P(Y=1)=0.6$，试证明 $U=X-Y,V=X+Y$ 不相关，但是不独立．

4.3C-5 已知 (X,Y) 服从二维正态分布，若 $X \sim N(1,3^2)$，$Y \sim N(0,4^2)$，且 $\rho_{XY}=-\dfrac{1}{2}$，$Z=\dfrac{X}{3}+\dfrac{Y}{2}$．

(1) 求 $E(Z)$，$D(Z)$；(2) 求 ρ_{XZ}；(3) X 与 Z 是否相互独立？为什么？

4.3C-6 设 $X \sim N(\mu,\sigma^2)$，$Y \sim N(\mu,\sigma^2)$，且 X,Y 相互独立，试求 $Z_1=\alpha X+\beta Y$ 和 $Z_2=\alpha X-\beta Y$ 的相关系数．α,β 为不等于零的常数．

4.3C-7 设二维随机变量 (X,Y) 的密度函数为

$$p(x,y)=\begin{cases} \dfrac{1}{\pi}, & x^2+y^2 \leqslant 1, \\ 0, & \text{其他,} \end{cases}$$

求：(1) $D(X)$，$D(Y)$，ρ_{XY}；(2) 问 X 与 Y 是否独立？是否不相关？

4.3C-8 设随机变量 (X,Y) 在以点 $(0,1)$，$(1,0)$，$(1,1)$ 为顶点的三角形区域上服从均匀分布，试求协方差 $\mathrm{cov}(X,Y)$、相关系数 ρ_{XY}，$D(X+Y)$，并问 X,Y 是否不相关？

4.3C-9* 设二维随机变量 (X,Y) 的密度函数为 $f(x,y)=\dfrac{1}{2}[\varphi_1(x,y)+\varphi_2(x,y)]$，其中 $\varphi_1(x,y)$ 和 $\varphi_2(x,y)$ 都是二维正态密度函数，且它们对应的二维随机变量的相关系数分别为 $\dfrac{1}{3}$ 和 $-\dfrac{1}{3}$．它们的边缘密度函数所对应的随机变量的数学期望都是零，方差都是 1.

(1) 求随机变量 X 和 Y 的密度函数 $f_1(x)$ 和 $f_2(y)$，及 X 和 Y 的相关系数；

(2) 问 X 与 Y 是否独立？为什么？

【4.4A 本节内容作业】

4.4A-1 设 $X \sim U\left(-\dfrac{\pi}{4},\dfrac{\pi}{4}\right)$，求 $E(X^3)$，$D(X^3)$．

4.4A-2 设 $X \sim N(\mu,\sigma^2)$，求 $E|X-\mu|^k$．

4.4A-3* 若对连续型随机变量 ξ，有 $E|\xi|^r < \infty (r<0)$，证明有 $P(|\xi|>\varepsilon) \leqslant \dfrac{E|\xi|^r}{\varepsilon^r}$．

第4章自测题

一、填空题

1. 三名队员投篮的命中率分别为 0.45、0.5 和 0.4,且相互独立,现在让每人各投一次,则三人总进球次数的期望是_____.

2. 设随机变量 X 服从参数为 λ 的指数分布,则 $P\{X>\sqrt{DX}\} =$ _____.

3. 已知随机变量 X 的分布函数为

$$F(x) = \begin{cases} 0, & \text{若 } x < -1, \\ 0.25, & \text{若 } -1 \leqslant x < 0, \\ 0.75, & \text{若 } 0 \leqslant x < 1, \\ 1, & \text{若 } x \geqslant 1, \end{cases}$$

则 $D\left(\dfrac{X}{1+X^2}\right) =$ _____.

4. 设随机变量 X 在区间 $(-1,2)$ 上服从均匀分布,随机变量

$$Y = \begin{cases} 1, & \text{若 } X > 0, \\ 0, & \text{若 } X = 0, \\ -1, & \text{若 } X < 1, \end{cases}$$

则方差 $DY =$ _____.

5. 假设无线电测距仪无系统误差,其测量的随机误差服从正态分布. 已知随机测量的绝对误差以概率 0.95 不大于 20 m,则随机测量误差的标准差 $\sigma =$ _____.

6. 设随机变量 X 服从参数为 0.5 的泊松分布,则随机变量 $Y = \dfrac{1}{1+X}$ 的数学期望 $EY =$ _____.

7. 100 次独立重复试验成功次数的标准差的最大值等于_____.

8. 假设随机变量 X 和 Y 的方差都等于1,X 和 Y 的相关系数为0.25,则随机变量 $U = X+Y$ 和 $V = X-2Y$ 的协方差为_____.

9. 设随机变量 X 和 Y 独立同正态分布 $N\left(0,\dfrac{1}{2}\right)$,则 $D|X-Y| =$ _____.

10. 设随机变量 $X_1, X_2, \cdots, X_n (n>1)$ 独立同分布,且其方差为 $\sigma^2 > 0$,令 $Y = \dfrac{1}{n}\sum_{i=1}^{n} X_i$,则 $\text{cov}(X_1, Y) =$ _____.

11. 设随机变量 X 分布函数为 $F(x)$，则随机变量

$$Y = \begin{cases} 1, & \text{若 } X > 0, \\ 0, & \text{若 } X = 0, \\ -1, & \text{若 } X < 1, \end{cases}$$

的数学期望 EY _____.

二、选择题

1. 对于任意随机变量 X 和 Y，如果 $D(X+Y) = D(X-Y)$，则
(　　).
(A) X 和 Y 独立；　　　　　(B) X 和 Y 不独立；
(C) $D(XY) = D(X)D(Y)$；　　(D) $E(XY) = E(X)E(Y)$.

2. 设 X 在 $(-1, 1)$ 上均匀分布，则 $U = \arcsin X$ 和 $V = \arccos X$ 的相关系数等于(　　).
(A) -1；　　(B) 0；　　(C) 0.5；　　(D) 1.

3. 假设试验 E 以概率 p 成功，以概率 $q = 1-p$ 失败，分别以 X 和 Y 表示在 n 次独立地重复试验中成功和失败的次数，则 X 和 Y 的相关系数 ρ 等于(　　).
(A) -1；　　(B) 0；　　(C) $1/2$；　　(D) 1.

4. 设随机变量 X 的方差存在，且记 $EX = \mu$，则对任意常数 C，必有(　　).
(A) $E(X-C)^2 = EX^2 - C^2$；
(B) $E(X-C)^2 = E(X-\mu)^2$；
(C) $E(X-C)^2 < E(X-\mu)^2$；
(D) $E(X-C)^2 \geqslant E(X-\mu)^2$.

5. 设随机变量 X 的概率密度为

$$f(x) = \begin{cases} a + bx, & 0 < x < 1, \\ 0, & \text{其他}, \end{cases}$$

又 X 的期望 $EX = \dfrac{3}{5}$，则 X 的标准差为(　　).

(A) $\sqrt{\dfrac{11}{150}}$；　　(B) $\sqrt{\dfrac{121}{150}}$；　　(C) $\sqrt{\dfrac{11}{15}}$；　　(D) $\sqrt{\dfrac{13}{30}}$.

6. 设随机变量 X 和 Y 的方差存在且为正，则 $D(X+Y) = DX + DY$ 是 X 和 Y（　　).
(A) 不相关的充分条件，但不是必要条件；
(B) 独立的必要条件，但不是充分条件；
(C) 不相关的充要条件；
(D) 独立的充要条件.

7. 设二维随机变量(X, Y)服从二维正态分布,则随机变量$\xi = X + Y$与$\eta = X - Y$不相关的充要条件为(　　).

(A) $EX = EY$;

(B) $EX^2 - E(X)^2 = EY^2 - E(Y)^2$;

(C) $EX^2 = EY^2$;

(D) $EX^2 + E(X)^2 = EY^2 + E(Y)^2$.

三、解答题

1. 自动生产线加工的零件的内径X（mm）服从正态分布$N(\mu, 1)$,内径小于$10\ \text{mm}$或大于$12\ \text{mm}$的为不合格品,其余为合格品. 每件产品的成本为10元,内径小于$10\ \text{mm}$的可再加工成合格品,尚需费用5元. 全部合格品在市场上销售,每件合格品售价20元. 问零件的平均内径μ取何值时,销售一个零件的平均销售利润最大？

2. 假设某季节性商品,适时地售出$1\ \text{kg}$可以获利s元,季后销售每千克净亏损t元. 假设一家商店在季节内该商品的销售量X（kg）是一随机变量,并且在区间(a, b)上均匀分布. 问季初排多少这种商品,可以使期望销售利润最大？

3. 独立地重复进行某项试验,直到成功为止,每次试验成功的概率为p. 假设前5次试验每次的试验费用为10元,从第6次起每次的试验费用为5元. 试求这项试验的总费用的期望值a.

4. 假设n个信封内分别装有发给n个人的通知,但信封上各收信人的地址是随机填写的. 以X表示收到自己通知的人数,求X的数学期望和方差.

5. 求$E(\min\{|X|\}, 1)$,假设随机变量X服从柯西分布,其概率密度为

$$f(x) = \frac{1}{\pi(1 + x^2)}, \quad -\infty < x < +\infty.$$

6. 假设一种电器设备的使用寿命X（单位：小时）是一随机变量,服从参数为$\lambda = 0.01$的指数分布. 使用这种电器每小时的费用为$C_1 = 3$元,当电器工作正常时每小时可获利润$C_2 = 10$元. 此设备由一名工人操作,每小时报酬为$C_3 = 4$元,并且按约定操作时间为h小时支付报酬. 问约定操作时间h为多少,能使期望利润最大？

7. 一微波线路有两个中继站,其中任何一个出现故障都要引起线路故障. 假设两个中继站无故障的时间都服从指数分布且相互独立,平均无故障工作的时间相应为1和0.5（千小时）,试求线路无故障工作时间X的数学期望.

8. 设随机变量 X 与 Y 相互独立, 并且都服从正态分布 $N(\mu, \sigma^2)$, 求随机变量 $Z = \min\{X, Y\}$ 的数学期望.

9. 假设随机变量 X 与 Y 的数学期望都等于 1, 方差都等于 2, 其相关系数为 0.25, 求随机变量 $U = X + 2Y$ 和 $V = X - 2Y$ 的相关系数 ρ.

10. 假设随机变量 $X_1, X_2, \cdots, X_{10}$ 独立同分布, 且方差存在. 求随机变量 $U = X_1 + \cdots + X_5 + X_6$ 和 $V = X_5 + X_6 + \cdots + X_{10}$ 的相关系数 ρ.

11. 对于任意二随机事件 A 和 B, 设随机变量

$$X = \begin{cases} 1, & \text{若 } A \text{ 出现}, \\ -1, & \text{若 } A \text{ 不出现}, \end{cases} \qquad Y = \begin{cases} -1, & \text{若 } B \text{ 出现}, \\ 1, & \text{若 } B \text{ 不出现}. \end{cases}$$

试证明"随机变量 X, Y 不相关"当且仅当"事件 A 和 B 独立".

12. 现有 10 张奖券, 其中 8 张为 2 元, 2 张为 5 元, 今某人从中随机无放回地抽取 3 张, 则此人得奖的金额的数学期望为多少?

13. 某产品的次品率为 0.1. 检验员每天检验 4 次, 每次随机地取 10 件产品进行检验, 如发现其中的次品数多于 1 个, 就去调整设备. 假设各产品是否为次品是相互独立的, 以 X 表示一天中调整设备的次数, 试求 EX 和 DX.

14. 有 3 只球, 4 只盒子, 盒子的编号为 $1, 2, 3, 4$. 将球逐个独立地, 随机地放入 4 只盒子中去, 以 X 表示其中至少有一只球的最小号码(例如 $X = 3$ 表示第 1 号, 第 2 号盒子是空的, 第 3 号盒子至少有一个球), 试求 EX.

15. 某射手每次射击的命中率为 $p (0 < p < 1)$, 他有 6 发子弹, 准备对一目标进行射击, 一旦打中或子弹打完, 他就立即转移, 求他在转移前平均射击的次数.

16. 设随机变量 X 的分布律为

$$P(X = n) = \frac{2}{3^n}, \quad n = 1, 2, 3, \cdots.$$

试求 $Y = 1 + (-1)^X$ 的数学期望与方差.

17. 设随机变量 X 与 Y 相互独立, 且 X 服从 $(0, 2)$ 上的均匀分布, $Y \sim N(1, 1)$, 求 $D(XY)$.

18. 设随机变量 X 的分布律为

X	-2	0	2
P	0.2	0.6	0.2

若 $Y = X^2, Z = X^3$.

(1) 试求 $\text{cov}(Y, Z)$, 并问 Y, Z 是否相关;

（2）求二维随机变量(Y,X)的联合分布律；

（3）试问Y,Z是否独立？为什么？

19.已知二维随机变量(X,Y)的概率密度为

$$f(x,y) = \begin{cases} C(1+y+xy), & 0<x,y<1, \\ 0, & 其他. \end{cases}$$

（1）试确定常数C；

（2）试问X,Y是否相互独立？为什么？

（3）试问X,Y是否不相关？为什么？

20.设随机变量X服从参数为λ的指数分布，$F(x)$为其分布函数，若已知$F\left(\dfrac{1}{3}\right)=\dfrac{1}{2}$，试确定$\min\limits_{c} E(X-c)^2$值？

21.假设一电路有3个同种电子元件，其工作状况相互独立，无故障工作时都服从参数为$\lambda>0$的指数分布，当3个元件都无故障工作时，电路正常工作，否则整个电路不能正常工作，试求电路正常工作时间T的概率分布、数学期望与方差。

22.设随机变量X,Y,Z相互独立，且X服从$[0,6]$上的均匀分布，$Y\sim N(0,4)$，Z服从参数为$\dfrac{1}{3}$的指数分布，试求$E(XY-Z)^2$和$D(X+2Y-3Z)$。

23.游客乘电梯从底层到电视塔顶层观光，电梯于每个整点的第5分钟、25分钟和55分钟从底层起行，假设一游客在早八点的第X分钟到达底层候梯处，且X在$(0,60)$上服从均匀分布，求该游客等候时间的数学期望。

24.设$X_1,X_2,\cdots,X_n\ i.i.d.\ \sim N(\mu,\sigma^2)$，求$E\left(\sum\limits_{i=1}^{n}|X_i-\overline{X}|\right)$，其中$\overline{X}=\dfrac{1}{n}\sum\limits_{i=1}^{n}X_i$。

25.设随机变量X具有连续的密度函数$f(x)$，令$h(a)=E|X-a|$，试证明：当a满足$P(X\leqslant a)=\dfrac{1}{2}$时（此时称$a$为$X$的中位数），$h(a)$达到最小。

26*.随机地向半圆$0<y<\sqrt{2ax-x^2}\,(a>0)$抛掷一个点，点落在任何一个区域的概率与该区域的面积成正比，设原点与该点的连线与x轴正向的夹角为θ，试求θ的数学期望与方差。

27*.从编号为$1,2,\cdots,n$的n张卡片中随机地抽取1张，如果抽出的卡片的号码为k，则第2张卡片从编号为$1,2,\cdots,k$的k张卡片中抽取.记X为抽出的第2张卡片的号码，试证：$EX=\dfrac{n+3}{4}$。

28*. 供电公司每月可以供应某工厂的电力服从 $(10,30)$（单位：万度）上均匀分布，而该工厂每月实际生产所需要的电力服从 $(10,20)$ 上的均匀分布. 如果工厂能从供电公司得到足够的电力，则每一万度电可创造 30 万元的利润，若工厂从供电公司得不到足够的电力，则不足部分由工厂通过其他途径自行解决，此时，每一万度电只能产生 10 万元的利润. 问该工厂每月的平均利润为多大？

29*. 对于任意二事件 A,B，$0 < P(A) < 1, 0 < P(B) < 1$.

$$\rho = \frac{P(AB) - P(A)P(B)}{\sqrt{P(A)(1 - P(A))P(B)(1 - P(B))}}$$

称为事件 A,B 的相关系数.

(1) 证明事件 A,B 独立的充分必要条件是其相关系数等于 0；

(2) 利用随机变量相关系数的基本性质，证明 $|\rho| \leqslant 1$.

第 5 章

大数定律及中心极限定理

概率论与数理统计是研究随机现象统计规律性的学科,而随机现象的规律性只有在相同的条件下进行大量重复试验时才会呈现出来.因此常常采用极限定理研究大量随机现象.极限定理的内容很广泛,其中最重要的是大数定律及中心极限定理.

【教学要求】

• 熟记并理解切比雪夫不等式,会用其估计概率.

• 了解伯努利大数定律和切比雪夫大数定律,掌握伯努利大数定律意义.

• 了解独立同分布的中心极限定理和棣莫弗－拉普拉斯极限定理,掌握应用中心极限定理计算有关事件概率的近似值的方法.

§5.1 大数定律

我们知道,频率的稳定性是概率定义的客观基础.本章将用大数定律对频率的稳定性作出理论上的说明.

一、切比雪夫不等式

切比雪夫不等式在理论和实际中都有广泛的应用,它可以在不知分布的情况下估算概率,也是证明大数定律的重要方法.

设随机变量 X 的数学期望 $E(X)$ 及方差 $D(X)$ 存在,则对任何正数 ε,有

$$P(\mid X-E(X)\mid \geqslant \varepsilon) \leqslant \frac{D(X)}{\varepsilon^2},$$

或

$$P(\mid X-E(X)\mid < \varepsilon) \geqslant 1-\frac{D(X)}{\varepsilon^2}.$$

证明　仅对离散型随机变量进行证明,连续型类同. 设随机变量 X 的分布律为 $p_i = P\{X = x_i\}$,则

$$P(|X - EX| \geqslant \varepsilon) = \sum_{|x_i - EX| \geqslant \varepsilon} p_i \leqslant \sum_{|x_i - EX| \geqslant \varepsilon} \frac{(x_i - EX)^2}{\varepsilon^2} p_i$$

$$\leqslant \sum_i \frac{(x_i - EX)^2}{\varepsilon^2} p_i = \frac{DX}{\varepsilon^2}.$$

显然,在切比雪夫不等式中取 $\varepsilon = 3\sqrt{DX}$,即得

$$P(|X - EX| \geqslant 3\sqrt{DX}) \leqslant \frac{1}{9} \approx 0.111.$$

即对任给的分布,只要其期望和方差存在,则随机变量 X 取值偏离 $E(X)$ 超过 $3\sqrt{DX}$ 的概率小于 0.111.

例1　已知正常成人男性每一毫升血液中,白细胞数平均值是 7300,均方差是 700. 利用切比雪夫不等式估计正常成人男性每毫升血液中白细胞数在 5200~9400 之间的概率.

解　设正常成人男性每毫升血液中白细胞数为 X. 依题意, $E(X) = 7300$, $D(X) = 700^2$,所求概率为

$$P(5200 \leqslant X \leqslant 9400) = P(5200 - 7300 \leqslant X - 7300 \leqslant 9400 - 7300)$$

$$= P(-2100 \leqslant X - E(X) \leqslant 2100)$$

$$= P(|X - E(X)| \leqslant 2100).$$

由切比雪夫不等式得

$$P(|X - EX| \leqslant 2100) \geqslant 1 - \frac{DX}{2100^2} = 1 - \frac{1}{9} = \frac{8}{9}.$$

即每毫升血液中白细胞数在 5200~9400 之间的概率不小于 8/9.

例2　若某班某次考试的平均分为 80 分,标准差为 10,试估计及格率至少为多少?

解　用随机变量 X 表示考试分数,则数学期望 $E(X) = 80$,方差 $D(X) = 100$,所以

$$P\{60 \leqslant X \leqslant 100\} \geqslant P\{60 < X < 100\}$$

$$= P\{|X - 80| < 20\} \geqslant 1 - \frac{100}{400} = 0.75.$$

所以,及格率至少为 75%.

二、几个大数定律

1. 切比雪夫大数定律

设随机变量 $X_1, X_2, \cdots, X_n, \cdots$ 相互独立,数学期望 $E(X_i)$ 与方差 $D(X_i)(i = 1, 2, \cdots, n, \cdots)$ 都存在,且方差是一致有上界的,即存

在常数 c，使得 $D(X_i) < c, i = 1, 2, \cdots, n \cdots$，则对于任何正数 ε，有

$$\lim_{n \to \infty} P\left(\left| \frac{1}{n} \sum_{i=1}^{n} X_i - \frac{1}{n} \sum_{i=1}^{n} E(X_i) \right| < \varepsilon \right) = 1$$

我们可以利用切比雪夫不等式来证明．事实上，由切比雪夫不等式可得

$$1 \geqslant P\left(\left| \frac{1}{n} \sum_{i=1}^{n} X_i - \frac{1}{n} \sum_{i=1}^{n} EX_i \right| < \varepsilon \right)$$

$$= P\left(\left| \frac{1}{n} \sum_{i=1}^{n} X_i - E\left(\frac{1}{n} \sum_{i=1}^{n} X_i \right) \right| < \varepsilon \right)$$

$$\geqslant 1 - \frac{D\left(\frac{1}{n} \sum_{i=1}^{n} X_i \right)}{\varepsilon^2} \geqslant 1 - \frac{c}{n\varepsilon^2} \to 1 (n \to +\infty)$$

由此，据极限的"两边夹定理"即得结论．

切比雪夫大数定律表明，对独立随机变量序列 $\{X_n\}$，如果它们的方差有共同的上界，则 $\frac{1}{n} \sum_{i=1}^{n} X_i$ 与其数学期望 $\frac{1}{n} \sum_{i=1}^{n} EX_i$ 偏差很小的概率接近于 1．即当 n 充分大时，$\frac{1}{n} \sum_{i=1}^{n} X_i$ 差不多不再随机了，它取值接近于其数学期望的概率（接近 1）．

2. 辛钦大数定律（独立同分布大数定律）

设随机变量 $X_1, X_2, \cdots, X_n, \cdots$ 相互独立且同分布，并具有有限的数学期望 μ，则对任何正数 ε，有

$$\lim_{n \to \infty} P\left(\left| \frac{1}{n} \sum_{i=1}^{n} X_i - \mu \right| < \varepsilon \right) = 1.$$

显然，辛钦大数定律是切比雪夫大数定律的特殊情况．

3. 伯努利大数定律

设随机变量 $Y_n \sim B(n, p)$，则对任意正数 ε，有

$$\lim_{n \to \infty} P\left(\left| \frac{Y_n}{n} - p \right| < \varepsilon \right) = 1.$$

伯努利大数定律是辛钦大数定律的特殊情况．

伯努利大数定律表明，在大量独立重复试验中事件 A 发生的频率"稳定"于事件 A 发生的概率，从而证明了经大量试验得到的"频率的稳定性"．

三、大数定律的意义

（1）给出了"频率稳定性"的严格数学证明与解释，从而使得由大量试验得到的"频率的稳定性"这个大数定律称为大数定理．

（2）伯努利大数定律从理论上证明了，当 n 足够大时，可以以很

大的概率确信事件的概率与事件的频率很接近,这为我们提供了通过试验来确定事件概率的方法. 伯努利大数定律是 Monte Carlo 方法的主要数学理论基础.

(3) 大数定律是数理统计中参数估计的重要理论依据之一.

§5.2　中心极限定理

在概率论中,习惯上把随机变量和的分布收敛于正态分布的这一类定理都叫做中心极限定理. 中心极限定理是概率论中最著名的结果之一,它提供了计算独立随机变量之和的概率近似值的简单方法.

一、列维－林德伯格中心极限定理

设随机变量 $X_1, X_2, \cdots, X_n, \cdots$ 相互独立,并且服从同一分布,数学期望 $E(X_i) = \mu$,方差 $D(X_i) = \sigma^2 > 0, i = 1, 2, \cdots, n, \cdots$,则对任何实数 x,有

$$\lim_{n \to \infty} P\left\{ \frac{\sum_{i=1}^{n} X_i - n\mu}{\sqrt{n}\sigma} \leqslant x \right\} = \Phi(x).$$

这个定理的直观意义是,当 n 足够大时,可以近似地认为 $\sum_{i=1}^{n} X_i \sim N(n\mu, n\sigma^2)$,从而可以利用正态分布求得概率 $P\left(\sum_{i=1}^{n} X_i \leqslant a\right)$ 的近似值.

二、棣莫弗－拉普拉斯中心极限定理

设随机变量 $Y_n \sim B(n, p)$,则对任意一个实数 x,有

$$\lim_{n \to +\infty} P\left\{ \frac{Y_n - np}{\sqrt{np(1-p)}} \leqslant x \right\} = \Phi(x).$$

这个定理的直观意义是,当 n 足够大时,可认为服从二项分布的随机变量 Y_n 近似服从正态分布 $N(np, np(1-p))$.

例 3　用机器包装味精,每袋净重为随机变量,其期望值为 100 克,标准差为 10 克. 一箱内装 200 袋味精,求一箱味精净重大于 20400 克的概率.

解　设 X_i 表示第 i 袋味精重量(克),$i = 1, 2, \cdots, 200$.

由中心极限定理知,$\sum_{i=1}^{200} X_i$ 近似服从正态分布.

由于 $\sum\limits_{i=1}^{200} EX_i = 20000$，$\sum\limits_{i=1}^{200} DX_i = 20000$，

$$P\{\sum_{i=1}^{200} X_i > 20400\} = 1 - P\{\sum_{i=1}^{200} X_i \leqslant 20400\}$$

$$= 1 - P\left\{\frac{\sum\limits_{i=1}^{200} X_i - 20000}{\sqrt{20000}} \leqslant \frac{20400 - 20000}{\sqrt{20000}}\right\}$$

$$\approx 1 - \Phi(2.83) = 1 - 0.9977 = 0.0023.$$

例4 (供电问题)某车间有 200 台车床，在生产期间由于需要检修、调换刀具、变换位置及调换工件等常需停车. 设开工率为 0.6，并设每台车床的工作是独立的，且在开工时需电力 1 千瓦. 问供应多少瓦电力就能以 99.9% 的概率保证该车间不会因供电不足而影响生产？

解 对每台车床的观察作为一次试验，每次观察该台车床在某时刻是否工作，工作的概率为 0.6，共进行 200 次试验. 用 X 表示在某时刻工作着的车床数，依题意，$X \sim B(200, 0.6)$. 设供应 N 千瓦电力就能以 99.9% 的概率保证不会因供电不足影响生产. 问题是求满足 $P(X \leqslant N) \geqslant 0.999$ 的最小的 $N(EX = 120, DX = 48)$.

由棣莫弗－拉普拉斯中心极限定理知 $\dfrac{X - np}{\sqrt{np(1-p)}}$ 近似 $N(0, 1)$，于是

$$P(X \leqslant N) \approx \Phi\left(\frac{N - 120}{\sqrt{48}}\right).$$

由 $\Phi\left(\dfrac{N - 120}{\sqrt{48}}\right) \geqslant 0.999$，查正态分布函数表得 $\Phi(3.1) = 0.999$，故 $\dfrac{N - 120}{\sqrt{48}} \geqslant 3.1$，解得 $N \geqslant 141.5$.

≫ 串讲与答疑 ≪

一、串讲小结

切比雪夫不等式 $P(|\xi - E\xi| \geqslant \varepsilon) \leqslant \dfrac{D\xi}{\varepsilon^2}$ 给出了随机变量 ξ 和它的期望 $E\xi$、方差 $D\xi$ 之间关系的一种量化描述，借助于正数 ε，把三者的关系统一在一个数学表达式之中. 切比雪夫不等式广泛用于大数定律的证明之中.

大数定律是一类研究随机变量的"平均和" $\frac{1}{n}\sum\limits_{i=1}^{n}X_i$ 依概率 1 收

敛于其期望 $E\left(\frac{1}{n}\sum\limits_{i=1}^{n}X_i\right)$ 的定理.

伯努利大数定律是辛钦大数定律的特例. 伯努利大数定律表明,在大量独立重复试验中事件 A 发生的频率依概率 1 收敛于每次试验中事件 A 发生的概率,从理论上证明了"频率的稳定性".

中心极限定理是研究独立随机变量和的概率分布,其结论表明,独立随机变量的和(简称为"独立和")在满足一定条件之下,其极限分布是正态分布,即

$$\sum_{i=1}^{n}X_i \sim N(\cdot,\cdot),$$

从而,"标准化的独立和"为

$$\frac{\sum\limits_{i=1}^{n}X_i - E\left(\sum\limits_{i=1}^{n}X_i\right)}{\sqrt{D\left(\sum\limits_{i=1}^{n}X_i\right)}} \sim N(0,1).$$

棣莫弗－拉普拉斯中心极限定理是列维－林德伯格中心极限定理的特例. 在列维－林德伯格中心极限定理中,令 $X_i \sim B(1,p)$, $i = 1,2,\cdots,n,\cdots$, 有

$$E(X_i) = \mu = p, D(X_i) = \sigma^2 = p(1-p), i = 1,2,\cdots,n,\cdots,$$

$$\sum_{i=1}^{n}X_i = Y_n \sim B(n,p),$$

棣莫弗－拉普拉斯中心极限定理条件成立. 这时,列维－林德伯格中心极限定理的结论

$$\lim_{n\to\infty}P\left\{\frac{\sum\limits_{i=1}^{n}X_i - n\mu}{\sqrt{n}\sigma} \leqslant x\right\} = \Phi(x)$$

变为棣莫弗－拉普拉斯中心极限定理的结论

$$\lim_{n\to\infty}P\left\{\frac{Y_n - np}{\sqrt{np(1-p)}} \leqslant x\right\} = \Phi(x).$$

中心极限定理常用来计算"独立和"相关概率的近似值. 这些概率或者是因为不知分布而算不出精确值,或者是由于计算繁杂而难以得出精确值.

二、答疑解惑

1. 大数定律在概率论中的意义

大数定律给出了在试验次数很大时频率和平均值的稳定性. 从

理论上肯定了用算术平均值代替均值,用频率代替概率的合理性,它既验证了概率论中一些假设的合理性,又为数理统计中用样本推断总体提供了理论依据. 所以说,大数定律是概率论中最重要的基本定律.

2. 中心极限定理意义

许多随机变量本身并不服从正态分布,但它们的极限分布是正态分布. 中心极限定理表明了在一定条件下,独立随机变量和的分布渐近地服从正态分布,标准化的独立和近似服从标准正态分布. 这表明:由大量独立因素共同决定的随机变量服从或近似服从正态分布,而现实生活中由大量独立因素共同决定的随机变量普遍存在,这就从理论上说明了为什么正态分布在现实生活中广泛存在.

3. 大数定律与中心极限定理的异同

相同点:都是通过极限理论来研究概率问题,研究对象都是随机变量序列,解决的都是概率论中的基本问题,因而在概率论中有重要意义.

不同点:大数定律研究“平均和” $\dfrac{1}{n}\sum\limits_{i=1}^{n}X_i$ 依概率 1 收敛于常数的问题,而中心极限定理则研究“独立和”收敛于正态分布的问题.

4. 伯努利大数定律是辛钦大数定律是的特例

在伯努利大数定律中, $Y_n \sim B(n,p)$, Y_n 是 n 次试验中事件 A 发生次数, p 是事件 A 在每次试验中发生的概率. 令 $X_i =$ 在第 i 次试验中事件 A 发生次数,则 $X_1, X_2, \cdots, X_n$ 独立同分布. $X_i = 0, 1$. $EX_i = p = \mu$, $i = 1, 2, \cdots, n$. $Y_n = \sum\limits_{i=1}^{n} X_i$. 据辛钦大数定律,对任何正数 ε ,有

$$\lim_{n \to \infty} P\left\{ \left| \frac{1}{n}\sum_{i=1}^{n} X_i - \mu \right| < \varepsilon \right\} = 1,$$

即

$$\lim_{n \to \infty} P\left\{ \left| \frac{Y_n}{n} - p \right| < \varepsilon \right\} = 1.$$

≫ 拓展提升 ≪

一、依概率收敛的意义

依概率收敛即依概率 1 收敛. 随机变量序列 $\{X_n\}$ 依概率收敛

于 a，记为 $X_n \xrightarrow{P} a$. 说明对于任何给定的正数 ε，当 n 很大时，事件 "$|X_n - a| < \varepsilon$" 的概率接近于 1. 但不排除小概率事件 "$|X_n - a| > \varepsilon$" 发生.

我们可以比较一下 $X_n \to a$ 与 $X_n \xrightarrow{P} a$：

$X_n \to a$：$\forall \varepsilon > 0$，$\exists N$，当 $n > N$ 时，$|X_n - a| < \varepsilon$；

$X_n \xrightarrow{P} a$：$\forall \varepsilon > 0$，对任何 n，有可能 $|X_n - a| < \varepsilon$ 不成立. 但 n 很大时，$|X_n - a| < \varepsilon$ 成立的概率接近于 1，即

$$\lim_{n \to \infty} P(|X_n - a| < \varepsilon) = 1.$$

二、大数定律的概念

设 $\{X_n\}$ 为随机变量序列，且 $EX_n (n \geq 1)$ 存在。若对任意实数 $\varepsilon > 0$，有

$$\lim_{n \to \infty} P\left\{\left|\frac{1}{n}\sum_{i=1}^{n} X_i - \frac{1}{n}\sum_{i=1}^{n} EX_i\right| < \varepsilon\right\} = 1$$

即 $\frac{1}{n}\sum_{i=1}^{n} X_i \xrightarrow{P} \frac{1}{n}\sum_{i=1}^{n} EX_i$，则称 $\{X_n\}$ 服从大数定律.

三、马尔科夫大数定律

若随机变量序列 $\{X_n\}$ 满足：对任意正整数 n，均有 $D(\sum_{i=1}^{n} X_i) < +\infty$，且

$$\lim_{n \to \infty} \frac{1}{n^2} D\left(\sum_{i=1}^{n} X_i\right) = 0$$

则 $\{X_n\}$ 服从大数定律.

四、依分布收敛的意义

设 X_n 是一个随机变量序列，X 是一个随机变量，$F_n(x)$ 是 X_n 的分布函数，$F(x)$ 是 X 的分布函数. 如果对于 $F(x)$ 的任何连续点 x，有

$$\lim_{n \to \infty} F_n(x) = F(x),$$

则称分布函数序列 $F_n(x)$ 弱收敛于分布函数 $F(x)$，记作

$$F_n(x) \xrightarrow{w} F(x) \ (n \to \infty),$$

此时也称随机变量序列 X_n 依分布收敛于 X，记作

$$X_n \xrightarrow{L} X \ (n \to \infty).$$

五、依概率收敛与依分布收敛关系

$$X_n \xrightarrow{P} X \Rightarrow X_n \xrightarrow{L} X.$$

证明 只需证明对任何 x，有

$$F(x-0) \leqslant \varliminf_{n\to\infty} F_n(x) \leqslant \varlimsup_{n\to\infty} F_n(x) \leqslant F(x+0).$$

因为如果上式成立，则当 x 是 $F(x)$ 的连续点时，有 $F(x-0)=F(x+0)$. 因此

$$F_n(x) \xrightarrow{w} F(x) \ (n\to\infty).$$

令 $x' < x$，则由

$$\{X \leqslant x'\} = \{X \leqslant x', X_n \leqslant x\} \bigcup \{X \leqslant x', X_n > x\}$$
$$\subset \{X_n \leqslant x\} \bigcup \{|X_n - X| \geqslant x - x'\}$$

得

$$F(x') = P\{X \leqslant x'\} = P\{X_n \leqslant x\} + P\{|X_n - X| \geqslant x - x'\}$$
$$= F_n(x) + P\{|X_n - X| \geqslant x - x'\},$$

由于 $X_n \xrightarrow{P} X$，所以当 $n\to\infty$ 时，有 $P\{|X_n - X| > x - x'\} \longrightarrow 0$，所以 $F(x') \leqslant \varliminf_{n\to\infty} F_n(x)$.

再令 $x' \to x^-$，得 $F(x-0) \leqslant \varliminf_{n\to\infty} F_n(x)$.

同理可证，$x'' > x$ 时，有 $\varlimsup_{n\to\infty} F_n(x) \leqslant F(x'')$，再令 $x'' \to x^+$，得 $\varlimsup_{n\to\infty} F_n(x) \leqslant F(x+0)$.

因此定理得证.

可以证明：$X_n \xrightarrow{P} a \Leftrightarrow X_n \xrightarrow{L} a$. 但 $X_n \xrightarrow{L} X$ 不能推出 $X_n \xrightarrow{P} X$.

例 5 设随机变量 X 的分布律为 $P(X=-1) = P(X=1) = \dfrac{1}{2}$.

令 $X_n = -X, n=1,2,\cdots$. 则 X_n 与 X 有相同分布函数，因此 $X_n \xrightarrow{L} X$. 但对任意 $0 < \varepsilon < 2$，由于

$$P\{|X_n - X| \geqslant \varepsilon\} = P\{2|X| \geqslant \varepsilon\} = 1, \lim_{n\to\infty} P\{|X_n - X| \geqslant \varepsilon\} \neq 0,$$

即 X_n 不依概率收敛于 X.

≫ 作业设计 ≪

【5.1A 本节内容作业】

5.1A-1 设随机变量 X 的数学期望 $EX = \mu$，方差 $DX = \sigma^2$，则

由切比雪夫不等式，有 $P\{|X-\mu|\geqslant 3\sigma\}\leqslant$ _____.

5.1A-2 设随机变量 X 的概率密度函数为

$$f(x)=\begin{cases}2x, & 0<x<1,\\ 0, & \text{其他},\end{cases}$$

试求 $P\{|X-E(X)|\geqslant 2\sqrt{DX}\}$，并用切比雪夫不等式估计它.

5.1A-3 在每次试验中，事件 A 发生的概率为 0.5，利用切比雪夫不等式估计：在 1000 次独立试验中，事件 A 发生的次数在 400～600 之间的概率.

5.1A-4 用切比雪夫不等式确定：掷一均匀硬币，需投多少次才能保证正面出现的频率在 0.4 至 0.6 之间的概率不小于 90%.

5.1A-5 设随机变量 X 的分布律为

X	1	2	3
P	0.3	0.5	0.2

求概率 $P\{|X-E(X)|\geqslant 1\}$，并用切比雪夫不等式估计它.

5.1A-6* 如果随机变量序列 $\{\xi_n\}$，当 $n\to\infty$ 时有 $\dfrac{1}{n^2}D\left(\sum\limits_{k=1}^{n}\xi_k\right)\to 0$，证明 $\{\xi_n\}$ 服从马尔科夫大数定律.

5.1A-7 设 $\{\xi_n\}$ 为一列独立同分布随机变量，共同分布为

$$P\left(\xi_n=\frac{2^k}{k^2}\right)=\frac{1}{2^k},\ k=1,2,\cdots,$$

试问 $\{\xi_n\}$ 是否服从大数定律？

5.1A-8 设 $\{\xi_n\}$ 为一列独立同分布随机变量，共同分布为

$$P(\xi_n=k)=\frac{c}{k^2\ln^2 k},\ k=2,3,\cdots,$$

其中 $c=\left(\sum\limits_{k=2}^{\infty}\dfrac{1}{k^2\ln^2 k}\right)^{-1}$，问 $\{\xi_n\}$ 是否服从大数定律？

5.1A-9* 设 $\{\xi_n\}$ 为一列独立同分布随机变量，且 $D\xi_n=\sigma^2$ 存在，数学期望为零，证明：$\dfrac{1}{n}\sum\limits_{k=1}^{n}\xi_k^2 \xrightarrow{P}\sigma^2$.

5.1A-10 在伯努利试验中，事件 A 出现的概率为 p，令

$$\xi_n=\begin{cases}1, & \text{若在第 }n\text{ 次及第 }n+1\text{ 次实验中 A 出现},\\ 0, & \text{其他},\end{cases}$$

证明：$\{\xi_n\}$ 服从大数定律.

5.1A-11 设 $\{X_n\}$ 为相互独立的随机变量序列，$P\{X_n=\pm 2^n\}=\dfrac{1}{2^{2n+1}}$，$P\{X_n=0\}=1-\dfrac{1}{2^{2n}}$，$n=1,2,\cdots$，证明：$\{X_n\}$ 服从大数定律.

5.1A-12* 设 $\{\xi_n\}$ 为一列独立同分布随机变量，方差存在，又 $\sum_{n=1}^{\infty} a_n$ 为绝对收敛级数，令 $\eta_n = \sum_{i=1}^{n} \xi_i$，则 $\{a_n\eta_n\}$ 服从大数定律.

5.1A-13* 设 $\{\xi_n\}$ 是独立同分布随机变量序列，方差存在，且当 $|k-l| \geqslant 2$ 时，ξ_k 与 ξ_l 独立，证明：$\{\xi_n\}$ 服从大数定律.

5.1A-14* 设随机变量 ξ_n 服从柯西分布，其密度函数为

$$p_n(x) = \frac{n}{\pi(1+n^2x^2)},$$

证明：$\xi_n \xrightarrow{P} 0, n \to \infty.$

5.1A-15* 设 $\{\xi_n\}$ 为一列独立同分布随机变量，每个随机变量的期望为 a，且方差存在，证明：$\dfrac{2}{n(n+1)} \sum_{k=1}^{n} k\xi_k \xrightarrow{P} a, n \to +\infty.$

5.1A-16* 设 $\{\xi_n\}$ 为一列独立同分布随机变量，都服从 $(0,1)$ 上的均匀分布，令 $\eta_n = \left(\prod_{k=1}^{n} \xi_k\right)^{\frac{1}{n}}$. 证明：$\eta_n \xrightarrow{P} c$（$c$ 为常数）.

【5.1C 跨章内容作业】

5.1C-1* 设随机变量序列 $\{\xi_n\}$ 同时依概率收敛于随机变量 ξ 与 η，证明这时必有 $P(\xi = \eta) = 1$.

5.1C-2* 设 $\{\xi_n\}$ 为一列独立同分布随机变量序列，其密度函数为

$$p(x) = \begin{cases} \dfrac{1}{\beta}, & 0 < x < \beta, \\ 0, & \text{其他}, \end{cases}$$

其中 $\beta > 0$ 为常数，令 $\eta_n = \max(\xi_1, \xi_2, \cdots, \xi_n)$，证明：$\eta_n \xrightarrow{P} \beta.$

5.1C-3* 设 $\{\xi_n\}$ 为一列独立同分布随机变量序列，其密度函数为

$$p(x) = \begin{cases} e^{-(x-a)}, & x \geqslant a, \\ 0, & x < a, \end{cases}$$

令 $\eta_n = \min(\xi_1, \xi_2, \cdots, \xi_n)$，证明：$\eta_n \xrightarrow{P} a.$

5.1C-4* 证明：随机变量序列 $\{\xi_n\}$ 依概率收敛于随机变量 ξ 的充要条件为：

$$E\left(\frac{|\xi_n - \xi|}{1 + |\xi_n - \xi|}\right) \to 0, n \to \infty.$$

5.1C-5* 设随机变量序列 $\xi_n \xrightarrow{P} a$，$a \neq 0$ 是一个常数，且 $\xi_n \neq 0$，证明：$\dfrac{1}{\xi_n} \xrightarrow{P} \dfrac{1}{a}$.

5.1C-6* 设随机变量序列 $\{\xi_n\}$、$\{\eta_n\}$ 分别依概率收敛于随机变量 ξ 与 η，证明：(1) $\xi_n + \eta_n \xrightarrow{P} \xi + \eta$；(2) $\xi_n \times \eta_n \xrightarrow{P} \xi \times \eta$.

【5.2A 本节内容作业】

5.2A-1 设 $X_1, X_2, \cdots, X_n, \cdots$ 为独立同分布的随机变量列，且均服从参数为 $\lambda(\lambda > 1)$ 的指数分布，记 $\Phi(x)$ 为标准正态分布函数，则（　　）.

(A) $\lim\limits_{n \to \infty} P\left\{ \dfrac{\sum\limits_{i=1}^{n} X_i - n\lambda}{\lambda \sqrt{n}} \leqslant x \right\} = \Phi(x)$；

(B) $\lim\limits_{n \to \infty} P\left\{ \dfrac{\sum\limits_{i=1}^{n} X_i - n\lambda}{\sqrt{n\lambda}} \leqslant x \right\} = \Phi(x)$；

(C) $\lim\limits_{n \to \infty} P\left\{ \dfrac{\lambda \sum\limits_{i=1}^{n} X_i - n}{\sqrt{n}} \leqslant x \right\} = \Phi(x)$；

(D) $\lim\limits_{n \to \infty} P\left\{ \dfrac{\sum\limits_{i=1}^{n} X_i - \lambda}{\sqrt{n\lambda}} \leqslant x \right\} = \Phi(x)$.

5.2A-2 某电站供应一万户用电. 每户用电的概率为 0.9，利用中心极限定理计算：

(1) 同时用电户数在 9030 户以上的概率；

(2) 若每户用电 200 瓦，问电站至少应具有多大发电量，才能以 0.95 的概率保证用电.

5.2A-3 某车间有 150 台同类型的机器，每台机器出现故障的概率都是 0.02. 设各台机器的工作是相互独立的，求机器出现故障的台数不少于 2 的概率.

5.2A-4 某保险公司多年的统计资料表明，在索赔户中被盗索赔户占 20%，以 X 表示在随机抽查的 100 个索赔户中因被盗向保险公司索赔的户数. 求被盗索赔的户数不少于 14 户，且不多于 30 户的概率.

5.2A-5 某商店负责供应某地区 1000 人所需商品，其中一商品在一段时间每人需要一件的概率为 0.6，假定在这一段时间内各人购买与否彼此无关,问商店应预备多少件这种商品,才能以 99.7% 的概率保证不会脱销?（假定该商品在这一段时间内每人最多可以买一件）

5.2A-6 一学校有 1000 名住校学生,每人都以 80% 的概率去图书馆上自习,问图书馆至少应设多少个座位才能以 99% 的概率保证上自习的学生有座位?

5.2A-7 一本书共有一百万个印刷符号,排版时每个符号被排错的概率为 0.0001,校对时每个排版错误被改正的概率为 0.9,求在校对后错误不多于 15 个的概率.

5.2A-8 在一家保险公司里有 10000 个人参加保险,每人每年付 12 元保险费,在一年里一个人死亡的概率为 0.006,死亡时家属可向保险公司领得 1000 元,问:

(1) 保险公司亏本的概率多大?

(2) 保险公司一年的利润不少于 40000 元、60000 元、80000 元的概率各为多大?

5.2A-9 有一批种子,其中良种占 $\frac{1}{6}$,从中任取 6000 粒,问能以 0.99 的概率保证其中良种的比例与 $\frac{1}{6}$ 相差多少?

5.2A-10 若某产品的不合格率为 0.005,任取 10000 件,问不合格品不多于 70 件的概率等于多少?

5.2A-11 某螺丝钉厂的不合格品率为 0.01,问一盒中应装多少只螺丝钉才能使其中含有 100 只合格品的概率不小于 0.95?

5.2A-12 设有 1000 人独立行动,每个人能够按时进入掩蔽体的概率为 0.9. 以 95% 概率估计,在一次行动中:(1)至少有多少人能够进入掩蔽体;(2)至多有多少人能进入掩蔽体.

5.2A-13 抽样检查产品质量时,如果发现次品多于 10 个,则认为这批产品不能接收. 问抽多少件产品可使次品率为 10% 时的一批产品不被接收的概率达到 0.9?

5.2A-14 假设市场上出售的某种商品,每日价格的变化是一个随机变量 X_n. 如果以 Y_n 表示第 n 天商品的价格,则有 $Y_n = Y_{n-1} + X_n (n \geqslant 1)$,其中 $X_1, X_2, \cdots$ 为独立同分布的随机变量,$EX_n = 0$,$DX_n = 1$. 假定该商品最初价格为 a 元,那么 10 周后(即在第 71 天)该商品价格在 $(a-10)$ 与 $(a+10)$（单位:元)之间的概率是多少.

5.2A-15 设某种器件使用寿命(单位:小时)服从参数为 λ 的指数分布,其平均使用寿命为 20 小时. 在使用中,当一个器件损坏后立即更换另一个新的器件,如此继续下去.已知每个器件进价为 a 元.试求在年计划中应为此器件做多少预算,才可以有 95% 的把握保证一年够用(一年按 2000 个工作小时计算).

5.2A-16* 设 $\{\xi_n\}$、$\{\eta_n\}$ 皆为独立同分布随机变量序列,且 $\{\xi_n\}$ 与 $\{\eta_n\}$ 独立,其中 $E\xi_n = 0, D\xi_n = 1; P(\eta_n = \pm 1) = \dfrac{1}{2}, n = 1, 2, \cdots,$

证明: $s_n = \dfrac{1}{\sqrt{n}}\sum\limits_{i=1}^{n} \xi_i \eta_i$ 的分布函数弱收敛于正态分布 $N(0,1)$.

【5.2B 跨节内容作业】

5.2B-1* 设 $X_1, X_2, \cdots, X_n, \cdots$ 是独立随机变量序列,对它成立中心极限定理.试证:对它成立大数定理的充要条件为 $D(X_1 + X_2 + \cdots + X_n) = o(n^2)$.

5.2B-2* 设随机变量序列 $\{\xi_n\}$ 按分布收敛于随机变量 ξ, 随机变量序列 $\{\eta_n\}$ 依概率收敛于常数 a, 证明: $\xi_n + \eta_n$ 按分布收敛于 $\xi + a$.

5.2B-3* 设随机变量序列 $\{\xi_n\}$ 按分布收敛于 ξ, 随机变量序列 $\{\eta_n\}$ 依概率收敛于 0, 证明: $\xi_n \eta_n \xrightarrow{P} 0$.

5.2B-4* 设随机变量序列 $\{\xi_n\}$ 按分布收敛于随机变量 ξ, 又随机变量序列 $\{\eta_n\}$ 依概率收敛于常数 $a(a \neq 0), \eta_n \neq 0$, 则 $\left\{\dfrac{\xi_n}{\eta_n}\right\}$ 按分布收敛于 $\dfrac{\xi}{a}$.

5.2B-5* 设 $\{\xi_n^2\}$ 为独立同 $N(0,1)$ 分布的随机变量序列,证明: $n\xi_{n+1}\Big/\sum\limits_{k=1}^{n} \xi_k^2$ 的分布函数弱收敛于 $N(0,1)$ 分布.

【5.2C 跨章内容作业】

5.2C-1* 设 $D(x)$ 为退化分布:
$$D(x) = \begin{cases} 1, & x > 0, \\ 0, & x \leqslant 0. \end{cases}$$
讨论下列分布函数列的极限是否仍是分布函数?

(1) $\{D(x+n)\}$; (2) $\left\{D\left(x+\dfrac{1}{n}\right)\right\}$; (3) $\left\{D\left(x-\dfrac{1}{n}\right)\right\}$, 其中 $n = 1, 2, \cdots$.

5.2C-2* 设分布函数 $F_n(x)$ 如下定义：

$$F_n(x) = \begin{cases} 0, & x \leqslant -n, \\ \dfrac{x+n}{2n}, & -n < x \leqslant n, \\ 1, & x > n. \end{cases}$$

问 $F(x) = \lim\limits_{n \to \infty} F_n(x)$ 是分布函数吗？

5.2C-3* 利用中心极限定理证明：

$$\Big(\sum_{k=0}^{n} \frac{n^k}{k!} \Big) e^{-n} \to \frac{1}{2}, n \to \infty.$$

5.2C-4* 设随机变量 ξ_α 服从 Γ—分布，其分布密度为

$$p_\alpha(x) = \begin{cases} \dfrac{\beta^\alpha}{\Gamma(\alpha)} x^{\alpha-1} e^{-\beta x}, & x > 0, \\ 0, & x \leqslant 0, \end{cases} \quad (\alpha > 0, \beta > 0),$$

证明：当 $\alpha \to \infty$ 时，$\dfrac{\beta \xi_\alpha - \alpha}{\sqrt{\alpha}}$ 的分布函数弱收敛于 $N(0,1)$ 分布.

5.2C-5* 设分布函数列 $\{F_n(x)\}$ 弱收敛于分布函数 $F(x)$，且 $F(x)$ 为连续函数. 证明：$\{F_n(x)\}$ 在 $(-\infty,\infty)$ 上一致收敛于 $F(x)$.

第 5 章自测题

一、填空题

1. 设某种电气元件不能承受超负荷试验的概率为 0.05. 现在对 100 个这样的元件进行超负荷试验，以 X 表示不能承受试验而烧毁的元件数，则根据中心极限定理，有 $P\{5 \leqslant X \leqslant 10\} \approx$ _____ .

2. 设试验成功的概率 $p = 20\%$，现在将试验独立地重复进行 100 次，则试验成功的次数介于 16 和 32 次之间的概率 $Q \approx$ _____ .

3. 将一枚骰子重复掷 n 次，则当 $n \to \infty$ 时，n 次掷出点数的算术平均值 $\overline{X}_n$ 依概率收敛于 _____ .

4. 随机变量 X 和 Y 的数学期望分别为 -2 和 2，方差分别为 1 和 4，相关系数为 -0.5，则根据切比雪夫不等式，$P(|X+Y| \geqslant 6) \leqslant$ _____ .

5. 已知随机变量 X 的数学期望为 10，方差 DX 存在，且 $P(-20 < X < 40) \leqslant 0.1$，则 $DX \geqslant$ _____ .

6. 设 $X_1, X_2, \cdots, X_n, \cdots$ 为独立同分布的随机变量序列，且 $X_i(i=1,2,\cdots)$ 服从参数为 $\lambda > 0$ 的泊松分布，n 较大时，若 $\overline{X} = \dfrac{1}{n} \sum_{i=1}^{n} X_i$，近似服从 _____ 分布.

二、选择题

1. 设随机变量 $X_1, X_2, \cdots, X_n$ 相互独立, $S_n = X_1 + X_2 + \cdots + X_n$, 则根据列维—林德伯格中心极限定理, 当 n 充分大时 S_n 近似服从正态分布, 只要 $X_1, X_2, \cdots, X_n$（　　）.

(A) 有相同期望和方差；　　　(B) 服从同一离散型分布；

(C) 服从同一指数分布；　　　(D) 服从同一连续型分布.

2. 下列命题正确的是（　　）.

(A) 由辛钦大数定律可以得出切比雪夫大数定律；

(B) 由切比雪夫大数定律可以得出辛钦大数定律；

(C) 由切比雪夫大数定律可以得出伯努利大数定律；

(D) 由伯努利大数定律可以得出切比雪夫大数定律.

3. 设随机变量 X 的方差为 2, 则由切比雪夫不等式有 $P\{|X - EX| \geqslant 2\} \leqslant$（　　）.

(A) $\dfrac{1}{2}$；　　　(B) $\dfrac{1}{3}$；　　　(C) $\dfrac{1}{4}$；　　　(D) $\dfrac{1}{8}$.

4. 设随机变量 $X_1, X_2, \cdots, X_n, \cdots$ 独立同分布, 其分布函数为

$$F(x) = a + \frac{1}{\pi}\arctan\frac{x}{b}, \quad -\infty < x < +\infty, b \neq 0,$$

则辛钦大数定律对此序列（　　）.

(A) 适用；

(B) 当常数 a 和 b 取适当数值时适用；

(C) 不适用；

(D) 无法判别.

三、解答题

1. 设 $X_1, X_2, \cdots, X_n$ 是独立同分布随机变量, 已知 $EX = \mu$, $DX = \sigma^2 (i = 1, 2, \cdots, n)$, $\overline{X}_n$ 是其算术平均值. 考虑概率

$$P\{|\overline{X}_n - \mu| \geqslant \Delta\} = \alpha$$

其中 $\Delta(\Delta > 0)$ 和 $\alpha(0 < \alpha < 1)$ 是给定的实数. 试利用中心极限定理求:

(1) 由 n 和 Δ, 求 α 的近似值；

(2) 由 n 和 α, 求 Δ 的近似值；

(3) 由 α 和 Δ, 估计 n.

2. 假设某单位交换台有 n 部分机, k 条外线, 每部分机呼叫外线的概率为 p. 利用中心极限定理, 解下列问题:

(1) 设 $n = 200, k = 30, p = 0.12$, 求每部分机呼叫外线时能及

时得到满足的概率 α 的近似值;

(2) 设 $n=200$, $p=0.12$, 问为使每部分机呼叫外线时能及时得到满足的概率 $\alpha \geqslant 95\%$, 至少需要设置多少条外线?

(3) 设 $k=30$, $p=0.12$, 问为使每部分机呼叫外线时能及时得到满足的概率 $\alpha \geqslant 95\%$, 最多可以容纳多少部分机?

3. 某保险公司接受了 10000 辆电动自行车的保险, 每辆每年的保费为 12 元. 若车丢失, 则车主得赔偿金 1000 元. 假设车的丢失率为 0.006, 对于此项业务, 试利用中心极限定理, 求保险公司:

(1) 亏损的概率 α;

(2) 一年获利润不少于 40000 元的概率 β;

(3) 一年获利润不少于 60000 元的概率 γ.

4. 假设伯努利试验成功的概率为 5%. 利用中心极限定理估计, 进行多少次试验才能以 80% 的概率使成功的次数不少于 5 次.

5. 生产线组装每件产品的时间服从指数分布. 统计资料表明, 每件产品的平均组装时间为 10 分钟. 假设各件产品的组装时间互不影响. 试利用中心极限定理求:

(1) 组装 100 件产品需要 15 到 20 小时的概率 Q;

(2) 以概率 0.95 在 16 个小时内最多可以组装产品的件数.

6. 将 n 个观测数据相加时, 首先对小数部分按"四舍五入"舍去小数位后化为整数. 试利用中心极限定理估计:

(1) 当 $n=1500$ 时, 求舍位误差之和的绝对值大于 15 的概率;

(2) 估计数据个数 n 满足什么条件时, 以不小于 90% 的概率, 使舍位误差之和的绝对值小于 10.

7. 设 X 是任一非负(离散型或连续型)随机变量, 已知 $\sqrt{X}$ 的数学期望存在, 而 $\varepsilon > 0$ 是任意实数, 证明不等式 $p\{X \geqslant \varepsilon\} \leqslant \dfrac{E(\sqrt{X})}{\sqrt{\varepsilon}}$.

8. 设事件 A 出现的概率为 $p=0.5$, 试利用切比雪夫不等式, 估计在 1000 次独立重复试验中事件 A 出现的次数在 400 到 600 次之间的概率 α.

9. 设随机变量 X 的数学期望为 μ, 方差为 σ^2.

(1) 用切比雪夫不等式估计: X 落在以 μ 为中心, 3σ 为半径的区间内的概率不小于多少?

(2) 如果 $X \sim N(\mu, \sigma^2)$, 对上述概率, 你是否可得到更好的估计?

10. 利用切比雪夫不等式来确定, 当抛掷一枚均匀硬币时, 需抛多少次才能保证正面出现的频率在 0.4 至 0.6 之间的概率不小于 90%, 并用正态逼近去估计同一问题.

11. 已知生男孩的概率近似等于 0.515,求在 10000 个婴孩中,男孩不多于女孩的概率.

12. 某药厂断言,该工厂生产的某种药品对于医治一种疑难的疾病的治愈率为 0.8,某医院试用了这种药品进行治疗,该医院任意抽查了 100 个服用此药品的病人,如果其中多于 75 人被治愈,医院就接受药厂的这一断言,否则就拒绝这一断言.问:

(1) 若实际上此药品对这种疾病的治愈率为 0.8,则医院接受这一断言的概率是多少?

(2) 若实际上此药品对这种疾病的治愈率为 0.7,则医院接受这一断言的概率是多少?

13. 一生产线生产的产品成箱包装,每箱的重量是随机的,假设每箱平均重 50 kg,标准差为 5 kg. 若用最大载重量为 5 t 的汽车承运,试利用中心极限定理说明每辆车最多可以装多少箱,才能保障不超载的概率大于 0.977.

14. 一家有 800 间客房的大宾馆的每间客房内装有一台 2 千瓦的空调机,若该宾馆的开房率为 70%,试问应供应多少千瓦的电力才能以 99% 的概率保证有充足的电力开动空调机?

15. 设有 30 个电子器件,它们的使用寿命(单位:小时)$T_1, T_2, \cdots, T_{30}$ 均服从平均寿命为 10 的指数分布,其使用情况是第一个损坏第二个立即使用,第二个损坏第三个立即使用等等.令 T 为 30 个器件使用的总计时间,求 T 超过 350 小时的概率.

数理统计的基本概念

前面我们学习了概率论的基础知识. 从本章开始将学习数理统计的基本知识、理论和方法. 在数理统计中,我们所研究的随机变量的分布往往是未知的,要利用实际观测数据研究随机变量的分布,对其分布函数、数字特征等进行估计和推断.

本章作为数理统计基础,学习总体、样本、统计量与抽样分布等有关概念,以及有关正态总体的抽样分布定理.

【教学要求】

• 理解总体、个体、样本、统计量、抽样分布的概念.

• 掌握样本平均值、修正样本方差、样本方差、样本 k 阶矩等统计量.

• 掌握统计量的 χ^2 分布、t 分布、F 分布定义与特点,并会由表查临界值.

• 掌握正态总体的抽样分布.

§6.1　总体与样本

在数理统计中,我们始终要通过从总体中抽取样本来研究总体.

一、总体、个体

我们把研究对象的全体称为总体(或母体),把组成总体的每个成员称为个体. 在实际问题中,我们研究的是某个或某几个数值指标的取值及其概率. 因而通常总体就是数值指标的取值范围及其概率. 若随机变量 X 的取值范围及其概率与总体相同,我们称 X 为总体,称 X 的分布函数为总体分布函数. 当 X 为离散型随机变量时,称 X 的分布律为总体分布律或总体概率函数. 当 X 为连续型随机变量时,称 X 的密度函数为总体密度函数. 总体可以是一维随机变量,也可以是多维随机变量.

二、简单随机样本

数理统计方法实质上是由局部来推断整体的方法,即通过一些个体的特征来推断总体的特征. 要作统计推断,首先要依照一定的规则抽取 n 个个体,即进行测试或观察得到一组数据 $x_1, x_2, \cdots, x_n$,这一过程称为抽样. 由于抽样前无法知道得到的数据值,因而站在抽样前的立场上,可能得到的结果为对于 n 维随机向量 $(X_1, X_2, \cdots, X_n)$. 如果它满足:

① $X_1, X_2, \cdots, X_n$ 相互独立;

② $X_1, X_2, \cdots, X_n$ 服从相同的分布,即总体分布;

则称 $X_1, X_2, \cdots, X_n$ 为简单随机样本,简称"样本";称 n 为样本容量;称 $(x_1, x_2, \cdots, x_n)$ 为 $(X_1, X_2, \cdots, X_n)$ 的一组样本观测值.

比如,我们要了解一袋米的质量好坏,这袋米(的质量)就是总体,袋中每粒米(的质量)就是个体. 为研究这袋米的质量,从中随机抓出一把米观察,抓米的过程就是抽样,抓出的米就是样本(值).

设总体 X 的概率函数(密度函数)为 $f(x)$,分布函数为 $F(x)$,则样本 $(X_1, X_2, \cdots, X_n)$ 的联合概率函数(联合密度函数)为

$$f(x_1, x_2, \cdots, x_n) = f(x_1) f(x_2) \cdots f(x_n) = \prod_{i=1}^{n} f(x_i),$$

联合分布函数为

$$F(x_1, x_2, \cdots, x_n) = F(x_1) F(x_2) \cdots F(x_n) = \prod_{i=1}^{n} F(x_i).$$

例1 设总体 $X \sim E(2)$,X_1, X_2, X_3, X_4 为来自 X 的样本,求 X_1, X_2, X_3, X_4 的联合概率密度和联合分布函数.

解 X 的概率密度为 $f_X(x) = \begin{cases} 2e^{-2x}, & x > 0, \\ 0, & x \leqslant 0, \end{cases}$ 其分布函数为

$$F_X(x) = \begin{cases} 1 - e^{-2x}, & x > 0, \\ 0, & x \leqslant 0, \end{cases}$$

X_1, X_2, X_3, X_4 的联合密度函数为

$$f(x_1, x_2, x_3, x_4) = f_X(x_1) f_X(x_2) f_X(x_3) f_X(x_4)$$

$$= \begin{cases} 16e^{-2\sum\limits_{i=1}^{4} x_i}, & x_i > 0, \ i = 1, 2, 3, 4, \\ 0, & \text{其他}, \end{cases}$$

X_1, X_2, X_3, X_4 的联合分布函数为

$$F(x_1, x_2, x_3, x_4) = F_X(x_1)F_X(x_2)F_X(x_3)F_X(x_4)$$

$$= \begin{cases} \prod_{i=1}^{4}(1 - e^{-2x_i}), & x_i > 0, i = 1, 2, 3, 4, \\ 0, & \text{其他.} \end{cases}$$

例2 已知总体 X 的分布为 $P\{X = i\} = 1/4, i = 0, 1, 2, 3$. 从该总体中抽取 $n = 80$ 的简单随机样本 $X_1, X_2, \cdots, X_{80}$. 求 $Y = \sum_{i=1}^{80} X_i$ 大于 114.6 小于 136.1 的概率.

解 $EY = \sum_{i=1}^{80} EX_i = \dfrac{6}{4} \times 80 = 120,$

$DY = \sum_{i=1}^{80} DX_i = \dfrac{5}{4} \times 80 = 100,$

依中心极限定理得

$$P\{114.6 < Y < 136.1\} = P\left\{\frac{114.6 - 120}{10} < \frac{Y - 120}{10} < \frac{136.1 - 120}{10}\right\}$$
$$\approx \Phi(1.61) - \Phi(-0.54)$$
$$= 0.9463 - 1 + 0.7054$$
$$= 0.6517.$$

§6.2 统计量及其分布

一、统计量

1. 统计量概念

设 $X_1, X_2, \cdots, X_n$ 是来自总体 X 的一个样本, $g(X_1, X_2, \cdots, X_n)$ 是一个 n 元函数, 如果 g 中不含任何总体的未知参数, 则称 $g(X_1, X_2, \cdots, X_n)$ 为一个统计量. 对抽样得到一组样本观测值 $x_1, x_2, \cdots, x_n$, 称 $g(x_1, x_2, \cdots, x_n)$ 为统计量观测值或统计量值.

注意 统计量是样本的函数, 是随机变量, 而统计量观测值是数.

例3 设 $X_1, X_2, \cdots, X_n$ 是来自总体 X 的样本, $X \sim N(\mu, \sigma^2)$, 其中 μ 是已知参数, σ^2 为未知参数, 则 X_1、$\max\{X_1, X_2, \cdots, X_n\}$、$\dfrac{1}{n}\sum_{i=1}^{n}(X_i - \mu)^2$ 均为统计量, 而 X_1/σ 不是统计量.

2. 常用统计量

设 $X_1, X_2, \cdots, X_n$ 是来自总体 X 的样本, $Y_1, Y_2, \cdots, Y_n$ 是来自总

体 Y 的样本. 常用统计量有

(1) 样本 k 阶原点矩. 样本 k 阶原点矩为 $\frac{1}{n}\sum\limits_{i=1}^{n}X_i^k$, 其中 k 是自然数. 特别地, 样本的 1 阶原点矩 $\frac{1}{n}\sum\limits_{i=1}^{n}X_i$ 记为 $\overline{X}$, 即 $\overline{X}=\frac{1}{n}\sum\limits_{i=1}^{n}X_i$, 又称为样本均值, 其观察值为 $\overline{x}=\frac{1}{n}\sum\limits_{i=1}^{n}x_i$.

(2) 样本 k 阶中心矩. 样本 k 阶中心矩为 $\frac{1}{n}\sum\limits_{i=1}^{n}(X_i-\overline{X})^k$, 其中 k 是自然数. 特别地, 样本 2 阶中心矩 $\frac{1}{n}\sum\limits_{i=1}^{n}(X_i-\overline{X})^2$ 记为 S^2, 即 $S^2=\frac{1}{n}\sum\limits_{i=1}^{n}(X_i-\overline{X})^2$ 又称为样本方差, 其观察值为 $s^2=\frac{1}{n}\sum\limits_{i=1}^{n}(x_i-\overline{x})^2$.

样本方差的均方根称为样本标准差. 容易得到

$$S^2=\frac{1}{n}\sum_{i=1}^{n}(X_i-\overline{X})^2=\frac{1}{n}\sum_{i=1}^{n}X_i^2-\overline{X}^2,$$

$$s^2=\frac{1}{n}\sum_{i=1}^{n}(x_i-\overline{x})^2=\frac{1}{n}\sum_{i=1}^{n}x_i^2-\overline{x}^2.$$

称 $S^2=\frac{1}{n-1}\sum\limits_{i=1}^{n}(X_i-\overline{X})^2$ 为修正样本方差, 其均方根称为修正样本标准差, 记为 S.

(3)* 样本相关系数. 称 $r=\dfrac{\sum\limits_{i=1}^{n}(X_i-\overline{X})(Y_i-\overline{Y})}{\sqrt{\sum\limits_{i=1}^{n}(X_i-\overline{X})^2}\sqrt{\sum\limits_{i=1}^{n}(Y_i-\overline{Y})^2}}$

为样本 $(x_i,y_i)(i=1,2,\cdots,n)$ 的 (积差) 相关系数, 将在第 9 章中介绍.

例 4 设总体 X 的期望 $EX=\mu$, 方差 $DX=\sigma^2$, $X_1,X_2,\cdots,X_n$ 是来自总体 X 的样本, $\overline{X}$ 与 S^2 分别是样本均值和修正样本方差, 则 $E\overline{X}=\mu$, $D\overline{X}=\dfrac{\sigma^2}{n}$, $ES^2=\sigma^2$.

解 $E\overline{X}=E\left(\dfrac{1}{n}\sum\limits_{i=1}^{n}X_i\right)=\dfrac{1}{n}\sum\limits_{i=1}^{n}EX_i=\dfrac{1}{n}\sum\limits_{i=1}^{n}\mu=\mu,$

$D\overline{X}=D\left(\dfrac{1}{n}\sum\limits_{i=1}^{n}X_i\right)=\dfrac{1}{n^2}\sum\limits_{i=1}^{n}DX_i=\dfrac{1}{n^2}\sum\limits_{i=1}^{n}\sigma^2=\dfrac{\sigma^2}{n}.$

由于

$$\sum_{i=1}^{n}(X_i-\overline{X})^2=\sum_{i=1}^{n}\left[(X_i-\mu)-(\overline{X}-\mu)\right]^2$$

$$=\sum_{i=1}^{n}(X_i-\mu)^2-n\,(\overline{X}-\mu)^2,$$

所以

$$E\,S^2=\frac{1}{n-1}\left[\sum_{i=1}^{n}E(X_i-\mu)^2-nE\,(\overline{X}-\mu)^2\right]$$

$$=\frac{1}{n-1}[n\sigma^2-n\times\frac{\sigma^2}{n}]=\sigma^2.$$

3. 经验分布函数[*]

从总体 X 中抽取容量为 n 的样本 $X_1,X_2,\cdots,X_n$,将其观察值 $x_1,x_2,\cdots,x_n$ 从小到大排后为 $x_{(1)}\leqslant x_{(2)}\leqslant\cdots\leqslant x_{(n)}$,对任何实数 x,定义函数

$$F_n(x)=\begin{cases}0,\ x<x_{(1)},\\ k/n,\ x_{(k)}\leqslant x<x_{(k+1)},k=1,2,\cdots,k-1,\\ 1,x\geqslant x_{(n)}.\end{cases}$$

$F_n(x)$ 是观察值 $x_1,x_2,\cdots,x_n$ 中小于 x 的频率. 容易验证 $F_n(x)$ 是分布函数,称其为总体的经验分布函数. $F_n(x)$ 依概率收敛于总体分布函数.

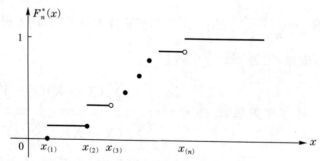

图 6-1 经验分布函数

二、抽样分布

统计量也是随机变量,因而就有分布,这个分布叫做统计量的"抽样分布".

1. 三个重要分布

(1) χ^2 分布. 设 $X_1,X_2,\cdots,X_n$ 为来自总体 $N(0,1)$ 的样本,称随机变量 $\chi^2=X_1^2+X_2^2+\cdots+X_n^2$ 的分布为自由度是 n 的 χ^2 分布,记为 $\chi^2\sim\chi^2(n)$. 称满足

$$P\{\chi^2\geqslant\chi_\alpha^2(n)\}=\alpha\ (0<\alpha<1)$$

的数值 $\chi_\alpha^2(n)$ 为 $\chi^2(n)$ 分布的上 α 分位点,
如图 6-2 所示.

由 n 和 α 从附表 2 可查得 $\chi_\alpha^2(n)$. 容易
得到:

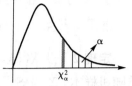

图 6-2 χ^2 分布上分位点

若 $\chi_1^2 \sim \chi^2(m)$, $\chi_2^2 \sim \chi^2(n)$, 且它们相
互独立,则 $\chi_1^2 + \chi_2^2 \sim \chi^2(m+n)$; $E[\chi^2(m)] = m , D[\chi^2(m)] = 2m$.

(2) t 分布. 设随机变量 X 与 Y
独立, $X \sim N(0,1)$, $Y \sim \chi^2(n)$, 则
称

$$T = \frac{X}{\sqrt{Y/n}}$$

的分布为自由度 n 的 t 分布,记为
$T \sim t(n)$. t 分布是对称分布,其密
度函数图形与标准正态分布接近. 称满足

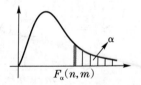

图 6-3 t 分布上分位点

$$P\{T \geqslant t_\alpha(n)\} = \alpha$$

的数值 $t_\alpha(n)$ 为 $t(n)$ 分布的上 α 分位点,如图 6-3 所示.

由 n 和 α 从附表 3 可查得 $t_\alpha(n)$.

显然 $t_\alpha(n) = -t_{1-\alpha}(n)$.

(3) F 分布. 设随机变量 X 与 Y 独立,
$X \sim \chi^2(n)$, $Y \sim \chi^2(m)$, 则称

$$F = \frac{X/n}{Y/m}$$

的分布为自由度 (n,m) 的 F 分布,记为

图 6-4 F 分布上分位点

$F \sim F(n,m)$. 称满足

$$P\{F \geqslant F_\alpha(n,m)\} = \alpha$$

的数值 $F_\alpha(n,m)$ 为 F 分布的上 α 分位点,如图 6-4 所示.且有

$$F_{1-\alpha}(n,m) = \frac{1}{F_\alpha(m,n)}.$$

由 n,m 和 α 从附表 4 可查得 $F_\alpha(n,m)$.

例 5 查表:

$t_{0.1}(25) = 1.3163$; $t_{0.9}(25) = -1.3163$; $\chi_{0.05}^2(10) = 18.307$;
$F_{0.05}(10,14) = 2.54$; $F_{0.1}(10,14) = 2.10$.

2. 正态总体的抽样分布

定理 1 设 $X_1, X_2, \cdots, X_n$ 是来自正态总体 $N(\mu, \sigma^2)$ 的一个简
单随机样本, $\overline{X}$ 与 S^2 分别为样本均值和修正样本方差,则有

① $\overline{X} \sim N(\mu, \dfrac{\sigma^2}{n})$;

② $\overline{X}$ 与 S^2 相互独立；

③ $\dfrac{n-1}{\sigma^2} S^2 \sim \chi^2(n-1)$.

定理 2 设 $X_1, X_2, \cdots, X_n$ 是来自正态总体 $N(\mu, \sigma^2)$ 的一个简单随机样本，$\overline{X}$ 与 S^2 分别为样本均值和修正样本方差，则有

$$T = \frac{\overline{X}-\mu}{S^2}\sqrt{n} \sim t(n-1).$$

证 由定理 1 知 $\overline{X} \sim N(\mu, \dfrac{\sigma^2}{n})$，从而 $\dfrac{\overline{X}-\mu}{\sigma}\sqrt{n} \sim N(0,1)$.

又由定理 1 知 $\dfrac{(n-1) S^2}{\sigma^2} \sim \chi^2(n-1)$，且 $\dfrac{\overline{X}-\mu}{\sigma}\sqrt{n}$ 与

$\dfrac{(n-1) S^2}{\sigma^2}$ 独立. 因此，由 t 分布定义得

$$\frac{\overline{X}-\mu}{\sigma}\sqrt{n} \Big/ \sqrt{\frac{(n-1) S^2}{\sigma^2(n-1)}} = \frac{\overline{X}-\mu}{S}\sqrt{n} \sim t(n-1).$$

定理 3 设 $X_1, X_2, \cdots, X_n$ 是取自正态总体 $N(\mu_1, \sigma_1^2)$ 的一个样本，$Y_1, Y_2, \cdots, Y_m$ 是取自正态总体 $N(\mu_2, \sigma_2^2)$ 的一个样本，且 $(X_1, X_2, \cdots, X_n)$ 与 $(Y_1, Y_2, \cdots, Y_m)$ 相互独立，记

$$\overline{X} = \frac{1}{n}\sum_{i=1}^{n} X_i, \quad \overline{Y} = \frac{1}{m}\sum_{i=1}^{m} Y_i,$$

$$S_1^2 = \frac{1}{n-1}\sum_{i=1}^{n}(X_i-\overline{X})^2, \quad S_2^2 = \frac{1}{m-1}\sum_{i=1}^{m}(Y_i-\overline{Y})^2,$$

$$S_w^2 = \frac{1}{m+n-2}\Big[\sum_{i=1}^{n}(X_i-\overline{X})^2 + \sum_{i=1}^{m}(Y_i-\overline{Y})^2\Big],$$

则

① $\dfrac{S_1^2/\sigma_1^2}{S_2^2/\sigma_2^2} \sim F(n-1, m-1)$；

② 当 $\sigma_1^2 = \sigma_2^2 = \sigma^2$ 时，$\dfrac{\overline{X}-\overline{Y}-(\mu_1-\mu_2)}{S_w\sqrt{\dfrac{1}{m}+\dfrac{1}{n}}} \sim t(m+n-2).$

证 ① 由两样本的独立性和定理 1③ 知 $\dfrac{(n-1) S_1^2}{\sigma_1^2} \sim \chi^2(n-1)$，

$\dfrac{(m-1) S_2^2}{\sigma_2^2} \sim \chi^2(m-1)$，且相互独立，从而由 F 分布的定义得

$$F = \frac{\dfrac{(n-1) S_1^2}{\sigma_1^2}/(n-1)}{\dfrac{(m-1) S_2^2}{\sigma_2^2}/(m-1)} = \frac{S_1^2/\sigma_1^2}{S_2^2/\sigma_2^2} \sim F(n-1, m-1).$$

证 ② 由两样本的独立性和定理 1① 知 $\overline{X} \sim N(\mu_1, \dfrac{\sigma^2}{n})$，

$\overline{Y} \sim N(\mu_2, \dfrac{\sigma^2}{m})$，且相互独立，故由正态分布性质得

$$U = \frac{\overline{X} - \overline{Y} - (\mu_1 - \mu_2)}{\sigma \sqrt{\dfrac{1}{m} + \dfrac{1}{n}}} \sim N(0,1).$$

同样由两样本的独立性和定理1③知 $\dfrac{(n-1)S_1^2}{\sigma^2} \sim \chi^2(n-1)$，

$\dfrac{(m-1)S_2^2}{\sigma^2} \sim \chi^2(m-1)$，且相互独立，故由 χ^2 分布的性质得

$$V = \frac{(n-1)S_1^2}{\sigma^2} + \frac{(m-1)S_2^2}{\sigma^2} \sim \chi^2(m+n-2),$$

再由两样本的独立性和定理1②知 U 和 V 独立，故由 t 分布定义得

$$T = \frac{U}{\sqrt{V/(m+n-2)}} = \frac{\overline{X} - \overline{Y} - (\mu_1 - \mu_2)}{S_w \sqrt{\dfrac{1}{m} + \dfrac{1}{n}}} \sim t(m+n-2).$$

例6 设总体 $X \sim N(0,2)$，$X_1, X_2, \cdots, X_{10}$ 是取自正态总体 X 的样本，求 $P\{\sum\limits_{i=1}^{10} X_i^2 > 32\}$.

解 $P\{\sum\limits_{i=1}^{10} X_i^2 > 32\} = P\{\sum\limits_{i=1}^{10} (\dfrac{X_i}{\sqrt{2}})^2 > \dfrac{32}{2}\}$

$$= P\{\chi^2(10) > 16\} \approx 0.1. \text{（查附表2得）}$$

例7 设 $X_1, X_2, \cdots, X_9$ 是取自正态总体 $N(0,1)$ 的一个样本，$Y_1, Y_2, \cdots, Y_9$ 是取自正态总体 $N(0,1)$ 的一个样本，且 $(X_1, X_2, \cdots, X_9)$ 与 $(Y_1, Y_2, \cdots, Y_9)$ 相互独立，求

$$T = \frac{X_1 + X_2 + \cdots + X_9}{\sqrt{Y_1^2 + Y_2^2 + \cdots + Y_9^2}}$$

的分布.

解 显然 $\sum\limits_{i=1}^{9} X_i \sim N(0,9)$，$\dfrac{1}{3}\sum\limits_{i=1}^{9} X_i \sim N(0,1)$，$\sum\limits_{i=1}^{9} Y_i^2 \sim \chi^2(9)$，

且 $\dfrac{1}{3}\sum\limits_{i=1}^{9} X_i$ 与 $\sum\limits_{i=1}^{9} Y_i^2$ 相互独立，由 t 分布定义得

$$T = \frac{X_1 + X_2 + \cdots + X_9}{\sqrt{Y_1^2 + Y_2^2 + \cdots + Y_9^2}} = \frac{\sum\limits_{i=1}^{9} X_i / 3}{\sqrt{\sum\limits_{i=1}^{9} Y_i^2 / 9}} \sim t(9).$$

例8 若从方差相等的两个正态总体中分别抽出 $m=8$ 和 $n=12$ 的独立样本，修正样本方差分别为 S_1^2 和 S_2^2，求 $P\{S_1^2 / S_2^2 < 4.89\}$.

解 由定理3①知 $F = \dfrac{S_1^2}{S_2^2} \sim F(7,11)$，$P\{S_1^2 / S_2^2 < 4.89\} =$

$1-P\{F\geqslant 4.89\}$, 查附表 4 得 $F_{0.01}(7,11)=4.89$, 故 $P\{S_1^2/S_2^2<4.89\}=1-0.01=0.99$.

例 9 某食盐厂用包装机包装食盐,每袋重量 500 g. 通常在包装机正常的情况下,袋装食盐的重量 X 服从正态分布,均值为 500 g,标准差为 25 g. 为进行生产质量控制,他们每天从当天的产品中随机抽出 30 袋进行严格称重,以检验包装机工作是否正常. 某日,该厂随机抽取 30 袋盐称得重量为如下表所示.

表 6-1　30 袋食盐重量

475	500	485	454	504	439	492	501	463	461
464	494	512	451	434	511	513	490	521	514
449	467	499	484	508	478	479	499	529	480

从这些数据看,包装机的工作正常吗?

解　设 $X_1,X_2,\cdots,X_{30}$ 为来自袋装盐重量总体 $X\sim N(500,25^2)$ 的样本. 由抽样数据得到: $\overline{X}=\dfrac{1}{30}\sum\limits_{i=1}^{30}x_i=485$, $500-\overline{X}=15$. 由定理 1 知 $\overline{X}\sim N\left(500,\dfrac{25^2}{30}\right)$, 因此

$$P\{|\overline{X}-500|\geqslant 15\}=1-P\{485<\overline{X}<515\}$$
$$\approx 2-2\Phi(3.28)\approx 0.0010.$$

这说明,如果包装机工作正常,$P\{|\overline{X}-500|\geqslant 15\}$ 是一个小概率,但在本次抽样中却出现了"$500-\overline{X}=15$",因此可以推断包装机出现故障,工作不正常.

≫ 串讲与答疑 ≪

一、串讲小结

本章是为统计推断做准备的. 本章的主线是 $\chi^2(n)$、$t(n)$ 和 $F(n,m)$ 这三种统计量分布的构成及其上临界值,重点是来自正态分布总体的抽样分布的几个结论.

总体、个体、样本、统计量是数理统计的基本概念,需要理解掌握. 数理统计中研究的总体是一个随机变量 X 或概率分布,其中有未知信息,要对未知信息进行统计推断. 统计推断就是由获得的局部信息推断总体. 这个局部信息就是从总体中取得的样本 $X_1,X_2,\cdots,X_n$. 为使其能科学反映总体,要求从所研究总体 X 中随机抽取样本,所以样本 $X_1,X_2,\cdots,X_n$ 是相互独立且与总体 X 同分布的一组随机变量.

　　由于样本中含有总体 X 中各种各样的信息，为了推断未知 θ，需要利用合适的函数 $g(x_1, x_2, \cdots, x_n)$，将样本 $X_1, X_2, \cdots, X_n$ 加工为 $g(X_1, X_2, \cdots, X_n)$，以提炼样本中有关 θ 的信息而去掉无关信息．这个不含未知参数 θ 的样本的函数 $g(X_1, X_2, \cdots, X_n)$ 就是统计量．样本矩是常用统计量．样本均值是样本的 1 阶原点矩，样本方差 S^2 是样本的 2 阶中心矩，S^2 均方根为样本标准差．对 S^2 稍加变化得到修正样本方差 S．

　　为研究推断效果，必须了解用来推断的统计量的分布，即抽样分布．常用的抽样分布类型，除了正态分布还有 $\chi^2(n)$ 分布、$t(n)$ 分布和 $F(n, m)$ 分布．它们的概率为 α 的上临界值，分别表示为 $\chi_\alpha^2(n)$、$t_\alpha(n)$ 和 $F_\alpha(m, n)$．$N(0, 1)$ 的概率为 α 的上临界值，表示为 z_α．

$$-z_{1-\alpha} = z_\alpha, \quad -t_{1-\alpha}(n) = t_\alpha(n), \quad F_{1-\alpha}(n, m) = \frac{1}{F_\alpha(m, n)}.$$

　　来自正态分布总体的相关统计量的分布，是区间估计与假设检验的理论基础，非常重要，必须理解并熟记．

二、答疑解惑

1. 总体是一个随机变量或概率分布

　　我们知道，一个统计问题研究对象的全体称为总体（母体），总体中每个成员称为个体．然而在统计研究中，人们对总体仅仅是关心其每个个体的一项（或几项）数量指标和该数量指标在总体中的分布情况．因此，个体具有的数量指标的全体就是总体．由于每个个体的出现是随机的，所以相应的数量指标的出现也带有随机性，从而可以把这种数量指标看作一个随机变量．这样，总体就可以用一个随机变量及其分布来描述．因此，总体可以用随机变量（向量）X 表示，或用 X 的分布表示，如总体 X 或总体 $F(x)$．

2. 样本与样本值区别与联系

　　为了推断总体必须从总体中抽取若干个体进行观察，以获得有关总体的信息，这一过程就是"抽样"．某一次抽样得到的结果是一组数据 $x_1, x_2, \cdots, x_n$．然而，为了研究用样本推断总体中未知信息的方法，不能就某一次得到的结果来"就事论事"，这是毫无价值的，因为下次得到的结果会变．评价推断方法的好坏，要将抽样得到的结果看成随机的，来看这种方法在大量使用中表现出的统计规律．所以，抽样得到的一般结果是一组随机变量 $X_1, X_2, \cdots, X_n$，称作样本．而在一次具体抽样中得到的结果是一组数据 $x_1, x_2, \cdots, x_n$，是样本的一次取值，称为样本（观察）值．

用符号表示的样本与样本值，在推导及表达形式上没有差别，因此统称为样本，也常常不用大小写来区分它们，但它们是完全不同的，比较如下表 6-2.

表 6-2　样本与样本值区别与联系

	样本 $X_1, X_2, \cdots, X_n$	样本值 $x_1, x_2, \cdots, x_n$
区别	是一组独立同分布的随机变量	是一组数据
	是抽样得到的一般结果	是一次抽样得到的具体结果
	用于研究推断方法	用于使用推断方法
联系	用符号表示的形式上相同	
	样本值是样本的一次取值	
	统称样本	
	都用于推断	

3. 统计量中不能含有未知参数

为了推断总体 X 中未知参数 θ，需要从总体 X 中取得样本 $X_1, X_2, \cdots, X_n$，而该样本中含有总体 X 中各种各样信息. 为了推断 θ，就需要把样本 $X_1, X_2, \cdots, X_n$ 进行加工提炼，将其中 θ 的信息突显出来而去掉无关信息. 为此，利用合适的函数 $g(x_1, x_2, \cdots, x_n)$，将样本 $X_1, X_2, \cdots, X_n$ 加工为 $g(X_1, X_2, \cdots, X_n)$. 这里的 $g(X_1, X_2, \cdots, X_n)$ 就是统计量. 为了能推断未知 θ，$g(X_1, X_2, \cdots, X_n)$ 中不能含有未知参数. 否则，就无法依靠样本观测值求出未知参数的估计值. 所以，统计量是不含未知参数的样本的(可测)函数.

4. 统计量与统计量值的区别与联系

用于估计未知参数的统计量与统计量值分别叫做估计量与估计量值. 统计量与统计量值的区别与联系类似于样本与样本值的区别与联系，比较如下表 6-3 所示.

表 6-3　统计量与统计量值的区别与联系

	统计量 $g(X_1, X_2, \cdots, X_n)$	统计量值 $g(x_1, x_2, \cdots, x_n)$
区别	是样本的函数	是样本值对应的结果
	是随机变量	是一个数值
	是推断的一般方法、公式	是一次推断的具体结果
	用于研究推断方法	用于使用推断方法
联系	用符号表示的形式上相同	
	统计量值是统计量的一次取值	
	都用于推断	

5. 区分样本的联合分布与它们和的分布

样本的联合分布与它们和的分布是不同的，初学者要注意区分. 样本 $X_1, X_2, \cdots, X_n$ 的联合分布是 n 维分布,它们和的分布是 1 维分布. 例如,设 $X_1, X_2, \cdots, X_n$ 是取自以下总体:

$$P(X = 1) = p, P(X = 0) = 1 - p, i = 1, 2, \cdots, n$$

的样本,则 $(X_1, X_2, \cdots, X_n)$ 的联合分布为

$$P(X_1 = x_1, X_2 = x_2, \cdots, X_n = x_n) = p^{\sum\limits_{i=1}^{n} x_i} (1 - p)^{n - \sum\limits_{i=1}^{n} x_i},$$
$$x_i = 0 \text{ 或 } 1, i = 1, 2, \cdots, n$$

而它们和的分布是 $\sum\limits_{i=1}^{n} X_i \sim B(n, p)$.

6. 理解分布的(上)临界值

本书分布的临界值是指上临界值,有的书是指下临界值.

临界值是一个数值,是分布密度的自变量的一个取值,它与给定的分布与概率 α 有关,所以,不同分布的临界值符号不同:

z_α 表示标准正态分布的概率为 α 的上临界值,即服从标准正态分布的随机变量取值落在 $[z_\alpha, +\infty)$ 中的概率为 α. 设 $\Phi(x)$ 为标准正态分布的分布函数,则 $\Phi(z_\alpha) = 1 - \alpha$.

$\chi_\alpha^2(n)$ 表示自由度为 n 的 χ^2 分布的概率为 α 的上临界值,即服从自由度为 n 的 χ^2 分布的随机变量取值落在 $[\chi_\alpha^2, +\infty)$ 中的概率为 α.

$t_\alpha(n)$ 表示自由度为 n 的 t 分布的概率为 α 的上临界值,即服从自由度为 n 的 t 分布的随机变量取值落在 $[t_\alpha(n), +\infty)$ 中的概率为 α.

$F_\alpha(m, n)$ 表示自由度为 m, n 的 F 分布的概率为 α 的上临界值,即服从自由度为 m, n 的 F 分布的随机变量取值落在 $[F_\alpha(m, n), +\infty)$ 中的概率为 α.

7. 注意样本方差的定义

本书中样本方差定义为

$$S^2 = \frac{1}{n} \sum_{i=1}^{n} (X_i - \overline{X})^2,$$

而把 $S^2 = \frac{1}{n-1} \sum\limits_{i=1}^{n} (X_i - \overline{X})^2$ 定义为修正样本方差. 注意有的书将本书中的修正样本方差定义为样本方差. 在大样本下往往不区分样本方差与修正样本方差.

≫ 拓展提升 ≪

1. 抽样分布、总体分布与样本分布概念辨析

统计量是样本的函数,而样本是随机变量,故统计量也是随机变量,因而就有一定的分布,这个分布叫做抽样分布. 抽样分布就是通常的随机变量函数(样本)的分布,叫做抽样分布是习惯,强调这

一分布是由抽样产生的.

抽样分布、总体分布和样本分布是三个不同概念. 总体分布是总体 X 的概率分布,样本分布是指样本内个体数值的频数分布. 比如,将 6000 个学生数学考试分数作为总体,这 6000 个分数的频率分布是总体分布. 为研究这个总体,如果从中随机抽取 100 个分数作为样本,这 100 个分数的频率分布是样本分布. 若对抽取到的 100 个分数计算平均数后还回总体,再从中随机抽取 100 个分数并计算它们的平均数. 这样反复抽下去,就获得 100 个分数计算的一切可能的平均数,这些平均数的频率分布是样本平均数这个统计量的分布,又叫做样本平均数的抽样分布.

2. 理解自由度含义

所谓自由度,通常是指不受任何约束,可以自由变动的变量的个数. 在数理统计中,自由度是对随机变量的二次型(或称为二次统计量)而言的. 因为一个含有 n 个变量的二次型 $\sum_{i=1}^{n}\sum_{j=1}^{n}a_{ij}X_iX_j(a_{ij}=a_{ji}$, $i,j=1,2,\cdots,n)$ 的秩是指对称矩阵 $A=(a_{ij})_{n\times n}$ 的秩,它的大小反映 n 个变量中能自由变动的无约束变量的多少. 我们所说的自由度,就是二次型的秩.

≫ 作业设计 ≪

【6.1A 本节内容作业】

6.1A-1 设 $X_1,X_2,\cdots,X_6$ 是来自 $(0,\theta)$ 上的均匀分布的样本,写出样本的联合密度函数.

6.1A-2 设 $X_1,X_2,\cdots,X_6$ 是来自服从参数为 λ 的泊松分布 $P(\lambda)$ 的样本,试写出样本的联合分布律.

6.1A-3 设 $(X_1,X_2,\cdots,X_n)$ 是取自总体 $X\sim E(\lambda)$ 的一个样本,写出样本的联合分布.

【6.1C 跨章内容作业】

6.1C-1 设总体 $X\sim N(10,6)$, $X_1\cdots,X_6$ 是它的一个样本,$Z=\sum_{i=1}^{6}X_i$. (1) 写出 Z 的概率密度; (2) 求 $P(Z>66)$.

6.1C-2 某市有 100000 个年满 18 岁的居民,他们中 10% 年收入超过 15 万,20% 受过高等教育. 今从中抽取 1600 人的随机样本,求:

(1) 样本中不少于 11％的人年年收入超过 15 万的概率；

(2) 样本中 19％和 21％之间的人受过高等教育的概率.

6.1C-3　某区有 25000 户家庭，10％的家庭没有汽车，今有 1600 户家庭的随机样本，试求 9％～11％之间的样本家庭没有汽车的概率.

6.1C-4　设 (X_1, X_2) 是取自总体 X 的一个样本. 试证：$X_1 - \overline{X}$ 与 $X_2 - \overline{X}$ 的相关系数为 -1，其中 $\overline{X} = \dfrac{1}{2}(X_1 + X_2)$.

【6.2A 本节内容作业】

6.2A-1　设 (X_1, X_2, X_3) 是取自正态总体 $N(\mu, \sigma^2)$ 的一个样本，其中 μ 已知但 σ^2 未知. 试问，下列随机变量中哪些是统计量？哪些不是统计量？

(1) $\dfrac{1}{4}(2X_1 + X_2 + X_3)$；

(2) $\dfrac{1}{\sigma^2}\sum\limits_{i=1}^{3}(X_i - \overline{X})^2$），其中 $\overline{X} = \dfrac{1}{3}\sum\limits_{i=1}^{3}X_i$；

(3) $\sum\limits_{i=1}^{3}(X_i - \mu)^2$；

(4) $\min(X_1, X_2, X_3)$；

(5) 经验分布函数 $F_3(x)$ 在 $x = -1$ 处的值 $F_3(-1)$.

6.2A-2　设 $X \sim N(\mu, \sigma^2)$，μ 未知，且 σ^2 已知，$X_1, \cdots, X_n$ 为取自此总体的一个样本，指出下列各式中哪些是统计量，哪些不是？为什么？

(1) $X_1 + X_2 + X_n - \mu$；　　　　(2) $(X_n - X_{n-1})/\sigma$；

(3) $\dfrac{\overline{X} - \mu}{\sigma}$；　　　　(4) $\sum\limits_{i=1}^{n}\dfrac{(X_i - \mu)^2}{\sigma^2}$.

6.2A-3　当样本大小 $n = 2$ 时，试证 $\dfrac{1}{2}(X_1 - X_2)^2 = 2S^2$.

6.2A-4　设 $X_1, X_2, \cdots, X_6$ 是来自 $(0, \theta)$ 上的均匀分布的样本，$\theta > 0$ 未知.

(1) 指出下列样本函数中哪些是统计量，哪些不是？为什么？

① $T_1 = \dfrac{X_1 + X_2 + \cdots + X_6}{6}$；② $T_2 = X_6 - \theta$；

③ $T_3 = X_6 - E(X_1)$；④ $T_4 = \max(X_1, X_2, \cdots, X_6)$.

(2) 设样本的一组观察值是：0.5，1，0.7，0.6，1，1. 写出样本均值、样本方差和样本标准差值.

6.2A-5 查表求 $\chi^2_{0.99}(12)$, $\chi^2_{0.01}(12)$, $t_{0.99}(12)$, $t_{0.01}(12)$.

6.2A-6 设 $T \sim t(10)$，求常数 c，使 $P(T > c) = 0.95$.

6.2A-7 设随机变量 $X \sim N(0,1)$，对给定的 $\alpha(0 < \alpha < 1)$，数 z_α 满足 $P(X > z_\alpha) = \alpha$. 求 $P(|X| < z_{\frac{\alpha}{2}})$.

6.2A-8 设 $\overline{X}$ 是取自服从 $N(\mu, 8)$ 的总体 X 的容量为 8 的样本均值，求 $D\overline{X}$ 和 $P\{\overline{X} < \mu\}$.

6.2A-9 设总体 $X \sim N(40, 5^2)$.

（1）抽取容量为 36 的样本，求 $P(38 \leqslant \overline{X} \leqslant 43)$；

（2）抽取容量为 64 的样本，求 $P(|\overline{X} - 40| < 1)$；

（3）取样本容量 n 多大时，才能使 $P(|\overline{X} - 40| < 1) = 0.95$.

6.2A-10 设总体 $X \sim N(80, 20^2)$，从总体中抽取一个容量为 100 的样本，问样本均值与总体均值之差的绝对值大于 3 的概率是多少？

6.2A-11 设总体 $X \sim N(\mu, 2^2)$，问至少应抽取多大容量的样本，才能使样本均值与总体均值的差小于 0.4 的概率大于等于 0.95.

6.2A-12 在均值为 μ，标准差为 σ 的正态总体中随机抽得容量为 n 的样本，$\overline{X}$ 为样本均值. 若 $P\{|\overline{X} - \mu| \geqslant M\}$ 的概率为 0.05，求 M.

6.2A-13 设 $(X_1, X_2, \cdots, X_n)$ 为总体 $N(1, 2^2)$ 的一个样本，则 $\frac{1}{4} \sum_{i=1}^{n} (X_i - 1)^2$ 服从什么分布？

6.2A-14 设 $X_1, X_2, \cdots, X_n$ 是来自正态总体 $N(0, \sigma^2)$ 的样本，试证：(1) $\frac{1}{\sigma^2} \sum_{i=1}^{n} X_i^2 \sim \chi^2(n)$；(2) $\frac{1}{n\sigma^2} (\sum_{i=1}^{n} X_i)^2 \sim \chi^2(1)$.

6.2A-15 设 $X_1, \cdots, X_4$ 独立同服从 $N(0,4)$，试证：当 $a = \frac{1}{20}, b = \frac{1}{100}$ 时，$a(X_1 - 2X_2)^2 + b(3X_3 - 4X_4)^2 \sim \chi^2(2)$.

6.2A-16 设 X_1, X_2, X_3, X_4 是来自正态总体 $N(0,9)$ 的一个简单随机样本，则 $\xi = \frac{(X_2 + X_3 + X_4)^2}{3X_1^2}$ 服从什么分布？

6.2A-17 设 $X_1, X_2, \cdots, X_5$ 独立且同服从 $N(0,1)$.

（1）试给出常数 c，使得 $c(X_1^2 + X_2^2)$ 服从 χ^2 分布，并指出它的自由度；

（2）试给出常数 d，使得 $d \dfrac{X_1 + X_2}{\sqrt{X_3^2 + X_4^2 + X_5^2}}$ 服从 t 分布，并指出它的自由度.

6.2A-18 设总体 $X \sim N(0,1)$，从此总体中取一个容量为 6 的样本 $(X_1, \cdots, X_6)$，设 $Y = (X_1 + X_2 + X_3)^2 + (X_4 + X_5 + X_6)^2$，

试决定常数 c，使得随机变量 cY 服从 χ^2 分布．

6.2A-19　设随机变量 X,Y 相互独立，均服从正态分布 $N(0,3^2)$，且 $X_1,\cdots,X_9$ 与 $Y_1,\cdots,Y_9$ 分别为来自总体 X,Y 的简单样本，求统计量 $U=\dfrac{X_1+\cdots+X_9}{\sqrt{Y_1^2+\cdots+Y_9^2}}$ 的分布．

【6.2B 跨节内容作业】

6.2B-1　设 $(X_1,X_2,\cdots,X_{10})$ 为总体 $X\sim N(0,1)$ 的一个样本，$\overline{X}$ 为样本均值，S^2 为样本方差．求 $3\,\overline{X}/S$ 和 $3X_1^2/\displaystyle\sum_{i=2}^{4}X_i^2$ 的分布．

6.2B-2　设 $(X_1,\cdots,X_n,X_{n+1})$ 是取自正态总体 $N(\mu,\sigma^2)$ 的一个样本，记 $\overline{X}=\dfrac{1}{n}\displaystyle\sum_{i=1}^{n}X_i$，$S^2=\dfrac{\displaystyle\sum_{i=1}^{n}(X_i-\overline{X})^2}{n}$．

试证：$\sqrt{\dfrac{n-1}{n+1}}\dfrac{X_{n+1}-\overline{X}}{S}\sim t(n-1)$．

6.2B-3　设 $(X_1,\cdots,X_5)$ 是取自正态总体 $N(0,\sigma^2)$ 的一个样本．

(1) 证明：当 $k=\dfrac{3}{2}$ 时，$k\dfrac{(X_1+X_2)^2}{X_3^2+X_4^2+X_5^2}\sim F(1,3)$；

(2) 证明：当 $k=\left(\dfrac{3}{2}\right)^{\frac{1}{2}}$ 时，$k\left[\dfrac{(X_1+X_2)^2}{X_3^2+X_4^2+X_5^2}\right]^{\frac{1}{2}}\sim t(3)$；

(3) 若 $T\sim t(n)$，则 T^2 服从什么分布？

6.2B-4　设 $X_1,\cdots,X_9$ 是来自总体 $N(\mu,\sigma^2)$ 的样本，且 $Y_1=\dfrac{1}{6}(X_1+X_2+\cdots+X_6)$，$Y_2=\dfrac{1}{3}(X_7+X_8+X_9)$，$S^2=\dfrac{1}{2}\displaystyle\sum_{i=7}^{9}(X_i-Y_2)^2$．

求证：$Z=\dfrac{\sqrt{2}(Y_1-Y_2)}{S}\sim t(2)$．

6.2B-5　设 $X_1,X_2,\cdots,X_n,X_{n+1},\cdots,X_{n+m}$ 是来自正态总体 $N(0,\sigma^2)$ 容量为 $n+m$ 的样本，求下列统计量的抽样分布：

(1) $Y=\dfrac{1}{\sigma^2}\displaystyle\sum_{i=1}^{n+m}X_i^2$；(2) $Z=\dfrac{\sqrt{m}\displaystyle\sum_{i=1}^{n}X_i}{\sqrt{n}\sqrt{\displaystyle\sum_{i=n+1}^{n+m}X_i^2}}$；(3) $F=\dfrac{m\displaystyle\sum_{i=1}^{n}X_i^2}{n\displaystyle\sum_{i=n+1}^{n+m}X_i^2}$．

【6.2C 跨章内容作业】

6.2C-1　设 $X_1,\cdots,X_n$ 是来自总体 $\chi^2(m)$ 的样本．求样本均值 $\overline{X}$ 的期望与方差．

6.2C-2 在总体 $N(\mu,\sigma^2)$ 中抽取一容量为 n 的样本.

(1) 求 $E(S^2)$、$D(S^2)$;

(2) 当 $n=16$ 时,求 $P\{\dfrac{S^2}{\sigma^2}\leqslant 2.04\}$.

6.2C-3 设 $X_1,X_2,\cdots,X_n$ 是取自总体 X 的一个样本,$\overline{X}$ 与 S^2 分别为样本均值与样本方差.在下列四种情形下,分别求 $E(\overline{X})$,$D(\overline{X})$,$E(S^2)$.

(1) $X\sim P(\lambda)$;　　　(2) $X\sim B(1,p)$;

(3) $X\sim E(\lambda)$;　　　(4) $X\sim U(0,2\theta),\theta>0$.

6.2C-4 总体 X,Y 独立,$X\sim N(150,400)$,$Y\sim N(125,625)$,各从中抽取容量为 5 的样本,$\overline{X},\overline{Y}$ 分别为两个样本均值,求 $\overline{X}-\overline{Y}\leqslant 0$ 的概率.

6.2C-5 设 $(X_1,\cdots,X_m)$,$(Y_1,\cdots,Y_n)$ 分别是取自正态总体 $N(\mu_1,\sigma_1^2)$,$N(\mu_2,\sigma_2^2)$ 的两个独立样本,试求统计量 $U=a\overline{X}+b\overline{Y}$ 的分布,其中 a,b 是不全为零的已知常数.

6.2C-6 设总体 $X\sim N(\mu,\sigma^2)$,μ,σ^2 未知.样本容量 $n=16$,修正样本标准差 $S=2.3$,求 $P(|\overline{X}-\mu|<0.4)$.

6.2C-7 设从总体 $X\sim N(\mu,\sigma^2)$ 中抽取容量为 18 的样本,S^2 是修正样本方差,μ,σ^2 未知.求 $P\{S^2/\sigma^2\leqslant 1.2053\}$.

6.2C-8 设总体 X 服从参数为 $\dfrac{1}{\theta}$ 的指数分布($\theta>0$).从总体中抽取样本 $X_1,X_2,\cdots,X_n$,求证 $2n\overline{X}/\theta\sim\chi^2(2n)$.

6.2C-9* 假设 $F(x)$ 是总体 X 的分布函数,$F_n(x)$ 是基于来自总体 X 的容量为 n 的简单随机样本的经验分布函数.对于任意给定的 $x(-\infty<x<+\infty)$,试求 $F_n(x)$ 的概率分布、数学期望和方差.

第 6 章自测题

一、填空题

1. 设随机变量 X 和 Y 独立且都服从标准正态分布,则 $Z=X^2/Y^2$ 服从参数为_____的_____分布.

2. 设随机变量 X 服从自由度为 (f_1,f_2) 的 F 分布,则随机变量 $Y=\dfrac{1}{X}$ 服从_____分布.

3. 设 X 服从自由度为 v 的 t 分布,则 $Y=X^2$ 服从的_____分布.

4. 设 X_1,X_2,X_3,X_4 相互独立同服从标准正态分布,$\overline{X}$ 是算术平均值,则 $4\overline{X}^2$ 服从_____分布.

5. 设 $X_1, X_2, \cdots, X_n$ 为取自总体 $X \sim N(\mu, \sigma^2)$ 的一个样本,则 $Y = n\left(\dfrac{\overline{X} - \mu}{\sigma}\right)^2$ 服从 _____ 分布.

6. 假设总体 $X \sim N(0, 9)$,$X_1, X_2, \cdots, X_8$ 是来自总体 X 的简单随机样本,则统计量

$$Y = \frac{X_1 + X_2 + X_3 + X_4}{\sqrt{X_5^2 + X_6^2 + X_7^2 + X_8^2}}$$

服从 _____ 分布.

7. 设 $X_1, X_2, \cdots, X_{15}$ 相互独立且同服从 $N(0, 9)$,则统计量

$$Y = \frac{1}{2} \cdot \frac{X_1^2 + X_2^2 + \cdots + X_{10}^2}{X_{11}^2 + X_{12}^2 + \cdots + X_{15}^2}$$

服从 _____ 分布.

8. 设总体 $X \sim N(a, 2)$,$Y \sim N(B, 2)$,并且相互独立. 设分别来自总体 X 和 Y 的容量相应为 m、n 的独立样本的修正样本方差分别为 S_X^2, S_Y^2,则统计量 $\dfrac{1}{2}\big[(m-1)S_X^2 + (n-1)S_Y^2\big]$ 服从 _____ 分布.

9. 设 $\overline{X}, \overline{Y}$ 是来自同一正态总体 $N(\mu, a^2)$ 的两个相互独立且容量相同的两个样本均值,则满足 $P\{|\overline{X} - \overline{Y}| \geqslant \sigma\} \leqslant 0.05$ 的最小样本容量 $n \geqslant$ _____ .

10. 设 $(2, 1, 5, 2, 1, 3, 1)$ 是来自总体 X 的简单随机样本值,则总体 X 的经验分布函数 $F_n(x) =$ _____ .

二、选择题

1. 设随机变量 X 和 Y 同服从标准正态分布则( ).

(A) $X + Y$ 服从正态分布; 　　(B) $X^2 + Y^2$ 服从 χ^2 分布;

(C) X^2 / Y^2 服从 F 分布; 　　(D) X^2 与 Y^2 服从 χ^2 分布.

2. 设 $X_1, X_2, \cdots, X_9$ 是来自正态总体 $X \sim N(0, \sigma^2)$ 的简单随机样本,则服从 F 分布的统计量是( ).

(A) $Y = \dfrac{X_1^2 + X_2^2 + X_3^2}{X_4^2 + X_5^2 + \cdots + X_9^2}$;

(B) $Y = \dfrac{X_1^2 + X_2^2 + X_3^2 + X_4^2}{X_4^2 + X_5^2 + X_6^2 + X_7^2}$;

(C) $Y = \dfrac{X_1^2 + X_2^2 + X_3^2}{2(X_4^2 + X_5^2 + \cdots + X_9^2)}$;

(D) $Y = \dfrac{2(X_1^2 + X_2^2 + X_3^2)}{X_4^2 + X_5^2 + \cdots + X_9^2}$.

3. 设总体 X 的概率密度为 $f(x)$，而 $X_1,X_2,\cdots,X_n$ 是来自总体 X 的简单随机样本，$\overline{X},X_{(1)},X_{(n)}$ 相应为 $X_1,X_2,\cdots,X_n$ 的样本均值、最小观测值和最大观测值，则 $f(x)$ 是（   ）．

(A) $X_{(1)}$ 的概率密度；　　　(B) $X_{(n)}$ 的概率密度；

(C) X_1 的概率密度；　　　　(D) $\overline{X}$ 的概率密度．

4. 设随机变量 $X_1,X_2,\cdots,X_n(n>1)$ 独立同分布，其方差 $\sigma^2>0$．令随机变量 $Y=\dfrac{1}{n}\sum_{i=1}^{n}X_i$，则（   ）．

(A) $D(X_1+Y)=\dfrac{n+2}{n}\sigma^2$；　　(B) $D(X_1-Y)=\dfrac{n+1}{n}\sigma^2$；

(C) $\mathrm{cov}(X_1,Y)=\dfrac{\sigma^2}{n}$；　　　(D) $\mathrm{cov}(X_1,Y)=\sigma^2$．

三、解答题

1. 假设总体 X 服从正态分布 $N(\mu,4)$，由来自总体 X 的样本得样本均值 $\overline{X}$．试分别求满足下列各关系式的最小样本容量 n．

(1) $P(|\overline{X}-\mu|\leqslant 0.1)\geqslant 0.95$；

(2) $D(\overline{X})\leqslant 0.01$；

(3) $E(|\overline{X}-\mu|)\leqslant 0.01$．

2. 假设总体 X 服从正态分布 $N(12,4)$，$X_1,X_2,\cdots,X_5$ 是来自总体 X 的简单随机样本，$\overline{X}$ 为样本均值，$X_{(1)}$ 和 $X_{(5)}$ 分别是最小观测值和最大观测值．试分别求事件 $\{\overline{X}>13\}$，$\{X_{(1)}<10\}$ 和 $\{X_{(5)}>15\}$ 的概率．

3. 设 X 服从参数为 2 的泊松分布，$X_1,X_2,\cdots,X_{10}$ 是来自总体 X 的简单随机样本．

(1) 求 $X_1,X_2,\cdots,X_{10}$ 的联合分布律；(2) 求 $\overline{X}$ 的分布律．

4. 设 $F_{\alpha}(f_1,f_2)$ 是自由度为 (f_1,f_2) 的 F 分布水平 α 上侧分位数，证明：$F_{\alpha}(f_1,f_2)F_{1-\alpha}(f_2,f_1)=1$．

5. 设 $X_1,X_2,\cdots,X_9$ 是总体 $X\sim N(0,\sigma^2)$ 的一个样本，试确定 σ 的值，使 $P(1<\overline{X}<3)$ 为最大．

6. 设 X_1,X_2,X_3,X_4 是来自正态总体 $N(0,4)$ 的简单随机样本，记
$$X=a(X_1-2X_2)^2+b(3X_3-4X_4)^2.$$

(1) 当 a,b 为何值时，统计量 X 服从 χ^2 分布，其自由度为是多少？

(2) 当 X 服从 χ^2 分布时，求 EX 和 DX．

7. 设总体 $X\sim N(\mu,\sigma^2)$，而 $X_1,X_2,\cdots,X_{n+1}$ 是来自正态总体 X 的简单随机样本；$\overline{X}$ 和 S^2 相应为根据 $X_1,X_2,\cdots,X_n$ 计算的样本均值和修正样本方差．利用正态总体的样本均值和样本方差的性质，

证明统计量 $t = \dfrac{X_{n+1} - \overline{X}}{S} \sqrt{\dfrac{n}{n+1}} \sim t(n-1)$.

8. 设 $X_1, X_2, \cdots, X_{26}$ 是总体 $X \sim N(0, \sigma^2)$ 的一个样本,求概率

$$P\left\{ \frac{\displaystyle\sum_{i=1}^{10} X_i}{\sqrt{\displaystyle\sum_{j=11}^{26} X_j^2}} \leqslant t_\alpha(16) \frac{\sqrt{10}}{4} \right\}.$$

9. 设总体 X 服从 $N(a, 4)$ 分布,Y 服从 $N(b, 4)$ 分布,而 $X_1, X_2, \cdots,$ X_9 和 $Y_1, Y_2, \cdots, Y_{16}$ 分别是来自总体 X 和 Y 的两个独立的随机样本,

记 $W_1 = \displaystyle\sum_{i=1}^{9}(X_i - \overline{X})^2$,$W_2 = \displaystyle\sum_{i=1}^{16}(Y_i - \overline{Y})^2$,其中 $\overline{X} = \dfrac{1}{9}\displaystyle\sum_{i=1}^{9} X_i$,

$\overline{Y} = \dfrac{1}{16}\displaystyle\sum_{i=1}^{16} Y_i$.

(1) 求常数 C,使 $P\left(\dfrac{|\overline{Y} - b|}{\sqrt{W_2}} < C\right) = 0.9$;

(2) 求 $P\left(1.13 < \dfrac{W_1}{W_2} < 1.41\right)$.

10*. 设 $X_1, X_2, \cdots, X_m$ 和 $Y_1, Y_2, \cdots, Y_n$ 分别是取自两个独立的正态总体 $N(\mu_1, \sigma^2)$ 和 $N(\mu_2, \sigma^2)$ 的随机样本,α 和 β 是两个不全为 0 的实数,试求

$$Z = \frac{\alpha(\overline{X} - \mu_1) + \beta(\overline{Y} - \mu_2)}{\sqrt{\dfrac{(m-1)S_1^2 + (n-1)S_2^2}{m+n-2}} \sqrt{\dfrac{\alpha^2}{m} + \dfrac{\beta^2}{n}}}$$

的概率分布. 其中 $\overline{X}, S_1^2$ 和 $\overline{Y}, S_2^2$ 分别是两个总体的样本均值和修正样本方差.

第 7 章

参数估计

本章讨论参数估计问题. 这里的参数可以是总体中的未知参数,也可以是总体的某个数字特征. 若总体分布形式已知,但它的一个或多个参数未知时,就需借助取自总体的样本来估计未知参数. 参数估计分为点估计和区间估计.

【教学要求】

- 理解点估计和区间估计的概念.
- 熟练掌握矩估计法和最大似然估计法.
- 了解评价估计量的无偏性、有效性、相合性标准,掌握无偏性判断方法.
- 掌握单正态总体均值与方差的双侧置信区间的求法、两个正态总体的均值差与方差比的双侧置信区间的求法.
- 了解单侧置信区间的求法.

§7.1 点估计的思想方法

参数的点估计,就是利用样本的信息估计总体中的未知参数.

一、参数点估计的概念

设 $(X_1, X_2, \cdots, X_n)$ 是来自总体 X 的样本,θ 是总体 X 中的未知参数,若用一个统计量 $\hat{\theta} = \hat{\theta}(X_1, X_2, \cdots, X_n)$ 来估计 θ, 则称 $\hat{\theta} = \hat{\theta}(X_1, X_2, \cdots, X_n)$ 为参数 θ 的估计量. 按此方法,在抽样后得到的 $\hat{\theta}(x_1, x_2, \cdots, x_n)$ 称为参数 θ 的估计值. 这种估计称为点估计.

二、参数的矩法估计

1. 矩法估计思想

参数的矩估计法，又称"数字特征法估计"，它的基本思想是用样本矩估计总体的相应矩，用样本矩的连续函数估计总体矩的连续函数. 其中，用样本均值估计总体均值、用样本方差估计总体方差最为常用.

2. 矩估计基本方法

设总体 X 的分布中有 m 个未知参数 $\theta_1, \theta_2, \cdots, \theta_m$，且总体的 $1 \sim m$ 阶原点矩 $E(X^k)(1 \leqslant k \leqslant m)$ 存在，则它们都是 $\theta_1, \theta_2, \cdots, \theta_m$ 的函数. 令

$$\begin{cases} E(X) = \dfrac{1}{n} \sum_{i=1}^{n} X_i, \\[2mm] E(X^2) = \dfrac{1}{n} \sum_{i=1}^{n} X_i^2, \\[2mm] \qquad \cdots \\[2mm] E(X^m) = \dfrac{1}{n} \sum_{i=1}^{n} X_i^m, \end{cases}$$

从中解出未知参数 $\theta_1, \theta_2, \cdots, \theta_m$，并加"^"得 $\hat{\theta}_1, \hat{\theta}_2, \cdots, \hat{\theta}_m$，它们分别是 $\theta_1, \theta_2, \cdots, \theta_m$ 的矩估计.

注意　也可以令样本的其他数字特征等于总体相应的数字特征、令样本矩的连续函数等于总体矩的连续函数来解得矩估计.

例 1　设一大批产品的合格率是 p，每次从中抽出 10 件进行检验，共抽 15 次，每次抽出的 10 件中合格品的个数记录为 $8, 8, 7, 9,$ $7, 9, 7, 8, 9, 8, 8, 8, 7, 9, 8$，求合格率 p 的估计值.

解　用 X_i 表示第 i 次抽出的 10 件中合格品的个数，$i = 1, 2, \cdots, 15$，则可以认为 $X_1, X_2, \cdots, X_{15}$ 是来自总体 $X \sim B(10, p)$ 的样本. 令 $EX = \overline{X}$，即 $10p = \overline{X}$，解得 p 的矩估计量 $\hat{p} = \dfrac{\overline{X}}{10} = \dfrac{1}{10} \times \dfrac{1}{15} \sum_{i=1}^{15} X_i$.

代入具体数值得 p 的矩估计量值为

$$\hat{p} = \frac{1}{10} \times \frac{x_1 + x_2 + \cdots + x_{15}}{15} = 0.8.$$

例 2　设总体 $X \sim U(a, b)$，$X_1, X_2, \cdots, X_n$ 是来自总体 X 的一个样本，a, b 未知，求 a, b 的矩估计.

解　我们知道 $EX = \dfrac{a+b}{2}$，$DX = \dfrac{(b-a)^2}{12}$. 令

$$\begin{cases} EX = \overline{X}, \\ DX = S^2, \end{cases} \quad \text{即} \quad \begin{cases} \dfrac{a+b}{2} = \overline{X}, \\[2mm] \dfrac{(b-a)^2}{12} = S^2, \end{cases}$$

解得 a,b 的矩估计分别为 $\begin{cases} \hat{a} = \overline{X} - \sqrt{3}S, \\ \hat{b} = \overline{X} + \sqrt{3}S. \end{cases}$

例 3 设总体的密度函数为

$$f(x) = \begin{cases} \dfrac{1}{\theta}\mathrm{e}^{-\frac{x-\mu}{\theta}}, x > \mu, \\ 0, x \leqslant \mu, \end{cases}$$

其中 μ,θ 都是未知参数，$\theta > 0$. $X_1, X_2, \cdots, X_n$ 是来自总体 X 的一个样本，求 μ,θ 的矩估计.

解 $E(X-\mu) = \displaystyle\int_{-\infty}^{+\infty} (x-\mu)f(x)\mathrm{d}x = \theta,$

$D(X) = \displaystyle\int_{-\infty}^{+\infty} (x-\mu)^2 f(x)\mathrm{d}x = \theta^2.$ 令

$$\begin{cases} \theta + \mu = \dfrac{1}{n}\sum_{i=1}^{n} X_i, \\ \theta^2 = S^2. \end{cases}$$

解得 μ,θ 的矩估计分别为 $\hat{\mu} = \overline{X} - S, \hat{\theta} = S.$

矩估计既直观又简便，特别是在估计总体的均值、方差等数字特征时，不必知道总体的分布类型，这是矩估计的优点. 但矩估计也有不足之处：一是要求总体相应的矩存在；二是在总体分布类型已知的情形下，矩估计也未利用，这时它的估计效果可能比别的估计法低；三是矩估计量不具有唯一性.

三、最大似然估计法

1. 最大似然思想

最大似然思想可以简述为，一个随机试验有很多可能结果，如果在一次试验中，某结果发生了，则认为该结果（事件）发生的可能性（即概率）最大.

例 4 有两个外形相同的箱子，第一个箱中有 99 个白球和 1 个红球，第二个箱中有 1 个白球和 99 个红球. 现从两箱中任取一箱，并从中任取一球，结果所取到的球是白球，试估计所取到的球来自哪一箱？

应推测是第一箱. 因为从第一箱取到白球的概率是 0.99，推测第一箱更有利于白球的出现. 这种推测思路就是利用了最大似然思想.

根据最大似然思想，按照使已经发生的事件概率最大来确定估计量的方法，称为按照最大似然估计法确定的估计称为最大似然估计. 最大似然估计法也称为"极大似然估计法"，最大似然估计也称为"极大似然估计".

2. 求最大似然估计的方法

设总体 X 的密度函数或概率函数（即分布律）为 $f(x;\theta_1,\theta_2,\cdots,\theta_t)$（其中 θ_i 为未知参数, $i=1,2,\cdots,t$）, 已知 $(x_1,x_2,\cdots,x_n)$ 为总体 X 的样本 $(X_1,X_2,\cdots,X_n)$ 的观察值, 则求 θ_i 的最大似然估计值 $\hat{\theta}_i(1\leqslant i\leqslant t)$ 的步骤如下:

① 写出似然函数

$$L=L(x_1,x_2,\cdots,x_n;\theta_1,\theta_2,\cdots,\theta_t)=\prod_{i=1}^{n}f(x_i;\theta_1,\theta_2,\cdots,\theta_t);$$

② 求满足关系式

$$L(x_1,x_2,\cdots,x_n;\hat{\theta}_1,\hat{\theta}_2,\cdots,\hat{\theta}_t)=\max L(x_1,x_2,\cdots,x_n;\theta_1,\theta_2,\cdots,\theta_t)$$

或 $\ln L(x_1,x_2,\cdots,x_n;\hat{\theta}_1,\hat{\theta}_2,\cdots,\hat{\theta}_t)=\max\sum_{i=1}^{n}\ln f(x_i;\theta_1,\theta_2,\cdots,\theta_t)$ 的

$\hat{\theta}_i(x_1,x_2,\cdots,x_n)$, 它就是 θ_i 的最大似然估计, $i=1,2,\cdots,t$.

如果 L 是 $\theta_i(1\leqslant i\leqslant t)$ 的可微函数, 似然方程(组)

$$\frac{\partial L}{\partial \theta_i}=0, i=1,2,\cdots,t \text{ 或} \frac{\mathrm{d}\ln L(\theta)}{\mathrm{d}\theta}=0(\text{只有 1 个未知参数时})$$

有唯一解, 或对数似然方程组

$$\frac{\partial \ln L}{\partial \theta_i}=0, i=1,2,\cdots,t \text{ 或} \frac{\mathrm{d}\ln L(\theta)}{\mathrm{d}\theta}=0(\text{只有 1 个未知参数时})$$

有唯一解时, 其解 $\hat{\theta}_i(x_1,x_2,\cdots,x_n)$ 就是 θ_i 的最大似然估计, $i=1,2,\cdots,t$.

注意 似然函数 L 是 $(X_1,X_2,\cdots,X_n)$ 出现 $(x_1,x_2,\cdots,x_n)$ 的（随 $\theta_i(1\leqslant i\leqslant t)$ 而变的）概率, 最大似然估计就是要使得已经出现的事件 $\{X_1=x_1,X_2=x_2,\cdots,X_n=x_n\}$ 概率最大来确定估计量. 求 $\theta_i(1\leqslant i\leqslant t)$ 的最大似然估计就是求 L 关于的 $\theta_i(1\leqslant i\leqslant t)$ 的最大值点, 等价于求 $\ln L$ 关于的 $\theta_i(1\leqslant i\leqslant t)$ 的最大值点.

例 5 设总体 $X\sim B(1,p)$ 分布, p 未知. $x_1,x_2,\cdots,x_n$ 是来自总体 X 的一个样本, 求 p 的最大似然估计.

解 总体 X 的概率函数

$$p(x,p)=P\{X=x\}=p^x(1-p)^{1-x},$$

似然函数

$$L(x_1,x_2,\cdots,x_n;p)=\prod_{i=1}^{n}p(x_i,p)=p^{\sum_{i=1}^{n}x_i}(1-p)^{n-\sum_{i=1}^{n}x_i},$$

对数似然函数

$$\ln L(x_1,x_2,\cdots,x_n;p)=[\ln p]\sum_{i=1}^{n}x_i+[\ln(1-p)](n-\sum_{i=1}^{n}x_i),$$

令
$$\frac{\mathrm{d}\ln L}{\mathrm{d}p} = \frac{\sum\limits_{i=1}^{n} x_i}{p} - \frac{n - \sum\limits_{i=1}^{n} x_i}{1-p} = 0,$$

解得 p 的最大似然估计值为 $\hat{p} = \bar{x}$, p 的最大似然估计量为 $\hat{p} = \bar{X}$.

注意　由样本 $X_1, X_2, \cdots, X_n$ 求出的是估计量,由样本观察值 $x_1, x_2, \cdots, x_n$ 求出的是估计值,它们是完全不同的!但它们用符号表示时,形式上是相同的.因此,求参数的估计时,往往不加区分.

例 6　设总体 $X \sim U(a,b)$, $x_1, x_2, \cdots, x_n$ 是来自总体 X 的一个样本, a, b 未知.求 a, b 的最大似然估计.

解　总体 X 的密度为 $f(x) = \begin{cases} \dfrac{1}{b-a}, & a \leqslant x \leqslant b, \\ 0, & \text{其他}, \end{cases}$

似然函数
$$L = \begin{cases} \dfrac{1}{(b-a)^n}, & a \leqslant x_1, x_2, \cdots, x_n \leqslant b, \\ 0, & \text{其他}. \end{cases}$$

当 $a = \min\{x_1, x_2, \cdots, x_n\}$, $b = \max\{x_1, x_2, \cdots, x_n\}$ 时似然函数达最大,故 a, b 的最大似然估计分别为 $\hat{a} = \min\{x_1, x_2, \cdots, x_n\}$, $\hat{b} = \max\{x_1, x_2, \cdots, x_n\}$.

注意　本例不能用求偏导的方法由似然方程来求最大似然估计.

例 7　设总体 $X \sim N(\mu, \sigma^2)$, $x_1, x_2, \cdots, x_n$ 是来自总体 X 的一个样本,求 μ, σ^2 的最大似然估计.

解　X 的密度为 $f(x) = \dfrac{1}{\sqrt{2\pi}\sigma} \mathrm{e}^{-\frac{1}{2\sigma^2}(x-\mu)^2}$,

似然函数
$$L(\mu, \sigma^2) = \prod_{i=1}^{n} \frac{1}{\sqrt{2\pi}\sigma} \mathrm{e}^{-\frac{1}{2\sigma^2}(x_i-\mu)^2} = \frac{1}{(2\pi)^{n/2} (\sigma^2)^{n/2}} \mathrm{e}^{-\frac{1}{2\sigma^2}\sum\limits_{i=1}^{n}(x_i-\mu)^2},$$

$$\ln L(\mu, \sigma^2) = -\frac{n}{2}\ln 2\pi - \frac{n}{2}\ln \sigma^2 - \frac{1}{2\sigma^2}\sum_{i=1}^{n}(x_i-\mu)^2,$$

由对数似然方程组
$$\begin{cases} \dfrac{\partial \ln L}{\partial \mu} = \dfrac{1}{\sigma^2}\sum\limits_{i=1}^{n}(x_i-\mu) = 0, \\ \dfrac{\partial \ln L}{\partial \sigma^2} = -\dfrac{n}{2\sigma^2} + \dfrac{1}{2\sigma^4}\sum\limits_{i=1}^{n}(x_i-\mu)^2 = 0, \end{cases}$$

解得 μ, σ^2 的最大似然估计分别为 $\hat{\mu} = \bar{x}$, $\hat{\sigma}^2 = s^2$.

例 8　(鱼种比例估计)某水产养殖场两年前在人工湖混养了黑

白两种鱼. 现在需要对黑白鱼数目的比例进行估计.

解　设湖中有黑鱼 a 条,白鱼数为 $b=ka$,其中 k 为待估计参数. 从湖中任捕一条鱼,记

$$X=\begin{cases}1, & \text{若是黑鱼,} \\ 0, & \text{若是白鱼,}\end{cases}$$

则 $P(X=1)=\dfrac{a}{a+ka}=\dfrac{1}{1+k}, P(X=0)=1-P(X=1)=\dfrac{k}{1+k}.$

为了使抽取的样本为简单随机样本,我们从湖中有放回地捕鱼 n 条(即任捕一条,记下其颜色后放回湖中任其自由游动,稍后再捕第二条,重复前一过程),得样本 $X_1, X_2, \cdots, X_n$. 显然诸 X_i 相互独立,且均与 X 同分布. 设在这 n 次抽样中,捕得 m 条黑鱼.

下面用矩估计法和最大似然估计法估计 k.

(1) 矩估计法. 令

$$\overline{X}=E(X)=\frac{1}{1+k}$$

可求得 $\hat{k}_M=\dfrac{1}{\overline{X}}-1$. 由具体抽样结果知,$\overline{X}=\dfrac{m}{n}$,故 k 的矩估计值为 $\hat{k}_M=\dfrac{n}{m}-1$.

(2) 最大似然估计. 由于每个 X_i 的分布为

$$p(x, k)=P\{X=x\}=\left(\frac{k}{1+k}\right)^{1-x}\left(\frac{1}{1+k}\right)^x, x=0, 1.$$

设 $x_1, x_2, \cdots, x_n$ 为相应抽样结果(样本观测值),则似然函数为

$$L(x_1, x_2, \cdots, x_n; k)=\left(\frac{k}{1+k}\right)^{n-\sum\limits_{i=1}^{n}x_i}\left(\frac{1}{1+k}\right)^{\sum\limits_{i=1}^{n}x_i}=\frac{k^{n-m}}{(1+k)^n},$$

$$\ln L(x_1, x_2, \cdots, x_n; k)=(n-m)\ln k-n\ln(1+k).$$

令　$\dfrac{\mathrm{d}\ln L(x_1, x_2, \cdots, x_n; k)}{\mathrm{d}k}=\dfrac{n-m}{k}-\dfrac{n}{1+k}=0,$

可求得 k 的最大似然估计值为

$$\hat{k}_{\text{MLE}}=\frac{n}{m}-1.$$

对本题而言,两种方法所得估计结果相同. 本题是一个应用十分广泛的估计比例的统计模型.

最大似然估计法必须知道总体分布类型,可以充分利用分布类型信息,因此统计问题中往往优先使用最大似然估计法. 但最大似然估计法必须知道总体分布类型,这也使它的运用受到限制. (对数)似然方程组求解一般比较复杂,往往需要在计算机上通过迭代运算来获得近似解.

§7.2 估计量的评价标准

同一参数的估计量不唯一,不同估计方法求出的估计量可能不一样,孰优孰劣就要有一个评价标准. 评价估计量的好坏一般从以下三个方面考虑:有无系统偏差;波动性的大小;当样本容量增大时是否越来越精确. 这些就是估计量的无偏性、有效性和相合性.

一、无偏性

设 $\hat{\theta} = g(X_1, X_2, \cdots, X_n)$ 为 θ 的一个估计量,若 $E\hat{\theta} = \theta$,则称 $\hat{\theta}$ 是 θ 的一个无偏估计.

无偏估计的实际意义就是无系统偏差. 无偏性只有在大量试验的情况下才有意义. $\hat{\theta}$ 是 θ 的一个无偏估计,用 $\hat{\theta}$ 估计 θ 时,在多次重复条件下,诸估计值的平均数接近 θ.

设 $X_1, X_2, \cdots, X_n$ 是来自总体 X 的样本,$\overline{X}$ 与 S^2 分别是样本均值和修正样本方差,在第 6 章我们知道

$$E(\overline{X}) = EX, E(S^2) = DX,$$

所以,样本均值 $\overline{X}$ 是总体均值的无偏估计,修正样本方差 S^2 是总体方差的无偏估计.

例 9 设 $X_1, X_2, \cdots, X_n$ 是来自参数为 λ 的泊松分布的一个样本,$\overline{X}$ 与 S^2 分别是样本均值和修正样本方差,$0 \leqslant \alpha \leqslant 1$. 问 $\alpha\overline{X} + (1-\alpha)S^2$ 是否为 λ 的无偏估计.

解 由 $E(\alpha\overline{X} + (1-\alpha)S^2) = \alpha E\overline{X} + (1-\alpha)ES^2 = \alpha\lambda + (1-\alpha)\lambda = \lambda$ 知,$\alpha\overline{X} + (1-\alpha)S^2$ 是 λ 的无偏估计.

无偏性运用的例子很多. 例如:在工程技术中,无偏性反映了系统误差;在经济活动中,无偏性反映了商业行为的公平性;在竞技评分中,无偏性反映了评分的公正性.

仅有无偏性要求是不够的. 人们在无偏性的基础上又增加了对方差的要求. 估计量的方差越小,表明该估计量的取值(即估计值)围绕着待估参数的波动就越小,也就是更为理想的估计量.

二、有效性

设 $\hat{\theta}_1, \hat{\theta}_2$ 是 θ 的两个无偏估计,如有 $D(\hat{\theta}_1) \leqslant D(\hat{\theta}_2)$,则称 $\hat{\theta}_1$ 是 θ 的比 $\hat{\theta}_2$ 更有效的估计. 在所有的 θ 的无偏估计中,方差最小的那一个称为 θ 的一致最小方差无偏估计.

例 10 设 $X_1, X_2, \cdots, X_n$ 是来自总体 X 的一个样本，DX 存在且非 0. 我们知道 $X_1, \overline{X}$ 是 EX 的两个无偏估计. 由于 $DX_1 = DX$，$D\overline{X} = DX/n$，所以 $\overline{X}$ 是 EX 的比 X_1 更有效的估计.

三、相合性

设 $\hat{\theta} = g(X_1, X_2, \cdots, X_n)$ 为 θ 的一个估计量，若 $\forall \varepsilon > 0$，有

$$\lim_{n \to \infty} P\{|\hat{\theta} - \theta| > \varepsilon\} = 0 \text{ 或 } \lim_{n \to \infty} P\{|\hat{\theta} - \theta| \leqslant \varepsilon\} = 1,$$

则称估计量 $\hat{\theta}$ 是 θ 的一致（相合）估计量.

直观地说，一致估计量就是要求估计量的估计效果，随着信息量 n 的增大越来越好.

例 11 在例 10 中，由 $D\overline{X} = DX/n$ 可知，样本容量越大，估计量 $\overline{X}$ 的方差越小，估计效果随样本容量 n 增大越来越好. 由

$$\forall \varepsilon > 0, \ 0 \leqslant P\{|\overline{X} - EX| > \varepsilon\} \leqslant \frac{D\overline{X}}{\varepsilon^2} = \frac{DX}{n\varepsilon^2} \to 0 (n \to \infty)$$

知，$\overline{X}$ 是 EX 的相合估计量.

而用 X_1 估计 EX 时，从直观上看，其估计效果与样本容量 n 无关，X_1 不是 EX 的一致估计量. 事实上，若 X_1 是 EX 的一致估计量，则 $\forall \varepsilon > 0$，$\lim_{n \to \infty} P\{|X_1 - EX| > \varepsilon\} = 0$，因此

$$P\{|X_1 - EX| > \varepsilon\} \geqslant P\{X_1 \neq EX\} \geqslant 0$$

令 $n \to +\infty$，由"两边夹"定理知，$P\{X_1 \neq EX\} = 0$，从而 $DX_1 = DX = 0$，这与 $DX > 0$ 的假设矛盾.

例 12 设总体 $X \sim B(m, p)$ 分布，p 未知. $X_1, X_2, \cdots, X_n$ 是来自总体 X 的一个样本，我们已得到 p 的最大似然估计为 $\hat{p} = \overline{X}/m$. 试说明 $\hat{p}$ 是 p 的无偏估计与相合估计.

解 因为 $E\hat{p} = E\overline{X}/m = mp/m = p$，所以 $\hat{p}$ 是 p 的无偏估计. 因为 $\forall \varepsilon > 0$，

$$0 \leqslant P\{|\hat{p} - p| > \varepsilon\} \leqslant \frac{D\hat{p}}{\varepsilon^2} = \frac{p(1-p)}{nm\varepsilon^2} \to 0 (n \to \infty),$$

因此 $\lim_{n \to \infty} P\{|\hat{p} - p| > \varepsilon\} = 0$，所以 $\hat{p}$ 是 p 的相合估计.

§7.3 区间估计方法

点估计能得到未知参数的估计方法及估计值，但不能给出这个估计值的误差范围及其概率，而区间估计可以弥补点估计的这个缺陷.

一、区间估计基本原理

1. 置信区间的概念

设 $X_1, X_2, \cdots, X_n$ 是来自总体 $f(x;\theta)$ 的样本，θ 未知. 对于给定的 $\alpha(0 < \alpha < 1)$，若统计量 $\underline{\theta} = \underline{\theta}(X_1, X_2, \cdots, X_n) < \overline{\theta} = \overline{\theta}(X_1, X_2, \cdots, X_n)$，使得

$$P\{\underline{\theta} < \theta < \overline{\theta}\} = 1 - \alpha,$$

则称 $(\underline{\theta}, \overline{\theta})$ 为 θ 的置信度为 $1 - \alpha$ 的一个区间估计或置信区间，$\underline{\theta}$ 与 $\overline{\theta}$ 分别称为置信下限和置信上限，$1 - \alpha$ 称为置信水平或置信度.

$(\underline{\theta}, \overline{\theta})$ 是和样本有关的随机区间，这个随机区间以 $1 - \alpha$ 的概率包含未知参数 θ. 即由样本观察值 $x_1, x_2, \cdots, x_n$ 所确定的相应的区间 $(\underline{\theta}(x_1, x_2, \cdots, x_n), \overline{\theta}(x_1, x_2, \cdots, x_n))$，其包含 θ 的概率为 $1 - \alpha$.

当总体 X 为离散型随机变量时，不一定能找到 $\underline{\theta}$ 与 $\overline{\theta}$，使 $P\{\underline{\theta} < \theta < \overline{\theta}\}$ 正好等于 $1 - \alpha$，这时应使其大于 $1 - \alpha$ 且尽可能接近 $1 - \alpha$.

2. 区间估计的思路

区间长度描述了估计的精度，置信水平 $1 - \alpha$ 描述了估计的可靠性. 有用的区间估计必须兼顾精度和可靠性，既要有较高的精度，又要有较高的可靠性. 但在获得的信息一定(如样本容量固定)的情况下，这两者一般不能同时达到最理想状态. 通常的做法是，将可靠性固定在要求的水平上，求得精度尽可能高的区间估计.

3. 区间估计的步骤

设 $X_1, X_2, \cdots, X_n$ 为总体 X 的一个样本，θ 为总体 X 的未知参数. 区间估计的一般步骤：

（1）根据实际问题构造样本的函数 $g(X_1, X_2, \cdots, X_n; \theta)$，要求其仅含待估参数且分布已知；

（2）对给定的置信水平 $1 - \alpha$，确定常数 a, b 使得

$$P\{a < g(X_1, X_2, \cdots, X_n; \theta) < b\} = 1 - \alpha,$$

且要求尽量提高精度，即 $|b - a|$ 尽量小. 区间估计中经常按照按几何对称或概率对称来找 a 和 b；

（3）对(2)中概率等式，进行等价变形，解出待估参数范围，得到置信区间 $(\underline{\theta}, \overline{\theta})$ 且满足 $P\{\underline{\theta} < \theta < \overline{\theta}\} = 1 - \alpha$；

（4）若给出样本观测值，由其和相关分布的临界值计算得出未知参数的具体置信区间.

下面通过一个例子来说明区间估计的一般步骤.

例 13 设 $X_1, X_2, \cdots, X_n$ 是来自总体 $X \sim N(\mu, 4)$ 的样本，求 μ 的置信度为 $1 - \alpha$ 的区间估计. 步骤如下：

(1) 样本均值 $\overline{X} \sim N\left(\mu, \dfrac{4}{n}\right)$，所以 $\dfrac{\overline{X}-\mu}{2}\sqrt{n}$ 仅含待估参数 μ 且分布为 $N(0,1)$；

(2) 要确定常数 a, b 使得 $P\left\{a < \dfrac{\overline{X}-\mu}{2}\sqrt{n} < b\right\} = 1-\alpha$. 由于 $N(0,1)$ 是对称分布，其密度 $\varphi(x)$ 是偶函数且在 $x = 0$ 取值最大. 因此，取 $a = -b$（按几何对称）可在规定的可靠性下获得最优精度. 由 $P\left\{-b < \dfrac{\overline{X}-\mu}{2}\sqrt{n} < b\right\} = 1-\alpha$，得 $b = z_{\alpha/2}$，从而

$$P\left\{-z_{\alpha/2} < \frac{\overline{X}-\mu}{2}\sqrt{n} < z_{\alpha/2}\right\} = 1-\alpha.$$

(3) 在 $P\left\{-z_{\alpha/2} < \dfrac{\overline{X}-\mu}{2}\sqrt{n} < z_{\alpha/2}\right\} = 1-\alpha$ 中，通过等价变形，解待估参数 μ 范围，得到 $P\left\{\overline{X} - \dfrac{2}{\sqrt{n}}z_{\alpha/2} < \mu < \overline{X} + \dfrac{2}{\sqrt{n}}z_{\alpha/2}\right\} = 1-\alpha$. 所以 μ 的置信度为 $1-\alpha$ 的置信区间为

$$\left(\overline{X} - \frac{2}{\sqrt{n}}z_{\alpha/2}, \ \overline{X} + \frac{2}{\sqrt{n}}z_{\alpha/2}\right).$$

本例中是按几何对称（$a = -b$）确定 a、b 的. 区间估计中一般按概率对称确定 a、b，即使

$$P\{g(X_1, X_2, \cdots, X_n; \theta) \leqslant a\} = P\{g(X_1, X_2, \cdots, X_n; \theta) \geqslant b\} = \frac{\alpha}{2}.$$

本例中 $g(X_1, X_2, \cdots, X_n; \theta)$ 是对称分布 $N(0,1)$. 对于对称分布来说，按几何对称与按概率对称来确定 a、b，结果是一致.

二、单个正态总体参数的区间估计方法

设 $X_1, X_2, \cdots, X_n$ 为来自总体 $X \sim N(\mu, \sigma^2)$ 的一个样本，$\overline{X}$ 与 S^2 分别是样本均值和修正样本方差，给定 $\alpha(0 < \alpha < 1)$.

1. 正态总体均值的区间估计

(1) 方差 σ^2 已知时，均值 μ 的置信度为 $1-\alpha$ 的区间估计：

$$\left(\overline{X} - \frac{\sigma}{\sqrt{n}}z_{\alpha/2}, \ \overline{X} + \frac{\sigma}{\sqrt{n}}z_{\alpha/2}\right).$$

(2) 方差 σ^2 未知时，均值 μ 的置信度为 $1-\alpha$ 的区间估计：

$$\left(\overline{X} - \frac{S}{\sqrt{n}}t_{\alpha/2}(n-1), \ \overline{X} + \frac{S}{\sqrt{n}}t_{\alpha/2}(n-1)\right).$$

例 14 某饮料自动售货机的杯装饮料量 X 服从正态分布，标准差为 15 mL，若随机抽查的 36 杯饮料的平均量为 225 mL，求自动售货机杯装饮料平均量的 95% 的置信区间.

解   问题属于单个正态总体方差已知时均值 μ 的区间估计问题. 已知 $n=36, \overline{X}=225, \sigma^2=15^2, \alpha=0.05$. 查表得 $z_{0.025}=1.96$. 将数据代入 $\left(\overline{X}-\dfrac{\sigma}{\sqrt{n}}z_{\alpha/2}, \overline{X}+\dfrac{\sigma}{\sqrt{n}}z_{\alpha/2}\right)$, 得 μ 的置信水平为 95% 的置信区间为 $(220.1, 229.9)$.

例 15   已知某种灯泡的寿命服从正态分布, 现从一批灯泡中抽取 16 只, 测得寿命(单位:小时)如下:

$$1510, 1450, 1480, 1460, 1520, 1480, 1490, 1460$$
$$1510, 1530, 1470, 1500, 1520, 1510, 1470, 1480$$

求该灯泡平均使用寿命的置信水平为 90% 及 99% 的置信区间, 并指出置信区间长度与置信水平的关系.

解   问题属于单个正态总体方差未知时均值 μ 的区间估计问题. 已知 $n=16$, 计算得 $\overline{X}=1490, S^2=613.33$. 当 $\alpha=0.1$ 时, 查表得 $t_{0.05}(15)=1.7531$; 当 $\alpha=0.05$ 时, 查表得 $t_{0.025}(15)=2.9467$. 将数据代入 $\left(\overline{X}-\dfrac{S}{\sqrt{n}}t_{\alpha/2}(n-1), \overline{X}+\dfrac{S}{\sqrt{n}}t_{\alpha/2}(n-1)\right)$, 得 μ 的 90%、99% 区间估计分别为 $(1479.15, 1500.85)$ 和 $(1471.76, 1508.24)$, 其置信区间长度分别为 21.7 和 36.48. 可以看出置信水平越高, 置信区间的长度越长. 即可靠性越高、精度越低.

例 16   (预测水稻总产量)某县多年来一直种植水稻, 并沿用传统的耕作方法, 平均亩产 600 千克. 今年换了新的稻种, 耕作方法也作了改进. 收获前, 为了预测产量, 先抽查了具有一定代表性的 30 亩, 平均亩产 642.5 千克, 修正样本标准差为 160 千克. 试预测总产量.

解   要预测总产量, 只要预测平均亩产量. 若算出平均亩产量的置信区间, 则下限与种植面积的乘积就是对总产量的最保守估计, 上限与种植面积的乘积就是对总产量最乐观估计. 设水稻亩产量是随机变量 X, 由于水稻亩产量受众多随机因素的影响, 故可设 $X \sim N(\mu, \sigma^2)$. 根据正态分布关于均值的区间估计, 在方差 σ^2 未知时, μ 的置信度为 $1-\alpha$ 的置信区间为

$$\left(\overline{X}-\frac{S}{\sqrt{n}}\,t_{\frac{\alpha}{2}}(n-1), \overline{X}+\frac{S}{\sqrt{n}}\,t_{\frac{\alpha}{2}}(n-1)\right),$$

将 $\alpha=0.05, t_{0.025}(29)=2.045, n=30, \overline{X}=642.5, S=160$ 代入, 有

$$\overline{X}\pm\frac{S}{\sqrt{n}}\,t_{\frac{\alpha}{2}}(n-1)=642.5\pm59.74,$$

故得 μ 的置信度为 95% 的置信区间为 $(582.76, 702.24)$. 所以, 最保

守的估计为亩产 582.76 千克,比往年略低;最乐观的估计为亩产可能达到 702.24 千克,比往年高出 100 千克.

2. 正态总体方差的区间估计

(1) 均值 μ 已知时,方差 σ^2 的置信度为 $1-\alpha$ 的区间估计:

$$\left(\frac{\sum\limits_{i=1}^{n} (X_i - \mu)^2}{\chi_{\alpha/2}^2(n)}, \ \frac{\sum\limits_{i=1}^{n} (X_i - \mu)^2}{\chi_{1-\alpha/2}^2(n)} \right).$$

均值 μ 已知时均方差 σ 的置信度为 $1-\alpha$ 的区间估计:

$$\left(\frac{\sqrt{\sum\limits_{i=1}^{n} (X_i - \mu)^2}}{\sqrt{\chi_{\alpha/2}^2(n)}}, \ \frac{\sqrt{\sum\limits_{i=1}^{n} (X_i - \mu)^2}}{\sqrt{\chi_{1-\alpha/2}^2(n)}} \right).$$

(2) 均值 μ 未知时方差 σ^2 的置信度为 $1-\alpha$ 的区间估计:

$$\left(\frac{\sum\limits_{i=1}^{n} (X_i - \overline{X})^2}{\chi_{\alpha/2}^2(n-1)}, \ \frac{\sum\limits_{i=1}^{n} (X_i - \overline{X})^2}{\chi_{1-\alpha/2}^2(n-1)} \right) = \left(\frac{(n-1) S^2}{\chi_{\alpha/2}^2(n-1)}, \ \frac{(n-1) S^2}{\chi_{1-\alpha/2}^2(n-1)} \right)$$

$$= \left(\frac{ns^2}{\chi_{\alpha/2}^2(n-1)}, \ \frac{ns^2}{\chi_{1-\alpha/2}^2(n-1)} \right).$$

均值 μ 未知时均方差 σ 的置信度为 $1-\alpha$ 的区间估计:

$$\left(\frac{\sqrt{n-1} S}{\sqrt{\chi_{\alpha/2}^2(n-1)}}, \ \frac{\sqrt{n-1} S}{\sqrt{\chi_{1-\alpha/2}^2(n-1)}} \right) = \left(\frac{\sqrt{n}S}{\sqrt{\chi_{\alpha/2}^2(n-1)}}, \ \frac{\sqrt{n}S}{\sqrt{\chi_{1-\alpha/2}^2(n-1)}} \right).$$

例 17 根据例 15 中数据,求灯泡使用寿命的方差的置信水平为 95% 的置信区间.

解 问题属于单个正态总体均值未知时总体方差的区间估计问题.已知 $n = 16$,计算得 $S^2 = 613.33$. $\alpha = 0.05$,查表得 $\chi_{0.975}^2(15) = 6.2621$,$\chi_{0.025}^2(15) = 27.4884$. 将数据代入 $\left(\frac{(n-1) S^2}{\chi_{\alpha/2}^2(n-1)}, \ \frac{(n-1) S^2}{\chi_{1-\alpha/2}^2(n-1)} \right)$,得灯泡使用寿命方差的置信水平为 95% 的置信区间为 $(334.69, 1469.15)$.

三、两个正态总体参数的区间估计

设 $X_1, X_2, \cdots, X_n$ 是取自正态总体 $N(\mu_1, \sigma_1^2)$ 的一个样本,$Y_1, Y_2, \cdots, Y_m$ 是取自正态总体 $N(\mu_2, \sigma_2^2)$ 的一个样本,且 $(X_1, X_2, \cdots, X_n)$ 与 $(Y_1, Y_2, \cdots, Y_m)$ 相互独立,$\overline{X}$ 与 S_1^2 分别是来自总体 $N(\mu_1, \sigma_1^2)$ 的样本均值和修正样本方差,$\overline{Y}$ 与 S_2^2 分别是来自总体 $N(\mu_2, \sigma_2^2)$ 的样本均值和修正样本方差,$S_w^2 = \frac{1}{m+n-2} \left[\sum\limits_{i=1}^{n} (X_i - \overline{X})^2 + \sum\limits_{i=1}^{m} (Y_i - \overline{Y})^2 \right]$,给定 $\alpha (0 < \alpha < 1)$.

1. 两个正态总体均值差的区间估计

(1) 两个正态总体方差均已知时.正态总体均值差 $\mu_1 - \mu_2$ 的置信度为 $1 - \alpha$ 的区间估计为

$$\left(\overline{X} - \overline{Y} - z_{\alpha/2}\sqrt{\frac{\sigma_1^2}{n} + \frac{\sigma_2^2}{m}},\ \overline{X} - \overline{Y} + z_{\alpha/2}\sqrt{\frac{\sigma_1^2}{n} + \frac{\sigma_2^2}{m}}\right).$$

(2) 两个正态总体方差相等但未知时.设 $\sigma_1^2 = \sigma_2^2 = \sigma^2$. 这时正态总体均值差 $\mu_1 - \mu_2$ 的置信度为 $1 - \alpha$ 的区间估计为

$$\left(\overline{X} - \overline{Y} - t_{\frac{\alpha}{2}}(m+n-2)S_w\sqrt{\frac{1}{m} + \frac{1}{n}},\ \overline{X} - \overline{Y} + t_{\frac{\alpha}{2}}(m+n-2)S_w\sqrt{\frac{1}{m} + \frac{1}{n}}\right).$$

例 18 为了比较甲、乙两类试验田的收获量,随机抽取甲类试验田 8 块,乙类试验田 10 块,测得收获量如下:

甲类	12.6	10.2	11.7	12.3	11.1	10.5	10.6	12.2		
乙类	8.6	7.9	9.3	10.7	11.2	11.4	9.8	9.5	10.1	8.5

设两类试验田的收获量都服从正态分布且方差相等,求甲、乙两类试验田的平均收获量差的置信水平为 0.95 的置信区间(单位:kg).

解 问题属于两总体方差相等但未知时均值差 $\mu_1 - \mu_2$ 的区间估计问题.已知 $n = 8, m = 10, \alpha = 0.05$. 计算得 $\overline{x} = 11.4, s_1^2 = 0.851$, $\overline{y} = 9.7, s_2^2 = 1.378$,查表得 $t_{\alpha/2}(m+n-2) = t_{0.025}(16) = 2.1199$.

将数据代入 $\left(\overline{X} - \overline{Y} \pm t_{\alpha/2}(m+n-2)S_w\sqrt{\frac{1}{m} + \frac{1}{n}}\right)$,得 $\mu_1 - \mu_2$ 的置信水平为 0.95 的置信区间为 $(0.62,\ 2.78)$.

2. 两个正态总体方差比的区间估计

(1) 两个正态总体均值均已知时,正态总体方差比 σ_1^2/σ_2^2 的置信度为 $1 - \alpha$ 的区间估计为

$$\left(\frac{m\sum\limits_{i=1}^{n}(X_i - \mu_1)^2}{n\sum\limits_{i=1}^{m}(Y_i - \mu_2)^2 F_{\alpha/2}(n,m)},\ \frac{m\sum\limits_{i=1}^{n}(X_i - \mu_1)^2}{n\sum\limits_{i=1}^{m}(Y_i - \mu_2)^2 F_{1-\alpha/2}(n,m)}\right).$$

正态总体均方差比 σ_1/σ_2 的置信度为 $1 - \alpha$ 的区间估计为

$$\left(\sqrt{\frac{m\sum\limits_{i=1}^{n}(X_i - \mu_1)^2}{n\sum\limits_{i=1}^{m}(Y_i - \mu_2)^2 F_{\alpha/2}(n,m)}},\ \sqrt{\frac{m\sum\limits_{i=1}^{n}(X_i - \mu_1)^2}{n\sum\limits_{i=1}^{m}(Y_i - \mu_2)^2 F_{1-\alpha/2}(n,m)}}\right).$$

(2) 两个正态总体均值均未知时,正态总体方差比 σ_1^2/σ_2^2 的置信度为 $1 - \alpha$ 的区间估计为

$$\left(\frac{S_1^2}{S_2^2}\frac{1}{F_{\alpha/2}(n-1,m-1)},\ \frac{S_1^2}{S_2^2}\frac{1}{F_{1-\alpha/2}(n-1,m-1)}\right),$$

正态总体均方差比 σ_1/σ_2 的置信度为 $1-\alpha$ 的区间估计为

$$\left(\frac{S_1}{S_2}\frac{1}{\sqrt{F_{\alpha/2}(n-1,m-1)}},\ \frac{S_1}{S_2}\frac{1}{\sqrt{F_{1-\alpha/2}(n-1,m-1)}}\right).$$

例 19 为研究由机器 A 和机器 B 生产的钢管内径，随机抽取机器 A 生产的管子 18 只，测得修正样本方差为 $s_1^2=0.34(\text{mm}^2)$. 抽取机器 B 生产的管子 13 只，测得样本修正方差为 $s_2^2=0.29(\text{mm}^2)$. 设两样本相互独立，且设由机器 A 和机器 B 生产的钢管内径分别服从正态分布 $N(\mu_1,\sigma_1^2)$ 和 $N(\mu_2,\sigma_2^2)$，且所有参数均未知. 求方差比 σ_1^2/σ_2^2 的置信度为 90% 的区间估计.

解 问题属于两个正态总体均值 μ_1,μ_2 均未知时方差比的区间估计问题. 已知：$n=18,s_1^2=0.34,m=13,s_2^2=0.29,\alpha=0.1$. 查表得

$$F_{\alpha/2}(n-1,m-1)=F_{0.05}(17,12)=2.59,$$

$$F_{1-\alpha/2}(n-1,m-1)=F_{0.95}(17,12)=\frac{1}{F_{0.05}(12,17)}=\frac{1}{2.83}.$$

将数据代入 $\left(\dfrac{S_1^2}{S_2^2}\dfrac{1}{F_{\alpha/2}(n-1,m-1)},\ \dfrac{S_1^2}{S_2^2}\dfrac{1}{F_{1-\alpha/2}(n-1,m-1)}\right)$，得方差比 σ_1^2/σ_2^2 的置信度为 90% 的区间估计为 $(0.45,2.79)$.

例 20 （装配线的平衡问题）使装配线达到平衡是一项重要的经营管理活动，主要目标是确保不同操作台的操作耗用近似相同的时间. 如果装配线不平衡，操作员就会出现有时无事可做，有时忙不过来的现象，影响整个装配线的效率. 表 7-1 随机记录了某装配线两个操作台各 30 次的装配时间（单位：分钟），如何估计操作台的平均装配时间？它们的平均装配时间有无显著差异？

表 7-1　两个操作台各 30 次的装配时间

X	2.27	1.87	1.93	2.25	1.21	1.66	1.64	1.73	2.41	1.95	2.12	1.82	2.09	1.05	2.04
	2.27	2.32	2.57	1.95	2.07	1.36	2.18	1.86	2.61	1.24	2.05	1.76	2.11	2.04	1.74
Y	2.96	2.6	3.23	3.86	3.82	3.89	3.54	3.21	2.76	3.44	2.96	3.34	2.67	4.12	4.38
	2.75	2.45	3.28	3.7	3.47	3.31	3.39	3.35	3.26	3.6	3.54	2.75	3.91	3.19	3.1

解 设 X,Y 分别表示两个操作台的装配时间，根据经验，装配时间近似服从正态分布 $X\sim N(\mu_1,\sigma_1^2),Y\sim N(\mu_2,\sigma_2^2)$.

对两个操作台平均装配时间的点估计：

$$\hat{\mu}_1=\bar{x}=\frac{1}{30}\sum_{i=1}^{30}x_i=1.939,\quad \hat{\mu}_2=\bar{y}=\frac{1}{30}\sum_{i=1}^{30}y_i=3.3277.$$

两个操作台装配时间的修正样本方差分别为

$$s_1^2=\frac{1}{30-1}\sum_{i=1}^{30}(x_i-\bar{x})^2=0.3795,$$

$$s_2^2=\frac{1}{30-1}\sum_{i=1}^{30}(y_i-\bar{y})^2=0.4680,$$

两个操作台平均装配时间的置信水平为 95％ 的置信区间分别为

$$\left(\overline{x}-\frac{s_1}{\sqrt{30}}t_{0.025}(29),\ \overline{x}+\frac{s_1}{\sqrt{30}}t_{0.025}(29)\right)=(1.7973,\ 2.0801),$$

$$\left(\overline{y}-\frac{s_2}{\sqrt{30}}t_{0.025}(29),\ \overline{y}+\frac{s_2}{\sqrt{30}}t_{0.025}(29)\right)=(3.1529,\ 3.5024).$$

由 $\overline{X}-\overline{Y}\pm t_{\frac{\alpha}{2}}(m+n-2)S_w\sqrt{\dfrac{1}{m}+\dfrac{1}{n}}$ 计算得两个操作台平均装配时间之差 $\mu_1-\mu_2$ 的 95％ 的置信区间为 $(-1.60,\ -1.17)$.

综上可见,两个操作台平均装配时间的点估计 1.939 和 3.328 有明显的差异,两个操作台平均装配时间的区间估计 $(1.7973,2.0801)$ 和 $(3.1529,3.5024)$ 不相交,两个操作台平均装配时间之差的置信水平为 95％ 的置信区间为 $(-1.60,-1.17)$,中间不包括零,这些都说明两个操作台的平均装配时间有显著差异,进行调整才能提高生产效率.

§7.4　单侧区间估计

区间估计,就是确定统计量 $\underline{\theta}$ 和 $\overline{\theta}$,用 $(\underline{\theta},\overline{\theta})$ 估计未知参数 θ. 实际工作中有时仅需要估计未知参数大于多少或小于多少,这就是单侧区间估计. 相对于单侧区间估计,上节介绍的区间估计又可称为双侧区间估计. 单侧区间估计也称为单侧置信区间,其基本思想方法与区间估计类同.

一、单侧置信区间的概念

设 $X_1,X_2,\cdots,X_n$ 是取自总体 X 的一个样本,θ 是总体中未知参数,给定 α.

若有统计量 $\overline{\theta}=\overline{\theta}(X_1,X_2,\cdots,X_n)$,使得 $P\{\theta<\overline{\theta}\}=1-\alpha$,则称 $(-\infty,\overline{\theta})$ 是 θ 的置信度为 $1-\alpha$ 的单(左)侧置信区间,称 $\overline{\theta}$ 是 θ 的置信度为 $1-\alpha$ 的单侧置信上限或置信上界.

若有统计量 $\underline{\theta}=\underline{\theta}(X_1,X_2,\cdots,X_n)$,使得 $P\{\theta>\underline{\theta}\}=1-\alpha$,则称 $(\underline{\theta},+\infty)$ 为 θ 的置信度为 $1-\alpha$ 的单(右)侧置信区间,称 $\underline{\theta}$ 是 θ 的置信度为 $1-\alpha$ 的单侧置信下限或置信下界.

二、单侧置信区间的方法

单侧区间估计的思路和步骤与区间估计类同. 下面仅举一例说明.

例 21　设 $X_1,X_2,\cdots,X_n$ 是取自总体 $X\sim N(\mu,\sigma^2)$ 的一个样本,μ,σ

均未知,给定 α. 要确定 σ^2 的置信度为 $1-\alpha$ 的置信上界与单侧置信区间.

由于 $\dfrac{(n-1)\,S^2}{\sigma^2} \sim \chi^2(n-1)$,设常数 b 使 $P\left\{\dfrac{(n-1)\,S^2}{\sigma^2} > b\right\} = 1-\alpha$,

则 $b = \chi^2_{1-\alpha}(n-1)$,即 $P\left\{\dfrac{(n-1)\,S^2}{\sigma^2} > \chi^2_{1-\alpha}(n-1)\right\} = 1-\alpha$,

由 $\dfrac{(n-1)\,S^2}{\sigma^2} > \chi^2_{1-\alpha}(n-1)$ 解 σ^2,即得 σ^2 的置信度为 $1-\alpha$ 的单侧置

信上限为 $\dfrac{(n-1)\,S^2}{\chi^2_{1-\alpha}(n-1)}$,相应的单侧置信区间为 $\left(-\infty,\ \dfrac{(n-1)\,S^2}{\chi^2_{1-\alpha}(n-1)}\right)$.

同样可以确定其他情况下正态总体参数的置信上、下界,其结果如表 7-2 所示.

表 7-2　正态总体参数的置信上、下界

待估参数	条件	置信度为 $1-\alpha$ 的置信下界	置信度为 $1-\alpha$ 的置信上界
均值 μ	方差 σ^2 已知	$\overline{X} - \dfrac{\sigma}{\sqrt{n}}z_\alpha$	$\overline{X} + \dfrac{\sigma}{\sqrt{n}}z_\alpha$
均值 μ	方差 σ^2 未知	$\overline{X} - \dfrac{S}{\sqrt{n}}t_\alpha(n-1)$	$\overline{X} + \dfrac{S}{\sqrt{n}}t_\alpha(n-1)$
方差 σ^2	均值 μ 已知	$\dfrac{\sum\limits_{i=1}^{n}(X_i-\mu)^2}{\chi^2_\alpha(n)}$	$\dfrac{\sum\limits_{i=1}^{n}(X_i-\mu)^2}{\chi^2_{1-\alpha}(n)}$
方差 σ^2	均值 μ 未知	$\dfrac{(n-1)\,S^2}{\chi^2_\alpha(n-1)}$	$\dfrac{(n-1)\,S^2}{\chi^2_{1-\alpha}(n-1)}$
均值差 $\mu_1-\mu_2$	两方差均已知	$\overline{X}-\overline{Y}-z_\alpha\sqrt{\dfrac{\sigma_1^2}{n}+\dfrac{\sigma_2^2}{m}}$	$\overline{X}-\overline{Y}+z_\alpha\sqrt{\dfrac{\sigma_1^2}{n}+\dfrac{\sigma_2^2}{m}}$
均值差 $\mu_1-\mu_2$	两方差均未知但相等	$\overline{X}-\overline{Y}-t_\alpha(m+n-2)\times$ $S_w\sqrt{\dfrac{1}{m}+\dfrac{1}{n}}$	$\overline{X}-\overline{Y}+t_\alpha(m+n-2)\times$ $S_w\sqrt{\dfrac{1}{m}+\dfrac{1}{n}}$
方差比 σ_1^2/σ_2^2	两均值均已知	$\dfrac{m\sum\limits_{i=1}^{n}(X_i-\mu_1)^2}{n\sum\limits_{i=1}^{m}(Y_i-\mu_2)^2 F_\alpha(n,m)}$	$\dfrac{m\sum\limits_{i=1}^{n}(X_i-\mu_1)^2}{n\sum\limits_{i=1}^{m}(Y_i-\mu_2)^2 F_{1-\alpha}(n,m)}$
方差比 σ_1^2/σ_2^2	两均值均未知	$\dfrac{S_1^2}{S_2^2}\dfrac{1}{F_\alpha(n-1,m-1)}$	$\dfrac{S_1^2}{S_2^2}\dfrac{1}{F_{1-\alpha}(n-1,m-1)}$

≫ 串讲与答疑 ≪

一、串讲小结

总体中有未知参数 θ(θ 可以是向量),现从该总体中抽样得样本 $X_1,X_2,\cdots,X_n$,要依据该样本对未知参数 θ 作出估计,这就是参数估计问题. 参数估计分为点估计和区间估计.

本章介绍了两种点估计方法：矩估计法就是用样本矩代替总体相应矩来获得未知参数的估计方法；最大似然估计法就是使得观察到的样本值出现概率最大来确定未知参数估计的方法，一般由对数似然函数求导来求比较方便，但这并非唯一方法.

点估计常用的评价标准有无偏性、有效性和相合性.

无偏性是要求估计方法没有系统误差，即大量使用时得到的估计值的平均数等于要估计的参数 θ，即 $E\hat{\theta} = \theta$. 样本均值是总体均值的无偏估计，修正样本方差是总体方差的无偏估计.

有效性是反映估计精度的，在满足无偏性的基础上，估计量的方差越小越有效.

相合性，是要求随着样本容量的增大，用 $\hat{\theta}$ 估计 θ 的误差越来越小，估计效果越来越好.

点估计虽然很明确，但不能说明其正确的概率. 参数的区间估计就是估计参数在某个区间内，并以给定的大概率保证. 这个区间的上下限分别称为置信上限和置信下限，这个大概率 $1-\alpha$ 称为置信度. 不同的背景（已知参数情况）、不同的估计对象、不同的估计形式（双侧与单侧）、不同的置信度的置信区间不同，但它们的思路、形式类同且有联系：单侧置信上（下）限可在相应双侧置信区间上（下）限中，将临界值中的 $\alpha/2$ 改为 α 得到.

二、答疑解惑

1. 矩估计的直观思想

总体 X 分布中有未知参数 θ，而总体 X 的矩完全由其分布所决定，所以总体 X 的矩与未知参数 θ 有关. 为估计 θ，从总体 X 中得到样本 $X_1, X_2, \cdots, X_n$，因此我们可以认为 X 等可能地取 $X_1, X_2, \cdots, X_n$，将 ξ 的分布

$$\begin{bmatrix} X_1 & X_2 & \cdots & X_n \\ \dfrac{1}{n} & \dfrac{1}{n} & \cdots & \dfrac{1}{n} \end{bmatrix},$$

看作 X 分布的"缩影"，并用 ξ 的分布代替 X 分布，从而用 ξ 的 k 阶原点矩

$$E\xi^k = \frac{1}{n} \sum_{i=1}^{n} X_i^k = m_k,$$

代替 X 的 k 阶原点矩 $\mu_k = E(X^k)$，即用样本原点矩代替同阶总体原点矩来估计 θ. 这就是矩法估计的直观思想，它还蕴涵了格列文科定理的思想.

2. 参数与统计量的不同

在参数估计中,我们用统计量来估计未知参数,统计量是随机变量,而参数不是随机变量."置信度是参数落入置信区间的概率"是错误说法,其将参数混同于随机变量了.正确的说法是"置信度是置信区间覆盖住参数真值的概率".

3. 估计量与估计值不同

用于估计未知参数的估计量与估计量值是不同的概念.估计量与估计值的区别与联系类似于统计量与统计量值的区别与联系,它们的比较如表 7-3.

表 7-3　估计量与估计值的区别与联系

	估计量	估计值
区别	是统计量	是样本值对应的统计量值
	是随机变量	是一个数值
	是估计的一般方法、公式	是一次估计的具体结果
	用于研究估计的质量	用于使用估计方法
联系	用符号表示的形式上相同	
	估计量值是估计量的一次取值	
	都用于估计,统称为估计	

4. 有了点估计为什么还要引入区间估计?

点估计是利用样本值求得参数 θ 的一个近似值,可以估计参数 θ,但没有给出这种估计的精确程度和可信程度,因此在使用中意义不大.而区间估计是通过两个(或一个)统计量 $\underline{\theta}$ 和 $\bar{\theta}$($\underline{\theta} \leqslant \bar{\theta}$),构成随机区间 $(\underline{\theta}, \bar{\theta})$,使此区间包含未知参数 θ 的概率不小于事先设定的常数 $1-\alpha$($0 < \alpha < 1$).$1-\alpha$ 的值越大,则 $(\underline{\theta}, \bar{\theta})$ 包含 θ 的概率越大,即由样本值得到的区间 $(\underline{\theta}, \bar{\theta})$ 覆盖未知参数 θ 的可信程度越大.而 $(\underline{\theta}, \bar{\theta})$ 的长度越小,估计 θ 的精确程度越高.所以区间估计不仅提供了 θ 的一个估计范围,还给出了估计范围的精确与可信程度,弥补了点估计的不足.

5. 似然函数的简化

求参数的最大似然估计就是求似然函数的最大值点.由于似然函数是总体的密度或概率函数在各样本值处的值的乘积,它是非负的.所以似然函数的最大值点不可能在似然函数取 0 处取得.因此,为简便起见,常常略去似然函数取 0 的部分.

6. 怎样理解置信度 $1-\alpha$ 的意义?

置信度 $1-\alpha$ 有两种理解方式:

对于一个置信区间 $(\underline{\theta}, \bar{\theta})$ 而言,$1-\alpha$ 表示随机区间 $(\underline{\theta}, \bar{\theta})$ 包含

未知参数的概率不小于事先设定的数值 $1-\alpha$；对于区间估计而言，$1-\alpha$ 表示在样本容量不变的情况下反复抽样得到的全部区间中，包含 θ 的区间比率不少于 $1-\alpha$.

7. 区间估计中怎样处理精度与可靠性之间的矛盾？

区间估计 $(\underline{\theta},\overline{\theta})$ 的长度称为精度，$1-\alpha$ 称为 $(\underline{\theta},\overline{\theta})$ 的可靠程度. 长度越短，精确程度越高；$1-\alpha$ 越大，可靠程度越大. 但在样本容量固定时，两者不能兼顾. 因此，奈曼提出的受到公认的原则是，先照顾可靠程度，在满足可靠性 $P(\underline{\theta}<\theta<\overline{\theta})=1-\alpha$ 时，再提高精度.

≫ 拓展提升 ≪

一、矩估计不具有唯一性

矩估计法是以样本矩代替总体相应矩的估计方法，不具有唯一性.

例22 设总体 X 服从参数为 λ 的泊松(Poisson)分布，$\overline{X}$ 与 S^2 分别是来自总体的样本均值和样方差. 由于

$$E(X)=D(X)=\lambda,$$

故由矩估计法知：$\hat{\lambda}_1=\overline{X}$，$\hat{\lambda}_2=S^2$，都为参数 λ 的矩估计量. 这说明 λ 的矩估计不唯一.

二、最大似然估计不具有唯一性

这是因为似然方程的最大值点不唯一.

例23 设均匀分布的密度函数

$$f(x)=\begin{cases}1,\theta-\dfrac{1}{2}\leqslant x\leqslant \theta+\dfrac{1}{2},\\ 0,其他,\end{cases}(\sigma>0)$$

θ 为待估参数. 似然函数：

$$L(x_1,x_2,\cdots,x_n;\theta)=\prod_{i=1}^{n}f(x_i;\theta)$$

$$=\begin{cases}1,\theta-\dfrac{1}{2}\leqslant x_i\leqslant \theta+\dfrac{1}{2},i=1,2,\cdots,n,\\ 0,其他,\end{cases}$$

$$=\begin{cases}1,\theta-\dfrac{1}{2}\leqslant x_{(1)}\leqslant x_{(n)}\leqslant \theta+\dfrac{1}{2},\\ 0,其他,\end{cases}$$

$$=\begin{cases}1,x_{(n)}-\dfrac{1}{2}\leqslant \theta\leqslant x_{(1)}+\dfrac{1}{2},\\ 0,其他,\end{cases}$$

显然区间 $\left[x_{(n)}-\dfrac{1}{2},x_{(1)}+\dfrac{1}{2}\right]$ 中的每一点均为 $L(x_1,x_2,\cdots,x_n;\theta)$ 的最大值点. 于是

$$\hat{\theta}=x_{(n)}-\frac{1}{2}+t\left[x_{(1)}-x_{(n)}+1\right](0\leqslant t\leqslant 1)$$

均为 θ 的最大似然估计量. 可见最大似然估计不具有唯一性.

三、矩估计与最大似然估计一般不同

矩估计与最大似然估计作为点估计的两种不同方法,在相同的条件下,它们对同一个参数的估计结果一般不同.

例 24 设总体 X 的密度函数为

$$f(x)=\begin{cases}\theta x^{\theta-1},0<x<1,\\0,\text{其他},\end{cases}$$

其中 θ 是未知参数,且 $\theta>0$. 求 θ 的矩估计与最大似然估计量.

设 $X_1,X_2,\cdots,X_n$ 是取自总体的样本. 因为

$$EX=\int_{-\infty}^{+\infty}xf(x)\mathrm{d}x=\int_0^1\theta x^\theta\mathrm{d}x=\frac{\theta}{\theta+1},$$

令 $Ex=\overline{X}$ 解得 θ 的矩估计为 $\hat{\theta}=\dfrac{1-\overline{X}}{\overline{X}}$.

由

$$L(\theta)=\prod_{i=1}^n(\theta X_i^{\theta-1})=\theta^n\prod_{i=1}^n X_i^{\theta-1},$$

$$\frac{\mathrm{d}\ln L(\theta)}{\mathrm{d}\theta}=\frac{n}{\theta}+\sum_{i=1}^n\ln X_i=0,$$

解得 θ 的最大似然估计为

$$\hat{\theta}=-\frac{n}{\displaystyle\sum_{i=1}^n\ln X_i}.$$

可见,矩估计与最大似然估计结果不同.

四、矩估计不具有"不变性"

我们知道,最大似然估计具有"不变性":若 $\hat{\theta}$ 为 θ 的一个最大似然估计,则当函数 $g(\theta)$ 具有单值反函数时,$g(\hat{\theta})$ 为 $g(\theta)$ 的一个最大似然估计. 但对矩估计而言,"不变性"不成立.

例 25 对反射正态分布

$$f(x)=\begin{cases}\sqrt{\dfrac{2}{\pi}}\dfrac{1}{\sigma}\mathrm{e}^{-\frac{x^2}{2\sigma^2}},x>0,\\0,\ x\leqslant 0,\end{cases}(\sigma>0),$$

我们用矩估计法分别对 σ 和 σ^2 作估计:

设 $X_1,X_2,\cdots,X_n$ 是取自反射正态分布总体的样本,由于

$$EX = \int_0^{+\infty} xf(x)\mathrm{d}x = \sqrt{\frac{2}{\pi}}\,\sigma,$$

$$E(X^2) = \int_0^{+\infty} x^2 f(x)\mathrm{d}x = \sqrt{\frac{2}{\pi}}\,\sigma^2 \int_0^{+\infty} t^2 \mathrm{e}^{-\frac{t^2}{2}}\,\mathrm{d}t = \sigma^2,$$

令

$$E(X) = \overline{X},\ E(X^2) = \frac{1}{n}\sum_{i=1}^n X_i^2,$$

即

$$\sqrt{\frac{2}{\pi}}\,\sigma = \overline{X},\ \sigma^2 = \frac{1}{n}\sum_{i=1}^n X_i^2,$$

得

$$\hat{\sigma} = \overline{X}\sqrt{\frac{\pi}{2}},\ \hat{\sigma}^2 = \frac{1}{n}\sum_{i=1}^n X_i^2,$$

由此可见

$$(\hat{\sigma})^2 = \frac{\pi}{2}\,\overline{X}^2 \neq \frac{1}{n}\sum_{i=1}^n X_i^2 = \hat{\sigma}^2,$$

所以,矩估计不满足不变性.

五、$\hat{\theta}$ 是 θ 的无偏估计时,$g(\hat{\theta})$ 未必是 $g(\theta)$ 的无偏估计

例 26 我们知道样本均值 $\overline{X} = \dfrac{1}{n}\sum_{i=1}^n X_i$ 是总体均值 EX 的无偏估计,而由

$$E(\overline{X}^2) = D\overline{X} + (E\overline{X})^2 = \frac{DX}{n} + (EX)^2$$

知,当 $DX \neq 0$ 时,$E(\overline{X}^2) \neq (EX)^2$,即 $\overline{X}^2$ 不是 $(EX)^2$ 的无偏估计.

例 27 我们知道修正样本方差均值 $S^2 = \dfrac{1}{n-1}\sum_{i=1}^n (X_i - \overline{X})^2$ 是总体方差 DX 的无偏估计,而当 $X \sim N(\mu,\sigma^2)$ 时,S 不是 $\sqrt{DX} = \sigma$ 的无偏估计. 事实上,由于

$$\frac{(n-1)S^2}{\sigma^2} \sim \chi^2(n-1),$$

$$E\left[\frac{\sqrt{n-1}\,S}{\sigma}\right] = \int_0^{+\infty} \sqrt{x}\,\frac{1}{2^{\frac{n-1}{2}}\Gamma\left(\frac{n-1}{2}\right)}x^{\frac{n-1}{2}-1}\mathrm{e}^{-\frac{x}{2}}\mathrm{d}x = \frac{\sqrt{2}\,\Gamma\left(\frac{n}{2}\right)}{\Gamma\left(\frac{n-1}{2}\right)},$$

故

$$E(S) = \sigma \frac{\sqrt{2}\,\Gamma(\frac{n}{2})}{\sqrt{n-1}\,\Gamma(\frac{n-1}{2})} \neq \sigma.$$

可以用 Stirling 公式证明：$E(S) \to \sigma(n \to \infty)$.

容易得到结论：若 $\hat{\theta}$ 是 θ 的无偏估计，同时 $g(x)$ 是 x 的线性函数，则 $g(\hat{\theta})$ 是 $g(\theta)$ 的无偏估计.

六、大样本下总体比率估计问题

总体 X 服从两点分布时，总体的平均数 μ 就是总体中（取 1 相应的）某种属性的比率 p，样本均值 $\overline{X}$ 就是样本中（取 1 相应的）某种属性的比率. 总体均值估计问题就是总体比率估计. 这时 X 只取 0 和 1 两个值，所以样本方差 $S^2 = \overline{X}(1-\overline{X})$.

据中心极限定理知，当样本容量较大时，无论总体服从什么分布，样本均值 $\overline{X}$ 都近似服从正态分布. 因此，当总体 X 服从两点分布且样本容量较大时，可以利用正态分布简单得出总体均值即总体比率的区间估计. 总体中（取 1 相应的）某种属性的比例 p 的置信度为 $1-\alpha$ 的置信区间为 $\overline{X} \pm z_{\frac{\alpha}{2}} \sqrt{\dfrac{\overline{X}(1-\overline{X})}{n}}$.

七、大样本下均值差估计问题

来自正态总体的两个样本，在容量都比较大的情况下（$m, n \geqslant 30$），可以采用两个样本方差 S_1^2 和 S_2^2 分别近似代替未知的总体方差 σ_1^2 和 σ_2^2，于是，$\mu_1 - \mu_2$ 的一个置信水平为 $1-\alpha$ 的置信区间可以近似为：

$$\left(\overline{X} - \overline{Y} - z_{\alpha/2}\sqrt{\frac{S_1^2}{m} + \frac{S_2^2}{n}}, \ \overline{X} - \overline{Y} + z_{\alpha/2}\sqrt{\frac{S_1^2}{m} + \frac{S_2^2}{n}} \right).$$

八、一个参数的无偏估计可能不存在

比如，可以证明总体 $N(\theta,1)$ 中 $|\theta|$ 的无偏估计不存在.

九、$\overline{X}$ 与 S^2 分别是 μ, σ^2 的相合估计

无论总体 X 服从什么分布，若 $EX = \mu$，$DX = \sigma^2$ 都存在，则样本均值 $\overline{X}$ 与修正样本方差 S^2 分别是 μ, σ^2 的相合估计. 事实上，由辛钦大数定律知

$$\overline{X} = \frac{1}{n}\sum_{i=1}^{n} X_i^k \xrightarrow{P} EX^k (n \to \infty), k = 1, 2$$

$$S^2 = \frac{1}{n-1} \sum_{i=1}^{n} (X_i - \overline{X})^2$$

$$= \frac{1}{n-1} \left[\sum_{i=1}^{n} X_i^2 - n (\overline{X})^2 \right]$$

$$= \frac{1}{n-1} \sum_{i=1}^{n} X_i^2 - \frac{n}{n-1} (\overline{X})^2 \xrightarrow{P} EX^2 - \mu^2$$

$$= \sigma^2,$$

故，$\overline{X}$ 与 S^2 分别是 μ, σ^2 的相合估计.

≫ 作业设计 ≪

【7.1A 本节内容作业】

7.1A-1 设 $(X_1, X_2, \cdots, X_n)$ 是取自总体 X 的一个样本，X 服从区间 $(0, \theta)$ 的均匀分布，其中 $\theta > 0$ 未知，求 θ 的矩估计.

7.1A-2 设 $(X_1, X_2, \cdots, X_n)$ 是取自总体 X 的一个样本，X 的密度函数为

$$f(x) = \begin{cases} \dfrac{2x}{\theta^2}, & 0 < x < \theta, \\ 0, & \text{其他}, \end{cases}$$

其中 $\theta > 0$ 未知，求 θ 的矩估计.

7.1A-3 设总体 X 具有概率密度为

$$f(x; \theta) = \begin{cases} c^{\frac{1}{\theta}} x^{-(1+\frac{1}{\theta})}, & x \geqslant c, 0 < \theta < 1, \\ 0, & \text{其他}, \end{cases}$$

c 为已知常数，且 $c > 0$. 从总体 X 中抽取一个样本 $x_1, x_2, \cdots, x_n$，求 θ 的矩估计.

7.1A-4 设总体 $X \sim B(m, p)$，m, p 为未知参数，$X_1, X_2, \cdots,$ X_n 为取自总体 X 的样本，求参数 m, p 的矩估计量.

7.1A-5 设 $(X_1, X_2, \cdots, X_n)$ 是取自总体 X 的一个样本，总体 X 服从几何分布

$$P(X = k) = p (1-p)^{x-1}, x = 1, 2, \cdots, 0 < p < 1,$$

试求参数 p 的最大似然估计.

7.1A-6 设总体 X 具有概率密度为

$$f(x; \lambda) = \begin{cases} \lambda \alpha x^{\alpha-1} e^{-\lambda x^\alpha}, & x > 0, \\ 0, & x \leqslant 0, \end{cases}$$

其中 $\lambda > 0$ 是未知参数，$\alpha > 0$ 是已知常数，试根据来自总体 X 的简单随机样本 $(X_1, X_2, \cdots, X_n)$，求 λ 的最大似然估计.

7.1A-7 设总体 X 的密度函数为

$$f(x,\sigma) = \frac{1}{2\sigma}e^{-\frac{|x|}{\sigma}}, (-\infty < x < +\infty),$$

其中 $\sigma > 0$ 未知,设 $(X_1, X_2, \cdots, X_n)$ 是取自这个总体的一个样本,试求 σ 的最大似然估计.

7.1A-8 设总体 ξ 密度函数为 $p(x) = \begin{cases} \frac{2x}{\theta^2}, & 0 \leqslant x \leqslant \theta, \\ 0, & \text{其他}, \end{cases}$ 求 θ 的最大似然估计.

7.1A-9 假设总体的分布密度为

$$f(x;\theta) = \begin{cases} \frac{2x}{\theta^2}\exp(-\frac{x^2}{\theta^2}), & x > 0, \\ 0, & x \leqslant 0, \end{cases}$$

其中 $\theta > 0$ 是未知参数,试求参数 θ 的最大似然估计量.

7.1A-10 设 $(X_1, X_2, \cdots, X_n)$ 是取自正态总体 $N(\mu, \sigma^2)$ 的样本,求 $P(X > 1)$ 的最大似然估计.

7.1A-11 设 $(X_1, X_2, \cdots, X_n)$ 是取自总体 X 的一个样本,其中 X 服从参数为 λ 的泊松分布,其中 λ 未知,$\lambda > 0$,求 λ 的矩估计与最大似然估计,如得到一组样本观测值

X	0	1	2	3	4
频数	17	20	10	2	1

求 λ 的矩估计值与最大似然估计值.

7.1A-12 设 $(X_1, X_2, \cdots, X_n)$ 是取自总体 X 的一个样本,X 的密度函数为

$$f(x) = \begin{cases} (\theta+1)x^\theta, & 0 < x < 1, \\ 0, & \text{其他}, \end{cases}$$

其中 $\theta > 0$ 未知,求 θ 的矩估计和最大似然估计.

7.1A-13 已知某路口车辆经过的时间间隔服从指数分布 $E(\lambda)$,其中 $\lambda > 0$ 未知,现在观测到六个时间间隔数据(单位:s):$1.8, 3.2, 4, 8, 4.5, 2.5$,试求该路口车辆经过的平均时间间隔的矩估计值与最大似然估计值.

7.1A-14 设总体 X 的概率分布为

X	0	1	2	3
P	θ^2	$2\theta(1-\theta)$	θ^2	$1-2\theta$

其中 $\theta(0 < \theta < \frac{1}{2})$ 是未知参数,利用如下样本值 $3,1,3,0,3,1,2,3$,求 θ 的矩估计值和最大似然估计值.

7. 1A-15[*] 设 $(X_1, X_2, \cdots, X_n)$ 与 $(Y_1, Y_2, \cdots, Y_m)$ 分别是来自 $N(\mu_1, \sigma^2)$ 与 $N(\mu_2, \sigma^2)$ 的两个独立样本，试求 μ_1, μ_2, σ^2 的最大似然估计．

【7. 2A 本节内容作业】

7. 2A-1 设 $(X_1, X_2, \cdots, X_n)$ 是取自总体 X 的一个样本，其中 X 服从区间 $(0, \theta)$ 的均匀分布，其中 $\theta > 0$ 未知，问 θ 的矩估计 $\hat{\theta} = 2\overline{X}$ 是否是 θ 的无偏估计？

7. 2A-2 设 $X_1, X_2, \cdots, X_n$ 是取自总体 X 的一个样本，$n \geqslant 2$，$X \sim B(1, p)$，其中 p 未知，$0 < p < 1$．试说明：

（1）X_1 是 p 的无偏估计；

（2）X_1^2 不是 p^2 的无偏估计；

（3）$X_1 X_2$ 是 p^2 的无偏估计．

7. 2A-3 已知总体 X 的数学期望 $E(X) = \mu$，$(X_1, X_2, \cdots, X_n)$ 是取自总体 X 的一个样本，试证：统计量 $\dfrac{1}{n} \sum\limits_{i=1}^{n} (X_i - \mu)^2$ 是总体方差 σ^2 的无偏估计．

7. 2A-4 设总体 X 的密度函数为

$$f(x, \sigma) = \frac{1}{2\sigma} e^{-\frac{|x|}{\sigma}}, \ (-\infty < x < +\infty),$$

其中 $\sigma > 0$ 未知．$(X_1, X_2, \cdots, X_n)$ 是取自这个总体的一个样本，试证 σ 的最大似然估计量 $\hat{\sigma} = \dfrac{1}{n} \sum\limits_{i=1}^{n} |X_i|$ 是 σ 的无偏估计．

7. 2A-5[*] 设 $\hat{\theta}$ 是参数 θ 的无偏估计量，且有 $D(\hat{\theta}) > 0$，试证 $(\hat{\theta})^2$ 不是 θ^2 的无偏估计量．

7. 2A-6 设总体 $X \sim N(\mu, \sigma^2)$，μ 已知，σ 为未知参数，$X_1, X_2, \cdots, X_n$ 为样本，$\hat{\sigma} = c \sum\limits_{i=1}^{n} |X_i - \mu|$，求参数 c，使 $\hat{\sigma}$ 为 σ 的无偏估计．

7. 2A-7[*] 设总体 $X \sim N(\mu, \sigma^2)$，$X_1, X_2, \cdots, X_n$ 为一样本，$\hat{\sigma}^2 = c \sum\limits_{i=1}^{n-1} (X_{i+1} - X_i)^2$，求参数 c，使 $\hat{\sigma}^2$ 为 σ^2 的无偏估计．

7. 2A-8 设总体 $X \sim N(\mu, \sigma^2)$，X_1, X_2, X_3 是来自 X 的样本，试证：估计量 $\hat{\mu}_1 = \dfrac{1}{5} X_1 + \dfrac{3}{10} X_2 + \dfrac{1}{2} X_3$，$\hat{\mu}_2 = \dfrac{1}{3} X_1 + \dfrac{1}{4} X_2 + \dfrac{5}{12} X_3$，$\hat{\mu}_3 = \dfrac{1}{3} X_1 + \dfrac{1}{6} X_2 + \dfrac{1}{2} X_3$ 都是 μ 的无偏估计，并指出它们中哪一个最有效？

【7.2B 跨节内容作业】

7.2B-1　设 $(X_1, X_2, \cdots, X_n)$ 是取自总体 X 的一个样本，$X \sim B(1, p)$，其中 p 未知，$0 < p < 1$．试求 p 的矩估计与最大似然估计，并判断它们是否是 p 的无偏估计？相合估计？

7.2B-2　设总体 X 服从区间 $[1, \theta]$ 上的均匀分布，$\theta > 1$ 未知，证明 θ 的矩估计是 θ 的相合估计．

7.2B-3　设 $\hat{\theta}_1, \hat{\theta}_2$ 是参数 θ 的两个相互独立的无偏估计量，且 $D(\hat{\theta}_1) = 2D(\hat{\theta}_2) = 2\sigma^2$，试找常数 k_1, k_2 使 $k_1 \hat{\theta}_1 + k_2 \hat{\theta}_2$ 也是 θ 的无偏估计量，并且使它在所有这种形式的无偏估计量中方差最小．

【7.2C 跨章内容作业】

7.2C-1*　设 X 服从均匀分布 $U(\theta, \theta+1)$，$X_1, X_2, \cdots, X_n$ 是取自该总体的样本，试证：$\hat{\theta}_1 = \overline{X} - \dfrac{1}{2}, \hat{\theta}_2 = X_{(n)} - \dfrac{n}{n+1}, \hat{\theta}_3 = X_{(1)} - \dfrac{1}{n+1}$ 都是 θ 的无偏估计．

7.2C-2　设 $X_1, X_2, \cdots, X_n (n > 2)$ 为来自总体 $N(\mu, \sigma^2)$ 的简单随机样本，$\overline{X}$ 为样本均值，记 $Y_i = X_i - \overline{X}, i-1, 2, \cdots, n$．求：

(1) Y_i 的方差 $DY_i, i = 1, 2, \cdots, n$；

(2) Y_1 与 Y_n 的协方差 $\mathrm{cov}(Y_1, Y_n)$；

(3) 若 $c(Y_1 + Y_n)^2$ 是 σ^2 的无偏估计量，求常数 c．

7.2C-3　若 ξ 服从泊松分布 $P(\lambda)$，$X_1, X_2, \cdots, X_n$ 是 ξ 的样本，则 $\overline{X}$ 是 λ 的相合估计量．

7.2C-4*　设总体 X 的分布密度为

$$f(x, \theta) = \begin{cases} \dfrac{1}{\theta}, & 0 \leqslant x \leqslant \theta, \\ 0, & \text{其他}, \end{cases}$$

其中 $\theta > 0$ 是未知参数，$X = (X_1, X_2, \cdots, X_n)$ 是来自总体 X 的样本，求：

(1) θ 的矩法估计量 $\hat{\theta}_1$；

(2) 验证 $\hat{\theta}_1$、$\hat{\theta}_2 = [(n+1)/n]M$ 都是 θ 的无偏估计（其中 $M = \max\{X_1, X_2, \cdots, X_n\}$）；

(3) 比较 $\hat{\theta}_1$、$\hat{\theta}_2$ 两个无偏估计量的有效性；

(4) 试证 $M = \max\{X_1, X_2, \cdots, X_n\}$ 是 θ 的一致估计．

7.2C-5[*] 设 $X_1, X_2, \cdots, X_n$ 是取自总体 X 的一个样本，$E(X) = \mu$，$D(X) = \sigma^2$. 试证：$\hat{\mu} = \dfrac{2}{n(n+1)} \sum_{i=1}^{n} i X_i$ 是未知参数 μ 的无偏估计，也是一个相合估计.

7.2C-6[*] 设 $X_1, X_2, \cdots, X_n$ 是取自总体 $X \sim N(0, \sigma^2)$ 的一个样本，其中 $\sigma^2 > 0$ 未知，令 $\hat{\sigma}^2 = \dfrac{1}{n} \sum_{i=1}^{n} X_i^2$，试证 $\hat{\sigma}^2$ 是 σ^2 的相合估计.

7.2C-7[*] 设 $X_1, X_2, \cdots, X_n$ 是来自总体 X 的样本，X 的密度函数为

$$f(x; \mu) = \begin{cases} e^{-(x-\mu)}, & x \geqslant \mu, \\ 0, & \text{其他,} \end{cases}$$

其中 $-\infty < \mu < +\infty$ 未知.

(1) 求 μ 的最大似然估计 $\hat{\mu}_1$，$\hat{\mu}_1$ 是 μ 的无偏估计吗？

(2) 证明：μ 的矩估计量 $\hat{\mu}_2$ 是 μ 的无偏估计.

7.2C-8[*] 设 $(X_1, X_2, \cdots, X_n)$ 是取自总体 X 的一个样本，$X \sim B(1, p)$. 试证：

(1) 样本方差 $S_n^2 = \overline{X}(1 - \overline{X})$；

(2) 当 n 较大时，近似地有 $\sqrt{n} \dfrac{\overline{X} - p}{\sqrt{\overline{X}(1 - \overline{X})}} \sim N(0, 1)$.

【7.3A 本节内容作业】

7.3A-1 某车间生产滚珠，从长期实践中知道，滚珠直径 X 服从正态分布 $N(\mu, 0.04)$. 从某天生产的产品中随机抽取 6 个，量得直径如下（单位：mm）：14.7, 15.0, 14.9, 14.8, 15.2, 15.1，分别求 μ 的置信度为 0.9 和 0.99 的置信区间.

7.3A-2 某化纤强力标准差长期以来稳定在 $\sigma = 1.19$，现抽取了一个容量 $n = 100$ 的样本，求得样本均值 $\overline{x} = 6.35$，试求该化纤强力均值的置信水平为 0.95 的置信区间.

7.3A-3 产品的某一指标 $X \sim N(\mu, \sigma^2)$，已知 $\sigma = 0.04$，μ 未知. 现从这批产品中抽取 n 只对该指标进行测定. 问 n 需要多大，才能以 95% 的可靠性保证 μ 的置信区间长度不大于 0.01？

7.3A-4 总体 $N(\mu, \sigma^2)$ 方差已知时，若要求总体均值的置信度为 $1 - \alpha$ 的区间估计长不大于 L，则样本容量 n 至少要多大？

7.3A-5 从大批彩色显像管中随机抽取 100 只，其平均寿命为 10000 小时，可以认为显像管的寿命 X 服从正态分布. 已知均方差 $\sigma = 40$ 小时，在置信度 0.95 下求出这批显像管平均寿命的置信区间.

7.3A-6　包糖机某日开工包糖,抽取 12 包糖,称得重量为

9.9, 10.1, 10.3, 10.4, 10.5, 10.2,

9.7, 9.8, 10.1, 10.0, 9.8, 10.3.

假定重量服从正态分布,试求该机器所包糖的平均重量置信水平为 95% 的区间估计.

7.3A-7　某单位职工每天的医疗费服从正态分布 $N(\mu, \sigma^2)$,现抽查了 25 天,得 $\overline{x} = 170$ 元, $S = 30$ 元,求职工每天医疗费均值 μ 的置信度为 0.95 的置信区间.

7.3A-8　假设某银行处理每笔业务所需时间服从正态分布,现随机地抽取 16 笔业务,测得所需时间为 $x_1, x_2, \cdots, x_{16}$ (min). 由此算出 $\overline{x} = 13$ min, $s = 5.6$ min,求处理每笔业务平均所需时间的置信度为 0.95 置信区间.

7.3A-9　随机从一批钉子中抽取 16 枚,测得其长度为(cm)

2.14, 2.10, 2.13, 2.15, 2.13, 2.12, 2.13, 2.10,

2.15, 2.12, 2.14, 2.10, 2.13, 2.11, 2.14, 2.11.

设钉长服从正态分布,分别对下面两个情况求出总体均值 μ 的置信度为 90% 的置信区间:

(1) $\sigma = 0.01$ cm;(2) σ 未知.

7.3A-10　设随机地调查 26 年投资的年利润率(%),得样本标准差 $S = 15$(%),设投资的年利润率 X 服从正态分布,求它的方差的区间估计(置信度为 0.95).

7.3A-11　生产一个零件所需时间(单位:秒) $X \sim N(\mu, \sigma^2)$,观察 25 个零件的生产时间得 $\overline{x} = 5.5, s = 1.73$. 试求 μ 和 σ^2 的置信区间.

7.3A-12　假定某商店中一种商品的月销售量服从正态分布 $N(\mu, \sigma^2)$, σ 未知. 为了合理地确定对该商品的进货量,需对 μ 和 σ 作估计,为此随机抽取 7 个月,销售量分别为 64,57,49,81,76,70,59,试求 μ 和 σ^2 的置信度为 0.9 的置信区间.

7.3A-13　随机地取某种子弹 9 发作试验,测得子弹速度的 $S = 11$. 设子弹速度服从正态分布 $N(\mu, \sigma^2)$,求这种子弹速度的标准差 σ 和方差 σ^2 的双侧 0.95 置信区间.

7.3A-14　设某自动车床加工的零件尺寸与规定尺寸的偏差 X 服从 $N(\mu, \sigma^2)$. 现从加工的一批零件中随机抽出 10 个,其偏差分别为:2,1,−2,3,2,4,−2,5,3,4. 试求 μ, σ^2, σ 的置信水平为 0.9 的双侧置信区间.

7.3A-15　某食品加工厂有甲乙两条加工猪肉罐头的生产线. 设罐头重量服从正态分布并假设甲生产线与乙生产线互不影响. 从

甲生产线抽取 10 只罐头测得其平均重量 $\overline{X} = 501\,\mathrm{g}$，已知其总体标准差 $\sigma_1 = 5\,\mathrm{g}$；从乙生产线抽取 20 只罐头测得其平均重量 $\overline{Y} = 498\,\mathrm{g}$，已知其总体标准差 $\sigma_2 = 4\,\mathrm{g}$，求甲乙两条猪肉罐头生产线生产的罐头重量的均值差 $\mu_1 - \mu_2$ 的双侧 0.99 置信区间.

7.3A-16 从甲乙两个蓄电池厂的产品中分别抽取 6 个产品，测得蓄电池的容量（A. h）如下：

甲厂 140，138，143，141，144，137；

乙厂 135，140，142，136，138，140.

设蓄电池的容量服从正态分布，且方差相等. 求两个工厂生产的蓄电池的容量均值差的 95% 的置信区间.

7.3A-17 为了比较甲、乙两种显像管的使用寿命 X 和 Y，随机地抽取甲、乙两种显像管各 10 只，得数据 $x_1, \cdots, x_{10}$ 和 $y_1, \cdots, y_{10}$（单位：$10^4\,\mathrm{h}$），且由此算得 $\overline{x} = 2.33, \overline{y} = 0.75, \sum\limits_{i=1}^{10}(x_i - \overline{x})^2 = 27.5$，$\sum\limits_{i=1}^{10}(y_i - \hat{y})^2 = 19.2$. 假定两种显像管的使用寿命均服从正态分布，且由生产过程知道它们的方差相等. 试求两个总体均值之差 $\mu_1 - \mu_2$ 的双侧 0.95 置信区间.

7.3A-18 有两位化验员 A, B. 他们独立地对某种聚合物的含氯量用相同的方法各作了 10 次测定，其测定值的方差无偏估计依次为 0.5419 和 0.6065. 设 σ_A^2 和 σ_B^2 分别为 A, B 的测量的数据的总体的方差，总体服从正态分布，求方差比 σ_A^2 / σ_B^2 的置信水平为 90% 的置信区间.

7.3A-19 某厂利用两条自动化流水线灌装番茄酱，分别从两条流水线上抽取样本：$X_1, X_2, \cdots, X_{12}$ 及 $Y_1, Y_2, \cdots, Y_{17}$，算出 $\overline{X} = 10.6(g), \overline{Y} = 9.5(g), S_1^2 = 2.4, S_2^2 = 4.7$. 假设这两条流水线上灌装的番茄酱的重量都服从正态分布，且相互独立，其均值分别为 μ_1, μ_2.

（1）设两总体方差 $\sigma_1^2 = \sigma_2^2$，求 $\mu_1 - \mu_2$ 置信水平为 95% 的置信区间；

（2）求 σ_1^2 / σ_2^2 的置信水平为 95% 的置信区间.

7.3A-20 从甲、乙两厂生产的蓄电池产品中，分别抽取一些样品，测得蓄电池的电容量（A. h）如下：

甲厂：144，141，138，142，141，143，138，137；

乙厂：142，143，139，140，138，141，140，138，142，136.

设两个工厂生产的蓄电池的电容量分别服从正态分布 $N(\mu_1, \sigma_1{}^2)$ 及 $N(\mu_2, \sigma_2{}^2)$，求：

（1）电容量的方差比 $\dfrac{\sigma_1^2}{\sigma_2^2}$ 的置信度为 95% 的置信区间；

（2）电容量的均值差 $(\mu_1-\mu_2)$ 的置信度为 95% 的置信区间（假定 $\sigma_1^2=\sigma_2^2$）.

7.3A-21* 一个消费者团体想要弄清楚使用普通无铅汽油和高级无铅汽油的汽车在行驶里程数上的差异. 该团体将同一品牌的汽车分成两组，以一箱汽油为准对每辆汽车进行试验. 第一组 50 辆汽车注入普通无铅汽油，该组的样本均值是 21.45 英里，样本标准差是 3.46 英里. 第二组 50 辆汽车注入高级无铅汽油，该组的样本均值是 24.6 英里，样本标准差是 2.99 英里. 假设汽车行驶里程数服从正态分布. 试求两组汽车在平均行驶里程数上差异的 95% 的置信区间.

7.3A-22* 研究生毕业是大学教师的合格学历. 抽查了某地区 1000 名大学教师，发现有 640 人学历合格. 求该地区大学教师学历合格率的 95% 的置信区间.

7.3C-23* 抽查某校 200 名大二学生，发现有 160 名通过英语四级考试. 求该校大二学生通过英语四级考试比率的 95% 的置信区间.

【7.3C 跨章内容作业】

7.3C-1 假设 $0.50, 1.25, 0.80, 2.00$ 是来自总体 X 的样本值. 已知 $Y=\ln X$ 服从正态分布 $N(\mu,1)$.

（1）求 X 的期望 $b=EX$；

（2）求 μ 的置信度为 0.95 的置信区间；

（3）利用上述结果求 b 的置信度为 0.95 的置信区间.

7.3C-2* 设总体 $X\sim N(\mu,\sigma^2)$，其中 μ 和 σ^2 都未知. $X_1,X_2,\cdots,X_n$ 为来自 X 的样本. 设随机变量 L 是关于 σ^2 的置信度为 $1-\alpha$ 的置信区间长度，求 $E(L^2)$.

7.3C-3* 设总体 X 服从 $U(0,\theta)$，其中 θ 是未知参数，$X_1,X_2,\cdots,X_n$ 为 X 的样本，$M=\max\{X_1,X_2,\cdots,X_n\}$. 试利用 $Y=M/\theta$ 分布求 θ 的形如 $(0,A)$ 的置信度 $1-\alpha$ 的置信区间.

【7.4A 本节内容作业】

7.4A-1 已知某炼铁厂的铁水含碳量（%）正常情况下服从正态分布 $N(\mu,\sigma^2)$，且标准差 $\sigma=0.108$. 现测量 5 炉铁水，其含碳量分别是：$4.28, 4.4, 4.42, 4.35, 4.37$（%）. 试求未知参数 μ 的单侧置信水平为 0.95 的置信下限和置信上限.

7.4A-2 某单位职工每天的医疗费服从正态分布 $N(\mu,\sigma^2)$,现抽查了 25 天,得 $\bar{x} = 170$ 元, $s = 30$ 元,求职工每天医疗费均值 μ 的置信水平为 0.95 置信上限.

第 7 章自测题

一、填空题

1.设样本 $X_1, X_2, \cdots, X_n$ 来自总体 X,总体 X 的概率分布

$$X \sim \begin{bmatrix} -1 & 0 & 2 \\ 2\theta & \theta & 1-3\theta \end{bmatrix},$$

其中 $0 < \theta < 1/3$,未知参数 θ 的矩估计量 $\hat{\theta} = $ _____.

2. 设总体 X 的概率密度为

$$f(x,\theta) = \begin{cases} \theta x^{\theta-1}, & 0 < x < 1, \\ 0, & \text{其他}, \end{cases}$$

其中未知参数 $\theta > 0$, $X_1, X_2, \cdots, X_n$ 是来自总体 X 的样本,则 θ 的矩估计量为_____.

3.设总体 X 服从参数为 λ 的泊松分布, $X_1, X_2, \cdots, X_n$ 是来自总体 X 的简单随机样本,则概率 $P(X \leqslant 1)$ 的最大似然估计量为 _____.

4.设 $X_1, X_2, \cdots, X_n$ 是来自总体 $X \sim U(\theta, \theta+2)$ 的样本,则 θ 的矩估计是_____.

5.设 X_1, X_2 是来自总体 X 的样本,下列统计量中 EX 的更有效的估计是_____.

$$\hat{\mu}_1 = X_1/4 + 3X_2/4, \quad \hat{\mu}_2 = X_1/2, \quad \hat{\mu}_3 = X_1/3 + 2X_2/3.$$

6.设 $X_1, X_2, \cdots, X_n$ 是来自总体 $X \sim P(\lambda)$ 的样本,若 $\hat{\theta} = \bar{X}(1-c\bar{X})$ 是 λ^2 的无偏估计,则 c _____.

7.设总体 X 的概率密度为 $f(x;\theta) = \begin{cases} e^{-(x-\theta)}, & x \geqslant \theta, \\ 0, & x < \theta, \end{cases}$ $X_1, X_2, \cdots, X_n$ 是来自总体 X 的简单随机样本,则未知参数 θ 的最大似然估计量 $\hat{\theta} = $ _____.

8. 设正态总体 X 的标准差为 1,由来自 X 的简单随机样本建立的数学期望 μ 的 0.95 置信区间,则当样本容量为 25 时置信区间的长度 $L = $ _____;为使置信区间的长度不大于 0.5,应取样本容量 $n \geqslant $ _____.

二、选择题

1. 设 $X_1, X_2, \cdots, X_n$ 是来自总体 X 的样本，EX^2 存在，$\overline{X}$ 和 S^2 分别是样本均值和样本方差. EX^2 的矩估计是（　　）.

(A) $(\overline{X})^2$；

(B) $\dfrac{1}{n}\sum\limits_{i=1}^{n} X_i^2$；

(C) S^2；

(D) $nS^2/(n-1)$.

2. 设 $X_1, X_2, \cdots, X_n$ 是来自总体 $N(0, \sigma^2)$ 的样本，则可作为 σ^2 无偏估计的是（　　）.

(A) $\dfrac{1}{n}\sum\limits_{i=1}^{n} X_i$；

(B) $\dfrac{1}{n-1}\sum\limits_{i=1}^{n} X_i$；

(C) $\dfrac{1}{n}\sum\limits_{i=1}^{n} X_i^2$；

(D) $\dfrac{1}{n-1}\sum\limits_{i=1}^{n} X_i^2$.

3. 设随机样本 $X_1, X_2, \cdots, X_n$ 来自总体 X，$\overline{X}$ 为样本均值，若总体期望 EX 未知，则总体方差 DX 的无偏估计量为（　　）.

(A) $\dfrac{1}{n}\sum\limits_{i=1}^{n} (X_i - \overline{X})^2$；

(B) $\dfrac{1}{n-1}\sum\limits_{i=1}^{n} (X_i - \overline{X})^2$；

(C) $\dfrac{1}{n}\sum\limits_{i=1}^{n} (X_i - EX)^2$；

(D) $\dfrac{1}{n-1}\sum\limits_{i=1}^{n} (X_i - EX)^2$.

4. 设总体 $X \sim N(\mu, \sigma^2)$，σ^2 已知. 若样本容量和置信度均不变，则对于不同的样本观察值，总体均值 μ 的置信区间长度（　　）.

(A) 变长；　　(B) 变短；　　(C) 不变；　　(D) 不定.

5. 若 $(\hat{\theta}_1, \hat{\theta}_2)$ 是 θ 的置信度为 β 的置信区间，则有（　　）.

(A) $P\{\hat{\theta}_1 < \theta < \hat{\theta}_2\} \geqslant \beta$；　　(B) $P\{\hat{\theta}_1 < \theta < \hat{\theta}_2\} = 1 - \beta$；

(C) $P\{\theta \geqslant \hat{\theta}_2\} = \beta$；　　(D) $P\{\hat{\theta}_1 < \theta < \hat{\theta}_2\} \geqslant 1 - \beta$.

6. 设 σ 是总体 X 的标准差，$X_1, X_2, \cdots, X_n$ 是来自总体 X 的简单随机样本，则样本标准差 S 是总体标准差 σ 的（　　）.

(A) 矩估计量；　　　　(B) 最大似然估计量；

(C) 无偏估计量；　　　(D) 相合估计量.

三、解答题

1. 设总体 X 具有概率密度 $f(x) = \begin{cases} \dfrac{3x^2}{\theta^3}, & 0 < x < \theta, \\ 0, & \text{其他}, \end{cases}$ $X_1, X_2, \cdots, X_n$ 为来自 X 的样本，未知参数 $\theta > 0$，求 θ 的矩估计量.

2. 设总体 X 的密度函数为

$$f(x) = \begin{cases} \sqrt{\theta}x^{\sqrt{\theta}-1}, & 0 \leqslant x \leqslant 1, \\ 0, & \text{其他}, \end{cases}$$

其中 $\theta > 0$ 为未知参数, $X_1, X_2, \cdots, X_n$ 为取自 X 的一个样本, 试求:

(1) θ 的矩估计量;

(2) θ 的极大似然估计量.

3. 设总体 X 的 k 阶矩 $\mu_k = EX^k, k \geqslant 1$ 存在. 又设 $X_1, X_2, \cdots, X_n$ 是 X 的一个样本. 试证明: 不论总体服从什么分布, k 阶样本(原点) 矩 $M_k = \dfrac{1}{n}\sum\limits_{i=1}^{n} X_i^k$ 一定是 k 阶总体(原点)矩 μ_k 的无偏估计.

4. 设 $Z = \ln X \sim N(\mu, \sigma^2)$, 从总体 X(参数 μ, σ^2 均未知) 中取一个随机样本 $X_1, X_2, \cdots, X_n$.

(1) 求 X 的数学期望 EX;

(2) 试求 EX 的极大似然估计;

(3) 求 μ 的置信度为 0.95 的置信区间.

5. 设样本 $X_1, X_2, \cdots, X_n$ 来自总体 X, 总体 X 的概率分布为

$$X \sim \begin{bmatrix} 1 & 2 & 3 \\ \theta^2 & 2\theta(1-\theta) & (1-\theta)^2 \end{bmatrix},$$

其中 $0 < \theta < 1$. 分别以 ν_1, ν_2 表示 $X_1, X_2, \cdots, X_n$ 中 1,2 出现的次数, 试求:

(1) 未知参数 θ 的最大似然估计量;

(2) 未知参数 θ 的矩估计量;

(3) 当样本值为 $(1,1,2,1,3,2)$ 时的最大似然估计值和矩估计值.

6. 假设一批产品的不合格品数与合格品数之比为 R(未知常数). 现在按还原抽样方式随机抽取的 n 件中发现 k 件不合格品. 试求 R 的最大似然估计值.

7. 假设随机变量 X 在数集 $\{0,1,2,\cdots,N\}$ 上等可能分布, 求 N 的最大似然估计量.

8. 假设随机变量 X 在区间 $(\theta, \theta+1)$ 上均匀分布, 其中 θ 未知; $X_1, X_2, \cdots, X_n$ 是来自 X 的简单随机样本, $\overline{X}$ 是样本均值, 而 $X_{(n)} = \max\{X_1, X_2, \cdots, X_n\}$ 是最大观测值; 记

$$\hat{\theta}_1 = \overline{X} - \frac{1}{2}, \quad \hat{\theta}_2 = X_{(n)} - \frac{1}{n-1}.$$

(1) 证明: $\hat{\theta}_1$ 和 $\hat{\theta}_2$ 都是 θ 的无偏估计量;

(2) 证明: $\hat{\theta}_2$ 比 $\hat{\theta}_1$ 更有效, 即 $D\hat{\theta}_2 \leqslant D\hat{\theta}_1$.

9. $X_1, X_2, \cdots, X_n$ 是正态总体 $X \sim N(\mu, \sigma^2)$ 的简单随机样本，μ, σ^2 为未知参数，求 $P(X > 2)$ 的极大似然估计.

10. 设总体 X 的概率密度函数为

$$f(x) = \begin{cases} \lambda e^{-\lambda(x-\mu)}, & x \geqslant \mu, \\ 0, & x < \mu, \end{cases}$$

这里 μ 和 $\lambda (\lambda > 0)$ 都是参数. 设 $X_1, X_2, \cdots, X_n$ 为取自该总体的样本.

(1) 若 λ 已知，求 μ 的最大似然估计量；

(2) 若 μ 已知，求 λ 的矩估计量.

(3) μ 的最大似然估计 $\hat{\mu}_L$ 是 μ 的无偏估计吗？为什么？

11. 设总体 X 的均值为 μ，方差为 σ^2，从中分别抽取容量为 n_1，n_2 的两个独立样本，$\overline{X}_1, \overline{X}_2$ 分别是两个样本的均值. 试证明：对于满足 $a + b = 1$ 的任何常数 a, b，$Y = a\overline{X}_1 + b\overline{X}_2$ 都是 μ 的无偏估计，并确定常数 a, b，使 Y 的方差达到最小.

12. 土木结构实验室对一批建筑材料进行抗断强度试验. 已知这批材料的抗断强度 $X \sim N(\mu, 0.04)$. 现从中抽取 6 个检测，算得 $\overline{x} = 8.54$，求 μ 的置信度为 0.9 的置信区间.

13. 一台车床加工零件的长度 X（单位：厘米）服从 $N(\mu, \sigma^2)$. 从该车床加工的零件中随机抽取 4 个，测得长度分别为：12.6，13.4，12.8，13.2. 求总体方差置信度为 0.95 的置信区间.

14. 某大学从来自 A, B 两市的新生中分别随机抽选 5 名与 6 名新生，测量身高后，算得 $\overline{x} = 175.9, \overline{y} = 172.0, s_1^2 = 11.3, s_2^2 = 9.1$. 假定两市新生身高分别服从正态分布 $N(\mu_1, \sigma^2)$ 和 $N(\mu_2, \sigma^2)$，其中 σ^2 未知. 试求 $\mu_1 - \mu_2$ 置信度为 0.95 的置信区间.

15. 设某电子元件的寿命服从正态分布 $N(\mu, \sigma^2)$，抽样检查 10 个元件，得样本均值 $\overline{x} = 1200$ (h)，样本标准差 $s = 14$ (h). 求：

(1) 总体均值 μ 置信水平为 99% 的置信区间；

(2) 用 $\overline{X}$ 作为 μ 的估计，求绝对误差值不大于 10(h) 的概率.

16. 某厂分别从两条流水生产线上抽取样本：$X_1, X_2, \cdots, X_{12}$ 及 $Y_1, Y_2, \cdots, Y_{17}$，测得 $\overline{x} = 10.6$ (g)，$\overline{y} = 9.5$ (g)，$s_1^2 = 2.4, s_2^2 = 4.7$. 设两个正态总体的均值分别为 μ_1 和 μ_2，且有相同方差，试求 $\mu_1 - \mu_2$ 的置信度 95% 的置信区间.

17*. 为观察某药对高胆固醇症的疗效，测定了五名患者服药前和服药一个疗程后的血清胆固醇含量，得如下数据：

患者№	1	2	3	4	5
服 药 前	313	255	290	328	281
服 药 后	301	250	271	320	271

假设化验结果服从正态分布律. 试建立服药前后血清胆固醇含量的均值差的 0.95 置信区间, 并对所得结果作出解释.

18*. 为了估计湖中有多少条鱼, 从湖中捞出 1000 条鱼, 标上记号后又放回湖中, 过一段时间后, 再捞出 150 条鱼, 发现其中有 10 条带有标记, 估计湖中鱼的总数为多少可使上述事件的概率最大.

第 8 章

假设检验

假设检验是统计推断的重要方法之一. 假设检验就是对总体的参数或分布类型等提出假设,通过样本信息对假设进行验证,从而对假设作出接受或拒绝的推断.

【教学要求】

- 理解假设检验的基本思想,掌握假设检验的基本步骤.
- 掌握检验统计量、小概率原理、假设检验的两类错误、显著水平等基本概念.
- 熟练掌握单个正态总体的均值与方差的检验方法.
- 掌握分布拟合检验方法.

§8.1　假设检验的思想与方法

本节介绍假设检验中的基本概念和假设检验方法步骤.

一、假设检验的基本概念

1. 原假设与备择假设

每个假设检验问题都要有原假设与备择假设,它们是成对的、关于总体分布的对立的假设. 原假设用 H_0 表示,备择假设用 H_1 表示. 比如:

(a) $H_0 : \mu = \mu_0$; $H_1 : \mu \neq \mu_0$.

(b) $H_0 : \mu \leqslant \mu_0$; $H_1 : \mu > \mu_0$.

(c) $H_0 : \mu \geqslant \mu_0$; $H_1 : \mu < \mu_0$.

原假设一般是根据实际问题与相关的专业知识提出的,是关于总体的参数或有关内容的所有可能中的一点或一种明确情况. 有些原假设虽然是一个范围,如(b)、(c)中原假设,但在推导中也只取等号确定的信息,不等号只决定拒绝域形式.

备择假设是原假设的反面.备择假设的设定往往反映了研究目的.

假设检验要作出接受或拒绝原假设的推断:接受原假设 H_0,就拒绝备择假设 H_1;拒绝原假设 H_0,就接受备择假设 H_1.

2.双边检验与单边检验

按照拒绝原假设的区域(简称"拒绝域")形式,假设检验可分为双边检验与单边检验.对假设(a),如果由样本推出 μ 不在 μ_0 附近,比 μ_0 过小或比 μ_0 过大,就要拒绝 H_0,其拒绝域在数轴的左端和右端这两边,故称此检验为双边检验.假设(b)的拒绝域在数轴的右端,假设(c)的拒绝域在数轴的左端,它们的拒绝域都在一边,故都称为单边检验.(b)又称为右边检验,(c)又称为左边检验.(参见图8-1)

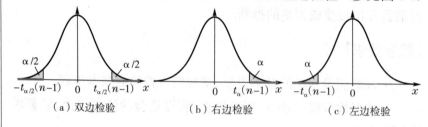

$$（a）双边检验 \qquad （b）右边检验 \qquad （c）左边检验$$

图8-1 t 分布三种拒绝域

3.检验统计量

检验统计量是假设检验的重要工具.检验中需要构造一个与原假设有关的样本的函数,我们称为检验统计量,要求在原假设成立条件下其能成为统计量并能确定其分布.检验的名称是由检验统计量 U 的分布命名的:

$U \sim N(0,1)$ 时称为 Z 检验或 U 检验;

$U \sim t(n)$ 时称为 t 检验;

$U \sim \chi^2(n)$ 时称为 χ^2 检验;

$U \sim F(m,n)$ 时称为 F 检验.

4.小概率原理

即小概率事件在一次试验中几乎不会发生.我们用一例说明.假设甲盒中有99个白球1个红球,乙盒中有是99个红球1个白球.现从两盒中随机取出一个,并从中随机摸出1个球,摸得红球.问这个球是从哪个盒子中摸出的?应当判断这个球是从乙盒中摸出的.因为从甲盒中摸出红球的概率是小概率0.01,在一次试验中几乎不会发生.这个判断就是运用了小概率原理.假设检验也是利用小概率原理来推断的.

思考　最大似然思想与小概率原理有什么联系？它们都是从已经发生事件的概率来作选择或判断. 最大似然思想, 按照使已经发生事件的概率最大来作出选择; 小概率原理认为, 已经发生事件的概率不应该是小概率, 据此来排除某种选择. 在只有两种选择的情况下, 两者作出的结论往往相同.

5. 显著水平

假设检验要利用小概率原理来推断. 然而, 多小是小概率? 需要给定小概率标准 α, 这个小概率标准 α 又称为显著性水平, α 常取 $0.01 \sim 0.1$. α 是原假设成立时作出拒绝推断的概率.

6. 检验的显著性

假设检验做出的结论与显著性水平 α 值有关. 同样情况下, 对不同的显著性水平, 假设检验做出的结论可能不同, α 值越大越容易拒绝 H_0. 因此假设检验又叫"显著性检验".

7. 两类错误概率

假设检验是根据样本, 依据小概率原理, 由局部推断总体. 而小概率原理又是不严格的, 因此, 所作出的结论可能犯错误. 这种错误分为两类: 第一类错误是"弃真", 即原假设成立, 而作出拒绝原假设的结论, 其概率为小概率标准 α; 第二类错误是"取伪", 即原假设不成立, 而作出接受原假设的结论, 其概率记为 β.

二、假设检验的方法

1. 控制两类错误的原则

假设检验中两类错误是互相关联的, 当样本容量固定时, 一类错误概率的减少会导致另一类错误概率的增加. 假设检验中控制这两类错误的原则是, 在确保犯第一类错误的概率在不超过给定值 α 的前提下, 寻找使犯第二类错误的概率尽可能小的检验方法.

2. 假设检验的思路与特点

假设检验的思路是: 先假设 H_0 成立, 找出统计量的概率分布, 据此计算得到的样本值 $x_1, x_2, \cdots, x_n$ 所对应的统计量取值的概率. 如果这是个小概率, 说明这次已经发生的事件 $A = \{(X_1, X_2, \cdots, X_n) = (x_1, x_2, \cdots, x_n)\}$ 是小概率事件, 这与小概率原理矛盾, 因此, 拒绝 H_0; 如果 A 不是小概率事件, 就没有理由拒绝 H_0, 因而接受 H_0. 由此可见, 其特点是:

(1) 拒绝 H_0 是有充分理由的, 其推理过程是"反证法";

(2) 从推理角度讲, 接受 H_0 是没有道理的;

(3) 这个方法对 H_0 是"保护"的, H_0 与 H_1 地位是不同的;

(4) 不同的假设检验方法, 就在于拒绝域与选择的检验统计量

及其概率分布不一样;

(5)检验结果与原假设的选择、检验统计量及显著水平有关.

3. 假设检验的方法与步骤

(1) 提出假设. 根据研究的目的和研究者观点或问题本身,选择双边、右边、左边检验之一,提出 H_0 和相应的 H_1.

(2) 选择检验统计量 U. 要根据背景与 H_0 选择或构造一个与 H_0 有关的样本的函数 U,并且在假设 H_0 正确时可求出 U 的概率分布.

(3) 确定拒绝域. 根据检验类型与显著性水平 α 值,确定一个检验统计量落在其中是小概率的区间 B 作为拒绝域. 对双边检验,拒绝域形式为 $(-\infty,\delta) \bigcup (\delta',+\infty)$,对右边检验,拒绝域形式为 $(\delta',+\infty)$,对左边检验,拒绝域形式为 $(-\infty,\delta)$. 临界值 δ,δ' 由 α 值和统计量的分布确定.

(4) 作出统计决断. 计算样本值相应的 U 的观察值 U_0. 若 $U_0 \in B$,拒绝 H_0;若 $U_0 \notin B$,接受 H_0.

下面通过例子来说明假设检验的过程.

例1 某种钢生产的钢筋强度服从正态分布. 今随机抽取 9 根钢筋做强度试验,测得样本均值和修正样本均方差分别为 $51.5\,\mathrm{kg/mm^2}$ 和 $3\,\mathrm{kg/mm^2}$. 能否认为这种钢生产的钢筋的平均强度为 $52.0\,\mathrm{kg/mm^2}$? ($\alpha=0.05$)

用 X 表示钢筋强度,已知 $X \sim N(\mu,\sigma^2)$,$\mu_0 = 52.0$,$n = 9$,$\overline{X} = 51.5$,$s = 3$,$\alpha = 0.05$.

(1) 提出假设. $H_0: \mu = 52.0$;$H_1: \mu \neq 52.0$.

(2) 选择检验统计量 U. 由于总体方差 σ^2 未知,U 中不能含有 σ^2. 可选择

$$T = \frac{\overline{X}-\mu_0}{S}\sqrt{9} \sim t(8).$$

(3) 确定拒绝域. 因为是双边检验,拒绝域形式为 $(-\infty,\delta) \bigcup (\delta',+\infty)$.

在 H_0 真时统计量落入拒绝域的概率要为 α. 同时,由于 t 分布密度对称,且在 $t = 0$ 最大,因此,按几何对称,取 $\delta = -\delta'$ 可使 H_0 不成立时统计量落入接受域的概率为 β 较小. 由

$$P\left\{ \left| \frac{\overline{X}-\mu_0}{S} \right| \geqslant \delta \right\} = \alpha = 0.05,$$

得 $\delta = t_{\alpha/2}(8) = t_{0.025}(8)$. 查表得 $t_{0.025}(8) = 2.306$. 因此,拒绝域为

$$B = (-\infty, -t_{0.025}(8)) \bigcup (t_{0.025}(8), +\infty)$$
$$= (-\infty, -2.306) \bigcup (2.306, +\infty).$$

(4) 作统计决断. 代入数据得

$$t = \frac{\overline{x} - \mu_0}{s} \sqrt{n} = \frac{51.5 - 52.0}{3} \sqrt{9} = -0.5,$$

因为 $t = -0.5 \notin B$，所以接受 H_0，即认为此钢筋的平均强度与 52.0 无显著差异.

在双边检验中，对 Z 检验和 t 检验，按几何对称(也是概率对称)，取 $\delta = -\delta'$；对 χ^2 检验或 F 检验，按概率对称，即由 $P\{U \leqslant \delta\} = P\{U \geqslant \delta'\} = \alpha/2$ 来确定 δ 和 δ'.

例2 某种型号的电池寿命 $X \sim N(\mu, 5000)$. 随机抽取 26 只电池，测出其寿命的修正样本方差为 9000(小时). 试在 0.05 的显著水平下，检验这批电池寿命的波动性是否较以往小.

由已知，$n = 26, s^2 = 9000, \alpha = 0.05, \sigma_0^2 = 5000$.

(1) 提出假设. $H_0 : \sigma^2 \leqslant 5000$；$H_1 : \sigma^2 > 5000$.

(2) 选择检验统计量 U. 由于总体均值 μ 未知，U 中不能含有 μ. 可选择

$$\chi^2 = \frac{(n-1) S^2}{\sigma_0^2} \sim \chi^2(n-1).$$

(3)确定拒绝域. 因为是右边检验，拒绝域形式为 $(\delta', +\infty)$. 在 H_0 真时统计量落入拒绝域的概率要为 α. 故 $P\left\{\frac{(n-1) S^2}{\sigma_0^2} > \delta'\right\} = \alpha$，

从而 $\delta' = \chi_\alpha^2(n-1)$. 查表得 $\chi_{0.05}^2(25) = 37.652$，拒绝域为

$$B = (\chi_\alpha^2(n-1), +\infty) = (\chi_{0.05}^2(25), +\infty) = (37.652, +\infty).$$

(4) 作统计决断. 代入数据得

$$\chi^2 = \frac{(n-1) s^2}{\sigma_0^2} = \frac{25 \times 9000}{5000} = 45,$$

因为 $\chi^2 = 45 \in B$，所以拒绝 H_0，即认为这批电池寿命的波动性不比以往小.

§8.2　正态总体均值的假设检验方法

一、单正态总体均值的检验方法

设 $X_1, X_2, \cdots, X_n$ 为来自总体 $X \sim N(\mu, \sigma^2)$ 的一个样本，$\overline{X}$ 与 S^2 分别是样本均值和修正样本方差，给定 $\alpha(0 < \alpha < 1)$. 根据 σ^2 已知与否，对

① 双边检验 $H_0 : \mu = \mu_0$；$H_1 : \mu \neq \mu_0$

② 右边检验 $H_0 : \mu \leqslant \mu_0$；$H_1 : \mu > \mu_0$

③ 左边检验 $H_0 : \mu \geqslant \mu_0$；$H_1 : \mu < \mu_0$

总体均值 μ 的检验方法如表 8-1. 对实际问题,只要"对号入座",计算出统计量值,查表得出临界值,若统计量值满足表 8-1 中的接受条件,就作出接受 H_0 的结论,否则作出拒绝 H_0 的结论.

表 8-1　单正态总体均值的检验方法

	H_0	H_1	接受 H_0 条件	
			σ^2 已知	σ^2 未知
① 双边	$\mu = \mu_0$	$\mu \neq \mu_0$	$\left\| \dfrac{\overline{x} - \mu_0}{\sigma} \sqrt{n} \right\| \leqslant z_{\alpha/2}$	$\left\| \dfrac{\overline{x} - \mu_0}{s} \sqrt{n} \right\| \leqslant t_{\alpha/2}(n-1)$
② 右边	$\mu \leqslant \mu_0$	$\mu > \mu_0$	$\dfrac{\overline{x} - \mu_0}{\sigma} \sqrt{n} \leqslant z_\alpha$	$\dfrac{\overline{x} - \mu_0}{s} \sqrt{n} \leqslant t_\alpha(n-1)$
③ 左边	$\mu \geqslant \mu_0$	$\mu < \mu_0$	$\dfrac{\overline{x} - \mu_0}{\sigma} \sqrt{n} \geqslant -z_\alpha$	$\dfrac{\overline{x} - \mu_0}{s} \sqrt{n} \geqslant -t_\alpha(n-1)$

注:在接受 H_0 条件中将 μ_0 换成 μ 再解出 μ 的范围即可得出相应背景下 μ 的 $1-\alpha$ 的置信区间

例 3　某车间生产铜丝,其主要质量指标是铜丝的折断力. 根据过去的资料看,可以认为铜丝的折断力 $X \sim N(285, 16)$. 为提高折断力,今换一种原材料,估计方差不会有多大变化. 现抽取 10 个样品,测得折断力为(kg):

　　289,286,285,284,286,285,285,286,298,292.

在 0.05 的显著水平下,检验折断力是否有显著变化?

解　要检验的是:$H_0 : \mu = 285$;$H_1 : \mu \neq 285$.

已知 $n = 10, \sigma^2 = 16$,计算得

$$\overline{x} = 287.6, \quad z = \frac{\overline{x} - \mu_0}{\sigma} \sqrt{n} = \frac{287.6 - 285}{4} \sqrt{10} = 2.055.$$

查表得 $z_{0.05} = 1.96$.

因为 $|z| > z_{0.05}$,拒绝 H_0,认为平均折断力与 285 有显著差异. 注意到 $\overline{x} = 287.6 > 285$,认为平均折断力显著变大.

例 4　为节省开支,某机械厂工程师建议厂长采用新工艺加工齿轮. 他用新工艺做了 9 个星期的试验. 在保证齿轮质量和数量的同时,使每台机器平均每周开支由原来的 100 元降到了 75 元. 假定每台机器采用新、老工艺每周运转开支都服从正态分布 $N(u, 25^2)$. 在 $\alpha = 0.01$ 的水平下,检验新工艺能否节省开支.

采用新工艺是一件大事. 如果没有较可靠的证据表明这样做有益,则不宜采纳,故把"开支不节省"作为零假设:$H_0 : \mu \geqslant 100$;$H_1 : \mu < 100$. 已知 $\mu_0 = 100, \overline{x} = 75, n = 9, \sigma_0 = 25$.

计算得 $z = \dfrac{\overline{x} - \mu_0}{\sigma} \sqrt{n} = \dfrac{75 - 100}{25} \sqrt{9} = -3$,查表得 $z_{0.01} = 2.33$.

因为 $z < -z_{0.01}$,故应拒绝 H_0. 即认为新工艺能显著节省开支. 所以工程师的建议应该被采纳.

例 5 （产品质量验收抽样方案）一批产品出厂之前常常要进行质量验收,一般采用抽样检验法,即从一大批产品中随机抽取 n 件,用这 n 件产品的质量信息推断整批产品的质量,以确定这批产品是否合格. 设有批量为 N 的产品需要验收,从中随机抽取了 $n(n < N)$ 件产品,当抽得的不合格产品件数 X 不超过 d 时,就接受该批产品,认为该批产品质量合格;否则,就拒绝该批产品,认为该批产品质量不合格. 如何确定 d,n?

若该批产品的不合格率为 p,这时接受该批产品的概率(简称接受概率)与 p 有关:

$$L(p) = P(X \leqslant d) = \sum_{k=0}^{d} P(X = k),$$

n 较大时, $X \sim B(n,p)$ 且近似服从 $N(np, np(1-p))$,故

$$L(p) = P(X \leqslant d) \approx \Phi\left(\frac{d - np}{\sqrt{np(1-p)}}\right).$$

由于抽样的随机性,有可能拒绝一批高质量的产品,这时生产方将受到损失. 犯这类错误的概率为 α,称为生产风险;也有可能接受一批低质量的产品,这时使用方将受到损失,犯这类错误的概率为 β,称为使用风险. 在制定抽样检验方案时,总是希望犯两类错误的概率都很小,为此,只有增大样本容量 n. 但是 n 选择得太大将使检验成本大大增加,这样做通常是不可行的. 一种折中的办法是生产方和使用方都承担一定的风险,高质量产品(p 较小)使用方以高概率接受,以保护厂方利益;低质量产品(p 较大)使用方以低概率接受,以保护使用方利益. 因此,需要确定 $p_0(0 < p_0 < 1)$,称为合格品质量水平,当 $p < p_0$ 时,认为该批产品质量高,接受概率 $L(p)$ 要大,比如,要求 $L(p) \geqslant 1 - \alpha$(α 由生产方与使用方协商确定,一般取 $0.01, 0.05, 0.1$);还需要确定一个 $p_1(1 > p_1 > p_0 > 0)$,称为极限质量水平,当 $p \geqslant p_1$ 时,认为该批产品质量低,接受概率 $L(p)$ 要小,比如,要求 $L(p) \leqslant \beta$(β 也是由生产方与使用方协商确定,一般取 $0.05, 0.1, 0.2$).

由此可见,要制定一个抽样检验方案,应事先给定四个参数:生产风险 α,使用风险 β,双方可接受的合格质量水平 p_0 与极限质量水平 p_1. 然后由

$$L(p_0) = 1 - \alpha, \quad L(p_1) = \beta,$$

确定 d, n.

例如,现要验收一批产品,如果该批产品的次品率 $p \leqslant 0.04$,就接受这批产品;如果 $p \geqslant 0.1$ 就拒绝这批产品,且要求当 $p \leqslant 0.04$ 时不接受这批产品的概率为 0.1,当 $p \geqslant 0.1$ 时接受这批产品的概率

为 0.1. 试为验收者制订验收抽样方案.

由题意知: $p_0 = 0.04, p_1 = 0.1, \alpha = \beta = 0.1$ 代入 $L(p_0) = 1 - \alpha$, $L(p_1) = \beta$ 计算, 得 $n = 112, d = 7.1345$, 取 $d = 7$. 于是, 抽样方案是: 抽查 112 件产品, 如果抽得的不合格品 $X \leqslant 7$, 则接受这批产品, 否则拒绝这批产品.

例 6 (计量质量指标抽样检验方案) 假设一批产品的某质量指标 $X \sim N(\mu, \sigma^2)$, 由不同的质量要求可提出接受产品的不同判断准则. 例如, 要求质量指标值越大越好, 那么需确定参数 c, 当 $\mu \geqslant c$ 时, 接受这批产品, 否则拒绝这批产品. 一般 μ 是未知的, 因此需要从该批产品中随机抽取容量为 n 的样本, 用样本均值 $\overline{X}$ 估计 μ, 接受产品的判断准则是: 当 $\overline{X} \geqslant c$ 时, 接受该批产品, 否则拒绝该批产品. 因而检验抽样方案可用 (n, c) 表示, 接受产品的概率为

$$L(\mu) = P(\overline{X} \geqslant c) = 1 - \Phi\left(\frac{c - \mu}{\sigma}\sqrt{n}\right),$$

与前面方法类似, 为了同时使生产风险、使用风险都较小, 需要给出产品合格的质量指标均值水平 μ_0 与极限质量指标均值水平 $\mu_1 (\mu_0 > \mu_1)$, 以及生产风险 α 与使用风险 β. 由

$$L(\mu_0) = 1 - \alpha, L(\mu_1) = \beta,$$

得

$$n = \left(\frac{(z_\alpha + z_\beta)\sigma}{\mu_0 - \mu_1}\right)^2, \quad c = \frac{\mu_1 z_\alpha + \mu_0 z_\beta}{z_\alpha + z_\beta}.$$

例如, 对一批钢材的强度进行抽样检验, 要求其强度越大越好, 并且已知强度服从正态分布, 标准差为 4 kg/mm^2. 现在生产方与使用方商定, $\alpha = 0.05, \beta = 0.1, \mu_0 = 46 \text{ kg/mm}^2, \mu_1 = 43 \text{ kg/mm}^2$. 试确定一个抽样检验方案.

设 X 表示钢材的强度, 则 $X \sim N(\mu, 4^2)$. 查表得 $z_\alpha = z_{0.05} = 1.65$, $z_\beta = z_{0.1} = 1.28$.

将数据代入得 $n \approx 16, c = 44.31$. 所以, 抽样检验方案为: 抽取 16 块钢板测量其强度, 平均值为 $\overline{X}$, $\overline{X} \geqslant 44.31$ 时接受该批产品, 否则拒绝该批产品.

二、两正态总体均值差的检验方法

设 $X_1, X_2, \cdots, X_n$ 是取自正态总体 $N(\mu_1, \sigma_1^2)$ 的一个样本, $Y_1, Y_2, \cdots, Y_m$ 是取自正态总体 $N(\mu_2, \sigma_2^2)$ 的一个样本, 且 $(X_1, X_2, \cdots, X_n)$ 与 $(Y_1, Y_2, \cdots, Y_m)$ 相互独立, $\overline{X}$ 与 S_1^2 分别是来自总体 $N(\mu_1, \sigma_1^2)$ 的样本均值和修正样本方差, $\overline{Y}$ 与 S_2^2 分别是来自总体 $N(\mu_2, \sigma_2^2)$ 的样本均值和修正样本方差, 给定 $\alpha (0 < \alpha < 1)$, 记

$$S_w^2 \triangleq \frac{1}{m+n-2}\Big[\sum_{i=1}^n (X_i-\overline{X})^2 + \sum_{i=1}^m (Y_i-\overline{Y})^2\Big]$$

$$= \frac{1}{m+n-2}[(n-1)S_1^2 + (m-1)S_2^2].$$

按照 σ_1^2 和 σ_2^2 均已知或均未知但相等,对

① 双边检验 $H_0 : \mu_1 - \mu_2 = 0$; $H_1 : \mu_1 - \mu_2 \neq 0$

② 右边检验 $H_0 : \mu_1 - \mu_2 \leqslant 0$; $H_1 : \mu_1 - \mu_2 > 0$

③ 左边检验 $H_0 : \mu_1 - \mu_2 \geqslant 0$; $H_1 : \mu_1 - \mu_2 < 0$

两个正态总体均值差 $\mu_1 - \mu_2$ 的检验方法如表 8-2. 对实际问题,只要"对号入座",计算出统计量值,查表得出临界值,若统计量值满足表 8-2 中的接受条件,就作出接受 H_0 的结论,否则作出拒绝 H_0 的结论.

表 8-2　两正态总体均值差的检验方法

	H_0	H_1	接受 H_0 条件	
			σ_1^2 和 σ_2^2 均已知	σ_1^2 和 σ_2^2 均未知但相等
① 双边	$\mu_1-\mu_2=0$	$\mu_1-\mu_2\neq0$	$\dfrac{\lvert \overline{x}-\overline{y}-0\rvert}{\sqrt{\dfrac{\sigma_1^2}{n}+\dfrac{\sigma_2^2}{m}}}\leqslant z_{\frac{a}{2}}$	$\dfrac{\lvert \overline{x}-\overline{y}-0\rvert}{S_w\sqrt{\dfrac{1}{m}+\dfrac{1}{n}}}$ $\leqslant t_{\frac{a}{2}}(m+n-2)$
② 右边	$\mu_1-\mu_2\leqslant0$	$\mu_1-\mu_2>0$	$\dfrac{\overline{x}-\overline{y}-0}{\sqrt{\dfrac{\sigma_1^2}{n}+\dfrac{\sigma_2^2}{m}}}\leqslant z_a$	$\dfrac{\overline{x}-\overline{y}-0}{S_w\sqrt{\dfrac{1}{m}+\dfrac{1}{n}}}$ $\leqslant t_a(m+n-2)$
③ 左边	$\mu_1-\mu_2\geqslant0$	$\mu_1-\mu_2<0$	$\dfrac{\overline{x}-\overline{y}-0}{\sqrt{\dfrac{\sigma_1^2}{n}+\dfrac{\sigma_2^2}{m}}}\geqslant -z_a$	$\dfrac{\overline{x}-\overline{y}-0}{S_w\sqrt{\dfrac{1}{m}+\dfrac{1}{n}}}$ $\geqslant -t_a(m+n-2)$

注:在接受 H_0 条件中将"0"换成 $\mu_1-\mu_2$ 再解出 $\mu_1-\mu_2$ 的范围即可得出相应背景下 $\mu_1-\mu_2$ 的 $1-\alpha$ 的置信区间

例 7　为估计两种方法组装产品所需时间的差异,对两种不同的组装方法分别进行多次操作试验,组装一件产品所需的时间(单位:分钟)如下所示.

方法一	28.3	30.1	29.0	37.6	32.1	28.8	36.0	37.2	38.5	34.4	28.0	30.0
方法二	27.6	22.2	31.0	33.8	20.0	30.2	31.7	26.0	32.0	31.2		

假设用两种方法组装一件产品所需时间均服从正态分布,且方差相同,试以 0.05 的显著水平,推断两种方法组装产品所需平均时间有无显著差异.

解　这是两个独立正态总体的均值比较问题.设第一种方法组装一件产品所需的时间 $X \sim N(\mu_1, \sigma_1^2)$,第二种方法组装一件产品所需的时间 $Y \sim N(\mu_2, \sigma_2^2)$,则需要检验的是

$$H_0 : \mu_1 - \mu_2 = 0; \quad H_1 : \mu_1 - \mu_2 \neq 0.$$

已知 $n=12, m=10$. 计算得 $\bar{x}=32.5, \bar{y}=28.57, s_1^2=15.996$, $s_2^2=20.662$. 所以 $s_w=4.254$, 查表得 $t_{\frac{\alpha}{2}}(m+n-2)=t_{0.025}(20)=2.086$. 计算得

$$|t| = \frac{|\bar{x}-\bar{y}-0|}{s_w\sqrt{\frac{1}{m}+\frac{1}{n}}} = \frac{|32.5-28.57|}{4.254\times\sqrt{\frac{1}{12}+\frac{1}{10}}} \approx 2.158,$$

因为 $|t|>t_{0.025}(20)$, 拒绝 H_0, 认为两种方法组装一件产品所需平均时间有显著差异.

§8.3 正态总体方差的假设检验方法

一、单正态总体方差的检验方法

设 $X_1, X_2, \cdots, X_n$ 为来自总体 $X\sim N(\mu, \sigma^2)$ 的一个样本, $\bar{X}$ 与 S^2 分别是样本均值和修正样本方差, 给定 $\alpha(0<\alpha<1)$. 按照均值 μ 已知与否, 对

① 双边检验 $H_0: \sigma^2=\sigma_0^2$; $H_1: \sigma^2\neq\sigma_0^2$

② 右边检验 $H_0: \sigma^2\leqslant\sigma_0^2$; $H_1: \sigma^2>\sigma_0^2$

③ 左边检验 $H_0: \sigma^2\geqslant\sigma_0^2$; $H_1: \sigma^2<\sigma_0^2$

总体方差 σ^2 的检验方法如表 8-3. 对实际问题, 只要"对号入座", 计算出统计量值, 查表得出临界值, 若统计量值满足表 8-3 中的接受条件, 就作出接受 H_0 的结论, 否则作出拒绝 H_0 的结论.

表 8-3 单正态总体方差的检验方法

	H_0	H_1	接受 H_0 条件	
			均值 μ 已知	均值 μ 未知
① 双边	$\sigma^2=\sigma_0^2$	$\sigma^2\neq\sigma_0^2$	$\chi_{1-\alpha/2}^2(n)\leqslant\dfrac{\sum\limits_{i=1}^{n}(x_i-\mu)^2}{\sigma_0^2}\leqslant\chi_{\alpha/2}^2(n)$	$\chi_{1-\alpha/2}^2(n-1)\leqslant\dfrac{(n-1)S^2}{\sigma_0^2}\leqslant\chi_{\alpha/2}^2(n-1)$
② 右边	$\sigma^2\leqslant\sigma_0^2$	$\sigma^2>\sigma_0^2$	$\dfrac{\sum\limits_{i=1}^{n}(x_i-\mu)^2}{\sigma_0^2}\leqslant\chi_{\alpha}^2(n)$	$\dfrac{(n-1)S^2}{\sigma_0^2}\leqslant\chi_{\alpha}^2(n-1)$
③ 左边	$\sigma^2\geqslant\sigma_0^2$	$\sigma^2<\sigma_0^2$	$\dfrac{\sum\limits_{i=1}^{n}(x_i-\mu)^2}{\sigma_0^2}\geqslant\chi_{1-\alpha}^2(n)$	$\dfrac{(n-1)S^2}{\sigma_0^2}\geqslant\chi_{1-\alpha}^2(n-1)$

注：在接受 H_0 条件中将 σ_0^2 换成 σ^2 再解出 σ^2 的范围即可得出相应背景下 σ^2 的 $1-\alpha$ 的置信区间

例8 已知维尼纶纤度在正常条件下服从 $N(1.405, 0.048^2)$. 某日抽取 5 根维尼纶,测得他们的纤度分别为 $1.32, 1.55, 1.36, 1.40, 1.44$. 问这一天纤度总体标准差是否正常($\alpha = 0.05$)?

解 $H_0 : \sigma = 0.048$. 总体均值未知.

计算得 $\overline{x} = 1.414, s^2 = 0.03112$

$$\chi^2 = \frac{(n-1)s^2}{\sigma_0^2} = \frac{(5-1) \times 0.03112}{0.048^2} \approx 54.023$$

查表得 $\chi_{0.025}^2(4) = 11.1$,$\chi_{0.025}^2(4) = 0.484$. 由于 $\chi^2 > \chi_{0.025}^2(4)$,所以拒绝 H_0,即认为这一天纤度总体标准差与 0.048 有显著差异.

例9 某厂生产的一种人造板的厚度 $X \sim N(\mu, \sigma^2)$,按要求标准差 $\sigma^2 \leqslant 0.025 \, \text{mm}^2$. 今抽取 9 张,经测试后算得样本方差 $s^2 = 0.036 \, \text{mm}^2$,问该厂的产品是否合于标准 ($\alpha = 0.01$)?

解 要检验的是 $H_0 : \sigma^2 \leqslant 0.025$;$H_1 : \sigma^2 > 0.025$

已知 $n = 9, s^2 = 0.036$. 计算得 $\chi^2 = \dfrac{(n-1)s^2}{\sigma_0^2} = \dfrac{ns^2}{\sigma_0^2} = \dfrac{9 \times 0.036}{0.025} = 12.96$. 查表得 $\chi_{0.01}^2(8) = 20.29$.

因为 $\chi^2 \leqslant \chi_{0.01}^2(8)$,接受 H_0,认为该厂人造板厚度的方差合格.

二、两正态总体方差比的检验方法

设 $X_1, X_2, \cdots, X_n$ 是取自正态总体 $N(\mu_1, \sigma_1^2)$ 的一个样本,$Y_1, Y_2, \cdots, Y_m$ 是取自正态总体 $N(\mu_2, \sigma_2^2)$ 的一个样本,且 $(X_1, X_2, \cdots, X_n)$ 与 $(Y_1, Y_2, \cdots, Y_m)$ 相互独立,$\overline{X}$ 与 S_1^2 分别是来自总体 $N(\mu_1, \sigma_1^2)$ 的样本均值和修正样本方差,$\overline{Y}$ 与 S_2^2 分别是来自总体 $N(\mu_2, \sigma_2^2)$ 的样本均值和修正样本方差,给定 $\alpha(0 < \alpha < 1)$.

按照 μ_1 和 μ_2 均已知或均未知,对

① 双边检验 $H_0 : \sigma_1^2/\sigma_2^2 = 1$;$H_1 : \sigma_1^2/\sigma_2^2 \neq 1$

② 右边检验 $H_0 : \sigma_1^2/\sigma_2^2 \leqslant 1$;$H_1 : \sigma_1^2/\sigma_2^2 > 1$

③ 左边检验 $H_0 : \sigma_1^2/\sigma_2^2 \geqslant 1$;$H_1 : \sigma_1^2/\sigma_2^2 < 1$

两正态总体方差比 σ_1^2/σ_2^2 的检验方法如表 8-4. 对实际问题,只要"对号入座",计算出统计量值,查表得出临界值,若统计量值满足表 8-4 中的接受条件,就作出接受 H_0 的结论,否则作出拒绝 H_0 的结论.

表 8-4　两正态总体方差比的检验方法

	H_0	H_1	接 受 H_0 条 件	
			μ_1 和 μ_2 均已知	μ_1 和 μ_2 均未知
①双边	$\sigma_1^2/\sigma_2^2=1$	$\sigma_1^2/\sigma_2^2\neq1$	$F_{1-\alpha/2}(n,m)$ $$\leqslant\frac{m\sum\limits_{i=1}^{n}(x_i-\mu_1)^2}{1\times n\sum\limits_{i=1}^{m}(y_i-\mu_2)^2}$$ $\leqslant F_{\alpha/2}(n,m)$	$F_{1-\alpha/2}(n-1,m-1)$ $$\leqslant\frac{s_1^2}{1\times s_2^2}$$ $\leqslant F_{\alpha/2}(n-1,m-1)$
②右边	$\sigma_1^2/\sigma_2^2\leqslant1$	$\sigma_1^2/\sigma_2^2>1$	$$\frac{m\sum\limits_{i=1}^{n}(x_i-\mu_1)^2}{1\times n\sum\limits_{i=1}^{m}(y_i-\mu_2)^2}$$ $\leqslant F_{\alpha}(n,m)$	$$\frac{s_1^2}{1\times s_2^2}$$ $\leqslant F_{\alpha}(n-1,m-1)$
③左边	$\sigma_1^2/\sigma_2^2\geqslant1$	$\sigma_1^2/\sigma_2^2<1$	$$\frac{m\sum\limits_{i=1}^{n}(x_i-\mu_1)^2}{1\times n\sum\limits_{i=1}^{m}(y_i-\mu_2)^2}$$ $\geqslant F_{1-\alpha}(n,m)$	$$\frac{s_1^2}{1\times s_2^2}$$ $\geqslant F_{1-\alpha}(n-1,m-1)$

注 1：在接受 H_0 条件中将"1"换成 σ_1^2/σ_2^2 再解出 σ_1^2/σ_2^2 的范围即可得出相应背景下 σ_1^2/σ_2^2 的 $1-\alpha$ 的置信区间.

注 2：双边检验等价于 $H_0:\sigma_1^2=\sigma_2^2$，$H_1:\sigma_1^2\neq\sigma_2^2$.

右边检验等价于 $H_0:\sigma_1^2\leqslant\sigma_2^2$，$H_1:\sigma_1^2>\sigma_2^2$.

左边检验等价于 $H_0:\sigma_1^2\geqslant\sigma_2^2$，$H_1:\sigma_1^2<\sigma_2^2$.

　　例 10　两台车床生产同一种滚珠（滚珠直径服从正态分布），从中分别抽取 8 个和 7 个成品，测得滚珠直径如下（单位为 mm），试比较两台车床生产的滚珠直径是否有显著差异（$\alpha=0.05$）.

T_1	85.6	85.9	85.7	85.8	85.7	86.0	85.5	85.4
T_2	86.7	85.7	86.5	85.7	85.8	86.3	86.0	

　　解　设第一台车床生产的滚珠直径 $X\sim N(\mu_1,\sigma_1^2)$，第二台车床生产的滚珠直径 $Y\sim N(\mu_2,\sigma_2^2)$，要检验的是，$H_0:\mu_1-\mu_2=0$；$H_1:\mu_1-\mu_2\neq0$.

　　由于两总体方差未知，需要首先进行方差的齐性检验，即检验 σ_1^2 和 σ_2^2 无显著差异，然后再检验 μ_1 和 μ_2 是否有显著差异.

　　已知 $n=8,m=7$.

　　计算得 $\overline{x}=85.7,\overline{y}=86.1,s_1^2=0.04,s_2^2=0.163$.

　　为检验 $H_0:\sigma_1^2/\sigma_2^2=1$；$H_1:\sigma_1^2/\sigma_2^2\neq1$.

　　计算得 $F=\dfrac{s_1^2}{s_2^2}=\dfrac{0.04}{0.163}=0.245$.

查表得 $F_{0.025}(7,6) = 5.70$,

$$F_{0.975}(7,6) = 1/F_{0.025}(6,7) = 1/5.12 = 0.195.$$

因为 $F_{0.975}(7,6) \leqslant F \leqslant F_{0.025}(7,6)$,接受 H_0,认为两台车床生产的滚珠直径的方差无显著差异,方差具有齐性.

为检验 $H_0: \mu_1 - \mu_2 = 0$; $H_1: \mu_1 - \mu_2 \neq 0$.

计算得

$$s_w = \sqrt{\frac{(n-1)s_1^2 + (m-1)s_2^2}{m+n-2}}$$

$$= \sqrt{\frac{7 \times 0.04 + 6 \times 0.163}{8+7-2}} \approx 0.311,$$

$$|t| = \frac{|\bar{x} - \bar{y} - 0|}{S_w \sqrt{\frac{1}{m} + \frac{1}{n}}} = \frac{|85.7 - 86.1|}{0.311 \times \sqrt{\frac{1}{7} + \frac{1}{8}}} \approx 2.483.$$

查表得 $t_{\frac{\alpha}{2}}(m+n-2) = t_{0.025}(13) = 2.160$.

因为 $|t| > t_{0.025}(13)$,拒绝 H_0,认为两台车床生产的滚珠直径有显著差异.

§8.4　总体分布的 χ^2 检验

前面讨论的假设检验主要是对正态分布总体进行的. 在实际应用中,总体的分布往往是未知的. 因此,在实际应用中首先要对总体的分布类型进行推断. 本节介绍皮尔逊提出的总体分布类型检验法——χ^2 分布拟合检验,是一种重要的非参数检验方法.

一、问题的一般提法

设总体 $X \sim F(x)$,$F(x)$ 未知,$X_1, X_2, \cdots, X_n$ 为来自 X 的样本. 我们要检验假设:

$$H_0: F(x) = F_0(x); \quad H_1: F(x) \neq F_0(x).$$

对 H_0 的显著性检验,称为总体分布的拟合检验. 其中 $F_0(x)$ 可以是完全已知的分布函数,也可以是已知函数的形式,但其中含有若干个未知参数 $\theta_1, \cdots, \theta_t$. 这时一般先用最大似然估计法得到未知参数的估计值 $\hat{\theta}_1, \cdots, \hat{\theta}_t$,然后再进行检验就行了.

注意　可用分布律或概率密度代替 $F(x)$.

二、χ^2 检验的基本思想

χ^2 检验是利用样本频数(频率)来检验关于总体分布是否服从某种分布的假设.

将与总体相应的必然事件 Ω 适当分成 k 个互不相容的事件 $A_1,\cdots,A_k$，且 $\bigcup\limits_{i=1}^{k}A_i=\Omega$. 由样本观察值 $x_1,x_2,\cdots,x_n$ 统计出 A_i 出现的实际频率 f_i/n，并在假定 H_0 成立条件下推出概率 $P(A_i)=p_i$，$i=1,2,\cdots,k$. 这时，根据概率与频率的关系，诸 A_i 的实际频率 f_i/n 与其概率 p_i（从而实际频数 f_i 与理论频数 np_i）应该接近，如果它们差别较大说明假定 H_0 成立有问题，从而拒绝 H_0. 如果没有理由拒绝 H_0，就接受 H_0.

三、χ^2 检验的一般方法

χ^2 检验的统计量基本形式为

$$\chi^2=\sum_{i=1}^{k}\frac{n}{p_i}\left(\frac{f_i}{n}-p_i\right)^2$$

$$=\sum_{i=1}^{k}\frac{(f_i-np_i)^2}{np_i}\sim\chi^2(k-1-t)\ (n\geqslant50),$$

其中 t 是被估计未知参数的个数，f_i 是实际频数，np_i 是理论频数.

当统计量 $\chi^2>\chi_\alpha^2(k-t-1)$ 时，拒绝 H_0.

例 11 生物学家孟德尔在豌豆培养试验中观察黄色圆形种子豌豆与绿色皱纹型种子豌豆杂交得到的不同种类的种子. 这种杂交的可能子代种类是：黄圆、黄皱、绿圆、绿皱. 孟德尔指出，这四类豌豆个数之比为 $9:3:3:1$. 他对 $n=556$ 个豌豆观察到这四类豌豆的个数分别为 315，101，108，32. 现在要在水平 $\alpha=0.05$ 之下检验孟德尔理论的正确性.

解 H_0：孟德尔理论正确；H_1：孟德尔理论不正确.

用随机变量 X 表示杂交后的豌豆的类型，对可能的四种类型黄圆、黄皱、绿圆和绿皱，X 分别取 $1,2,3$ 和 4. 已知四种类型豌豆的实际频数分别为 $f_1=315$，$f_2=101$，$f_3=108$，$f_4=32$. 记 $p_i=P\{X=i\}$，$i=1,2,3,4$. 孟德尔的理论正确，应有 $p_1=\dfrac{9}{16}$，$p_2=\dfrac{3}{16}$，$p_3=\dfrac{3}{16}$，$p_4=\dfrac{1}{16}$.

计算得 $\chi^2=\sum\limits_{i=1}^{4}\dfrac{(f_i-np_i)^2}{np_i}=0.470$，查表得 $\chi_\alpha^2(k-t-1)=\chi_{0.05}^2(3)=7.815$.

因为 $\chi^2\leqslant\chi_{0.05}^2(3)$，故在显著水平 $\alpha=0.05$ 下接受孟德尔的理论.

例 12 在无意识记中,用红、绿、蓝三种颜色的文字呈现同样难度的内容,经测试发现,被试能识记的内容中,用红色呈现的为 26 个,用绿色呈现的为 19 个,用蓝色呈现的为 21 个. 问不同颜色在无意识记中有无显著差异?($\alpha = 0.05$)

解 H_0:不同颜色在无意识记中无显著差异;H_1:不同颜色在无意识记中有显著差异.

按颜色分成三组,三种颜色被记识的实际频数分别为 26、19 和 21.

H_0 正确时,从理论上讲,不同颜色被识记的个数都应该是 $\dfrac{26+19+21}{3} = 22$,这是三种颜色被识记的实际频数. 计算得

$$\chi^2 = \sum_{i=1}^{3} \frac{(f_i - np_i)^2}{np_i}$$

$$= \frac{(26-22)^2 + (19-22)^2 + (21-22)^2}{22} = 1.18,$$

查附表得 $\chi_{0.05}^2(2) = 5.99$.

由于 $\chi^2 = 1.18 < \chi_{0.05}^2(2) = 5.99$,接受 H_0,认为不同颜色在无意识记中无显著差异.

例 13 为研究儿童智力发展与营养的关系,某研究机构调查了 1436 名儿童,得到数据如表 8-5. 试在显著性水平 $\alpha = 0.05$ 下判断儿童智力发展与营养有无关系.

表 8-5　儿童智力发展与营养调查数据

	智　商				合　计
	<80	$80-90$	$90-99$	$\geqslant 100$	
营养良好	367	342	266	329	1304
营养不良	56	40	20	16	132
合　计	423	382	286	345	1436

解 以 X 表示营养状况,营养良好时 X 取 1,营养不良时 X 取 2. 以 Y 表示智商分数段,智商分数 <80、$80-90$、$90-99$ 和 $\geqslant 100$ 对应的 Y 值分别为 $1, 2, 3, 4$.

H_0:X 与 Y 独立,即儿童智力发展与营养无关联.

在 H_0 成立时,$p_{ij} = P\{X=i, Y=j\} = P\{X=i\}P\{Y=j\} = p_i \cdot p_{\cdot j}$,$i = 1, 2$,$j = 1, 2, 3, 4$.

用最大似然估计法得到未知参数估计值:

$\hat{p}_{1\cdot} = 1304/1436 = 0.9081$,从而 $\hat{p}_{2\cdot} = 1 - 0.9081 = 0.0919$.

$\hat{p}_{\cdot 1} = 423/1436 = 0.2946$,$\hat{p}_{\cdot 2} = 382/1436 = 0.2660$,$\hat{p}_{\cdot 3} = 286/1436 = 0.1992$,从而 $\hat{p}_{\cdot 4} = 1 - 0.2946 - 0.2660 - 0.1992 = 0.2402$. 进而可

得出 8 组的理论频数，例如，$n\hat{p}_{11} = n\hat{p}_{1\cdot}\,\hat{p}_{\cdot 1} = 1436 \times 0.9081 \times 0.2946 = 384.1677.$

8 组的理论频数如表 8-6.

表 8-6　8 组的理论频数

	智　商				$\hat{p}_{i\cdot}$
	<80	$80-90$	$90-99$	$\geqslant 100$	
营养良好	384.1677	346.8724	259.7631	313.2284	0.9081
营养不良	38.8779	35.1036	26.2881	31.6988	0.0919
$\hat{p}_{\cdot j}$	0.2946	0.2660	0.1992	0.2402	1

计算得

$$\chi^2 = \sum_{i=1}^{8} \frac{(f_i - np_i)^2}{np_i}$$

$$= \frac{(367 - 384.1677)^2}{384.1677} + \cdots + \frac{(16 - 31.6988)^2}{31.6988}$$

$$= 19.2785,$$

由于分了 8 组，估计了 4 个未知参数，故临界值为

$$\chi_\alpha^2(k-t-1) = \chi_{0.05}^2(8-4-1) = \chi_{0.05}^2(3) = 7.815.$$

因为 $\chi^2 > \chi_{0.05}^2(3) = 7.815$，故拒绝 H_0，认为儿童营养状况对智力有影响.

≫ 串讲与答疑 ≪

一、串讲小结

假设检验是数理统计中非常重要的内容，分为参数检验与非参数检验.

参数检验的理论依据源于人们对"小概率事件在一次试验中是不可能发生"的认同，其论证推理的逻辑基础是统计意义上的反证法.

参数假设检验的思路是：假设 H_0 成立，如果推出已经发生的事件是小概率事件，依据小概率原理，得出矛盾，因此，拒绝 H_0；如果这不是小概率事件，就没有理由拒绝 H_0，因而接受 H_0. 可见，拒绝 H_0 是有充分理由的，其推理过程是"反证法".

由于假设检验是从局部推断总体，而且依据的小概率原理是不严格的. 因此，假设检验做出的结论可能会犯错误. "弃真"为第一类错误，"取伪"为第二类错误. 犯第一类错误的概率是显著水平 α.

从假设检验的思路来看，作假设检验有两个关键点. 一是要构

造一个适当的样本的函数 U，其要与 H_0 有关，并且在假设 H_0 成立时能求出 U 的概率分布. 二是根据 H_0（双边、右边、左边）和 U 的概率分布来决定拒绝域的形式，以符合检验要求并力求减少第二类错误的概率.

假设检验形式分为双边、左边和右边三种. 假设检验方法按照检验统计量的分布分为 Z 检验、t 检验、χ^2 检验和 F 检验.

正态总体均值（差）的显著性检验分为两大类：总体方差已知时，用 Z 检验；总体方差未知时，用 t 检验.

均值已知和均值未知时单正态总体方差的显著性检验都用 χ^2 检验，但均值未知时 χ^2 的自由度减 1. 两正态总体方差比显著性检验都用 F 检验，但均值未知时 F 的两个自由度都减 1.

不同检验对象、不同条件、所用统计量及其分布不同，检验的临界值、接受区域不同. 在应用假设检验时，要根据具体情况，使用相应的公式、临界值和接受区域.

参数的假设检验与区间估计是密切联系的. 在表 8-7 所示的对应条件下，在相应的假设检验的接受域中，将由原假设确定的参数值（或"0"、"1"）还原为未知参数，并解出未知参数的变化范围，其就是该未知参数的区间估计. 掌握区间估计与假设检验的联系，不仅可以避免死记硬背繁杂的区间估计公式，而且这种由假设检验的理论来建立区间估计理论的思想，有利于进一步学习.

表 8-7　区间估计与假设检验条件对应

	检验	估计	正态总体背景
问题对应	θ 的假设检验	θ 的区间估计	单总体 θ 未知
指标对应	显著水平 α	置信度 $1-\alpha$	
问题对应	$H_0:\theta=\theta_0$	求 θ 的置信区间	
	$H_0:\theta\geqslant\theta_0$	求 θ 的置信下限	
	$H_0:\theta\leqslant\theta_0$	求 θ 的置信上限	
	$H_0:\mu_1-\mu_2=0(\mu_1=\mu_2)$	求 $\mu_1-\mu_2$ 的置信区间	双总体，μ_1,μ_2 未知
	$H_0:\sigma_1^2/\sigma_2^2=1(\sigma_1^2=\sigma_2^2)$	求 σ_1^2/σ_2^2 的置信区间	双总体，σ_1^2,σ_2^2 未知

分布拟合检验是非参数检验，应用广泛. 它是利用卡方分布，通过比较实际频数与理论频数的思路来构造的检验方法：为检验 H_0，将样本适当分成 k 组并统计出各组的实际频数 f_i. 在 H_0 成立时求出各组的理论频数 np_i. 若 H_0 正确，由 H_0 决定的各组的理论频数与实际频数相差应当不大，故可以由反映理论频数与实际频数差异的量 $\chi^2=\sum\limits_{i=1}^{k}\dfrac{(f_i-np_i)^2}{np_i}$ 的大小来决定拒绝或接受 H_0.

二、答疑解惑

1. 什么是显著性检验？其基本思想是什么？

显著性检验就是事先对总体做出一个假设，然后利用样本信息来判断这个假设是否合理，即判断总体的真实情况与原假设是否有显著性差异．它根据"小概率事件在一次试验中一般不发生"这个实际推断原理来检验假设是否成立．显著性假设检验的思路是，假设原假设成立，找出统计量的分布．如果按此分布，实际出现的样本值是小概率，这与"小概率原理"矛盾，因此拒绝原假设．如果按此分布，实际出现的样本值不是小概率，推不出矛盾，不能拒绝原假设，因而作出接受原假设的决定．

2. 显著性检验为什么可能会犯错误？

显著性检验会犯两类错误．原假设正确却作出拒绝原假设的错误，称为第一类错误——"弃真"；原假设不正确却作出接受原假设的错误，称为第二类错误——"取伪"．显著性检验会犯错误原因有多种：一是它只是通过局部样本信息来推断总体，不可能绝对准确；二是其推断根据是实际推断原理，即"小概率事件在一次试验中几乎不发生"，这是不严格的，因为小概率事件在一次试验中也可能发生；三是从显著性假设检验的思路看，作出接受原假设的决定是缺乏逻辑依据的．

3. 参数假设检验形式的选择

参数假设检验形式有

（1）$H_0 : \mu = \mu_0$；$H_1 : \mu \neq \mu_0$．

（2）$H_0 : \mu \leqslant \mu_0$；$H_1 : \mu > \mu_0$．

（3）$H_0 : \mu \geqslant \mu_0$；$H_1 : \mu < \mu_0$．

参数假设检验形可以根据研究的目的和研究者观点提出．从语言来看，问"是否相等""是否一致""是否有差异"时一般选用（1）；问"是否低于""是否小于""是否差于"时一般选用（2）；问"是否高于""是否大于""是否优于"时一般选用（3）．

4. 为什么说假设检验是保护原假设的？

在假设检验中，原假设是受到保护的．第一，显著性假设检验的思路有利于接受原假设．作出拒绝原假设的结论要有充分理由，必须经过"反证法"证明，没有充足的证据不能拒绝原假设．而作出接受原假设的决定是"被迫的"，是因为没有理由拒绝而接受．这显然对接受原假设有利．第二，假设检验方法规定，首先保证犯第一类错误的概率,即"弃真"的概率不大于给定显著性水平(小概率标准)α,其次才考虑尽量减小犯第二类错误的概率,这也是保护原假设的.所以说,原假设与备择假设所处地位不同,假设检验是保护原假设的.

5. 如何选择原假设?

原假设一般是关于总体有关内容的相等、无差异、没有联系等明确假设,是所有可能假设中的一点而不是一个范围. 单边检验的原假设也只取等号进行推导,不等号只决定拒绝域形式.

原假设是根据研究的目的和研究者观点选择的. 比如,我们根据厂方以往的表现和信誉,对其断言已有了较大的信任,就把"厂方断言正确"作为原假设,只有很不利于它的观察结果才能改变我们的看法,因而一般难以拒绝这个断言. 反之,当把"厂方断言不正确"作为原假设时,我们一开始就对该厂产品抱怀疑态度,只有很有利于该厂的观察结果,才能改变我们的看法. 因此,在所得观察数据并非决定性地偏于一方时,我们的着眼点(即最初立场)决定了所得的结论.

一般,把那些保守的、历史的、经验的取为原假设,而把那些猜测的、可能的、预期的取为备择假设. 在贸易活动中,涉及产品检验等显著性检验问题时,应积极争取原假设的提出权.

6. 交换原假设与备择假设可能会得出不同的检验结论

原假设与备择假设是不相容的,肯定一个就意味着否定另一个. 它们的地位是不对等的. 交换原假设与备择假设可能会得出截然相反的检验结论.

例 14　某厂方断言,本厂生产的小型电动机在正常负载条件下平均电流不会超过 0.8 A. 随机抽取该型号电动机 16 台,计算得平均电流为 0.92 A,修正样本均方差是 0.32 A. 假定这种电动机的工作电流 X 服从正态分布. 问根据这一抽样结果,能否否定厂方断言?(取显著性水平 $\alpha = 0.05$)

解　假定 $X \sim N(\mu, \sigma^2)$,σ^2 未知,以厂方断言作为原假设,检验问题为

$$H_0 : \mu \leqslant 0.8 ;\ H_1 : \mu > 0.8,$$

此时 $n = 16$,$\overline{X} = 0.92$,$S = 0.32$,由 t 检验法知拒绝域为

$$\overline{X} > 0.8 + \frac{0.32}{\sqrt{16}} t_{0.05}(16-1) = 0.8 + \frac{0.32}{\sqrt{16}} \times 1.753 \approx 0.94,$$

故接受原假设 H_0,即认为平均电流不会超过 0.8 A.

现在若把厂方断言的对立面($\mu \geqslant 0.8$)作为原假设,则假设检验问题为

$$H_0:\mu \geqslant 0.8;\ H_1:\mu < 0.8,$$

由 t 检验法,此时的拒绝域为

$$\overline{X} \leqslant 0.8 - \frac{0.32}{\sqrt{16}}t_{0.05}(16-1) = 0.8 - \frac{0.32}{\sqrt{16}} \times 1.753 \approx 0.66,$$

因为观测值 $\overline{X} = 0.92 > 0.66$,所以应接受原假设,即认为平均电流超过 0.8 A.

本例中,交换原假设与备择假设,得出了截然相反的结论.

7. 假设检验结果与显著性水平有关

无论做出 H_0 是真还是假的结论都是在一个显著水平意义上的推断,不是绝对的. 同一个问题,显著性水平不同,作出的结论可能不同.

例 15 对例 14 中 $H_0:\mu \leqslant 0.8;\ H_1:\mu > 0.8$,在显著性水平 $\alpha = 0.05$ 下,得出的结论是接受 H_0. 如果取显著性水平 $\alpha = 0.1$,此时的拒绝域为

$$\overline{X} > 0.8 + \frac{0.32}{\sqrt{16}}t_{0.1}(16-1) = 0.8 + \frac{0.32}{\sqrt{16}} \times 1.3406 \approx 0.907,$$

而 $\overline{X} = 0.92$ 落在拒绝域中,所以推断结论为拒绝 H_0.

8. 如何由参数的假设检验结果找出参数的区间估计

常见参数的区间估计与相应的参数的假设检验有着密切联系,可由某个参数的(显著性水平为 α 的)假设检验接受域找出相同背景下这个参数的(置信度为 $1-\alpha$ 的)置信区间.

例 16 设 $X \sim N(\mu,\sigma^2)$,σ^2 已知,$X_1,X_2,\cdots,X_n$ 为一个样本. 在显著性水平 α 下

$$H_0:\mu = \mu_0;\ H_1:\mu \neq \mu_0,$$

的接受域为 $\dfrac{\sqrt{n}(\overline{X}-\mu_0)}{\sigma} \leqslant z_{\alpha/2}$ 中,将其中的 μ_0 还原为参数 μ 得

$$\frac{\sqrt{n}(\overline{X}-\mu)}{\sigma} \leqslant z_{\alpha/2},$$

并解出未知参数 μ 的变化范围,其就是未知参数 μ 的置信度 $1-\alpha$ 的区间估计:

$$\left(\overline{X} - z_{\alpha/2}\frac{\sigma}{\sqrt{n}},\ \overline{X} + z_{\alpha/2}\frac{\sigma}{\sqrt{n}}\right).$$

≫ 拓展提升 ≪

一、双向表 χ^2 检验

χ^2 检验中分组形式可分为单向表和双向表. 单向表就是将数据按一种分类标准编制成表. 单向表 χ^2 检验的统计量为

$$\chi^2 = \sum_{i=1}^{k} \frac{(f_i - np_i)^2}{np_i} \overset{\cdot}{\sim} \chi^2(k-t-1).$$

双向表就是对同一组对象, 按两种分类标准编制成的表. 对双向表的数据进行 χ^2 检验, 称为双向表 χ^2 检验, 或双因素 χ^2 检验. $r \times c$ 双向表 χ^2 检验的统计量构造与单向表相同, 只是其自由度为 $(r-1)(c-1)$.

双向表的 χ^2 检验分为独立性 χ^2 检验与同质性 χ^2 检验.

如果双向表是按照两个不同因素分组, 要判断两个因素之间是否有依从关系, 这种检验称为独立性 χ^2 检验; 如果是要判断几次重复实验的结果是否相同, 这种检验称为同质性 χ^2 检验.

对四格表 (表 8-8) 的数据进行 χ^2 检验, 称为四格表 χ^2 检验. 它是双向表 χ^2 检验的特殊情况.

表 8-8　四格表的一般结构

	B_1	B_2	边缘总计
A_1	a	b	$a+b$
A_2	c	d	$c+d$
边缘总计	$a+c$	$b+d$	$N = a+b+c+d$

独立样本四格表 χ^2 检验的统计量可化为

$$\chi^2 = \frac{(ad-bc)^2 N}{(a+b)(c+d)(a+c)(b+d)} \sim \chi^2(1).$$

相关样本四格表 χ^2 检验的统计量可化为

$$\chi^2 = \frac{(b-c)^2}{b+c} \sim \chi^2(1).$$

二、χ^2 拟合检验的修正公式

统计量 χ^2 的分布是在总的样本容量 n 无限增大时推导出来的, 因而在使用时要注意 n 要足够大 (为了简化计算, 我们在例题和习题中往往 n 取得较小), 以及各组的理论频数不太小. 一般要求 n 不小

于 30 或 50(决定于对实验结果要求的严格程度),且诸理论频数都不小于 5. 可以通过适当合并分组的方法使理论频数满足不小于 5 的要求. 在样本容量不大(小于 30 或 50),或者有理论频数小于 5 时,可以利用具体条件下的修正公式计算统计量值.

在单向表 χ^2 检验中,当自由度为 1 时的修正公式为

$$\chi^2 = \sum_{i=1}^{K} \frac{(|f_{oi} - f_{ti}| - 0.5)^2}{f_{ti}} \sim \chi^2(1).$$

其中 f_{oi} 表示实际频数,f_{ti} 表示理论频数.

在独立样本四格表 χ^2 的公式中,当 $n < 30$ 时修正为

$$\chi^2 = \frac{(|ad - bc| - \frac{N}{2})^2}{(a+b)(c+d)(a+c)(b+d)} \sim \chi^2(1).$$

在相关样本四格表中,当 $(b+c) < 30$ (或 $(b+c) < 50$)时,修正为

$$\chi^2 = \frac{(|b - c| - 1)^2}{b + c}.$$

例 17 研究表明,普通人群中超常儿童的比率为 3%. 对某班 54 名学生进行测试,发现有 2 名学生智力超常. 问该班超常儿童的比率与普通人群中超常儿童的比率是否相同?

解 提出假设 H_0:该班超常儿童的比率等于 3%;H_1:该班超常儿童的比率不等于 3%.

由给出的数据得

	超常	非超常	N
f_{ti}	1.62	52.38	54
f_{oi}	2.00	52.00	

其中"超常"的理论频数为 $0.03 \times 54 = 1.62$,"非超常"的理论频数为 $0.97 \times 54 = 52.38$.

由于有理论频数小于 5,用修正公式得

$$\chi^2 = \frac{(|2 - 1.62| - 0.5)^2}{1.62} + \frac{(|52 - 52.38| - 0.5)^2}{52.38}$$
$$= 0.009.$$

查附表 2 得 $\chi^2_{0.05}(1) = 3.84$,由于 $\chi^2 < \chi^2_{0.05}(1) = 3.84$,接受 H_0,即认为该班超常儿童的比率与普通人群中超常儿童的比率无显著差异.

三、总体比率的 U 检验

当总体 X 服从两点分布时,总体的平均数 μ 就是总体中(取 1

相应的)某种属性的比率 p，总体方差 $\sigma^2 = p(1-p)$. 设 $X_1, X_2, \cdots,$ X_n 为取自总体 X 的样本. 这时,样本均值 $\overline{X}$ 就是样本中(取 1 相应的)某种属性的比率,总体平均数检验就是总体某种属性的比率检验,比如双边假设:

$$H_0 : p = p_0 ; \quad H_1 : p \neq p_0,$$

若假设 H_0 真,即 $p = p_0$, 总体方差 σ^2 便可确定. 这时 $\dfrac{\overline{X} - \mu_0}{\sigma}\sqrt{n} = \dfrac{\overline{X} - p_0}{\sqrt{p_0(1-p_0)}}\sqrt{n}$ 可作为检验总体中(取 1 相应的)某种属性的比率 p 的统计量.

例 18　某市小学教师中大学本科毕业的比率为 0.6. 现从某区随机抽取 50 名小学教师,其中大学本科毕业的有 32 人,问该区小学教师中大学本科毕业的比率与全市小学教师中大学本科毕业的比率是否有显著差异?

解　这属于大样本下总体比率检验的假设.

$$H_0 : p = 0.6 ; \quad H_1 : p \neq 0.6.$$

$$\overline{X} = \frac{32}{50} = 0.64,$$

$$Z = \frac{\overline{X} - p_0}{\sqrt{p_0(1-p_0)}}\sqrt{n} = \frac{0.64 - 0.6}{\sqrt{0.6 \times (1-0.6)}} \times \sqrt{50} = 0.58.$$

查表得 $z_{0.025} = 1.96$. 因为 $Z = 0.58 < z_{0.025} = 1.96$, 差异不显著,接受 H_0, 认为该区小学教师中大学本科毕业的比率与全市小学教师中大学本科毕业的比率没有显著差异.

四、相关样本的均值差的显著性检验

相关样本是指两个样本内个体之间存在一一对应的关系. 比如,同一测验对同一组被试在实验前后进行两次测验,所获得的两组测验结果是相关样本;根据某些条件基本相同的原则,把被试一一匹配成对,然后将每对被试随机地分到实验组和对照组,对两组被试施行不同的实验处理之后,用同一个测验所获得的测验结果也是相关样本.

1. 大样本情况

设 $n_1 = n_2 = n > 30$. 这时,即使总体不服从正态也可用 Z 检验近似处理. 检验统计量为

$$Z_1 = \frac{\overline{X}_1 - \overline{X}_2}{\sqrt{\dfrac{S_1^2 + S_2^2 - 2r S_1 S_2}{n}}} \sim N(0,1),$$

或（用 S 表示为）

$$Z_2 = \frac{\overline{X}_1 - \overline{X}_2}{\sqrt{\dfrac{S_1^2 + S_2^2 - 2rS_1S_2}{n-1}}} \sim N(0,1),$$

或（用 D_i 表示为）

$$Z_3 = \frac{\overline{D}}{\sqrt{\dfrac{\sum\limits_{i=1}^{n} D_i^2 - (\sum\limits_{i=1}^{n} D_i)^2 / n}{n(n-1)}}} \sim N(0,1),$$

其中 D_i 表示第 i 对数据差，$\overline{D}$ 是 D_i 的算术平均数.

当总体服从二点分布时，要检验同一组（或配对组）对象在实验前后某种属性比率的差异，可利用统计量

$$Z_4 = \frac{d-a}{\sqrt{d+a}} \sim N(0,1)$$

检验. 其中 a,d 表示前后两次改变属性的个数.

例 19 某校对 100 名高中毕业生进行了两次关于报考师范大学院校态度的调查，结果如表 8-9. 第一次有 26 人愿意报考，经过宣传教育后，第二次有 35 人愿意报考，问宣传效果是否显著？

表 8-9 100 名学生报考师大态度

第一次调查		第二次调查		合计
		愿意	不愿意	
	愿意	16	10	26
	不愿意	19	55	74
	合计	35	65	100

解 这是同一组对象态度差异问题，属于相关样本比例差异的显著性检验.

$$H_0 : \mu_1 = \mu_2 ;\quad H_1 : \mu_1 \neq \mu_2.$$

计算得

$$z_4 = \frac{19-10}{\sqrt{19+10}} = 1.67,$$

因为 $|z_4| < z_{0.025} = 1.96$，接受 H_0，即宣传前后比例改变不显著，宣传效果不显著.

2. 小样本情况

设 $n_1 = n_2 = n < 30$，两总体服从正态，从而它们的差也服从正态. 用 t 检验，利用统计量

$$t_3 = \frac{\overline{X}_1 - \overline{X}_2}{\sqrt{\dfrac{S_1^2 + S_2^2 - 2rS_1S_2}{n}}} \sim t(n-1),$$

或（用 S 表示为）

$$t_4 = \frac{\overline{X}_1 - \overline{X}_2}{\sqrt{\dfrac{S_1^2 + S_2^2 - 2rS_1S_2}{n-1}}} \sim t(n-1),$$

或（用 D_i 表示为）

$$t_5 = \frac{\overline{D}}{\sqrt{\dfrac{\sum\limits_{i=1}^{n} D_i^2 - \left(\sum\limits_{i=1}^{n} D_i\right)^2 / n}{n(n-1)}}} \sim t(n-1),$$

其中 D_i 表示第 i 对数据差，$\overline{D}$ 是 D_i 的算术平均数.

五、两个独立样本总体均值差异的秩和检验

秩和检验是一类常用的非参数统计分析方法. 假定两组样本 $X_1, X_2, \cdots, X_{n_1}$ 与 $Y_1, Y_2, \cdots, Y_{n_2}$ 的总体分布形状相同，设 $n_1 \leqslant n_2$. 为了检验：

H_0：甲样本所在总体的中位数＝乙样本所在总体的中位数；

H_1：甲样本所在总体的中位数≠乙样本所在总体的中位数.

将两组样本合并后依由小到大顺序排列，与每个数据对应的序号即为该数据的秩次（等级），最小数值的秩次为"1"，最大数值的秩次为" $n_1 + n_2$ ". 遇不同样本的相同观测值时，其秩次取原秩次的平均秩次，但对同一样本内相同的观测值时不必求平均秩次，哪个在前都可以. 记诸 X_i 的秩次和（简称为秩和）为 R_1，诸 Y_i 的秩和记为 R_2. 如果两总体分布相同，两样本来自同一总体，两样本的秩和应当相等或趋于相等. 如果它们的秩和相差较大，两个总体有显著差异的可能较大.

计算 R_1 和 R_2，和

$$T = \begin{cases} R_1, & n_1 < n_2, \\ \min(R_1, R_2), & n_1 = n_2, \end{cases}$$

当 $n_2 \leqslant 10$ 时，用查表法. 由 n_1, n_2 查秩和检验表，得临界值 $T_1, T_2 (T_1 < T_2)$. 若 $T_1 < T < T_2$，则接受 H_0，认为两总体差异不显著；否则，拒绝 H_0，认为两总体差异显著.

当 $n_1 > 10$ 时，用 U 检验. 用统计量

$$Z_3 = \frac{T - n_1(n_1 + n_2 + 1)/2}{\sqrt{\dfrac{n_1 n_2 (n_1 + n_2 + 1)}{12}}} \sim N(0, 1)$$

进行 U 检验.

以上是双边秩和检验方法. 将上面 H_1 中的"$\neq$"改为"$<$"或"$>$",则得到单边秩和检验方法.

≫ 作业设计 ≪

【8.1A 本节内容作业】

8.1A-1 在 H_0 为原假设，H_1 为备择假设的假设检验中，显著性水平为 α 是(   ).

(A) $P\{$接受 $H_0 \mid H_0$ 成立$\}$ (B) $P\{$接受 $H_1 \mid H_1$ 成立$\}$

(C) $P\{$接受 $H_1 \mid H_0$ 成立$\}$ (D) $P\{$接受 $H_0 \mid H_1$ 成立$\}$

8.1A-2 在一个确定的假设检验的问题中，与判断结果无关的因素有(   ).

(A) 样本值   (B) 显著性水平

(C) 检验统计量   (D) 样本容量

8.1A-3 假设检验的结论(   ) 错误.

(A) 没有   (B) 只有 1 类

(C) 有 2 类   (D) 有 3 类

8.1A-4 下列正确的是(   ).

(A) "弃真"是第二类错误

(B) 保留不真实的零假设所可能犯的错误称为第一类型错误

(C) 假设检验的形式与检验结果无关

(D) 在一个确定的假设检验中，要同时减小两类错误，必须增加样本容量

8.1A-5 试述假设检验的思路.

8.1A-6 试述假设检验的步骤.

8.1A-7 (1) 在一个假设检验问题中，当检验最终结果是接受 H_1 时，可能犯什么错误?

(2) 在一个假设检验问题中，当检验最终结果是拒绝 H_1 时，可能犯什么错误?

8.1A-8 设总体 $X \sim N(\mu, \sigma^2)$，σ^2 已知，对于检验 $H_0: \mu \leqslant \mu_0$，$H_1: \mu > \mu_0$，写出拒绝域 R；对于给定数据 $x_1, x_2, \cdots, x_n$，若在水平 $\alpha = 0.05$ 下不能拒绝 H_0，问在水平 $\alpha = 0.01$ 下能否拒绝 H_0?

【8.1C 跨章内容作业】

8.1C-1 设有 6 台计算机,受到病毒侵袭的台数 θ 是未知参数. 为检验假设 $H_0:\theta\leqslant 2$; $H_1:\theta>2$,从 6 台中随机选取 2 台做检查,X 为 2 台中有病毒的台数,如检验的拒绝域为 $R=\{X\geqslant 1\}$. 求 $\theta=1$ 时的第一类错误概率以及 $\theta=3$ 时的第二类错误概率.

8.1C-2 设样本 X(容量为 1)来自概率密度为 $f(x)$ 的总体,今有关于总体的假设:

$$H_0:f(x)=\begin{cases}1, & 0<x<1,\\ 0, & \text{其他};\end{cases}$$

$$H_1:f(x)=\begin{cases}2x, & 0<x<1,\\ 0, & \text{其他}.\end{cases}$$

检验的拒绝域为 $R=\{X>2/3\}$,试求该检验的两类错误概率 α,β.

8.1C-3 设 $\xi_1,\xi_2,\cdots,\xi_{25}$ 取自正态总体 $N(\mu,9)$,其中参数 μ 未知,$\bar{\xi}$ 是样本均值,如对检验问题 $H_0:\mu=\mu_0$,$H_1:\mu\neq\mu_0$ 取检验的拒绝域:$R=\{(\xi_1,\xi_2,\cdots\xi_{25}):|\bar{\xi}-\mu_0|\geqslant c\}$,试决定常数 c,检验的显著性水平为 0.05.

8.1C-4 设 $X_1,X_2,\cdots,X_{10}$ 是来自总体 $B(1,p)$ 的样本,对

$$H_0:p=0.2,\ H_1:p=0.4,$$

取拒绝域为 $W=\{\overline{X}\geqslant 0.5\}$,求该检验犯两类错误的概率.

8.1C-5* 设样本 $\xi_1,\xi_2,\cdots,\xi_{25}$ 取自正态总体 $N(\mu,\sigma_0^2)$,σ_0^2 已知,对假设检验 $H_0:\mu\leqslant\mu_0$,$H_1:\mu>\mu_0$,取拒绝域

$$c=\{(x_1,x_2,\cdots,x_n)\mid\bar{\xi}>c_0\}.$$

(1) 求此检验犯第一类错误的概率为 α 时,犯第二类错误的概率 β,并讨论它们的关系;

(2) 设 $\mu_0=0.5$,$\sigma_0^2=0.04$,$\alpha=0.05$,$n=9$,求 $\mu=0.65$ 时不犯第二类错误的概率.

8.1C-6* 设 $X_1,X_2,\cdots,X_n$ 是来自 $N(\mu,1)$ 的样本,考虑如下假设检验问题 $H_0:\mu=2$,$H_1:\mu=3$. 设检验的拒绝域为 $W=\{\overline{X}\geqslant 2.6\}$.

(1) 当 $n=20$ 时求检验犯两类错误的概率;

(2) 如果要使得检验犯第二类错误的概率 $\beta\leqslant 0.01$,n 最小应取多少?

(3) 证明:当 $n\to+\infty$ 时,$\alpha\to 0$,$\beta\to 0$.

【8.2A 本节内容作业】

8.2A-1 已知某种食品每袋重量应为 50 克,现随机抽查 4 袋该种食品,测得重量为:45.0,49.5,50.5,46.5.设每袋重量服从均方差为 3 克的正态分布,试在显著性水平 $\alpha = 0.05$ 下检验该食品平均袋重是否合格?

8.2A-2 设 $x_1, x_2, \cdots, x_{25}$ 是取自 $N(\mu, 100)$ 的一个样本观察值,要检验假设:
$$H_0 : \mu = 0 ; H_1 : \mu \neq 0.$$
试给出显著水平 α 的检验的拒绝域 R.

8.2A-3 设 $X_1, X_2, \cdots, X_n$ 为来自总体 $N(\mu, \sigma^2)$ 的样本,μ 和 σ 均未知,记 $\overline{X} = \dfrac{1}{n} \sum_{i=1}^{n} X_i$,$U^2 = \sum_{i=1}^{n} (X_i - \overline{X})^2$,试写出对于假设 H_0:$\mu = 0$ 的检验统计量(用 $\overline{X}, U^2$ 表示).

8.2A-4 某厂生产的化纤纤度服从正态分布 $N(\mu, 0.04^2)$,测得 25 根纤维的纤度,其样本均值 $\overline{X} = 1.39$,试检验总体均值是否为 1.40.

8.2A-5 某纤维的强力服从正态分布 $N(\mu, 1.19^2)$,原设计的平均强力为 6 g,现改进工艺后,某天测得 100 个强力数据,其样本平均为 6.35 g,假定总体标准差不变,试问改进工艺后,强力是否有显著提高($\alpha = 0.05$)?

8.2A-6 监测站对某条河流的溶解氧(DO)浓度(单位:mg/L)记录了 30 个数据,并由此算得 $\overline{x} = 2.52, s = 2.05$.已知这条河流每日的 DO 浓度服从 $N(\mu, \sigma^2)$,试在显著水平 $\alpha = 0.05$ 下,检验假设 $H_0 : \mu \geqslant 2.7 ; H_1 : \mu < 2.7$.

8.2A-7 从某厂生产的电子元件中随机地抽取 25 个做寿命测试,得数据(单位:h):$x_1, x_2, \cdots, x_{25}$,并由此算得 $\overline{x} = 100, \sum_{i=1}^{25} x_i^2 = 4.9 \times 10^5$,已知这种电子元件的使用寿命服从 $N(\mu, \sigma^2)$,且出厂标准为 90 h 以上,试在显著水平 $\alpha = 0.05$ 下,检验该厂生产的电子元件是否符合出厂标准,即检验假设 $H_0 : \mu \leqslant 90 ; H_1 : \mu > 90$.

8.2A-8 设某次考试考生的成绩服从分布 $N(\mu, \sigma^2)$,从中随机抽取 36 位考生的成绩,算出 $\overline{x} = 66.5$(分),$s = 15$(分),在显著水平 $\alpha = 0.05$ 下可否认为考生的平均成绩 $\mu = 70$?

8.2A-9 某校数学教学从初一开始实行了某项改革.三年后在初中毕业数学考试中,全市平均成绩为 80 分,从该校抽取的 49 名学生成绩的平均数为 85 分.已知该市这次考试分数服从 $N(\mu, 14^2)$ 分布.该校这次考试的平均成绩与全市平均成绩差异如何?

8.2A-10　假定某小学三年级（1）班与该年级其他各班情况基本相同. 该班数学老师为了提高学生的口算能力,特制作了一套口算卡片,要求学生每天回家后练两页,家长检查并签字. 学期结束时全年级进行了口算验收测验,全年级平均分为 32.6,而该班 52 名学生的平均分为 34,标准差为 3.7. 该教师用这种方法训练学生的口算能力是否见效?

8.2A-11　用两种不同方法冶炼的某种金属材料,分别取样测定某种杂质的含量,所得数据如下(单位为万分率):

原方法(X):26.9,25.7,22.3,26.8,27.2,24.5,22.8,23.0,
　　　　　　24.2,26.4,30.5,29.5,25.1.

新方法(Y):22.6,22.5,20.6,23.5,24.3,21.9,20.6,23.2,
　　　　　　23.4.

假设这两种方法冶炼时杂质含量均服从正态分布,且方差相同,试问这两种冶炼方法的杂质平均含量有无显著差异($\alpha = 0.05$)?

8.2A-12　随机地挑选 20 位失眠者,平分为 2 组,分别服用甲、乙二种安眠药,记录他们的睡眠延长时间(单位:h),算得 $\bar{x} = 4.04$, $\bar{y} = 4$, $s_1^2 = 0.001$, $s_2^2 = 0.004$. 假定甲、乙二种安眠药的延长睡眠时间均服从正态分布,且方差相等. 能否认为甲、乙二种安眠药的疗效相同($\alpha = 0.05$)?

8.2A-13　在 20 世纪 70 年代后期人们发现,酿造啤酒时,在麦芽干燥过程中形成一种致癌物质亚硝基二甲胺(NDMA). 到了 20 世纪 80 年代初期开发了一种新的麦芽干燥过程,下面是新、老两种过程中形成的 NDMA 含量的抽样(以 10 亿份中的份数记):

老过程	6	4	5	5	6	5	5	6	4	6	7	4
新过程	2	1	2	2	1	0	3	2	1	0	1	3

设新、老两种过程中形成的 NDMA 含量服从正态分布,且方差相等. 分别以 μ_x、μ_y 记老、新过程的总体均值,取显著性水平 $\alpha = 0.05$,检验 $H_0 : \mu_x - \mu_y \leqslant 2$; $H_1 : \mu_x - \mu_y > 2$.

8.2A-14　从某锌矿的东、西两支矿脉中,各抽取容量分别为 9 与 8 的样本进行测试,且测得含锌量的样本均值与修正样本方差如下. 东支: $\bar{x} = 0.230$, $s_n^2 = 0.1337$;西支: $\bar{y} = 0.269$, $s_m^2 = 0.1736$. 假定东、西两支矿脉的含锌量都服从正态分布,那么东、西两支矿脉的含锌量的均值能否看作一样的($\alpha = 0.05$)?

8.2A-15　有人在某小学的低年级做了一项英语教学实验,在实验的后期,分别从男女学生中抽取一个样本进行统一的英语水平测试,结果如下表所示. 试问在这项教学实验中男女生英语成绩有无显著性差异(假定方差齐性)?

性别	人数	平均数	标准差
男	25	92.2	13.23
女	28	95.5	12.46

8.2A-16* 为了试验两种不同的谷物的种子的优劣,选取 10 块土质不同土地,并将每块土地分为面积相同的两部分,分别种植两种种子.设在每块土地上的两部分人工管理等条件完全一样,各块土地的产量如下:

土地	1	2	3	4	5	6	7	8	9	10
种子 X	23	35	29	42	39	29	37	34	35	28
种子 Y	26	39	35	40	38	24	36	27	41	27

设 $D_i = X_i - Y_i$ ($i = 1, 2, \cdots, 10$) 是来自正态分布 $N(\mu_D, \sigma_D^2)$ 的样本, μ_D, σ_D^2 均未知.试问这两种种子种植的谷物的产量是否有显著差异($\alpha = 0.05$)?

8.2A-17* 假设某小学从某学期刚开学就在中、高年级各班利用每周班会时间进行思想品德教育,学期结束时从中、高年级各抽取两个班进行道德行为测试,结果如下表所示,问:高年级思想品德教育的效果是否优于中年级?

年级	人数	平均数	标准差
高年级	90	80.5	11
中年级	100	76	12

8.2A-18* 视力抽查发现,甲校 46 名学生中患近视的有 20 人,乙校 48 名学生中患近视的有 33 人,问:两校学生患近视的比率是否有显著差异?

【8.2C 跨章内容作业】

8.2C-1* 某小学在新生入学时对 28 名儿童进行了韦氏智力测验,结果平均智商=99,标准差=14.一年后再对这些被试施测,结果平均智商=101,标准差=15.已知两次测验结果总体均服从正态,相关系数 $r = 0.72$,能否说随着年龄的增长与一年的教育,儿童智商有了显著提高?

8.2C-2* 从某小学三年级随机抽取了 50 名学生进行阅读测试,他们分数的平均数为 70 分,标准差为 8 分.经过一段时间练习后又对他们进行测试,结果平均数为 72 分,标准差为 7 分.两次测验的相关系数为 0.5.试问这 50 名学生阅读能力的提高是否显著?

【8.3A 本节内容作业】

8.3A-1　在某机床上加工的一种零件的内径尺寸,据以往经验其服从正态分布,标准差为 $\sigma = 0.033$,某日开工后,抽取 15 个零件测量内径,样本标准差 $S = 0.050$,问:这天加工的零件方差与以往有无显著差异($\alpha = 0.05$)?

8.3A-2　某厂生产的某种电池,其寿命长期以来服从方差 $\sigma_0^2 = 5000\,(h^2)$ 的正态分布. 今有一批这种电池,为判断其寿命的波动性是否较以往有所变化,随机抽取了一个样本容量 $n = 26$ 的样本,测得其寿命的修正样本方差 $s^2 = 7200\,(h^2)$. 试问这种电池寿命的波动性较以往是否有显著变化($\alpha = 0.05$)?

8.3A-3　在生产的一批导线中取样品 9 根,测其电阻,得 $s = 0.008\,(\Omega)$,设总体为正态分布,参数均未知. 能否认为这批导线电阻的标准差大于 0.005($\alpha = 0.05$)?

8.3A-4　测定某溶液中的水分,它的 10 个测定值给出 $s = 0.037\%$. 设测定值为正态分布,σ 为总体标准差. 在显著性水平 $\alpha = 0.05$ 下检验假设 $H_0 : \sigma \geqslant 0.04\%$;$H_1 : \sigma < 0.04\%$.

8.3A-5　某市初中毕业班进行了一次数学考试,为了比较该市毕业班男女生成绩的离散程度,从男生中抽出一个样本,容量为 31,从女生中也抽出一个样本,容量为 21. 男女生成绩的方差分别为 49 和 36,请问男女生成绩的离散程度是否一致?

8.3A-6　有甲、乙两台机床,加工同样产品,从这两台机床加工的产品中随机地抽取若干产品,测得产品直径为(单位:mm):

甲:20.5, 19.8, 19.7, 20.4, 20.1, 20.0, 19.6, 19.9.

乙:19.7, 20.8, 20.5, 19.8, 19.4, 20.6, 19.2.

试比较甲乙两台机床加工的精度有无显著差异($\alpha = 0.05$)?

8.3A-7　化工试验中要考虑温度对产品断裂力的影响. 在 70℃ 和 80℃ 的条件下分别进行 8 次试验,测得产品断裂力(kg)的数据如下:

70℃:20.5　18.8　19.8　20.9　21.5　19.5　21.0　21.2

80℃:17.7　20.3　20.0　18.8　19.0　20.1　20.2　19.1

已知产品断裂力服从正态分布,检验两种温度下产品断裂力的方差是否相等($\alpha = 0.05$)?

【8.3B 跨节内容作业】

8.3B-1　随机地从一批外径为 1 cm 的钢珠中抽取 10 只,测试其屈服强度(单位:kg),得数据 $x_1, x_2, \cdots, x_{10}$,并由此算得 $\overline{x} = 2200, s = 220$,在显著水平 $\alpha = 0.05$ 下分别检验:

(1) $H_0 : \mu \leqslant 2000$; $H_1 : \mu > 2000$;

(2) $H_0 : \sigma^2 \leqslant 200^2$; $H_1 : \sigma^2 > 200^2$.

8.3B-2 机器包装食盐,每袋净重量 X(单位:g)服从正态分布,规定每袋净重量为 500(g),标准差不能超过 10(g).某天开工后,为检验机器工作是否正常,从包装好的食盐中随机抽取 9 袋,测得其净重量为

497   507   510   475   484   488   524   491   515

以显著性水平 $\alpha = 0.05$ 检验这天包装机工作是否正常?

8.3B-3 在 10 块土地上试种甲乙两种作物,所得产量分别为 $(x_1, x_2, \cdots, x_{10})$,$(y_1, y_2, \cdots, y_{10})$,假设作物产量服从正态分布,计算得 $\overline{x} = 30.97$,$\overline{y} = 21.79$,$s_x = 26.7$,$s_y = 12.1$. 取显著性水平 0.01,问是否可认为两个品种的产量没有显著性差别?

8.3B-4 为了对某门课的教学方法进行改革,某大学在各方面情况相似的两个班进行教改实验:甲班 32 人,采用教师面授的教学方法;乙班 25 人,采用教师讲授要点,学生讨论的方法.一学期后,用统一试卷对两个班学生进行测验,得到以下结果:甲班平均成绩=80.3,标准差=11.9;乙班平均成绩=86.7,标准差=10.2.试问两种教学方法的效果是否有显著性差异?

8.3B-5 在漂白工艺中,温度会对针织品的断裂强力有影响。假定断裂强力服从正态分布,在两种不同温度下,分别进行了 8 次试验,测得断裂强力的数据如下(单位:kg):

70℃: 20.5 18.8 19.8 20.9 21.5 19.5 21.0 21.2

80℃: 17.7 20.3 20.0 18.8 19.0 20.1 20.2 19.1

判断这两种温度下的断裂强力有无明显差异($\alpha = 0.05$)?

8.3B-6 某中药厂为了提高提取某种有效成分的效率,对同一质量的药材,用新旧两种方法各做了 10 次试验,其得率分别为

旧方法: 78.1   72.4   76.2   74.3   77.4

        78.4   76.0   75.5   76.7   77.3

新方法: 79.1   81.0   77.3   79.1   80.0

        79.1   79.1   77.3   80.2   82.1

设这两个样本分别来自正态总体 $N(\mu_1, \sigma_1^2)$ 与 $N(\mu_2, \sigma_2^2)$,并且相互独立.问新方法的得率是否比旧方法的得率高($\alpha = 0.01$)?

【8.3C 跨章内容作业】

8.3C-1 设甲乙两车间加工同一种产品,其产品的尺寸分别为

随机变量为 ξ,η，且 $\xi \sim N(\mu_1,\sigma_1^2)$，$\eta \sim N(\mu_2,\sigma_2^2)$．今从它们的产品中分别抽取若干进行检测，测得数据如下：$n_1 = 8$，$\overline{x}_1 = 20.93$，$s_1^2 = 2.216$，$n_2 = 7$，$\overline{y} = 21.50$，$s_2^2 = 4.397$．试比较两车间加工精度（方差）在显著性水平 $\alpha = 0.05$ 下有无显著差异．并在所获结论基础上求 $\mu_1 - \mu_2$ 的置信度为 90% 的置信区间．

8.3C-2 某自动车床生产的产品尺寸服从正态分布，按规定产品尺寸的方差不得超过 0.1．为检验该自动车床的加工精度，随机抽取其加工的产品 25 件，测得样本修正方差为 0.198．(1)求产品尺寸方差的极大似然估计值．(2)问该车床生产的产品是否达到所要求的精度（$\alpha = 0.05$）．

【8.4A 本节内容作业】

8.4A-1 试述 χ^2 检验的基本思想．

8.4A-2 试述 χ^2 检验的方法步骤．

8.4A-3 在某人群中观察 46 个人的健康状况发现，优有 15 个，良有 20 个，差有 11 个．试检验这群人中优、良、差的健康状况是否为均匀分布．

8.4A-4 有研究者调查学生对某项改革的态度，结果如下表所示．试检验各种态度间是否存在显著差异．

支持	中立	反对
50	30	10

8.4A-5 有人就思想品德课目前的教学形式向 52 名学生征求意见，结果"喜欢"的有 28 人，"无所谓"的有 13 人，"不喜欢"的有 11 人．请问学生对思想品德课的 3 种意见之间差异如何？

8.4A-6 有人曾作出这样的结论：书写文字词类的动词、名词、形容词和介词的比例是 $4:3:3:1$．现对某儿童读物统计发现动词、名词、形容词和介词的个数分别为 28、38、25 和 5．问该儿童读物中词类的比例与前人做出的结论有无差异？

8.4A-7 假设六个整数 1,2,3,4,5,6 被随机地选择，重复 60 次独立实验中出现 1,2,3,4,5,6 的次数分别为 13,19,11,8,5,4．问在 5% 的显著性水平下是否可以认为下列假设成立：$H_0:p(\xi = 1) = p(\xi = 2) = \cdots = p(\xi = 6) = 1/6$．

8.4A-8 同一教师讲课的两个班原来的成绩无显著性差异．教师对甲班仍然用原教法，而对乙班改用新教法，一学期后，对两班进行统考,结果如下表. 请问教法改革与学生学习成绩是否有显著依从关系?

表 8-10 两种教学方法学习成绩

教学方法	优良	中等	较差	总计
原教法	14	18	12	44
新教法	27	14	5	46
总计	41	32	17	90

8.4A-9 设同一个试验在相同的条件下重复了 6 次,每次成功和失败的人数如下表所示. 试问这 6 次试验是否有本质上的差别?

表 8-11 6 次试验记录

试验序号	成功人数	失败人数	总计
1	18	6	24
2	14	7	21
3	10	9	19
4	20	3	23
5	17	9	26
6	9	8	17
总 计	88	42	130

8.4A-10 用手枪对 100 个靶各打 10 发,只记录命中或不命中,射击结果列表如下

命中数 x_i: 0 1 2 3 4 5 6 7 8 9 10

频 数 f_i: 0 2 4 10 22 26 18 12 4 2 0

在显著水平 $\alpha = 0.05$ 下用 χ^2 检验法检验射击结果是否服从二项分布.

8.4A-11 对某型号电缆进行耐压测试实验,记录 43 根电缆的最低击穿电压,数据列表如下:

测试电压: 3.8 3.9 4.0 4.1 4.2 4.3 4.4 4.5 4.6 4.7 4.8

击穿频数: 1 1 1 2 7 8 8 4 6 4 1

试检验电缆耐压数据是否服从正态分布($\alpha = 0.1$).

8.4A-12 灰色的兔与棕色的兔交配能产生灰色、黑色、肉桂色和棕色等四种颜色的后代,其理论数量比例是 9:3:3:1. 现通过试验进行验证,具体数据如下:

后代颜色	灰色	黑色	肉桂色	棕色
实 测 数	149	54	42	11

请问关于兔子的遗传理论是否可信($\alpha = 0.05$)?

8.4A-13 某电话交换台在一小时（60 min）内每分钟接到电话用户的呼唤次数有如下记录：

呼唤次数	0	1	2	3	4	5	6	7
实际频数	8	16	17	10	6	2	1	0

问资料可否说明：每分钟电话呼唤次数服从泊松分布（$\alpha = 0.05$）？

8.4A-14 124 个学生进行为期一周的长跑训练. 测试表明：有 33 人训练前不达标训练后达标，有 19 人训练前达标训练后不达标，问训练是否显著有效（$\alpha = 0.05$）？

8.4A-15 随机抽取某校男生 35 名，女生 30 名，进行体育达标考核，结果如下：

性别	体育达标考核	
	通过	未通过
女	15	20
男	16	14

请问体育达标通过是否与性别有关（$\alpha = 0.05$）？

8.4A-16 对 110 名学生进行普通话培训，培训 2 天前后两次测验通过情况如下，请问 2 天的训练是否有显著效果？

第一次测试	第二次测试	
	通过	未通过
通过	41	26
未通过	24	19

8.4A-17 在某细纱机上进行断头率测定，试验锭子总数为 440，测得各锭子的断头次数记录如下：

每锭断头数：0　1　2　3　4　5　6　7　9
实测锭数：263　112　38　19　3　1　1　0　3

问各锭子的断头数是否服从泊松分布（$\alpha = 0.05$）？

8.4A-18* 就大学生不包分配的问题，在调查了 85 位家长态度之后，有关专家开设讲座，向这 85 位家长宣传学生不包分配的意义. 之后，再次调查了 85 位家长对大学生不包分配态度. 两次调查结果如下表，请问宣传是否有效？

表 8-12　家长对大学生不包分配的态度

第一次调查	第二次调查	
	赞成	反对
赞成	34	5
反对	19	27

第8章自测题

一、填空题

1. 设新购进五部移动电话机,以 θ 表示其中有质量问题的部数,则假设 H_0:最多一部有质量问题,即 $H_0:\theta \leqslant 1$ 是 _____ 假设;若 H_0 为原假设,则备择假设(对立假设) H_1 为:_____.

2. 假定 X 是连续型随机变量, U 是对 X 的(一次)观测.对总体概率密度 $f(x)$ 有如下假设:

$$H_0:f(x) = \begin{cases} \dfrac{1}{2}, 0 \leqslant x \leqslant 2, \\ 0, 其他; \end{cases} \quad H_1:f(x) = \begin{cases} \dfrac{x}{2}, 0 \leqslant x \leqslant 2, \\ 0, 其他. \end{cases}$$

检验规则:当事件 $V = \{U > 3/2\}$ 出现时否定假设 H_0,接受 H_1.则检验的第一类错误概率 $\alpha =$ _____ ;检验的第二类错误概率 $\beta =$ _____.

3. 关于泊松随机质点流的强度(每分钟出现的随机质点的期望数) λ 有两个二者必居其一的假设, $H_0:\lambda = 0.5$ 和 $H_1:\lambda = 1$. 以 ν_{10} 表示十分钟出现的随机质点数.设检验规则为:当 $\nu_{10} > 7$ 时否定 H_0 接受 H_1,则检验的第一类错误概率 $\alpha =$ _____ ;检验的第二类错误概率 $\beta =$ _____ (只要求写出表达式).

4. 假定总体 $X \sim N(\mu,1)$, $\overline{X}$ 来自总体 X 的容量为9的简单随机样本的样本均值.则假设 $H_0:\mu = 0$; $H_1:\mu \neq 0$ 的水平0.05的否定域为_____.

5. 假设正态总体 $X \sim N(a,\sigma_X^2)$ 和 $Y \sim N(b,\sigma_Y^2)$ 相互独立,其中分布参数都未知.设 $X_1,X_2,\cdots,X_m$ 和 $Y_1,Y_2,\cdots,Y_n$ 是分别来自 X 和 Y 的简单随机样本,样本均值分别为 $\overline{X}$ 和 $\overline{Y}$,样本方差相应为 S_X^2 和 S_Y^2,则使用 t 检验来检验均值差的前提条件是_____.

6. 假设总体 X 服从正态分布 $N(\mu,\sigma^2)$,其中参数 μ 和 σ^2 未知;关于数学期望 μ 有如下假设 $H_0:\mu = \mu_0$; $H_1:\mu \neq \mu_0$,其中 μ_0 是已知常数,则显著性检验的水平 α 下的否定域为_____.

二、解答题

1. 总体 $X \sim N(\mu,1)$, $X_1,X_2,\cdots,X_n$ 是来自总体 X 的简单随机样本, $\overline{X}$ 是样本均值, $U = \sqrt{n}(\overline{X} - \mu_0)$,其中 μ_0 是已知常数.记 $V = \{U > 1.96\}$,证明:

(1) 对于假设 $H_0:\mu = \mu_0$,以 V 做否定域的检验的第一类错误概率等于0.025;

(2) 对于假设 $H_0^* : \mu = a(a < \mu_0)$，以 V 做否定域的检验的第一类错误概率小于 0.025.

2. 某厂生产的零件的直径服从正态分布，以往经验知其标准差为 3.6. 对 $H_0 : \mu = 68$；$H_1 : \mu \neq 68$. 现按下列方式进行判断：当 $|\bar{X} - 68| > 1$ 时，拒绝原假设 H_0，否则就接受原假设 H_0. 现在抽取 64 件零件进行检验.

(1) 求犯第一类错误的概率 α；

(2) 若实际情况是 $\mu = 70$，求犯第二类错误的概率 β.

3. 假设某种钢筋的抗拉强度 X 服从正态分布 $N(\mu, \sigma^2)$. 现在从一批新产品钢筋中随机抽出了 10 条，测得样本标准差 $S = 30$ kg，抗拉强度平均比老产品的平均抗拉强度多 20 kg. 试问抽样结果是否说明新产品的抗拉强度比老产品有明显提高？

4. 环境保护条例的标准规定，在排放的工业废水中有害物质 A 的含量不得超过 1‰. 按制度每周随机抽样化验 4 份水样，以 $\bar{X}$ 表示 4 份水样中有害物质 A 的含量的算术平均值(‰). 假设化验结果 $X \sim N(\mu, \sigma^2)$，σ^2 已知，试求在水平 $\alpha = 0.05$ 下可以认为"有害物质 A 的含量超标"的 $\bar{X}$ 的临界值 C.

5. 对某种袋装食品的质量管理标准规定：每袋平均净重 500 g，标准差不大于 10 g. 现在从要出厂的一批这种袋装食品中随机抽取了 14 袋，测量每袋的净重，得如下数据：500.90，490.01，501.63，500.73，515.87，511.85，498.39，514.23，487.96，525.01，509.37，509.43，488.46，497.15. 假设这种袋装食品每袋的重量 X 服从正态分布 $N(\mu, \sigma^2)$. 试在显著性水平 $\alpha = 0.05$ 下，检验这一批袋装食品每袋平均净重 μ 和标准差 σ 是否符合标准（$\alpha = 0.10$）.

6. 为研究一种化肥对某种作物的效力，选了 13 块条件相当的地种植这种作物，其中 6 块施肥，其余 7 块不施肥. 结果，施肥的平均单产 33 kg，方差 3.2；未施肥的平均单产 30 kg、方差 4. 假设产量服从正态分布，问实验结果能否说明此肥料提高产量的效力显著（$\alpha = 0.10$）？

7. 标准差 σ 是衡量机床加工精度的重要特征. 在生产条件稳定的情况下，一自动机床所加工零件的尺寸服从正态分布. 假定设计要求 σ 不得超过 0.5 mm，为控制生产过程，定时对产品进行抽验：每次抽验五件，测定其尺寸的标准差 S. 试制定一种规则，以便根据 S 的值判断机床的精度是否降低（$\alpha = 0.05$）.

8. 从一批钢管抽取 10 根，测得其内径（单位：mm）为：

| 100.36 | 100.31 | 99.99 | 100.11 | 100.64 |
| 100.85 | 99.42 | 99.91 | 99.35 | 100.10 |

设这批钢管内直径 $X \sim N(\mu, \sigma^2)$，试分别在下列条件下检验假设（$\alpha = 0.05$）：$H_0: \mu \leqslant 100$；$H_1: \mu > 100$.

(1)已知 $\sigma = 0.5$；(2) σ 未知.

9. 某项考试要求成绩的标准差为 12，现从考试成绩单中任意取 15 份，计算样本标准差为 16，设成绩服从正态分布，问此次考试的成绩标准差是否合要求（$\alpha = 0.05$）？

10. 测得两批电子器件的样品的电阻（欧姆）为

样品 A(x)	0.140	0.138	0.143	0.142	0.144	0.137
样品 B(y)	0.135	0.140	0.142	0.136	0.138	0.140

设这两批器件的电阻值总体分别服从 $N(\mu_1, \sigma_1^2), N(\mu_2, \sigma_2^2)$，且两样本独立.

(1) 检验假设（$\alpha = 0.05$）$H_0: \sigma_1^2 = \sigma_2^2$；$H_1: \sigma_1^2 \neq \sigma_2^2$；

(2) 在(1)的基础上检验（$\alpha = 0.05$）$H_0': \mu_1 = \mu_2$；$H_1': \mu_1 \neq \mu_2$.

11. 某工厂生产的一种螺钉，标准长度是 32.5 毫米. 实际生产的产品，其长度 X 假定服从 $N(\mu, \sigma^2)$，σ^2 未知. 现从该厂生产的一批产品中抽取 6 件，得尺寸数据如下：32.56，29.66，31.64，30.00，31.87，31.03. 问这批产品是否合格（$\alpha = 0.01$）？

12. 为比较两台自动机床的精度，分别取容量为 10 和 8 的两个样本，测量某个指标的尺寸（假定服从正态分布），得到下列结果：

车床甲：1.08，1.10，1.12，1.14，1.15，1.25，1.36，1.38，
　　　　1.40，1.42

车床乙：1.11，1.12，1.18，1.22，1.33，1.35，1.36，1.38

在 $\alpha = 0.1$ 下，问这两台机床是否有同样的精度？

13. *一药厂生产一种新的止痛片，厂方希望验证服用新药片后至开始起作用的时间间隔较原有止痛片至少缩短一半，因此厂方提出需检验假设 $H_0: \mu_1 = 2\mu_2$；$H_1: \mu_1 < 2\mu_2$. 此处，μ_1, μ_2 分别是服用原有止痛片和服用新止痛片后起作用的时间间隔的总体的均值. 设两总体均为正态，且方差分别为已知值 σ_1^2, σ_2^2，现分别在两总体中任取一样本 $x_1, x_2, \cdots, x_{n_1}$ 和 $y_1, y_2, \cdots, y_{n_2}$，设两样本独立，试给出上述假设 H_0 的拒绝域（显著性水平为 α）.

第 9 章

相关分析与回归分析

本章学习相关分析和回归分析的有关概念、理论和方法.

【教学要求】

- 理解样本相关系数概念,掌握样本相关系数计算方法.
- 掌握相关系数显著性检验的方法.
- 了解回归分析的相关概念.
- 熟练掌握求一元线性回归方程方法.
- 了解一元线性回归方程的显著性检验方法.
- 了解利用线性回归方程进行预测和控制方法.

§9.1　相关分析初步

相关分析主要研究随机变量间相关关系的形式和程度.

一、相关概念

变量之间的关系可以分为函数关系和相关关系两类,函数关系表示变量之间确定的对应关系,而相关关系则是变量之间的某种非确定的依赖关系. 在大量的实际问题中,随机变量之间虽有某种关系,但这种关系很难找到一种精确的表示方法来描述. 比如,人的身高与体重之间有一定的关系,知道一个人的身高可以大致估计出他的体重,但并不能算出体重的精确值.

随机变量之间的这种既有密切联系但又不能完全确定的关系称为相关关系. 这种相关关系在自然和社会中屡见不鲜. 例如,农作物产量与施肥量的关系,商业活动中销售量与广告投入的关系,人的年龄与血压的关系,股票的收益与整个市场收益的关系,家庭收入与支出的关系等.

从数量的角度去研究这种相关关系,包括通过观察和试验数据去判断随机变量之间有无关系,对随机变量之间关系程度作出数量上的估计,我们把这种统计分析方法称为相关分析.

相关分析通常包括考察随机变量观测数据的散点图、计算样本相关系数以及对总体相关系数的显著性检验等内容.

二、散点图

散点图是反映变量之间关系的一种直观方式.我们用坐标的横轴代表变量 X,纵轴代表变量 Y,每组观测数据 (x_i, y_i) 在坐标系中用一个点表示.由这些点形成的散点图(图 9-1)反映了两个变量之间的大致关系,从中可以直观地看出变量之间的关系形态及关系强度.

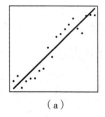 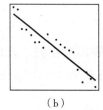 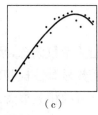 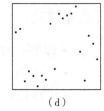

(a)　　　　　　(b)　　　　　　(c)　　　　　　(d)

图 9-1　不同形态的散点图

就两个变量而言,如果变量之间的关系近似地表现为一条直线,则称为线性相关,如图 9-1(a)和(b);如果变量之间的关系近似地表现为一条曲线,则称为非线性相关或曲线相关,如图 9-1(c);如果两个变量的观测点很分散,无任何规律,则表示变量之间没有相关关系,如图 9-1(d).在线性相关中,若两个变量的变动方向相同,一个变量的数值增加,另一个变量的数值也随之增加,或一个变量的数值减少,另一个变量的数值也随之减少,则称为正相关,如图 9-1(a);若两个变量的变动方向相反,一个变量的数值增加,另一个变量的数值随之减少,或一个变量的数值减少,另一个变量的数值随之增加,则称为负相关,如图 9-1(b).

散点图可以判断两个变量之间有无相关关系,并对变量间的关系形态做出大致的描述,但散点图不能准确反映变量之间的关系密切程度.两个变量之间的关系密切程度及方向,需要利用相关系数来度量.

三、相关系数

相关系数是对两个随机变量之间线性相关的方向及程度的度量.

我们知道随机向量 (X,Y) 的相关系数

$$\rho_{XY} = \frac{\text{cov}(X,Y)}{\sqrt{DX}\sqrt{DY}},$$

反映了随机变量 X 与 Y 的线性相关方向与程度. 设 (x_i,y_i) 为来自总

体 (X,Y) 的样本, $i=1,2,\cdots,n$, 称 $\dfrac{\sum\limits_{i=1}^{n}(x_i-\overline{x})(y_i-\overline{y})}{\sqrt{\sum\limits_{i=1}^{n}(x_i-\overline{x})^2}\sqrt{\sum\limits_{i=1}^{n}(y_i-\overline{y})^2}}$

为样本(积差)相关系数, 简记为 r, 它可作为 ρ_{XY} 的估计值, 用于推断 X 与 Y 间的线性相关关系.

r 的取值介于 -1 至 1 之间.

r 的正负反映线性相关的方向. $r>0$, 表示正相关, 反映两个变量同向变化; $r<0$, 表示负相关, 反映两个变量反向变化.

r 的绝对值大小表示相关程度. 绝对值越大, 表示这两个变量线性相关程度越高; 绝对值越小, 表示这两个变量线性相关程度越低.

由相关系数的绝对值大小划分两个变量线性相关程度的一般标准为

当 $|r|=1$ 时, 称为完全相关, 即两个基变量之间几乎是线性函数关系;

当 $|r|\geqslant 0.8$ 时, 称为高度线性相关;

当 $0.5\leqslant |r|<0.8$ 时, 称为中度(显著)线性相关;

当 $0.3\leqslant |r|<0.5$ 时, 称为低度线性相关;

当 $|r|<0.3$ 时, 称为没有线性相关.

思考　$|r|=0$ 时, 两个变量之间是否一定不存在相关关系?

注意　一般来说, 在实际应用中, 成对数据的数目 $n\geqslant 30$, 计算出来的相关系数 r 才有意义. 例题和作业中给出的 n 往往比较小, 主要是为了简化计算, 突出方法.

例 1　用来评价商业中心经营好坏的一个综合指标是单位面积的营业额 y(万元/平方米), 它是单位时间内(通常为一年)的营业额与经营面积的比值. 对单位面积营业额的影响因素的指标有每小时机动车流量 x_1(万辆)、日人流量 x_2(万人)、居民年平均消费额 x_3(万元)、商场环境满意度 x_4、商场设施满意度 x_5、商场商品丰富程度满意度 x_6. 某商业中心经营状况数据如表 9-1 所示. 试据此分析单位面积年营业额与其他各指标的相关关系.

表 9-1　商业中心经营状况数据

	A	B	C	D	E	F	G	H
1	商业中心编号	单位面积年营业额(万元/平方米)y	每小时机动车流量(万辆)x1	日人流量(万人)x2	居民年消费额(万元)x3	对商场环境满意度x4	对商场设施满意度x5	对商场商品丰富程度满意度x6
2	1	2.5	0.51	3.9	1.94	7	9	6
3	2	3.2	0.26	4.24	2.86	7	4	6
4	3	2.5	0.72	4.54	1.63	8	8	7
5	4	3.4	1.23	6.98	1.92	6	10	10
6	5	1.8	0.69	4.21	0.71	8	4	7
7	6	0.9	0.36	2.91	0.62	5	6	5
8	7	1.7	0.13	1.43	1.88	4	9	2
9	8	2.6	0.58	4.14	1.99	7	10	6
10	9	2.1	0.81	4.66	0.96	8	5	7
11	10	1.9	0.37	2.15	1.87	4	9	3
12	11	3.4	1.26	6.47	2.1	10	10	10
13	12	3.9	0.12	5.33	3.47	5	6	7
14	13	1	0.23	2.53	0.56	5	2	4
15	14	1.7	0.56	3.78	0.77	7	4	6
16	15	2.6	1.04	5.53	1.3	10	7	9
17	16	2.7	1.18	5.98	1.28	8	7	9
18	17	1.4	0.61	1.27	1.48	6	7	1
19	18	3.2	1.05	5.77	2.16	7	10	9
20	19	2.9	1.06	5.71	1.74	6	9	9
21	20	2.5	0.58	4.11	1.85	7	9	6

利用 Excel 分别作出 y 与 $x_1, x_2, \cdots, x_6$ 的散点图(图 9-2)可以看到,各散点图的散点分布和一条直线相比均有一定差别. 单位面积营业额(y)与日人流量(x_2)、居民年消费额(x_3)的线性关系相对较明显一些.

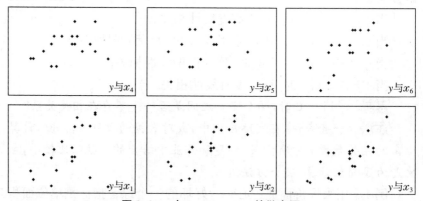

图 9-2　y 与 $x_1, x_2, \cdots, x_6$ 的散点图

利用 Excel 分别计算 y 与 $x_1, x_2, \cdots, x_6$ 的相关系数如下:

B	C	D	E	F	G
y 与 x_1	y 与 x_2	y 与 x_3	y 与 x_4	y 与 x_5	y 与 x_6
0.41271	0.79048	0.79456	0.34124	0.45020	0.69749

从相关系数的取值来看,单位面积营业额(y)与日人流量(x_2)、居民年消费额(x_3)接近高度相关;而 y 与商场商品丰富程度满意度 x_6 则属于中度相关;y 与每小时机动车流量 x_1、商场环境满意度 x_4、商场设施满意度 x_5 为低度相关.

四、相关性检验

1. 相关系数显著性检验的基本原理

设总体 (X, Y) 的相关系数为 ρ_{XY}，由取自该总体的样本 $(x_i, y_i), i = 1, 2, \cdots, n$，计算得到相关系数 r. 我们用 r 估计 ρ_{XY} 来反映总体的相关情况.

我们知道，X 与 Y 线性相关，即 $\rho_{XY} \neq 0$. 由于抽样的偶然性，即使 $\rho = 0$，抽取(样本计算得)到的 r 值未必在 0 附近；而当 $\rho \neq 0$ 时，抽取(样本计算)到的 r 值未必不在 0 附近. 所以不能仅从 r 的值来确定总体相关与否. 需要对相关系数进行显著性检验. 对假设

$$H_0 : \rho = 0 ; \quad H_1 : \rho \neq 0$$

在 H_0 成立时，由统计量 r 的分布，计算抽取到的 r 值出现的概率，如果其值很小，由小概率原理，拒绝 H_0，认为 X 与 Y 显著线性相关.

2. 相关系数显著性检验的方法

设 r 是两个变量的相关系数，n 是样本容量(数据对个数). 要检验

$$H_0 : \rho = 0 ; \quad H_1 : \rho \neq 0.$$

可以证明，当 H_0 成立时，统计量 $t = \dfrac{r\sqrt{n-2}}{\sqrt{1-r^2}} \sim t(n-2)$. 当 $|t| \leqslant t_{\frac{\alpha}{2}}(n-2)$ 时接受 H_0；否则拒绝 H_0，认为 X 与 Y 显著线性相关.

例 2 利用例 1 的数据，在显著水平 $\alpha = 0.05$ 下，检验单位面积营业额与各变量之间的相关性.

解 利用 Excel 计算，结果如下：

表 9-2 单位面积营业额与各变量之间的相关性

A	B	C	D	E	F	G
	y 与 x_1	y 与 x_2	y 与 x_3	**y 与 x_4**	y 与 x_5	y 与 x_6
$r=$	0.4127	0.79048	0.79456	0.34123	0.45020	0.69749
$t=$	1.9223	5.4756	5.5520	1.5402	2.1391	4.1296
$P=$	0.07053	3.36E−05	2.86E−05	0.14090	0.04639	0.00063

从相关系数显著性检验结果可见，单位面积营业额 y 与日人流量 x_2、居民年消费额 x_3、商场设施满意度 x_5、商场商品丰富程度满意度 x_6 的相关系数显著不为零(因已发生事件的概率 $P < \alpha = 0.05$ 而拒绝原假设)；不能拒绝 y 与每小时机动车流量 x_1、商场环境满意度 x_4 的相关系数为 0 的假设(因已发生事件的概率 $P > 0.05$ 而接受原假设)，即其相关性不显著.

§9.2 一元线性回归方法

上一节学习了相关分析. 如果经过相关分析发现,两个变量之间存在高度相关,说明它们之间存在着不准确的但是稳定的关系,将一个作为自变量,另一个作为因变量,建立数学方程来反映它们的关系,就可以由自变量来估计、预测因变量的取值. 这个过程称为回归分析,而所建立的方程就称为回归方程. 相关分析是回归分析的基础和前提,回归分析是相关分析的深入和继续.

一、回归分析的一般概念

1. 自变量与因变量

在相关分析中,我们只关心两个变量之间有没有线性关系,而不研究哪个主动变哪个随之被动变,两个变量是"平等"的. 在回归分析中我们却要研究两个变量中的某一个的变化如何引起另一个的变化. 回归分析中总假设因变量是随机变量,自变量可以是随机变量也可以是一般变量(可以控制或精确测量的变量),我们只讨论自变量为一般变量的情况.

2. 回归模型的一般形式

设随机变量 Y 是因变量, $x_1, x_2, \cdots, x_n$ 是影响 Y 的自变量,回归模型的一般形式为

$$Y = f(x_1, x_2, \cdots, x_n) + \varepsilon,$$

其中 ε 是均值为 0 的正态随机变量,可反映除 $x_1, x_2, \cdots, x_n$ 之外的随机因素对 Y 的影响.

f 是线性函数时,称建立回归模型的过程为线性回归分析,所建回归模型称为线性回归模型; f 是非线性函数时,称建立回归模型的过程为非线性回归分析,所建回归模型称为非线性回归模型.

线性回归模型的一般形式为

$$Y = \beta_0 + \beta_1 x_1 + \beta_2 x_2 + \cdots + \beta_n x_n + \varepsilon,$$

其中, β_0 和 $\beta_i (i = 1, 2, \cdots, n)$ 是未知常数. β_0 称为截距, $\beta_i (i = 1, 2, \cdots, n)$ 称为回归系数, $\varepsilon \sim N(0, \sigma^2)$.

当只有一个自变量时,称为一元回归分析;当自变量有两个或两个以上时,称为多元回归分析.

二、一元线性回归分析

1. 一元线性回归方程

一元线性回归模型的一般形式为

$$Y = \beta_0 + \beta_1 x + \varepsilon, \ \varepsilon \sim N(0, \sigma^2),$$

Y 的数学期望
$$EY = \beta_0 + \beta_1 x,$$
称为 Y 关于 x 的回归方程. 其中 β_0, β_1 需要由样本估计, 设它们的估计分别为 $\hat{\beta}_0, \hat{\beta}_1$.

2. 一元经验回归方程

设对 x 的 n 个值 $x_1, x_2, \cdots, x_n$ 得到的样本为
$$(x_1, Y_1), (x_2, Y_2), \cdots, (x_n, Y_n),$$
则
$$Y_i = \beta_0 + \beta_1 x_i + \varepsilon_i, \varepsilon_i \sim N(0, \sigma^2), \varepsilon_1, \varepsilon_2, \cdots, \varepsilon_n \text{ 独立},$$
称 Y 的估计
$$\hat{Y} = \hat{\beta}_0 + \hat{\beta}_1 x,$$
为 Y 关于 x 的经验回归方程, 简称回归方程.

3. β_0, β_1 的估计

利用观察数据, 常用最小二乘估计法和最大似然估计法估计 β_0 和 β_1. 下面只介绍 β_0 和 β_1 的最小二乘估计法.

最小二乘估计思想是, 使用 $\hat{Y}_i$ 估计 Y_i 时诸误差平方和最小, 即 $\hat{\beta}_0$ 和 $\hat{\beta}_1$ 是
$$Q(\beta_0, \beta_1) = \sum_{i=1}^{n} \left[Y_i - (\beta_0 + \beta_1 x_i) \right]^2$$
最小值点. 由
$$\begin{cases} \dfrac{\partial Q}{\partial \beta_0} = 0, \\ \dfrac{\partial Q}{\partial \beta_1} = 0, \end{cases} \quad \text{即} \quad \begin{cases} n\beta_0 + \beta_1 \sum_{i=1}^{n} x_i = \sum_{i=1}^{n} Y_i, \\ \beta_0 \sum_{i=1}^{n} x_i + \beta_1 \sum_{i=1}^{n} x_i^2 = \sum_{i=1}^{n} x_i Y_i, \end{cases}$$
来确定 β_0 和 β_1 的估计. 解得
$$\hat{\beta}_0 = \overline{Y} - \hat{\beta}_1 \overline{x}, \hat{\beta}_1 = \frac{\sum\limits_{i=1}^{n} (x_i - \overline{x})(Y_i - \overline{Y})}{\sum\limits_{i=1}^{n} (x_i - \overline{x})^2},$$
记
$$S_{xx} \hat{=} \sum_{i=1}^{n} (x_i - \overline{x})(x_i - \overline{x}) = \sum_{i=1}^{n} x_i^2 - \frac{1}{n} \left(\sum_{i=1}^{n} x_i \right)^2,$$
$$S_{YY} \hat{=} \sum_{i=1}^{n} (Y_i - \overline{Y})(Y_i - \overline{Y}) = \sum_{i=1}^{n} Y_i^2 - \frac{1}{n} \left(\sum_{i=1}^{n} Y_i \right)^2,$$
$$S_{xY} \hat{=} \sum_{i=1}^{n} (x_i - \overline{x})(Y_i - \overline{Y}) = \sum_{i=1}^{n} x_i Y_i - \frac{1}{n} \left(\sum_{i=1}^{n} x_i \right) \left(\sum_{i=1}^{n} Y_i \right),$$

则 $\hat{\beta}_0$ 和 $\hat{\beta}_1$ 可以简洁地表示为

$$\hat{\beta}_1 = \frac{S_{xY}}{S_{xx}}, \ \hat{\beta}_0 = \overline{Y} - \overline{x}\hat{\beta}_1.$$

可以证明,用最小二乘法求出的估计,分别是 β_0 和 β_1 的无偏估计,它们都是 $Y_1, Y_2, \cdots, Y_n$ 的线性函数,而且在所有 $Y_1, Y_2, \cdots, Y_n$ 的线性函数中,最小二乘估计的方差最小.

例3 为了研究合金钢的强度与合金中含碳量的关系,专业人员收集了 12 组数据如表 9-3 所示.

表 9-3　合金钢的强度和合金中含碳量的关系

序号	1	2	3	4	5	6	7	8	9	10	11	12
含碳量 $x(\%)$	0.10	0.11	0.12	0.13	0.14	0.15	0.16	0.17	0.18	0.20	0.21	0.23
合金钢的强度 $Y(10^7\,\text{Pa})$	42.0	43.0	45.0	45.0	45.0	47.5	49.0	53.0	50.0	55.0	55.0	60.0

试根据这些数据进行合金钢的强度 Y(单位:$10^7\,\text{Pa}$)与合金中含碳量 $x(\%)$ 之间的回归分析.

解　计算得 $\overline{x} = 0.158, \overline{Y} = 49.125, S_{xY} = 2.4675, S_{xx} = 0.01857$

$\hat{\beta}_0$ 和 $\hat{\beta}_1$ 的最小二乘估计值分别为

$$\hat{\beta}_1 = \frac{S_{xY}}{S_{xx}} = \frac{2.4675}{0.01857} = 132.88,$$

$$\hat{\beta}_0 = \overline{Y} - \overline{x}\hat{\beta}_1 = 49.125 - 0.158 \times 132.88 = 28.13.$$

因此,回归方程为 $\hat{Y} = 28.13 + 132.88x$.

4. 回归方程的显著性检验

从建立线性回归方程的过程,我们知道,只要给出一组样本,就可用最小二乘法建立它们的线性回归方程. 如果两个变量之间不存在线性关系,建立它们的线性回归方程是毫无意义的. 虽然我们可以通过散点图对 X 与 Y 之间是否有线性关系情况作初步判断,但那是很粗略的,还必须对两个变量之间是否存在线性关系,或者说它们之间的线性关系是否显著进行检验.

X 与 Y 之间是否存在线性关系在于回归系数 β_1 是否为 0. 因此,要检验假设

$$H_0 : \beta_1 = 0; \ H_1 : \beta_1 \neq 0.$$

可以证明,当原假设 H_0 成立时,即 $\beta_1 = 0$ 时,检验统计量

$$F = \frac{\sum\limits_{i=1}^{n} (\hat{Y}_i - \overline{Y})^2}{\sum\limits_{i=1}^{n} (Y_i - \hat{Y}_i)^2 / (n-2)} \sim F(1, n-2),$$

H_0 的拒绝域为 $F > F_a(1, n-1)$.

例 4　对例 3 中建立的回归方程为 $\hat{Y} = 28.13 + 132.88x$ 进行显著性检验（$\alpha = 0.05$）.

解　计算得 $F = 191.4$，查表得 $F_{0.05}(1,10) = 4.96$. $F > F_{0.05}(1,10)$，拒绝原假设，回归方程显著.

三、一元线性回归方程的应用

如果回归直线 $\hat{Y} = \hat{\beta_0} + \hat{\beta_1}x$ 经过检验是线性相关显著，就可以用它对因变量进行估计和控制.

对任一给定的 x_0，它相应的

$$Y_0 = \beta_0 + \beta_1 x_0 + \varepsilon_0 \sim N(\beta_0 + \beta_1 x_0, \sigma^2),$$

用估计量 $\hat{\beta_0}$、$\hat{\beta_1}$、$\hat{\sigma}$ 分别代替未知参数 β_0、β_1、σ，就可通过近似计算，对因变量进行估计和控制，其中 $\hat{\sigma}^2 = \dfrac{\sum_{i=1}^{n}(Y_i - \hat{Y_i})^2}{n-2} = \dfrac{S_{YY} - \hat{\beta_1}^2 S_{xY}}{n-2}$ 是 σ^2 的无偏估计，当 n 较大时，$\hat{\sigma}^2 \approx S_Y^2(1-r^2)$，其中 S_Y^2 是诸 Y_i 的方差.

1. Y_0 的预测问题

利用回归直线可以对 Y_0 进行点预测和预测区间.

(1) Y_0 的点预测值. Y_0 的平均数估计是 $\hat{Y_0} = \hat{\beta_0} + \hat{\beta_1}x_0$，称 $\hat{Y_0}$ 为 Y_0 的回归值或点预测值.

(2) Y_0 的预测区间. 不难证明，当回归直线的假定成立时，统计量

$$t = \frac{Y_0 - \hat{Y_0}}{\hat{\sigma}\sqrt{1 + \dfrac{1}{n} + \dfrac{(\bar{x} - x_0)^2}{S_{xx}}}} \sim t(n-2),$$

由此得到 Y_0 的置信度为 $1-\alpha$ 的区间估计为

$$\left(\hat{\beta_0} + \hat{\beta_1}x_0 \pm t_{\frac{\alpha}{2}}(n-2)\hat{\sigma}\sqrt{1 + \frac{1}{n} + \frac{(\bar{x} - x_0)^2}{S_{xx}}} \right),$$

这个区间称为（与 x_0 对应的）Y_0 的预测区间.

令 $S = \hat{\sigma}\sqrt{1 + \dfrac{1}{n} + \dfrac{(\bar{x} - x_0)^2}{S_{xx}}}$. n 较大时，$\sqrt{1 + \dfrac{1}{n} + \dfrac{(\bar{x} - x_0)^2}{S_{xx}}} \approx 1$，$t$ 分布近似正态分布，$S \approx \hat{\sigma} = S_Y\sqrt{1-r^2}$，$x_0$ 对应的 Y_0 的 95% 的区间估计为 $(\hat{\beta_0} + \hat{\beta_1}x_0 \pm 1.96S)$. 为方便起见，近似取 1.96 为 2，则（$x_0$ 对应的）Y_0 的 95% 的预测区间为 $(\hat{\beta_0} + \hat{\beta_1}x_0 - 2S, \hat{\beta_0} + \hat{\beta_1}x_0 + 2S)$.

2. 控制问题

控制问题其实是预测问题的反问题. 即要 Y 落在区间 (y_1, y_2)

内,来确定 x 取值区间. 设

$$\begin{cases} y_1 = \hat{\beta}_0 + \hat{\beta}_1 x_1 - 2S, \\ y_2 = \hat{\beta}_0 + \hat{\beta}_1 x_2 + 2S, \end{cases}$$

解出 x_1, x_2,则控制区间为 $(\min\{x_1, x_2\}, \max\{x_1, x_2\})$.

应当注意,只有当 $(y_2 - y_1) > 4S$ 时,所求控制区间才有意义.

例5 设某校 82 名学生 2013 年高考模拟考试总分 X 与 2013 年高考总分 Y 的相关系数为 0.7,建立了回归方程 $\hat{Y} = 50 + 0.85x$. 2013 年高考总分的标准差为 40 分.假设 2014 年高考情况与 2013 年相同.在 2014 年高考前,得到学生高考模拟考试总分 $x_i (1 \leqslant i \leqslant 82)$.

(1) 检验回归方程的显著性 $(\alpha = 0.01)$;

(2) 预测高考模拟考试总分为 580 的学生高考总分;

(3) 预测高考模拟考试总分为 580 的学生高考总分的范围;

(4) 如果希望高考总分有 95% 的概率在 500 分以上,高考模拟考试总分应在多少分以上?

解 (1) 用积差相关系数检验回归方程的显著性. 对

$$H_0 : \rho = 0; \quad H_1 : \rho \neq 0$$

计算得

$$t = \frac{r\sqrt{n-2}}{\sqrt{1-r^2}} = \frac{0.7 \times \sqrt{82-2}}{\sqrt{1-0.7^2}} = 8.77,$$

因为

$$|t| = 8.77 > t_{0.005}(80) = 2.639,$$

在 0.01 的显著性水平上拒绝原假设,认为回归方程是极其显著的.

(2) 估计高考模拟考试总分为 580 的学生高考总分为

$$\hat{Y}_0 = 50 + 0.85 \times 580 = 543,$$

即平均来说,高考模拟考试总分为 580 的学生高考总分为 543 分.

(3) n 较大,用正态分布

$$S = S_Y \sqrt{1-r^2} = 40 \times \sqrt{1-0.7^2} = 28.57,$$

95% 的区间估计为

$$(543 - 1.96 \times 28.57, 543 + 1.96 \times 28.57) = (488.00, 598.00),$$

99% 的区间估计为

$$(543 - 2.58 \times 28.57, 543 + 2.58 \times 28.57) = (469.29, 616.71),$$

即高考模拟考试总分为 580 的学生高考总分有 95% 的概率在 488 到 598 分之间,有 99% 的概率在 469.29 到 616.71 分之间.

(4) 由 $\beta_0 + \beta_1 x_0 - 1.65S = 50 + 0.85x_0 - 1.65 \times 28.57 = 500,$

得 $x_0 = 602.52$，即要高考总分有 95% 的概率在 500 分以上，高考模拟考试总分应在 602.52 分以上．

四、可化为线性回归的一元非线性回归

如果两个变量之间存在着一种非线性关系，这时可以通过变量变换，使新变量之间具有线性关系，从而利用一元线性回归方法对其进行分析．

常见的可线性化的一元非线性函数及线性化方法如表 9-4．

表 9-4　典型函数及线性化方法

函数名称	函数表达式	线性化方法
双曲线函数	$1/y = a + b/x$	$u = 1/x$　　$v = 1/y$
幂函数	$y = ax^b$	$u = \ln x$　　$v = \ln y$
指数函数	$y = ae^{bx}$	$u = x$　　$v = \ln y$
指数函数	$y = ae^{b/x}$	$u = 1/x$　　$v = \ln y$
对数函数	$y = a + b\ln x$	$u = \ln x$　　$v = y$
S 型函数	$y = 1/(a + be^{-x})$	$u = e^{-x}$　　$v = 1/y$

≫ 串讲与答疑 ≪

一、串讲小结

随机变量间既有密切联系但又不能完全确定的关系称为相关关系．散点图可以判断两个变量之间有无相关关系，并对变量间的关系形态做出大致的描述，但散点图不能准确反映变量之间的关系密切程度．

样本相关系数是对两个随机变量之间线性关系密切程度的度量．样本相关系数的正负反映相关的方向，大于 0 时反映两个变量有联系并且同向变化，小于 0 时反映两个变量有联系并且反向变化．样本相关系数的绝对值大小表示相关程度，绝对值越大，表示这两个变量线性相关程度越高，绝对值越小，表示这两个变量线性相关程度越低．一般成对数据的数目在 30 对以上时计算的样本相关系数才有意义．

一般不能仅从样本相关系数的值来确定总体相关与否，要进行相关系数显著性检验．

相关分析是回归分析的基础和前提，回归分析是相关分析的深入和继续．

回归分析研究自变量的变动对因变量的影响程度,目的在于建立线性回归方程,根据已知自变量的变化来估计因变量的变化情况.利用线性回归方程可以作因变量的估计和对自变量的控制.要保证这种估计和控制的效果,必须要检验回归方程的显著性,并注意估计的误差.

二、答疑解惑

1. 样本相关系数的计算

容易得到样本相关系数

$$r = \frac{\sum\limits_{i=1}^{n}(x_i - \overline{x})(Y_i - \overline{Y})}{\sqrt{\sum\limits_{i=1}^{n}(x_i - \overline{x})^2}\sqrt{\sum\limits_{i=1}^{n}(y_i - \overline{y})^2}},$$

还可写成

$$r = \frac{1}{n}\sum\limits_{i=1}^{n}\left(\frac{x_i - \overline{x}}{s_X}\right)\left(\frac{Y_i - \overline{Y}}{s_Y}\right) = \frac{\sum\limits_{i=1}^{n}(x_i - \overline{x})(Y_i - \overline{Y})}{ns_X s_Y},$$

$$r = \frac{\sum\limits_{i=1}^{n}x_i Y_i - \frac{1}{n}\left(\sum\limits_{i=1}^{n}x_i\right)\left(\sum\limits_{i=1}^{n}Y_i\right)}{\sqrt{\sum\limits_{i=1}^{n}x_i^2 - \frac{1}{n}\left(\sum\limits_{i=1}^{n}x_i\right)^2}\sqrt{\sum\limits_{i=1}^{n}Y_i^2 - \frac{1}{n}\left(\sum\limits_{i=1}^{n}Y_i\right)^2}},$$

$$r = \frac{\overline{xY} - \overline{x}\,\overline{Y}}{S_X S_Y}.$$

2. 回归分析与相关分析的联系与区别

相关分析研究的是两个随机变量之间的相关关系,而回归分析研究的是随机变量与非随机变量之间的相关关系并建立它们之间的线性关系.在相关分析中,我们只关心两个变量之间有多大程度的线性关系,没有自变量与因变量之分,而回归分析分为自变量与因变量.其中,因变量一般取可以测量的随机变量,而自变量往往是可控制的普通变量,用回归方程来表现因变量的取值随自变量的变化而呈现一定的统计规律性.两者所使用的概念、理论和方法有所不同,得到的结果含义也不相同.

3. 建立回归方程的条件

回归方程是将具体材料抽象上升为理论的一种方法.回归分析是在两个变量高度相关的前提下,建立两个变量之间的近似的线性关系.两个变量之间不是高度相关的,同样可以按公式来建立回归方程,但这是毫无意义的.

4. $\hat{\beta}_0, \hat{\beta}_1$ 的计算公式有何特点

公式：

$$\hat{\beta}_0 = \overline{Y} - \hat{\beta}_1 \overline{x}, \ \hat{\beta}_1 = \frac{\sum\limits_{i=1}^{n} (x_i - \overline{x})(Y_i - \overline{Y})}{\sum\limits_{i=1}^{n} (x_i - \overline{x})^2},$$

中 x 是自变量，Y 是因变量. $\hat{\beta}_1$ 的分子上是对称的"差积和"，分母上是自变量的方差的 n 倍.

5. 非线性回归的线性化过程

一般常用倒数变换与对数变换，使具有某种曲线相关关系的两个变量化为线性相关关系. 所处理的自变量与因变量间的关系，可以是双曲函数、幂函数、指数函数、对数函数等.

选择正确的曲线类型，是进行变量转换的前提，而正确的转换关系是提高曲线回归精确度的根本. 可以由散点图的形状选择线性化变换，但往往不能一次选准. 因此，不妨同时作几种曲线加以比较.

6. 影响一元线性回归预测精度的主要因素

当线性回归方程 $\hat{Y} = \hat{\beta}_0 + \hat{\beta}_1 x$ 确定后，对给定的 x_0，$Y_0 = \beta_0 + \beta_1 x_0 + \varepsilon_0$ 的置信度为 $1 - \alpha$ 的区间估计为

$$\left(\hat{\beta}_0 + \hat{\beta}_1 x_0 \pm t_{\frac{\alpha}{2}}(n-2)\hat{\sigma} \sqrt{1 + \frac{1}{n} + \frac{(\overline{x} - x_0)^2}{S_{xx}}} \right),$$

由此可知，影响预测精度的主要因素为

(1) $\hat{\sigma}$. 一般地，$\hat{\sigma}$ 越小，精度越高.

(2) n. 显然 n 越大，精度越高，所以应当尽量扩大样本容量.

(3) x_0 离 $\overline{x}$ 距离. x_0 离 $\overline{x}$ 越近，精度越高.

(4) S_{xx}. S_{xx} 越大，精度越高，所以应尽量避免自变量的取值 x_i 过于集中.

≫ 拓展提升 ≪

一、随机变量相关系数与样本相关系数关系

我们知道随机向量 (X, Y) 的相关系数为

$$\rho_{XY} = \frac{\mathrm{cov}(X, Y)}{\sqrt{DX} \sqrt{DY}},$$

反映了随机变量 X 与 Y 的线性相关方向与程度. 设 (x_i, y_i) 为来自总体

(X,Y) 的样本, $i=1,2,\cdots,n$. 称 $\dfrac{\sum\limits_{i=1}^{n}(x_i-\overline{x})(y_i-\overline{y})}{\sqrt{\sum\limits_{i=1}^{n}(x_i-\overline{x})^2}\sqrt{\sum\limits_{i=1}^{n}(y_i-\overline{y})^2}}$

为样本相关系数,简记为 r. r 与 ρ_{XY} 有什么关系? 为什么可以用 r 作为 ρ_{XY} 的估计? 这时可以将 $P\{(U,V)=(x_i,y_i)\}=\dfrac{1}{n}$, $i=1,2,\cdots,n$ 看成是总体 (X,Y) 的"缩影",则容易计算得

$$\rho_{UV}=\frac{\mathrm{cov}(U,V)}{\sqrt{DU}\sqrt{DV}}=\frac{\sum\limits_{i=1}^{n}(x_i-\overline{x})(y_i-\overline{y})}{S_U S_V}$$

$$=\frac{\sum\limits_{i=1}^{n}(x_i-\overline{x})(y_i-\overline{y})}{\sqrt{\sum\limits_{i=1}^{n}(x_i-\overline{x})^2}\sqrt{\sum\limits_{i=1}^{n}(y_i-\overline{y})^2}}=r,$$

由此可见,样本相关系数 r 就是总体的"缩影"分布 (U,V) 的相关系数, r 满足相关系数的所有性质,且可作为 ρ_{XY} 的估计值,用于判断 X 与 Y 间的相关关系.

二、大样本下相关系数显著性检验

当数据对个数 $n\geqslant 50$ 时,可利用正态分布检验相关系数,检验的统计量为

$$Z=\frac{r\sqrt{n-1}}{1-r^2}\sim N(0,1).$$

三、样本相关系数有多种形式

样本相关系数 $r=\dfrac{\sum\limits_{i=1}^{n}(x_i-\overline{x})(y_i-\overline{y})}{\sqrt{\sum\limits_{i=1}^{n}(x_i-\overline{x})^2}\sqrt{\sum\limits_{i=1}^{n}(y_i-\overline{y})^2}}$,又称为积

差相关系数,适用于度量两个正态连续变量之间的线性相关程度. 积差相关系数应用最广,是其他相关系数的基础.

样本相关系数还有,适用于度量两个以等级次序排列或以等级次序表示的变量之间的线性相关程度的等级相关系数,适用于反映一个连续变量与一个由连续变量所划分成的二分变量之间的线性相关程度的二列相关系数,适用于反映一个连续变量与一个真正的二分变量之间的线性相关程度的点二列相关系数,适用于反映由两个正态连续变量人为划分成的二分变量之间的线性相关程度的四

分相关系数,适用于反映两个二分变量之间的线性相关程度的 Φ 相关系数,等等.

四、一元线性回归方程的显著性等效检验

进行一元线性回归方程的回归系数显著性检验有三种等效的检验方法. 利用 t 分布,统计量为

$$t = \frac{\hat{\beta}_1 \sqrt{\sum_{i=1}^{n}(x_i - \overline{x})^2}}{\sqrt{\sum_{i=1}^{n}(Y_i - \hat{Y}_i)^2/(n-2)}} = \frac{\hat{\beta}_1}{\hat{\sigma}}^2 \sqrt{S_{xx}} \sim t(n-2).$$

等效地,利用 F 分布,统计量为

$$F = \frac{\hat{\beta}_1^2 \sum_{i=1}^{n}(x_i - \overline{x})^2}{\sum_{i=1}^{n}(Y_i - \hat{Y}_i)^2/(n-2)} = \frac{\hat{\beta}_1^2 S_{xx}}{\hat{\sigma}^2} = t^2 \sim F(1, n-2).$$

除了上述两种方法,还可以对两个变量的积差相关系数进行显著性检验,统计量为

$$t = \frac{r\sqrt{n-2}}{\sqrt{1-r^2}} \sim t(n-2).$$

五、相关系数与回归系数的区别与联系

回归系数

$$\hat{\beta}_1 = \frac{\sum_{i=1}^{n}(x_i - \overline{x})(Y_i - \overline{Y})}{\sum_{i=1}^{n}(x_i - \overline{x})^2} = \frac{S_{xY}}{S_{xx}},$$

样本相关系数

$$r = \frac{\sum_{i=1}^{n}(x_i - \overline{x})(Y_i - \overline{Y})}{\sqrt{\sum_{i=1}^{n}(x_i - \overline{x})^2}\sqrt{\sum_{i=1}^{n}(Y_i - \overline{Y})^2}}$$

$$= \frac{S_{xY}}{\sqrt{S_{xx}S_{YY}}} = \frac{S_{xY}}{S_{xx}} \cdot \frac{\sqrt{S_{xx}}}{\sqrt{S_{YY}}} = \hat{\beta}_1 \frac{\sqrt{S_{xx}}}{\sqrt{S_{YY}}},$$

即 $r = \hat{\beta}_1 \dfrac{\sqrt{S_{xx}}}{\sqrt{S_{YY}}}$.

1. 相关系数与回归系数的区别

(1) 两指标的意义不同. 相关系数 r 说明两变量之间线性相

关的方向与密切程度;回归系数 $\hat{\beta_1}$ 表示 X 变化一个单位时 Y 的平均变化量.

(2) 计算方法不同.

(3) 取值范围不同. 相关系数取值范围为 $-1 \leqslant r \leqslant 1$,回归系数取值范围内 $-\infty < \hat{\beta_1} < +\infty$.

(4) 单位不同. 相关系数没有单位,回归系数有单位.

2. 相关系数与回归系数的联系

(1) 对同一双变量资料,回归系数与样本相关系数的正负号一致.

(2) 回归系数与相关系数的假设检验等价.

≫ 作业设计 ≪

【9.1A 本节内容作业】

9.1A-1 相关关系与函数关系的区别和联系是什么?

9.1A-2 在线性回归方程中,参数 β_0 和 β_1 的几何意义和经济意义是什么?

9.1A-3 相关关系是现象间确实存在的,但相关关系是( )的相互依存关系.

(A) 完全确定 (B) 可以确定 (C) 不确定 (D) 无法确定

9.1A-4 当变量 x 的数值增大时,变量 y 的数值也明显增大,相关点的分布集中呈直线状态,表明这两个变量间是( ).

(A) 强正相关 (B) 弱正相关 (C) 强负相关 (D) 弱负相关

9.1A-5 线性相关系数反映了( ).

(A) 自变量变动对因变量变动的解释程度

(B) 两个变量变动的一致性程度

(C) 两个变量线性关系的拟合程度

(D) 两个变量线性关系的密切程度

9.1A-6 单相关也叫简单相关,所涉及变量的个数为( ).

(A) 一个 (B) 两个 (C) 三个 (D) 多个

9.1A-7 相关系数的取值范围是( ).

(A) $(0,1)$ (B) $[0,1]$ (C) $(-1,1)$ (D) $[-1,1]$

9.1A-8 如果随机变量 X 和 Y 之间的相关系数为 -0.85,这说明两变量之间是( ).

(A) 高度相关关系 (B) 完全相关关系

(C) 低度相关关系 (D) 完全不相关

9.1A-9 两个变量间的线性相关关系越不密切,相关系数 r 值越接近( ).

(A) -1 (B) $+1$ (C) 0   (D) -1 或 $+1$

9.1A-10 相关系数的值越接近 -1,表明两个变量间( ).

(A) 正线性相关关系越弱   (B) 负线性相关关系越强

(C) 线性相关关系越弱   (D) 线性相关关系越强

9.1A-11 相关系数为零时,表明两个变量间( ).

(A) 无相关关系   (B) 无直线相关关系

(C) 无曲线相关关系   (D) 中度相关关系

9.1A-12 若身高与体重的直线相关系数为 0.85,则体重与身高的直线相关系数为( ).

(A) $1-0.85$ (B) $-1+0.85$

(C) 0.85   (D) -0.85

9.1A-13 下列直线回归方程中,肯定错误的是( ).

(A) $y = 2 + 3x, r = 0.88$

(B) $y = 4 + 5x, r = 0.55$

(C) $y = -10 + 5x, r = -0.90$

(D) $y = -100 - 0.9x, r = -0.83$

9.1A-14 下列相关系数中表示两列变量间的相关程度最小的是( ).

(A) 0.90   (B) 0.10   (C) -0.40 (D) -0.704

9.1A-15 相关系数检验的无效假设 H_0 是( ).

(A) $\rho = 0$ (B) $\rho \neq 0$ (C) $\rho > 0$ (D) $\rho < 0$

9.1A-16 设 $n = 6$,变量 X, Y 的样本方差分别为 8 和 18,$\sum_{i=1}^{6} (x_i - \overline{x})(y_i - \overline{y}) = 40$,求变量 X 与 Y 积差相关系数.

9.1A-17 10 名学生参加营销能力测验的分数与五年后销售金额(万元)如下表所示. 以销售金额为效标,求营销能力测验试卷的效度.

表 9-5 某企业产量和单位成本

学生	1	2	3	4	5	6	7	8	9	10
测验(x)	20	34	32	47	20	24	27	25	22	16
销售额(y)	2.5	3.8	3	4	0.7	1	2.2	3.5	2.8	1.2

9.1A-18 某企业产量和单位成本如下,计算产量和单位成本相关系数并判断相关情况.

表 9-6　某企业产量和单位成本

批次	一	二	三	四	五	六	合计
产量(千件) x	1	2	4	7	9	12	35
单位成本(元) y	20	17	14	12	9	7	79
xy	20	34	56	84	81	84	359
x^2	1	4	16	49	81	144	295
y^2	400	289	196	144	81	49	1159

9.1A-19　若机床使用年限与维修费用有关,资料如下:

机床使用年限(年)	2	2	3	4	5	5
维修费用(元)	40	54	52	64	60	80

计算相关系数,并判断其相关性.

9.1A-20　10 名 20 岁男青年身高与前臂长的数据如下(单位:cm):

身　高	170	173	160	155	173	188	178	183	180	165
前臂长	45	42	44	41	47	50	47	46	49	43

计算相关系数并对 $\rho=0$ 进行假设检验.

【9.2A 本节内容作业】

9.2A-1　回归方程 $\hat{Y}=\hat{\beta}_0+\hat{\beta}_1 x$ 给出了两个变量之间的关系. 利用它,可以由任何一个变量估计另一个吗? 为什么?

9.2A-2　设 50 对数据离差乘积和为 10,X 平方和是 220,X,Y 的均值分别为 2 和 4. 求预测变量 Y 的回归方程.

9.2A-3　在硝酸钠(NaNO₃)的溶解度试验中,测得在不同温度 x(℃)下,溶解于 100 份水中的硝酸钠份数 y 的数据如下:

x_i	0	4	10	15	21	29	36	61	68
y_i	66.7	71.0	76.3	80.6	85.7	92.9	99.4	113.6	125.1

试建 x 与 Y 的经验公式.

9.2A-4　某医院用光电比色计检验尿汞时,得尿汞含量与消光系数读数的结果如下:

尿汞含量 x	2	4	6	8	10
消光系数 y	64	138	205	285	360

已知它们之间存在关系式: $y_i=\beta_0+\beta_1 x_i+\varepsilon_i$, $i=1,2,3,4,5$, 各 ε_i 相互独立,均服从 $N(0,\sigma^2)$ 分布. 试求 β_0,β_1 的最小二乘估计,并给出检验假设 $H_0:\beta_1=0$ 的拒绝域.

9.2A-5 某地居民 1983－1985 年人均月收入与商品销售额资料如下：

表 9-7 某地居民人均月收入与商品销售额

年份	1983	1984	1985
人均月收入(元)	24	30	32
商品销售额(万元)	11	15	14

(1) 求商品销售额依人均月收入变化的回归方程；

(2) 估计当人均月收入为 40 元时商品销售额.

9.2A-6 某地区 1978－1988 年居民收入 x (亿元)与社会商品零售额 y (亿元)如下：

表 9-8 某地区 1978－1988 年居民收入与社会商品零售额

年	1978	1979	1980	1981	1982	1983	1984	1985	1986	1987	1988
x	35	36	41	44	47	50	54	57	64	70	68
y	45	46	54	60	65	72	77	80	85	97	114

(1) 建立回归方程；

(2) 检验是否线性相关；

(3) 当居民收入为 60 亿元时,预测社会商品零售额；

(4) 若要求社会商品零售额在 70～90 亿元之间,居民收入应如何控制？

9.2A-7 某商场一年内每月的销售收入 X (万元)与销售费用 Y (万元)统计如下表：

表 9-9 某商场一年内每月的销售收入与销售费用

X	Y	X	Y	X	Y
187.1	25.4	239.4	32.4	242.0	27.8
179.5	22.8	217.8	24.4	251.9	34.2
157.0	20.6	227.1	29.3	230.0	29.2
197.0	21.8	233.4	27.9	271.9	30.0

(1) 建立销售费用 Y (万元)对销售收入 X (万元)的回归方程；

(2) 若该商场某月的销售收入为 220 万元,求当月销售费用的预测区间；

(3) 若要求某月的销售费用在 22 万元到 32 万元之间,则该月销售收入应该在什么范围(取置信概率为 95%)？

9.2A-8 设 Y 为正态变量,对 X,Y 有下列观测值：

X	−2.0	0.6	1.4	1.3	0.1	−1.6	−1.7	0.1	−1.8	−1.1
Y	−6.1	−0.5	7.2	6.9	−0.2	−2.1	−3.9	3.8	−7.5	−2.1

(1) Y 对 X 的回归直线方程;

(2) 检验 Y 与 X 之间线性关系的显著性;

(3) 当 $X = 2.5$ 时,求 Y 的 95% 预测区间;

(4) 若要求 $|Y| < 4$,求 X 的控制范围.

9.2A-9 我国 1981—1988 年,全国居民年人均消费水平 Y 统计如下(表中 X 表示年度):

$t = X - 1980$	1	2	3	4	5	6	7	8
Y	249	267	289	329	406	451	513	643

试建立年人均消费水平 Y 对年度 X 的经验回归方程.

9.2A-10* 试找出 $Q(\hat{a}, \hat{b})$ 和 X 与 Y 的积差相关系数之间的关系并说明,为什么可以由积差相关系数来检验回归方程的显著性.

9.2A-11* 某种膨胀合金含有两种主要成分,做了一批试验如下表所示,发现这两种成分含量和 x 与合金的膨胀数 y 之间有一定关系.

(1) 试确定 x 与 y 之间的关系表达式;

(2) 求出其中系数的最小二乘估计;

(3) 对回归方程及各项作显著性检验.

表 9-10 某种膨胀合金两种成分含量和与合金的膨胀数之间关系

两种成分含量和 x	37.0	37.0	38.0	38.5	39.0	39.5	40.0	40.5	41.0	41.5	42.0	42.5	43.0
膨胀系数 y	3.40	3.00	3.00	3.27	2.10	1.83	1.53	1.70	1.80	1.90	2.35	2.54	3.90

【9.2B 跨节内容作业】

9.2B-1 在其他条件不变的情况下,某种商品的需求量(y)与该商品的价格(x)有关,给定时期内这种商品的需求量与其价格如下:

价格 x(元)	10	6	8	9	12	11	9	10	12	7
需求量 y(吨)	60	72	70	56	55	57	57	53	54	70

(1) 计算价格与需求量之间的相关系数;

(2) 建立需求量对价格的回归直线;

(3) 当价格为 15 元,估计需求量.

9.2B-2 某公司所属 8 个企业的产品销售资料如下:

产品销售额(万元)	170	220	390	430	480	650	950	1000
销售利润(万元)	8.1	12.5	18.0	22.0	26.5	40.0	64.0	69.0

(1)计算产品销售额与利润额之间的相关系数；

(2)确定利润额对产品销售额的直线回归方程；

(3)确定产品销售额为 1200 万元时利润额的估计值.

9.2B-3　下表是某种商品年需求量与该商品价格之间的一组调查数据：

价格(x)元	1	2	2	2.3	2.5	2.6	2.8	3	3.3	3.5
需求量(y)/500 g	5	3.5	3	2.7	2.4	2.5	2	1.5	1.2	1.2

(1) 做出散点图；

(2) 求 x 预测 y 的回归方程；

(3) 进行相关性检验.

9.2B-4　某班 12 名同学两次考试的成绩为

考试一(X)	65	63	67	64	68	62	70	66	68	67	69	71
考试二(Y)	68	66	68	65	69	66	68	65	71	67	68	70

(1) 计算两次考试成绩(X、Y)的相关系数；

(2) 求 X 预测 Y 的线性回归方程；

(3) 对所求方程进行方差分析,检验其显著性.

9.2B-5　有 10 个同类企业的生产性固定资产年平均价值和工业总产值资料如下：

表 9-11　生产性固定资产年平均价值和工业总产值

企业编号	生产性固定资产价值(万元)	工业总产值(万元)
1	318	524
2	910	1019
3	200	638
4	409	815
5	415	913
6	502	928
7	314	605
8	1210	1516
9	1022	1219
10	1225	1624
合计	6525	9801

(1) 计算相关系数,说明两变量之间的相关方向及程度；

(2) 求回归方程；

(3) 估计生产性固定资产(自变量)为 1100 万元时总产值(因变量)的可能值.

9.2B-6 下面是10家商店销售额和利润率的资料：

表 9-12　10 家商店销售额和利润率资料

商店编号	1	2	3	4	5	6	7	8	9	10
每人月平均销售额(千元) x	6	5	8	1	4	7	6	3	3	7
利润率(%) y	12.6	10.4	18.5	3.0	8.1	16.3	12.3	6.2	6.6	16.8

(1) 计算每人月平均销售额与利润率的相关系数；

(2) 求利润率依每人月平均销售额的回归方程；

(3) 估计每人月平均销售额为 2000 元时的利润率.

9.2B-7 对不同的元素堆测得如下数据：

堆　号	1	2	3	4	5	6
重量 p	2813	2705	11103	2590	2131	5181
跨度 l	3.25	3.20	5.07	3.14	2.90	4.02

试求由跨度预测重量的回归方程,并求出根方差 σ 的估计值.

9.2B-8 根据《关税与贸易总协定》发表的数字,20 世纪 70 年代世界制造业总产量增长率 x(%)与世界制成品总出口量增长 y(%)的变化关系如下表:

表 9-13　世界制造业总产量增长率与世界制成品总出口量增长的关系

年　份	1970	1971	1972	1973	1974	1975	1976	1977	1978	1979
总产量年增长率 x	4.0	4.0	8.5	9.5	3.0	−1.0	8.0	5.0	5.0	4.0
总出口量增长率 y	8.5	8.0	10.5	15.0	8.5	−4.5	13.0	5.0	6.0	7.0

(1) 试确定 y 与 x 的关系,并求出其回归方程；

(2) 试求 y 与 x 之间相关系数 r ,并用相关系数检验法,检验 y 与 x 之间是否存在线性关系；

(3) 试求当 $x_0 = 5.5$ 时, y 的 95% 的预测区间；

(4) 若 y 的增长率在(1%,15%)内,问增长率 x 应控制在什么范围($\alpha = 0.05$)?

第 9 章自测题

一、填空题

1. 若身高与体重的直线相关系数为 0.85,则体重与身高的直线相关系数为_____.

2. 回归分析中估计常数 β_0 和系数 β_1 的方法是_____.

3. 回归方程中的_____是随机变量.

4. 相关系数的数值范围是_____.

5. 若 (X,Y) 的所有观察值 (x,y) 都落在直线上,则 X 与 Y 之间的相关系数为_____.

二、选择题

1. 在相互依存的两个变量中,根据研究的目的,将其中一个变量定为自变量,另一个变量定为(　　).

(A) 固定变量　　(B) 因变量　　(C) 任意变量　　(D) 自变量

2. 在计算相关系数时,要求相关的两个变量(　　).

(A) 都是随机变量

(B) 都是非随机变量

(C) 一个是随机变量,另一个是非随机变量

(D) 区分出因变量和自变量

3. 在相关分析中,由于两个变量的关系是对等的,从而变量 x 与变量 y 相关同变量 y 与变量 x 相关是(　　).

(A) 同一个问题

(B) 完全不同的问题

(C) 有一定联系但意义不同的问题

(D) 有时相同,但有时不同的问题

4. 若变量 x 的数值增大时,变量 y 的数值显著减少,相关点的分布集中呈直线状,反映了两个变量间的(　　).

(A) 不相关　　(B) 正相关　　(C) 强负相关　　(D) 弱负相关

5. 由变量 y 依变量 x 回归和由变量 x 依变量 y 回归所得的回归方程是不同的. 下列陈述错误的是(　　).

(A) 因变量与自变量不一样

(B) 方程的参数值一般不一样

(C) 参数的实际意义不一样

(D) 相关系数不一样

6. 已知一元线性回归方程为 $\hat{y} = \hat{a} + 4x$, $\bar{x} = 3$, $\bar{y} = 6$,
则 $\hat{a} = (　　)$.

(A) 0　　　　(B) 6　　　　(C) 2　　　　(D) -6

7. 如下的现象属于负相关的有(　　).

(A) 家庭收入越多,其消费支出也越多

(B) 流通费用率随商品销售额的增加而降低

(C) 生产单位产品所耗用的工时,随着劳动生产率的提高而减少

(D) 工人劳动生产率越高,则创造的产值会越多

三、计算题

1.设从某年地区高考试卷中,用随机重复抽样方式抽取 40 名考生的外语和数学试卷,成绩如下表所示:

表 9-14 40 名考生的外语和数学成绩

考生编号	成 绩		考生编号	成 绩	
	外语	数学		外语	数学
1	77	20	21	68	65
2	15	20	22	70	65
3	20	25	23	60	67
4	70	28	24	60	67
5	75	30	25	80	70
6	25	30	26	50	70
7	60	34	27	55	70
8	40	36	28	54	72
9	28	40	29	50	74
10	32	40	30	72	76
11	60	43	31	80	76
12	80	45	32	54	79
13	46	48	33	85	80
14	79	50	34	70	80
15	70	55	35	78	83
16	64	55	36	45	85
17	75	58	37	65	86
18	82	60	38	70	83
19	85	66	39	62	80
20	50	62	40	60	95

(1)画出原资料的散点图,并观察相关的趋势;

(2)求数学成绩和外语成绩的相关系数.

2.试根据下列工业生产性固定资产价值和平均每昼夜原料加工量资料计算相关系数,建立回归方程.

表 9-15　工业生产性固定资产价值和平均每昼夜原料加工量

组数	固定资产价值(万元)	平均每昼夜加工量(万担)	企业数(个)
1	300	0.5	2
2	400	0.5	6
3	400	0.7	3
4	500	0.5	2
5	500	0.7	5
6	500	0.9	7
7	600	0.7	2
8	600	0.9	2
9	600	1.1	3
10	700	0.9	1
11	700	1.1	7

3. 某企业的产品产量和成本资料如下：

表 9-17　某企业的产品产量和成本

月份	产量(千台)	单位成本(元/台)
1	2	73
2	3	72
3	4	71
4	3	73
5	4	69
6	5	68

(1) 计算相关系数；

(2) 建立单位成本依产量的回归直线方程；

(3) 分析产量每增加 1000 台，单位成本如何变化；

(4) 当单位成本为 70 元时，产量将是多少台？

4. 某地区的八家百货商店，每家平均销售额和利润率资料如下：

表 9-18　八家百货商店的平均销售额和利润率

商店编号	每家平均销售额(元)	利润率(%)
1	6200	12.6
2	4300	4
3	8000	18.5
4	1200	3.0
5	4500	8.1
6	6000	12.5
7	3400	6.2
8	7000	16.8

(1) 计算相关系数；

(2) 建立以利润率为因变量的回归直线方程.

5.某地区居民非商品支出和文化生活服务支出的资料如下：
(单位:亿元)

非商品支出 y	2.78	2.86	3.11	3.24	3.17	3.52	4.93	5.10
文化服务支出 x	1.02	1.03	1.06	1.05	1.11	1.38	1.78	1.85

(1) 计算相关系数；

(2) 若文化支出额达2亿元,居民的非商品支出将达到什么水平？

6.研究物体在横断面上渗透深度 h (cm)与局部能量 E (每平方厘米面积上的能量)的关系,得到试验结果如下：

表 9-19　物体在横断面上渗透深度与局部能量的关系

E_i	h_i	E_i	h_i	E_i	h_i
41	4	139	20	250	31
50	8	154	19	269	36
80	10	180	23	301	36
104	14	208	26		
120	16	241	30		

检验 h 与 E 之间是否存在显著的线性相关关系. 如果存在,求 h 关于 E 的回归方程.

7.一册书的成本费 y 与印刷册数 x 有关,统计结果如下：

表 9-20　一册书的成本费与印刷册数关系

x_i (千册)	y_i (元)	x_i (千册)	y_i (元)
1	10.15	20	1.62
2	5.52	30	1.41
3	4.08	50	1.30
5	2.85	100	1.21
10	2.11	200	1.15

检验成本费 y 与印刷数的倒数 $1/x$ 之间是否存在显著的线性相关关系. 如果存在,求 y 关于 x 的回归方程.

附 录

附录 1   常用计数方法

在古典概率计算中要用到计数. 因此需要掌握常用的计数方法.

一、两个基本原理

加法原理与乘法原理是排列与组合计数的基础, 必须很好地掌握.

1. 加法原理

如果完成一件事有 k 类方法, 第一类有 n_1 种方法, 第二类有类有 n_2 种方法, $\cdots$, 第 k 类有 n_k 种方法, 则完成这件事有 $n_1 + n_2 + \cdots + n_k$ 种不同方法.

2. 乘法原理

如果完成一件事要经过 k 步, 第一步有 n_1 种方法, 第二步有 n_2 种方法, $\cdots$, 第 k 步有 n_k 种方法, 则完成这件事有 $n_1 n_2 \cdots n_k$ 种不同方法.

二、常用计数模型

1. 无重排列模型

A1-1   平面上, 从 n 个不同元素中取出 r 个的无重排列数为 P_n^r.

A1-2   从 n 个不同物品中取出 r 个, 计序的不同取法共有 P_n^r 种.

A1-3   将 r 个不同的球投到 n 个不同的盒子中, 每盒最多容纳 1 个球, 共有 \ 种不同的投法.

注意   A1-1, A1-2 与 A1-3 是同一问题的不同提法, 同属于无重排列问题.

A2   平面上, 从 n 个不同元素中取出 r 个的无重 (圆) 环排列数为 P_n^r / r.

注意　由于平面上一个 r 个元素的无重（圆）环排列，依不同元素打开，可成为 r 个不同的线排列，故由 A1-1 知 A2.

A3　空间中，从 n 个不同物品中取出 r 个的无重（圆）环排列数为 $P_n^r/2r$.

注意　由于空间中一个 r 个元素的无重（圆）环排列，可成为平面上 2 个不同的无重（圆）环排列，故由 A2 知 A3.

2. 可重排列模型

B1-1　从 n 个不同元素中取出 r 个的可重排列数为 n^r.

B1-2　从 n 个不同物品中有放回地——取出 r 个，计序的不同取法共有 n^r 种.

B1-3　将 r 个不同的球投到 n 个不同的盒子中，每盒球的容纳不限，共有 n^r 种不同的投法.

注意　B1-1，B1-2 与 B1-3 是同一问题的不同提法，同属于可重排列问题.

B2　在平面上，从 n 个不同物品中取出 r 个的可重（圆）环排列数为 n^r/r.

B3　在空间中，从 n 个不同元素中取出 r 个的可重（圆）环排列数为 $n^r/2r$.

3. 无重组合模型

C1-1　从 n 个不同元素中取出 r 个的无重组合数为 C_n^r.

C1-2　从 n 个不同物品中取出 r 个，不计序的不同取法共有 C_n^r 种.

C1-3　将 r 个相同的球投到 n 个不同的盒子中，每盒最多容纳 1 个球，共有 C_n^r 种不同的投法.

注意　C1-1，C1-2 与 C1-3 是同一问题的不同提法，同属于无重组合问题.

4. 可重组合模型

D1-1　从 n 个不同元素中取出 r 个的可重组合数为 C_{n+r-1}^r.

D1-2　从 n 个不同物品中有放回地取出 r 个，不计序的不同取法共有 C_{n+r-1}^r 种.

D1-3　将 r 个相同的球投到 n 个不同的盒子中，每盒球的容纳不限，共有 C_{n+r-1}^r 种不同的投法.

注意　D1-1，D1-2 与 D1-3 是同一问题的不同提法，同属于可重组合问题.

D2　设 n,r 是正整数. 不定方程
$$x_1 + x_2 + \cdots + x_n = nq + r$$
满足 $x_i \geqslant q(i = 1, 2, \cdots, n)$ 的解的个数为 C_{n+r-1}^r.

特别地，$q = 0$ 时得
$$x_1 + x_2 + \cdots + x_n = r$$
的非负整数解个数为 C_{n+r-1}^r.

D3　设 n,r 是正整数，且 $r \geqslant n$. 不定方程
$$x_1 + x_2 + \cdots + x_n = nq + r$$
满足 $x_i > q(i = 1, 2, \cdots, n)$ 的解的个数为 C_{r-1}^{r-n}.

特别地，$q = 0$ 时得
$$x_1 + x_2 + \cdots + x_n = r$$
的正整数解个数为 C_{r-1}^{r-n}.

注意　在 D3 中，令 $x_i' = x_i + 1, i = 1, 2, \cdots, n$，问题转变为：求不定方程　　　$x_1' + x_2' + \cdots + x_n' = nq + r - n$
满足 $x_i' \geqslant q(i = 1, 2, \cdots, n)$ 的解的个数，由 D2 得 $C_{n+r-n-1}^{r-n} = C_{r-1}^{r-n}$.

E1-1　k 类物品(同类不加区别)，第 i 类有 $n_i(i = 1, 2, \cdots, k)$ 个，且 $\sum_{i=1}^{k} n_i = n$，它们的全排列数为 $\dfrac{n!}{n_1! n_2! \cdots n_k!}$.

E1-2　将 n 个不同元素分成有编号的 k 组，第 i 组有 $n_i(i = 1, 2, \cdots, k)$ 个，不同的分法共有 $\dfrac{n!}{n_1! n_2! \cdots n_k!}$ 种.

注意　E1-1 与 E1-2 是同一问题的不同提法.

F　将 n 个不同元素分成无编号的 k 组，第 i 组有 $n_i(i = 1, 2, \cdots, k)$ 个元素，且 $n_1, n_2, \cdots, n_K$ 中有 t 个不同，它们为 $n_1', n_2', \cdots, n_t'$，n_i' 有 f_i 个 $(i = 1, 2, \cdots, t)$，则不同分法共有 $\dfrac{n!}{(n_1! n_2! \cdots n_t!)(f_1! f_2! \cdots f_t!)}$ 种.

上面提出的几类计数模型中，A1、B1、C1、D1 中的"取元"、"抽物"、"投球"是同一问题的不同提法，比较如下：

特点 ＼ 模型	$P_n^r = \dfrac{n!}{(n-r)!}$		n^r		C_n		$H_n^r = C_{n+r-1}^r$	
从 n 个不同元素中取出 r 个	无重	排列	可重	排列	无重	组合	可重	组合
从 n 个不同物品中取出 r 个	无放回	计序	有放回	计序	无放回	不计序	有放回	不计序
将 r 个球投到 n 个不同盒中	盒最多容1个	球有区别	盒容不限	球有区别	盒最多容1个	球无区别	盒容不限	球无区别

例 1 从 $1, 2, \cdots, n$ 中随机地不放回地抽取 k 个数,求抽取出的 k 个数恰好按上升次序排列的概率.

解 一种组合对应一种严格上升排列,因此所求概率为 $p = \dfrac{C_n^k}{P_n^k}$.

例 2 设 $w = f(x, y, z)$ 的 4 阶偏导数都存在,试问其共有多少种不同的 4 阶偏导数?

解 若 w 的 4 阶偏导数都连续,则其 4 阶偏导数与求导次序无关. 因此,可将问题归结为从 3 个不同物品中有放回地取出 4 个(不计序). 由 D1-2 知共有 C_{n+r-1}^r 个不同的 4 阶偏导数.

若 w 的 4 阶偏导数不全连续,则其 4 阶偏导数与求导次序有关. 因此,可将问题归结为从 3 个不同元素中取出 4 个的可重排列数. 由 B1-1 知,共有 n^r 个不同的 4 阶偏导数.

例 3 $(x_1 + x_2 + \cdots + x_n)^r$ 的展开式有多少项?

解 $(x_1 + x_2 + \cdots + x_n)^r$ 的一般项为

$$x_1^{k_1} x_2^{k_2} \cdots x_n^{k_n}, k_1 + k_2 + \cdots + k_n = r,$$

显然不定方程

$$k_1 + k_2 + \cdots + k_n = r$$

的一个非负整数解对应展开式中的一项,由 D2 知展开式有 C_{n+r-1}^r 项.

例 4 (1)将 8 本不同的书平分给 2 人,共有多少种分法?

(2)将 8 本不同的书平分成 2 堆,共有多少种分法?

解 (1)由 E1-2 知,共有 $\dfrac{8!}{4!4!}$ 种分法.

(2)由 F 知,共有 $\dfrac{8!}{4!4!2!}$ 种分法.

例 5 10 个男同学和 3 个女同学围坐成一圈,求 3 个女同学相邻而坐的概率.

解 由 B2 知样本点总数为 $\dfrac{10!}{10} = 9!$. 事件包含的样本点可这样考虑:

先将 3 个女同学看成一个整体,这就相当于 8 个元素平面上的环排列,由 B2 知排放方法有 $\dfrac{8!}{8} = 7!$ 种,而 3 个女同学位置可以互换,有 3! 种换法. 故事件包含的样本点总数为 3! 7!,所求概率为 $\dfrac{3! 7!}{9!} = \dfrac{1}{12}$.

三、几种常用计数方法

1. 枚举法

枚举法就是把集合里的元素一一列举出来计数. 用这种方法计

数,应先观察有什么规律可循,然后按照此规律或某一次序枚举,既不遗漏又不重复.

枚举法看上去简单,但技巧性很强,运用普遍,有很多问题只能用枚举法计数.

2. 折线法

在 xOy 平面上,x,y 都是整数的点 (x,y),称为格点.从某个格点 (a,b_0) 出发,画斜率为 1 或 -1 的折线段到格点 $(a+1,b_0+1)$ 或 $(a+1,b_0-1)$,记为 $(a+1,b_1)$;再由所得线段的右端点 $(a+1,b_1)$ 出发,画斜率为 1 或 -1 的折线段到格点 $(a+2,b_1+1)$ 或 $(a+2,b_1-1)$,记为 $(a+2,b_2)$;如此下去,一直画到某一格点 $(a+n,b_n)$,这样便得到由 n 个小段合成的一条折线.点 (a,b_0) 称为这条折线的起点,点 $(a+n,b_n)$ 称为这条折线的终点.每个小方格中的对角线称为这条折线中的一节.我们关心的问题是

(1) 从点 (a,b_0) 到点 $(a+n,b_n)$ 的折线共有多少条?

(2) 从点 (a,b_0) 到点 $(a+n,b_n)$,与 x 轴相交的折线共有多少条?

命题 两个格点 (a,b_0) 与 $(a+n,b_n)$ 能用折线连接的充要条件为:$|b_n-b_0|\leqslant n$,且 $n+b_n-b_0$ 是偶数.

G1 如果格点 (a,b_0) 与 $(a+n,b_n)$ 能用折线连接,则连接方式共有 $C_n^{(n+b_n-b_0)/2}$ 种.

G2 设 $b_0>0,b_n>0$,则连接格点 (a,b_0) 与 $(a+n,b_n)$ 且与 x 轴相交的折线共有 $C_n^{(n+b_n+b_0)/2}$ 条,连接格点 (a,b_0) 与 $(a+n,b_n)$ 且与 x 轴不交的折线条数共有

$$C_n^{(n+b_n-b_0)/2}-C_n^{(n+b_n+b_0)/2}.$$

G3 设 $b_n>b_0$,从点 (a,b_0) 到点 $(a+n,b_n)$,且在 $x=a+n$ 处第一次到达 $y=b_n$ 的折线条数共有

$$C_{n-1}^{(n+b_n-b_0-2)/2}-C_{n-1}^{(n+b_n-b_0)/2}.$$

例 6 甲、乙两人参加竞选,甲得 m 张选票,乙得 n 张选票,$m>n$.问在对 $m+n$ 张选票逐一唱票过程中,甲的选票数始终领先的概率如何?

解 设 A="唱票过程中甲的选票数始终领先".用 $m+n$ 元有序数组 $(a_1,a_2,\cdots,a_{m+n})$ 表示唱票记录,当第 k 次唱票是甲的选票时,取 $a_k=1$,是乙的选票时,取 $a_k=-1$,$k=1,2,\cdots,m+n$.令

$$b_k=\sum_{i=1}^{k}a_i,k=1,2,\cdots,m+n,$$

显然,$b_{m+n}=m-n$.依次连接 $(0,0),(1,b_1),\cdots,(k,b_k),\cdots,(m+n-1,$

$b_{m+n-1}),(m+n,m-n)$，得一条含有 $m+n$ 节的折线. 样本点总数为这样的折线总数. 由 G1 知样本点总数为

$$C_{m+n}^{(m+n+m-n-0)/2} = C_{m+n}^m.$$

要甲的选票数始终领先，即要 $b_k > 0 (0 \leqslant k \leqslant m+n)$. 特别地，有 $b_1 > 0$，故 $b_1 = 1$. 由此可知，事件包含的样本点总数就是，依次连接 $(1,1),(2,b_2),\cdots,(m+n-1,b_{m+n-1}),(m+n,m-n)$，且与 x 轴不交的折线总数，由 G2 知事件包含的样本点总数为

$$C_{m+n-1}^{(m+n-1+m-n-1)/2} - C_{m+n-1}^{(m+n-1+m+n+1)/2} = C_{m+n-1}^{m-1} - C_{m+n-1}^m = \frac{m-n}{m+n} C_{m+n}^m,$$

故所要求的概率为 $P(A) = \dfrac{m-n}{m+n}$.

3. 母函数

母函数方法就是将计数问题转化为形式幂级数的展开式中 x 的某次方的系数计算来解决.

称形式幂级数

$$a_0 + a_1 x + a_2 x^2 + \cdots + a_n x^n + \cdots$$

为数列

$$a_0, a_1, a_2, \cdots, a_n, \cdots$$

的母函数. 数列与其母函数是一一对应的. 用母函数方法可以计数.

例 7 袋中有 9 个字母，其中有 2 个 A，3 个 B，4 个 C. 从袋中任取 7 个字母，问有多少种取法.

解 设不同取法有 a_7 种，则 a_7 是形式幂级数

$$(1+x+x^2)(1+x+x^2+x^3)(1+x+x^2+x^3+x^4)$$

展开式中 x^7 的系数.

由

$$(1+x+x^2)(1+x+x^2+x^3)(1+x+x^2+x^3+x^4)$$
$$= (1+2x+3x^2+3x^3+2x^4+x^5)(1+x+x^2+x^3+x^4)$$

可见 x^7 的系数为 $3+2+1=6$.

母函数中的 x 的方幂代表某物个数. 利用母函数计数时，应按需设计. 下面介绍几个母函数计数的模型.

H1 设 $p_1,p_2,\cdots,p_n$ 为自然数，方程

$$p_1 x_1 + p_2 x_2 + \cdots + p_n x_n = r$$

的非负整数解个数为 b_r. 则 b_r 是下列母函数的 x^r 的系数.

$$\frac{1}{(1-x^{p_1})(1-x^{p_2})\cdots(1-x^{p_n})}$$

H2 有 k 种砝码，重 n_i 克的恰有 f_i 个，$i=1,2,\cdots,k$. 设这些砝码在天平上称重为 r 克物品的方法有 b_r 种（只允许在天平的一边放

砝码). 则 b_r 是下列母函数的 x^r 的系数.

$$\prod_{i=1}^{k}\Big[\sum_{t=0}^{f_i} x^{n_i t}\Big]$$

注意 母函数展开形式上与收敛幂级数展开式相同.

例 8 用 1 元和 2 元的钞票支付 16 元钱, 问有多少种不同的支付方法?

解 问题归结为求不定方程

$$x + 2y = 16,$$

的非负整数解个数 b_r, 由 H_1 知 b_r 的母函数为

$$\frac{1}{(1-x)(1-x^2)}.$$

由

$$\frac{1}{(1-x)(1-x^2)} = \frac{1}{2(1-x)^2} + \frac{1}{4(1-x)} + \frac{1}{4(1+x)}$$

$$= \sum_{n=0}^{\infty} \frac{n+1}{2} x^n + \sum_{n=0}^{\infty} \frac{1}{4} x^n + \sum_{n=0}^{\infty} \frac{(-1)^n}{4} x^n$$

$$= \sum_{n=0}^{\infty} \Big[\frac{n+1}{2} + \frac{1}{4} + (-1)^n \frac{1}{4}\Big] x^n$$

得 x^n 项系数为

$$b_n = \frac{n+1}{2} + \frac{1}{4} + (-1)^n \frac{1}{4}.$$

故 $b_{16} = \frac{16+1}{2} + \frac{1}{4} + (-1)^{16} \frac{1}{4} = 9$, 即有 9 种不同的支付方法.

例 9 将 8 台相同仪器分给甲、乙、丙三家工厂. 甲厂不得多于 3 台, 丙厂不得多于 4 台, 问有多少种不同分法?

解 构造母函数 $f(x)$,

$$(\underbrace{x^3 + x^4 + \cdots + x^8 + \cdots}_{甲厂})(\underbrace{1 + x + \cdots + x^8 + \cdots}_{乙厂})(\underbrace{1 + x + x^2 + x^3 + x^4}_{丙厂})$$

则 $f(x)$ 的 x^8 项系数就是不同的分法数.

由

$$\frac{1}{1-x} = \sum_{i=0}^{\infty} x^i,$$

两边求导得

$$\Big(\frac{1}{1-x}\Big)^2 = \sum_{i=1}^{\infty} i x^{i-1},$$

故

$$f(x) = x^3 (1 + x + x^2 + x^3 + x^4) \sum_{i=1}^{\infty} i x^{i-1},$$

x^8 项系数为 $6+5+4+3+2 = 20$, 即有 20 种不同分法.

附录2　概率论与数理统计问题的 Mathematica 软件计算

Mathematica 是使用最广泛的数学软件之一,其提供了许多基本运算函数且具有强大的数学符号计算功能,计算和编程过程时使用的语句和传统数学符号非常接近.

一、Mathematica 9 软件入门

我们首先简要介绍 Mathematica 9 软件的语法要求和常用命令的分类检索.

(一)Mathematica 的语法要求

正确安装 Mathematica 9 软件后,启动 Mathematica 9,打开 Notebook(笔记本)窗口,可以进行输入(编程)和输出(运行). 与学习和使用其他软件一样,人们在利用 Mathematica 9 软件进行概率论与数理统计问题的相关计算时,要了解并掌握该软件的一些语法要求.

(1)系统函数(命令)要求区分英文大小写,且第一个字母要大些,复合单词中每个单词的首字母需要大写,而且变量都要放在方括号“[　]”内.

(2)自定义的变量名或函数名要区分于系统内部的函数名,提倡自定义的变量名或函数名首字母小写,避免与系统变量或函数冲突.

(3)计算和运行程序可以有三种方式,最常用的是使用 Shift+ Enter 组合键,其次可以使用小键盘上的 Enter 键,也可在软件的菜单栏中选择点击“Evaluation(计算)”,在下拉式菜单中点击“Evaluate cells(计算单元)”.

(4)系统标点符号要求使用英文状态下输入,常用的几个标点符号使用说明如表1所示.

表1　常用的几个标点符号的使用及说明

标点符号	说明
;	运行程序时,运行此分号所在行命令,但不显示结果
( )	圆括号用于组合或改变运算次序
{ }	花括号表示列表、集合或者命令中的选项
[ ]	方括号用于函数中,多用于在方括号中输入自变量参数
“ ”	双引号用于输出字符串
(* 　 *)	注释语句要放在(* 　 *)中间,系统运行时跳过此部分内容

（二）常用 Mathematica 命令分类检索

1. 常用符号及函数

为了便于后文的学习及阅读,我们列出了 Mathematica 9 系统软件中的部分常用符号及函数,具体如表 2 所示.

表 2　**Mathematica 9 系统中的常用符号及函数**

常用符号	说明
In[i]:=	运行程序后,系统自动加上"第 i 次输入提示符"
Out[i]=	运行程序后,系统自动加上"第 i 次输出提示符"
%	最近一次(上一次)输出结果
%i	第 i 个输出结果
＋－ * / ^	加、减、乘、除、乘方运算符
==	相等,多用于方程之中
N[f](或 f//N)	将 f 转换成实数的形式
N[f,n]	将 f 转换成具有 n 位精度的实数形式
Clear[x,y,…]	清除变量 $x,y,…$ 的定义以及定义的赋值
f/. x—>a	将表达式 f 中的变量 x 替换为 a

2. 系统常数命令与基本初等函数

Mathematica 9 软件中的常数命令与基本初等函数如表 3 所示.

表 3　**Mathematica 9 系统中的数学常数**

基本初等函数	说明
Pi 或 π	圆周率 π
E	自然对数的底 e＝2.7182818…
I	虚数单位 i＝$\sqrt{-1}$
Infinity	无穷大 ∞
Abs[x]	求 x 的绝对值,即 $\lvert x \rvert$
a^x (Exp[x])	以 a 为底的指数函数 a^x（e^x)
Log[a,x](Log[x])	以 a 为底的对数函数,即 $\log ax$（$\ln x$)
x^k (Sqrt[x])	指数为 k 幂函数 x^k（$\sqrt{x}$)
Sin[x],Cos[x],Tan[x], Cot[x],Sec[x],Csc[x]	三角函数 $\sin x$,$\cos x$,$\tan x$, $\cot x$,$\sec x$,$\csc x$
ArcSin[x], ArcCos[x], ArcTan[x], ArcCot[x], ArcSec[x], ArcCsc[x]	反三角函数,即 $\arcsin x$,$\arccos x$,$\arctan x$, $\text{arccot } x$,$\text{arcsec } x$,$\text{arccsc } x$

3. 表的输入及对表中元素进行操作

Mathematica 9 系统中表(List)是用的最多的一种数据结构,常常用{ }括起来表示一些有关联的元素组合成的整体,可以用表来表示各种对象,比如集合、矩阵、向量、多维变量、方程组等,根据问题的实际背景,在程序中可以对表作出各种不同的解释. 系统中的构造表的命令以及对表中元素进行操作的命令如表 4 所示.

表 4　Mathematica 9 系统中构造表的函数及对表中元素进行操作的函数

函数	说明
Table[f[i,j],{i,m},{j,n}]	构造 $m \times n$ 矩阵,$f(i,j)$ 为第 i 行第 j 列的元素
Array[f,{m,n}]	构造 $m \times n$ 矩阵,第 i 行第 j 列的元素是 $f(i,j)$
NestList[f,x,n]	构造形如 $\{x, f[x], f[f[x]], \cdots\}$ 的表,f 为递推函数,x 为初始值,n 为递推次数
MatrixForm[M] (或 M//MatrixForm)	将矩阵 M 用矩阵形式输出
t[[i]]	取出表 t 中第 i 个元素
First[t]	取出表 t 中第 1 个元素
Last[t]	取出表 t 中最后 1 个元素
Prepend[t,elem]	在表 t 的起始位置加入元素 elem
Append[t,elem]	在表 t 的末尾位置加入元素 elem
Length[t]	给出表 t 的长度(大小)
Sort[t]	按照标准顺序排列表 t 中元素

4. 作图函数及其选项

Mathematica 9 系统具有强大的绘制函数图形的功能,常用绘图函数命令如表 5 所示.

表 5　Mathematica 9 系统中绘图函数及其选项

函数	说明
Plot[f,{x,a,b}]	在区间 $[a,b]$ 上作平面图形
Plot[{f1,f2,$\cdots$},{x,a,b}]	在同一坐标系中作多个函数图形
ListPlot[{x1,y1},{x2,y2},$\cdots$, {xn,yn}]	画出散点图
ListPlot[{y1,y2,$\cdots$,yn}]	画出当 $x = 1, 2, \cdots, n$ 时,$y = y_1, y_2, \cdots, y_n$ 的散点图
ParametricPlot[{fx,fy},{t,ti,tj}]	参数函数作平面图
ContourPlot[f,{x,xi,xj},{y,yi,yj}]	按照 x, y 的值作函数 f 的等值线图
Axes->False	指定是否画坐标轴,默认值为 True
Thickness[w]	指定曲线的宽度为 w,w 介于 0 与 1 之间
Dashing->{d1,d2}	设定图形所使用的线形,实虚线长度为 d1,d2
RGBColor[r,g,b]	设置曲线的颜色,其颜色由红绿蓝三基色调成
Show[picture]	再现一个作好的图形
Show[picture,options]	按选择项再现一个作好的图形
Show[p1,p2,$\cdots$,options]	将 p1,p2 等组合并再现在一幅图中

5. 流程控制

Mathematica 9 提供了流程控制（Flow control）函数，常用流程控制函数（函数命令如表 6.

表 6　Mathematica 9 系统中流程控制（Flow control）函数

函数	说明
For[start,test,incr,body]	以 start 为起始值，重复计算 body 和 incr，直到 test 为 False 为止
Label[name]	在表达式中标记，为了能使 Goto[name]跳转到此
Goto[name]	直接跳转到当前程序中 Label[name]标记处
If[test,then,else]	若 test 为真，则执行 then，否则执行 else
If[test,then,else,unknown]	若 test 为真，则执行 then；若 test 为假，则执行 else；不清楚时，则执行 unknown
While[test,body]	只要 test 为真，就重复执行 body
Which[t1,v1,t2,v2,…]	依次执行 t_i 的起始值，返回第一个为 True 的 t_i 对应的 v_i 值
Break[]	退出最近的一层循环
Continue[]	转入当前循环的下一步
Return[expr]	退出函数中的所有过程及循环，并返回 expr
Do[expr,{n}]	计算 expr(表达式)共 n 次
Do[expr,{i,imax}]	重复计算 expr，i 取值范围为 $1 \sim imax$，步长为 1
Do[expr,{i,imin,imax,di}]	重复计算 expr，i 取值范围为 $imin \sim imax$，步长为 di

二、利用软件计算实例

我们结合前面已学实例，介绍利用 Mathematica 9 软件进行概率论与数理统计问题的相关计算.

（一）利用组合与求和计算概率

表 7　阶乘、组合数与求和函数

命令	说明
n!	计算正整数 n 的阶乘
Binomial[n,m]	计算组合数 $C_n^m = \dfrac{n!}{m!(n-m)!}$
$\sum\limits_{k=kmin}^{kmax} f(k)$ 或 Sum[f(k),{k,kmin,kmax}]	对 f 求和，变量 k 从 $k\min$ 到 $k\max$

例1 （第1章例12中）30人中至少有2人生日相同的概率 $P(\overline{B}) = 1 - \dfrac{C_{365}^{30}30!}{365^{30}}$ 计算.

解 计算概率 $P(\overline{B})$ 的 Mathematica 9 程序如下：

```
例1-至少2人生日相同的概率P.nb *                          —  □  ×
In[1]:= m = 30;
        n = 365;
        P = 1 - m! * Binomial[n, m] // N
                 ————————————
                      n^m
Out[3]= 0.706316
                                                    125% ▲
```

例2 第1章例26中 $P\{X \geqslant 51\} = \sum\limits_{k=51}^{85} C_{85}^{k}(0.25)^{k}(0.75)^{85-k} \approx 8.73 \times 10^{-12}$ 计算.

解 计算概率的 Mathematica 9 程序如下：

```
例2-碰运气能否通过英语四级考试.nb *                      —  □  ×
In[1]:= Clear[n, p, P]
        n = 85;
        p = 0.25;
              n
        P = ∑  (Binomial[n, k] * p^k * (1 - p)^{n-k})
            k=51
Out[4]= 8.73453 × 10^{-12}
                                                    125% ▲
```

（二）利用常见分布计算概率

表8 分布函数及其求值函数

命令	说明
BinomialDistribution[n, p]	生成服从以 n, p 为参数的二项分布的随机变量
PoissonDistribution[λ]	生成服从以 λ 为参数的泊松分布的随机变量
GeometricDistribution[p]	生成以 p 为参数的服从几何分布的随机变量
NormalDistribution[μ, σ]	生成以 μ, σ 为参数服从正态分布的随机变量
ExponentialDistribution[λ]	生成以 λ 为参数服从指数分布的随机变量
UniformDistribution[a, b]	生成在区间 $[a, b]$ 上服从均匀分布的随机变量
PDF[dist, x]	计算随机变量 dist 在 x 处的概率值或密度函数值
CDF[dist, x]	计算随机变量 dist 在 x 处的分布函数值

例3 第 2 章例 6 中,比较两种配备维修工人方法的工作效率时 $P\{X \geqslant 2\}$ 和 $P\{Y \geqslant 4\}$ 的计算.

解 利用 Mathematica 9 进行计算的程序如下:

```
🌑 例3-比较两种配备维修工人方法的工作效率.nb *                    —   □   ×

In[1]:= Clear[n, n1, p, distX, distY, P1, P2]
       n = 80;
       n1 = 20;
       p = 0.01;
       distX = BinomialDistribution[n1, p];
       distY = BinomialDistribution[n, p];
       P1 = 1 - CDF[distX, 1]
       P2 = 1 - CDF[distY, 3]

Out[7]= 0.0168593

Out[8]= 0.00865919

                                                    125% ▲ �.ıı
```

从运行结果可以看出,在第一种方案故障不能及时维修的概率为 P1＝0.0168593,第二种方案故障不能及时得到维修的概率为 P2＝0.00865919.因此,第二种方案维修效率更高.

例4 设某商店中每月销售某种商品的数量服从参数为 7 的泊松分布.请问在月初进货时应进多少件此种商品,才能保证当月不脱销的概率为 0.999 .

解 设 ξ 为该种商品当月销售数,x 为该种商品每月进货数,则 $P(\xi \leqslant x) \geqslant 0.999$.现利用 Mathematica 9 计算,输入程序如下:

```
🌑 例4-月初进货时应进多少件商品.nb *                          —   □   ×

In[1]:= Clear[λ, ξ, i, p, Tol, N0]
       λ = 7;
       Tol = 0.001;
       ξ = PoissonDistribution[λ];
       {i = 0; N0 = 20;
        Label[begin];
        i++; p = PDF[ξ, i];
        Print["k=", i, ",p=", N[p, 5], ",1-p=", N[1 - p, 5]];
        If[i > N0, Print["failure"]; Break[]];
        If[Abs[p] > Tol, p0 = p; Goto[begin]];
        Print["月初进货时应进此种商品数量 ", i,
          ", 保证当月不脱销的概率 p 是 ", N[1 - p, 5]];}

                                                    125% ▲ .ıı
```

运行后得到的结果如下：

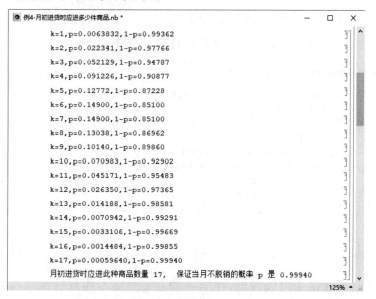

```
例4-月初进货时应进多少件商品.nb *                          —   □   ×

    k=1,p=0.0063832,1-p=0.99362
    k=2,p=0.022341,1-p=0.97766
    k=3,p=0.052129,1-p=0.94787
    k=4,p=0.091226,1-p=0.90877
    k=5,p=0.12772,1-p=0.87228
    k=6,p=0.14900,1-p=0.85100
    k=7,p=0.14900,1-p=0.85100
    k=8,p=0.13038,1-p=0.86962
    k=9,p=0.10140,1-p=0.89860
    k=10,p=0.070983,1-p=0.92902
    k=11,p=0.045171,1-p=0.95483
    k=12,p=0.026350,1-p=0.97365
    k=13,p=0.014188,1-p=0.98581
    k=14,p=0.0070942,1-p=0.99291
    k=15,p=0.0033106,1-p=0.99669
    k=16,p=0.0014484,1-p=0.99855
    k=17,p=0.00059640,1-p=0.99940
  月初进货时应进此种商品数量 17,  保证当月不脱销的概率 p 是 0.99940

                                                     125% ▲
```

（三）利用二重积分及解析式计算概率

表9　积分函数与解方程函数

命令	说明
Integrate[f(x,y), {x, xmin, xmax}, {y, ymin, ymax}]	计算二次积分 $\displaystyle\int_{xmin}^{xmax}\int_{ymin}^{ymax} f[x,y]\mathrm{d}x\mathrm{d}y$
NIntegrate[f(x,y), {x, xmin, xmax}, {y, ymin, ymax}]	计算二次积分 $\displaystyle\int_{xmin}^{xmax}\int_{ymin}^{ymax} f[x,y]\mathrm{d}x\mathrm{d}y$ 近似值
Solve[eqns==0, x]	对指定的变量 x 求解方程 eqns=0 的根
FullSimplify[expr, assum]	用假设 assum 表达式 expr 进行最简化简

例5　求习题 3.1A-9 中常数 k、分布函数 $F(x,y)$ 和 $P(0<\xi<1,$ $0<\eta<2)$.

解　程序和结果如下：

```
例5-求常数k及相应的分布函数F(x,y)等.nb *                   —   □   ×

In[1]:= Clear[x, y, k, xmin, xmax, ymin, ymax, s, t, F]
       xmin = ymin = 0; xmax = ymax = +∞;
       f[x_, y_] := k * Exp[-3 x - 4 y];
       PXY = Integrate[f[x, y], {x, xmin, xmax}, {y, ymin, ymax}];
       s = Solve[PXY == 1, k];
       t = First[s];
       k = k /. t;
       F[x_, y_] := Integrate[f[u, v], {u, xmin, x}, {v, ymin, y}];
       Print["k=", k]
       Print["F(x,y)=", F[x, y]]
       Print["P(0<ξ<1,0<η<2)=", F[1, 2]]

       k=12

       F(x,y) =1 - e^{-3x} + e^{-4y} (-1 + e^{-3x})

       P(0<ξ<1,0<η<2) =1 + 1/e^{11} - 1/e^8 - 1/e^3

                                                     125% ▲
```

例 6　(第 3 章例 25)设 $(\xi,\eta)\sim N_2(0,0,1,1,\rho)$，证明：

$$P(\xi>0,\eta>0)=\frac{1}{4}+\arcsin\rho/2\pi.$$

解　利用 Mathematica 9 编程，运行结果如下：

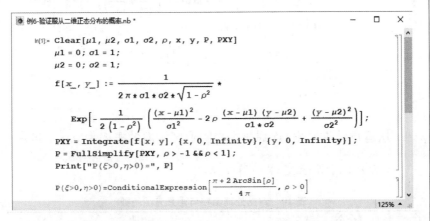

我们从运行结果可以看到，当 $\rho>0$ 时，等式显然成立.

例 7　(随机命中概率问题)在某军事演习场，炮弹射击的目标为一椭圆形区域，在 X 方向半轴长 150 米，Y 方向半轴长 100 米. 当瞄准目标的中心发射炮弹时，在众多随机因素的影响下，弹着点随机偏离目标中心. 可以合理假设弹着点围绕中心呈二维正态分布，且偏差在 X 方向和 Y 方向相互独立. 设弹着点偏差的均方差在 X 方向和 Y 方向分别为 75 米和 50 米，求炮弹落在椭圆形区域内的概率.

解　建立平面坐标系 xOy，设炮弹射击的目标中心为 $(x,y)=(0,0)$，令 $a=150$，$b=100$，则椭圆形区域 Ω 表示为 $\dfrac{x^2}{a^2}+\dfrac{y^2}{b^2}\leqslant 1$. 弹着点为 (x,y) 的概率密度函数为

$$p(x,y)=\frac{1}{2\pi\sigma_x\sigma_y}\mathrm{e}^{-\frac{1}{2}\left(\frac{x^2}{\sigma_x^2}+\frac{y^2}{\sigma_y^2}\right)},$$

其中 $\sigma_x=75$，$\sigma_y=50$，于是炮弹命中椭圆形区域的概率为二重积分

$$P=\iint\limits_{\Omega}p(x,y)\mathrm{d}x\mathrm{d}y=\iint\limits_{\Omega}\frac{1}{2\pi\sigma_x\sigma_y}\mathrm{e}^{-\frac{1}{2}\left(\frac{x^2}{\sigma_x^2}+\frac{y^2}{\sigma_y^2}\right)}\mathrm{d}x\mathrm{d}y,$$

显然，上式无法用解析方法求解。下面利用 Mathematica 9 进行求解，程序如下：

```
例7-求炮弹落在椭圆形区域内的概率.nb *                    —  □  ×

In[1]:= Clear[a, b, σx, σy, x, y, P]
       a = 150; b = 100;
       σx = 75; σy = 50;

       p[x_, y_] := ────────── * Exp[- 1/2 ( x²/σx² + y²/σy² )]
                    2 π * σx * σy

       P = NIntegrate[p[x, y], {x, -a, a},

         {y, -b √(1 - x²/a²) , b √(1 - x²/a²) }];

       Print["P=", P]

       P=0.864665
                                                      125% ▲
```

从运行结果看出,炮弹落在椭圆形区域内的概率为 0.864665.

(四)利用极限定理计算概率

表 10   数据处理函数与画直方图函数

命令	说明
RandomVariate[dist,n]	产生 n 个服从 dist 分布的随机数组成的集合
Count[list,x_/;x≥ε]	给出集合 list 中符合条件 $x \geq \varepsilon$ 的所有元素个数
Tally[list]	计算 list 中元素重复次数,并将元素及其次数列出
Accumulate[data]	计算数据 data 的累加和

例 8 (伯努利大数定律的应用计算)(1) 设事件 A 发生的概率为 $p = 0.3$,现随机产生 n 个服从两点分布 $B(1, p)$ 的随机数. 当 $n = 100$ 时,统计在 n 次试验中事件 A 发生的次数 n_A ,计算频率 $\frac{n_A}{n}$ 与事件 A 发生的概率 $p = 0.3$ 之间的差别.

(2) 利用计算机重复操作 120 次问题(1),对给定的常数 $\varepsilon = 0.05$,统计这 120 组中 $\left| \frac{n_A}{n} - p \right| \geq \varepsilon$ 成立的次数 m,再求出其频率 $\frac{m}{k}$.

解 (1) 打开 Mathematica 9 窗口,输入程序,运行后得到结果如下:

```
例8-伯努利大数定律的应用计算(1).nb *                    —  □  ×

In[1]:= Clear[p, n, data, freq, ε]
       p = 0.3; n = 100;
       data = RandomVariate[BinomialDistribution[1, p], n];
       freq = Sort[Tally[data]];
       na = freq[[2]][[2]];
       ε = Abs[na / n - p];
       Print["na=", na]
       Print["| na/n -p|=", ε]

       na=32
       | na/n -p|=0.02
                                                      125% ▲
```

（2）计算时初始试验次数 $n = 100$，打开 Mathematica 9 窗口，输入程序，运行后得到结果如下：

```
例8-伯努利大数定律的应用计算(2).nb *                            —  □  ×
In[1]:= Clear[p, ε, k, T, n, t, data, freq, na, m]
       p = 0.3; ε = 0.05;
       k = 120; T = {};
       For[n = 100, n ≤ 900, n += 200, data = {}; t = {}; na = 0;
         For[i = 1, i ≤ k, i++, data = RandomVariate[BinomialDistribution[1, p], n];
           freq = Sort[Tally[data]];
           na = Abs[freq[[2]][[2]] / n - p];
           t = Append[t, na]; ]
         m = Count[t, x_ /; x ≥ ε];
         T = Append[T, {n, m, N[m / k]}];]
       TT = Prepend[T, {"n", "m", "m/k"}];
       TT // TableForm

Out[6]//TableForm=
       n      m      m/k
       100    41     0.341667
       300    9      0.075
       500    2      0.0166667
       700    0      0.
       900    0      0.
                                                        125%
```

从运行结果可以看到，伯努利试验中事件 A 概率为 $p = 0.3$ 与其发生的频率 $\dfrac{n_A}{n}$ 的偏差不小于常数 $\varepsilon = 0.05$ 的概率越来越趋向于 0．因此，根据伯努利大数定律，在实际应用中，当试验次数较大时，可以认为事件发生的频率就相当于概率．

例 9　（供电问题）某车间有 200 台车床，在生产期间由于需要检修、调换刀具、变换位置及调换工件等常需停车．设开工率为 0.6，并设每台车床的工作是独立的，求任一时刻有 114 台至 130 台车床正在工作的概率．

解　用 X 表示某时刻工作着的车床数，依题意，$X \sim B(200, 0.6)$，由中心极限定理，所求概率为 $P\{114 \leqslant X \leqslant 130\}$．

$$P\{114 \leqslant X \leqslant 130\} = P\left\{ \frac{114 - 200 \cdot 0.6}{\sqrt{200 \cdot 0.6 \cdot (1 - 0.6)}} \right.$$

$$\left. \leqslant \frac{X - 200 \cdot 0.6}{\sqrt{200 \cdot 0.6 \cdot (1 - 0.6)}} \leqslant \frac{130 - 200 \cdot 0.6}{\sqrt{200 \cdot 0.6 \cdot (1 - 0.6)}} \right\}$$

$$= P\left\{ \frac{114 - 120}{\sqrt{48}} \leqslant \frac{X - 120}{\sqrt{48}} \leqslant \frac{130 - 120}{\sqrt{48}} \right\}$$

$$\approx \Phi(1.44338) - \Phi(-0.86602) = 0.7323$$

（1）利用二项分布方法进行计算，程序和输出结果如下：

```
例9-供电问题(利用二项分布计算).nb *                     —  □  ×
In[1]:= Clear[p, n, X, t]
       p = 0.6; n = 200;
       X = BinomialDistribution[n, p];
       t = CDF[X, 130] - CDF[X, 114];
       Print["P{114<=X<=130}=", t]

       P{114<=X<=130}=0.722945
                                                    125%
```

（2）利用中心极限定理方法进行计算，程序和输出结果如下：

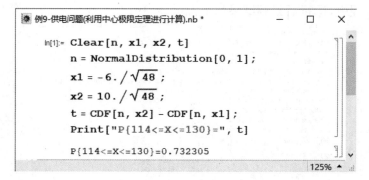

```
🎇 例9-供电问题(利用中心极限定理进行计算).nb *          —    □    ×

ln[1]:= Clear[n, x1, x2, t]
       n = NormalDistribution[0, 1];
       x1 = -6. / √48 ;
       x2 = 10. / √48 ;
       t = CDF[n, x2] - CDF[n, x1];
       Print["P{114<=X<=130}=", t]

       P{114<=X<=130}=0.732305

                                              125%  ▲
```

由上面的运行结果可以看出，利用二项分布进行计算的结果
（0.722945）和中心极限定理方法进行计算的结果（0.732305）基
本相同.

（五）数字特征的计算

表 11　数字特征函数

命令	说明
Mean[list]	求期望或列表 list 中元素的统计平均值 $\bar{x} = \dfrac{1}{n}\sum\limits_{i=1}^{n} x_i$
ExpectedValue[f,X,x]	计算随机变量 X 的函数 $f(X)$ 的数学期望
Variance[list]	求列表 list 中元素方差(无偏估计) $\dfrac{1}{n-1}\sum\limits_{i=1}^{n}(x_i-\bar{x})^2$
StandardDeviation[list]	求列表 list 中元素的标准差 $\sqrt{\dfrac{1}{n-1}\sum\limits_{i=1}^{n}(x_i-\bar{x})^2}$
CentralMoment[list,k]	求 k 阶中心矩 $\dfrac{1}{n}\sum\limits_{i=1}^{n}(x_i-\bar{x})^k$
UnitStep[x]	表示单位分段函数，$x<0$ 时等于 0，$x\geqslant0$ 时等于 1

例 10　设随机变量 X 服从以参数 n,p 的二项分布，计算它的数
学期望、方差、标准差以及随机变量 X 的函数 $f(X)=X^3+1$ 的数学
期望.

解　打开 Mathematica 9 软件,输入程序,运行后得到结果如下:

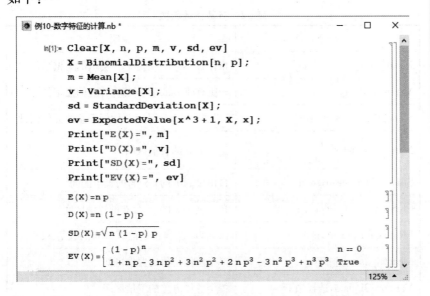

例 11　(利润问题)某企业生产的电子元件的寿命 X(单位:年)服从指数分布 $X \sim E(\lambda)$,其中 $\lambda = 0.1$.在电子元件售出后 1 年内,该企业服务承诺给予免费调换.如果售出一件电子元件时企业盈利 500 元,调换一件电子元件则企业亏损 800 元,求该企业售出一件电子元件产品净盈利的数学期望.

解　该问题的利润函数为

$$L(X) = \begin{cases} 500, & X \geqslant 1, \\ -800, & 0 < X < 1. \end{cases}$$

打开 Mathematica 9 软件,输入程序,运行后得到数学期望如下:

```
例11-利润问题.nb *                                    —   □   ×
In[1]:= Clear[yl, ks, λ, e, x, ev, f]
       yl = 500; ks = -800;
       f[x_] := ks * UnitStep[1 - x] + yl * UnitStep[x - 1]
       λ = 0.1;
       e = ExponentialDistribution[λ];
       ev = ExpectedValue[f[x], e, x];
       Print["EV(f)=", ev]

       EV(f)=376.289
                                                      125% ▲
```

(六)参数估计的相关计算

表 12　参数估计函数

命令	说明
Mean[data]	根据样本 data 计算总体均值的无偏估计
Variance[data]	根据样本 data 计算总体方差的无偏估计
StandardDeviation[data]	根据样本 data 计算总体标准差的无偏估计
NormalCI$\left[\text{mean},\dfrac{\sigma}{\sqrt{n}}\right]$	正态分布的置信区间
StudentTCI[mean,se,n]	自由度为 n 的 t 分布的置信区间
ChiSquareCI[variance,n]	自由度为 n 的 χ^2 分布的置信区间
FRatioCI[ratio,n_i,n_2]	以 n_1,n_2 为自由度的 F 分布的置信区间
MeanCI[data,选择项]	单个总体均值的置信区间
VarianceCI[data,选择项]	单个总体方差的置信区间
MeanDifferenceCI[data1,data2]	两个总体均值差的置信区间
VarianceRatioCI[data1,data2]	两个总体方差比的置信区间
NormalPValue[x]	求标准正态分布的概率 $P\{X>x\}$
StudentTPValue[x,n]	求自由度为 n 的 t 分布的概率 $P\{X>x\}$
ChiSquarePValue[x,n,m]	求自由度为 n,m 的 F 分布的概率 $P\{X>x\}$

表 13　参数估计的常用选择项

选择项	说明
ConfidenceLevel->$1-\alpha$	置信度为 $1-\alpha$,默认为 0.95
KnownVariance->var	已知总体方差为 var
KnownVariance->{var1,var2}	已知两个总体方差为 var1,var2
KnownStandardDeviation->sd	已知总体标准差为 sd
EqualVariance->True	两个总体方差相等

例 12 （参数的矩估计）给出来自正态总体的下列一组数据：

14.9, 16.5, 13.8, 16.7, 15.6, 16.1, 16.5, 15.4.

求总体均值的无偏估计,总体方差的无偏估计,总体 2 阶中心矩.

解 打开 Mathematica 9 窗口,输入程序,运行后得到结果如下：

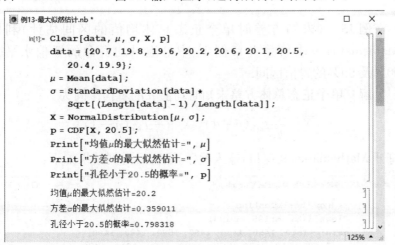

```
例12-参数的矩估计.nb *                            —   □   ×
ln[1]:= Clear[data, m, v, cm]
       data = {14.9, 16.5, 13.8, 16.7, 15.6, 16.1, 16.5, 15.4};
       m = Mean[data];
       v = Variance[data];
       cm = CentralMoment[data, 2];
       Print["总体均值的无偏估计=", m]
       Print["总体方差的无偏估计=", v]
       Print["总体2阶中心矩=", cm]

       总体均值的无偏估计=15.6875
       总体方差的无偏估计=0.969821
       总体2阶中心矩=0.848594
                                                  125% ▲
```

例 13 （最大似然估计）在一批螺丝中随机抽取 9 个（单位：mm），测得孔径如下：

20.7，19.8，19.6，20.2，20.6，20.1，20.5，20.4，19.9.

设孔径测定值服从正态分布，求均值 μ 和方差 σ^2 的最大似然估计，并求螺丝孔径小于 20.5 的概率的估计值.

解 因为总体服从正态分布，所以均值 μ 和方差 σ^2 的最大似然估计为

$$\hat{\mu} = \overline{x}, \hat{\sigma}^2 = \frac{1}{n} \sum_{i=1}^{n} (x_i - \overline{x})^2.$$

打开 Mathematica 9 窗口，输入程序，运行后得到结果如下：

```
例13-最大似然估计.nb *                            —   □   ×
ln[1]:= Clear[data, μ, σ, X, p]
       data = {20.7, 19.8, 19.6, 20.2, 20.6, 20.1, 20.5,
          20.4, 19.9};
       μ = Mean[data];
       σ = StandardDeviation[data] *
          Sqrt[(Length[data] - 1) / Length[data]];
       X = NormalDistribution[μ, σ];
       p = CDF[X, 20.5];
       Print["均值μ的最大似然估计=", μ]
       Print["方差σ的最大似然估计=", σ]
       Print["孔径小于20.5的概率=", p]

       均值μ的最大似然估计=20.2
       方差σ的最大似然估计=0.359011
       孔径小于20.5的概率=0.798318
                                                  125% ▲
```

例 14 （已知方差时单个正态总体均值的区间估计）对例 13 中数据，若已知总体的方差为 $\sigma = 0.5$，利用 Mathematica 9 求解这种螺丝平均孔径为 95％ 的置信区间.

解 单个正态总体方差已知时均值 μ 的置信区间为

$$\left(\overline{x} - \frac{\sigma}{\sqrt{n}} z_{\alpha/2}, \overline{x} + \frac{\sigma}{\sqrt{n}} z_{\alpha/2} \right).$$

打开 Mathematica 9 窗口，输入程序，运行后得到结果如下：

```
● 例14-已知方差时单个正态总体均值的区间估计(MeanCI).nb *          —  □  ×

In[1]:=  << HypothesisTesting`;
         Clear[data, σ, mci]
         data = {20.7, 19.8, 19.6, 20.2, 20.6,
             20.1, 20.5, 20.4, 19.9};
         σ = 0.5;
         mci = MeanCI[data, KnownVariance → σ^2];
         Print["置信区间=", mci]

         置信区间={19.8733, 20.5267}
                                                         125% ▲
```

对于本例，也可以使用 NormalCI[]命令进行计算，输入程序，运行后得到结果如下：

```
● 例14-已知方差时单个正态总体均值的区间估计(NormalCI).nb *       —  □  ×

In[1]:=  << HypothesisTesting`;
         Clear[data, ave, σ, n, nci]
         data = {20.7, 19.8, 19.6, 20.2, 20.6,
             20.1, 20.5, 20.4, 19.9};
         ave = Mean[data];
         σ = 0.5; n = 9;
         nci = NormalCI[ave, σ/√n];
         Print["置信区间=", nci]

         置信区间={19.8733, 20.5267}
                                                         125% ▲
```

例 15 （未知方差时单个正态总体均值的区间估计）利用 Mathematica 9 求解第 7 章例 15 中灯泡平均寿命的置信水平为 90％及 99％的置信区间.

解 单个正态总体方差未知时均值 μ 的置信区间为

$$\left(\overline{X} - \frac{S}{\sqrt{n}}t_{a/2}(n-1), \ \overline{X} + \frac{S}{\sqrt{n}}t_{a/2}(n-1)\right).$$

打开 Mathematica 9 窗口，输入程序，运行后得到结果如下：

```
● 例15-未知方差时单个正态总体均值的区间估计.nb *               —  □  ×

In[1]:=  << HypothesisTesting`;
         Clear[data, mci99, mci90]
         data = {1510, 1450, 1480, 1460, 1520, 1480, 1490,
             1460, 1510, 1530, 1470, 1500, 1520, 1510, 1470, 1480};
         mci99 = MeanCI[data, ConfidenceLevel → 0.99];
         mci90 = MeanCI[data, ConfidenceLevel → 0.90];
         Print["置信水平为99%的置信区间=", mci99]
         Print["置信水平为90%的置信区间=", mci90]

         置信水平为99%的置信区间={1471.76, 1508.24}
         置信水平为90%的置信区间={1479.15, 1500.85}
                                                         125% ▲
```

从运行结果看,利用 Mathematica 9 求解得到的置信区间于前文一样.

例16 (单个正态总体方差的区间估计)求第 7 章例 17 中灯泡使用寿命的方差的置信水平为 95% 的置信区间.

解 单个正态总体方差 σ^2 的置信区间为

$$\left(\frac{(n-1)S^2}{\chi^2_{\frac{\alpha}{2}}(n-1)},\ \frac{(n-1)S^2}{\chi^2_{1-\frac{\alpha}{2}}(n-1)}\right).$$

打开 Mathematica 9 窗口,输入程序,运行后得到结果如下:

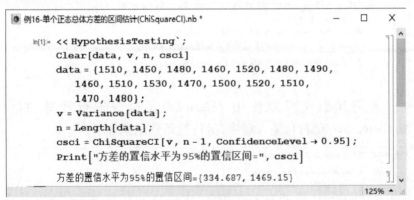

本例也可以使用 ChiSquareCI[] 命令进行计算,输入程序,运行后得到结果如下:

例17 (两个正态总体均值差的区间估计)求第 7 章例 18 中甲、乙两类试验田的平均收获量差的置信水平为 0.95 的置信区间.

解 当 $\sigma_1^2 = \sigma_2^2$,这时两个正态总体均值差 $\mu_1 - \mu_2$ 的置信水平为 $1-\alpha$ 的区间估计为

$$\left(\overline{X} - \overline{Y} - t_{\frac{\alpha}{2}}(m+n-2)S_w\sqrt{\frac{1}{m}+\frac{1}{n}},\right.$$

$$\left.\overline{X} - \overline{Y} + t_{\frac{\alpha}{2}}(m+n-2)S_w\sqrt{\frac{1}{m}+\frac{1}{n}}\right).$$

打开 Mathematica 9 窗口,输入程序,运行后得到结果如下:

```
例17-两个正态总体均值差的区间估计.nb *                    —  □  ×

In[1]:= << HypothesisTesting`;
        Clear[data1, data2, mdci]
        data1 = {12.6, 10.2, 11.7, 12.3, 11.1, 10.5, 10.6, 12.2};
        data2 = {8.6, 7.9, 9.3, 10.7, 11.2, 11.4, 9.8, 9.5,
            10.1, 8.5};
        mdci = MeanDifferenceCI[data1, data2, EqualVariances → True];
        Print["甲、乙试验田的平均收获量差的置信区间=", mdci]

        甲、乙试验田的平均收获量差的置信区间={0.62283, 2.77717}

                                                           125% ▲
```

例 18 (两个正态总体方差比的区间估计)在例 17 中,如果 $\sigma_1^2 \neq \sigma_2^2$,这时求方差比 σ_1^2/σ_2^2 的区间估计.

解 正态总体方差比 σ_1^2/σ_2^2 的置信度为 $1-\alpha$ 的区间估计为:

$$\left(\frac{S_1^2}{S_2^2} \frac{1}{F_{\alpha/2}(n-1, m-1)}, \frac{S_1^2}{S_2^2} \frac{1}{F_{1-\alpha/2}(n-1, m-1)} \right).$$

打开 Mathematica 9 窗口,输入程序,运行后得到结果如下:

```
例18-两个正态总体方差比的区间估计(VarianceRatioCI).nb *          —  □  ×

In[1]:= << HypothesisTesting`;
        Clear[data1, data2, vrci]
        data1 = {12.6, 10.2, 11.7, 12.3, 11.1, 10.5, 10.6, 12.2};
        data2 = {8.6, 7.9, 9.3, 10.7, 11.2, 11.4, 9.8, 9.5,
            10.1, 8.5};
        vrci = VarianceRatioCI[data1, data2];
        Print["甲、乙试验田的方差比的置信区间=", vrci]

        甲、乙试验田的方差比的置信区间={0.14724, 2.98061}

                                                           125% ▲
```

本例我们也可以使用 *FRatioCI*[ ] 命令进行计算,打开 Mathematica 9 窗口,输入程序,运行后得到结果如下:

```
例18-两个正态总体方差比的区间估计(FRatioCI).nb *              —  □  ×

In[1]:= << HypothesisTesting`;
        Clear[data1, data2, v1, v2, n1, n2, frci]
        data1 = {12.6, 10.2, 11.7, 12.3, 11.1, 10.5, 10.6, 12.2};
        data2 = {8.6, 7.9, 9.3, 10.7, 11.2, 11.4, 9.8, 9.5, 10.1, 8.5};
        v1 = Variance[data1];
        v2 = Variance[data2];
        n1 = Length[data1];
        n2 = Length[data2];
        frci = FRatioCI[ v1/v2 , n1 - 1, n2 - 1];
        Print["甲、乙试验田的方差比的置信区间=", frci]

        甲、乙试验田的方差比的置信区间={0.14724, 2.98061}

                                                           125% ▲
```

例 19 (两个正态总体方差比的区间估计)第 7 章例 19 中机器 A 和机器 B 生产的钢管内径方差比 σ_1^2/σ_2^2 的置信度为 90% 的区间估计的计算.

解　打开 Mathematica 9 窗口,输入程序,运行后得到结果如下:

```
例19-两个正态总体方差比的区间估计(90%).nb *                            —  □  ×

In[1]:= << HypothesisTesting`;
       Clear[s1, s2, n, m, frci]
       s1 = 0.34;
       s2 = 0.29;
       n = 18;
       m = 13;
       frci = FRatioCI[ s1/s2 , n - 1, m - 1, ConfidenceLevel → 0.90];
       Print["A与B生产的钢管内径方差比的置信区间=", frci]

       A与B生产的钢管内径方差比的置信区间={0.453924, 2.79111}

                                                          125% ▲
```

(七)假设检验的相关计算

表 14　假设检验函数

命令	说明
MeanTest[data,mu,选择项]	单个正态总体均值的假设检验
MeanDifferenceTest[data1,data2,diff]	两个正态总体均值差的假设检验
VarianceTest[data,var,选择项]	单个正态总体方差的假设检验
VarianceRatioTest[data1, data2,ratio]	两个正态总体方差比的假设检验

表 15　假设检验函数的常用选择项

选择项	说明
SignificanceLevel—>α	显著性水平为 α
KnownVariance—>var	已知单个总体方差为 var
TwoSided—>True	表示要进行双侧检验,其默认值为 False
KnownVariance—>{var1,var2}	已知两个总体方差为 var1,var2
KnownStandardDeviation—>sd	已知总体标准差为 sd
FullReport—>True	给出假设检验函数的详细报告

例 20　(单个正态总体均值的假设检验(单侧))利用 Mathematica 9 软件计算在 0.05 的显著水平下,用右侧检验第 8 章例 3 中的问题.

解依据题意,提出检验假设:$H_0 : \mu \leqslant 285$,$H_1 : \mu > 285$. 打开 Mathematica 9 窗口,输入程序,运行后得到结果如下:

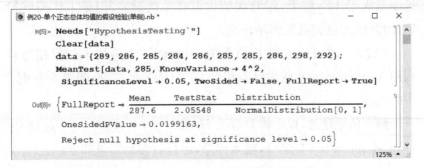

```
例20-单个正态总体均值的假设检验(单侧).nb *                            —  □  ×

In[5]:= Needs["HypothesisTesting`"]
       Clear[data]
       data = {289, 286, 285, 284, 286, 285, 285, 286, 298, 292};
       MeanTest[data, 285, KnownVariance → 4^2,
        SignificanceLevel → 0.05, TwoSided → False, FullReport → True]

Out[8]= {FullReport →  Mean    TestStat   Distribution
                       287.6   2.05548    NormalDistribution[0, 1] ,

         OneSidedPValue → 0.0199163,

         Reject null hypothesis at significance level → 0.05}

                                                          125% ▲
```

从运行结果可以看出,样本均值为 $\bar{x} = 287.6$,统计量的值 $u = \dfrac{\bar{x} - \mu}{\sigma}\sqrt{n} = 2.05548$,单侧检验计算的小概率的值 $P = 0.0199163$,小于显著水平 0.05 ,所以拒绝原假设,即认为平均折断力与 285 有显著差异. 注意到样本均值 $\bar{x} = 287.6 > 285$,所以认为平均折断力显著变大.

例 21 (单个正态总体均值的假设检验(双侧))对于作业 8.3B-2,以显著性水平 $\alpha = 0.05$ 检验这天包装机工作是否正常?

解 依据题意,提出检验假设 $H_0 : \mu = 500$; $H_1 : \mu \neq 500$. 提出假设 $H_0' : \sigma^2 = 10^2$; $H_1' : \sigma^2 > 10^2$. 打开 Mathematica 9 窗口,输入程序,运行后得到结果如下:

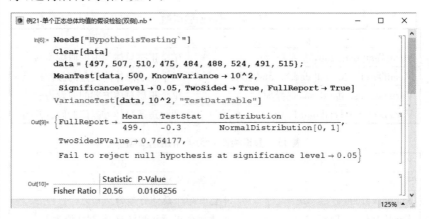

从运行结果可以看出,样本均值为 $\bar{x} = 499$,统计量的值 $u = \dfrac{\bar{x} - \mu}{\sigma}\sqrt{n} = -0.3$,双侧检验计算的概率的值 $P = 0.764177$,大于显著水平 0.05 ,所以接受原假设,即认为每袋平均重量为 $500(g)$;又统计量的值 $\chi^2 = \dfrac{(n-1)S^2}{\sigma_0^2} = 20.56$,卡方检验计算的概率的值 $P = 0.0168256$,小于显著性水平 $\alpha = 0.05$,所以拒绝原假设,即认为标准差大于 10 . 综上,尽管包装机没有系统误差,但是工作不够稳定,因此这天包装机工作不正常.

例 22 (两正态总体均值差的假设检验(方差均未知但相等))利用 Mathematica 9 软件计算以 0.05 的显著水平,推断第 8 章例 7 中的问题.

解 依据题意,提出检验假设 $H_0 : \mu_1 - \mu_2 = 0$; $H_1 : \mu_1 - \mu_2 \neq 0$. 打开 Mathematica 9 窗口,输入程序,运行后得到结果如下:

```
● 例22-两正态总体均值差的假设检验(方差均未知相等).nb *                              —  □  ×

 In[6]:= Needs["HypothesisTesting`"]
        Clear[data1, data2]
        data1 = {28.3, 30.1, 29.0, 37.6, 32.1, 28.8, 36.0,
           37.2, 38.5, 34.4, 28.0, 30.0};
        data2 = {27.6, 22.2, 31.0, 33.8, 20.0, 30.2, 31.7,
           26.0, 32.0, 31.2};
        MeanDifferenceTest[data1, data2, 0, EqualVariances → True,
           SignificanceLevel → 0.05, TwoSided → True, FullReport → True]

Out[10]= {FullReport →
           MeanDiff    TestStat    Distribution
           3.93        2.15764     StudentTDistribution[20]  ,
          TwoSidedPValue → 0.0432955,
          Reject null hypothesis at significance level → 0.05}

                                                              125% ▲
```

从运行结果可以看出,两组样本所需时间的均值差为 $\bar{x}_1 - \bar{x}_2 = 3.$
93,统计量的值 $|t| = \dfrac{|\bar{x} - \bar{y} - 0|}{S_w \sqrt{\dfrac{1}{m} + \dfrac{1}{n}}} = 2.15764$,双侧检验计算的概率

的值 $P = 0.0432955$,小于显著水平 0.05,所以拒绝原假设,即认为
两种方法组装一件产品所需平均时间有显著差异.

例 23 (两个正态总体方差比的假设检验)检验第 8 章例 10 中
的问题.

解 依据题意,设第一车床生产的滚珠直径 $X \sim N(\mu_1, \sigma_1^2)$,第二
车床生产的滚珠直径 $Y \sim N(\mu_2, \sigma_2^2)$,提出检验假设 $H_0 : \mu_1 - \mu_2 = 0$;
$H_1 : \mu_1 - \mu_2 \neq 0$. 由于两总体方差未知,需要首先进行方差的齐性检
验,即检验 σ_1^2 和 σ_2^2 无显著差异,然后再检验 μ_1 和 μ_2 是否有显著差异.
下面分两步进行完成检验.

第一步:检验 σ_1^2 和 σ_2^2 是否有显著差异.

假设 $H_0 : \sigma_1^2 = \sigma_2^2$; $H_1 : \sigma_1^2 \neq \sigma_2^2$. 打开 Mathematica 9 窗口,输入
程序,运行后得到两正态总体方差比的假设检验的结果如下:

```
● 例23-两个正态总体方差比的假设检验.nb *                                         —  □  ×

 In[7]:= Needs["HypothesisTesting`"]
        Clear[data1, data2, σratio]
        data1 = {85.6, 85.9, 85.7, 85.8, 85.7, 86.0, 85.5, 85.4};
        data2 = {86.7, 85.7, 86.5, 85.7, 85.8, 86.3, 86.0};
        σratio = 1;
        VarianceRatioTest[data1, data2, σratio,
           SignificanceLevel → 0.05, TwoSided → True, FullReport → True]

Out[12]= {FullReport →
           Ratio       TestStat    Distribution
           0.244898    0.244898    FRatioDistribution[7, 6]  ,
          TwoSidedPValue → 0.0878001,
          Fail to reject null hypothesis at significance level → 0.05}

                                                              125% ▲
```

从运行结果可以看出,T1 和 T2 两台机床生产滚珠直径的样本方差比 $\dfrac{s_{1m}^2}{s_{2n}^2} = 0.244898$,统计量的值 $F = \dfrac{s_{1m}^2/\sigma_1^2}{s_{2n}^2/\sigma_2^2} = 0.244898$,双侧检验的概率的值 $P = 0.0878001$,大于显著水平 0.05,所以接受原假设,即认为 T1 和 T2 两台机床生产滚珠直径的方差没有显著差异.

第二步:检验 μ_1 和 μ_2 是否有显著差异.

假设 $H_0:\mu_1 - \mu_2 = 0; H_1:\mu_1 - \mu_2 \neq 0$. 打开 Mathematica 9 窗口,输入程序,运行后得到两个正态总体均值差的假设检验的结果如下:

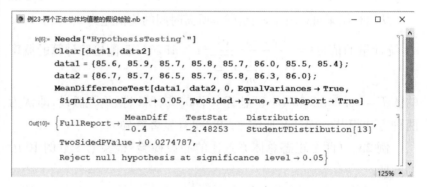

从运行结果可以看出,双侧检验的概率的值 $P = 0.0274787$,小于显著水平 0.05,所以拒绝原假设,即认为 T1 和 T2 两台机床生产滚珠直径的均值有显著差异.

例 24 (总体分布的 χ^2 检验)检验第 8 章例 11 中的问题.

解 依据题意,用随机变量 X 表示杂交后的豌豆的类型,对可能的四种类型黄圆、黄皱、绿圆和绿皱,X 分别的取 $1,2,3$ 和 4.将四种类型豌豆的数量分别记为 $f_i(i=1,2,3,4)$,又记 $p_i = P\{X=i\}$,$i=1,2,3,4$,根据孟德尔理论应有 $p_1 = \dfrac{9}{16}, p_2 = \dfrac{3}{16}, p_3 = \dfrac{3}{16}$,$p_4 = \dfrac{1}{16}$.

由题意要检验的假设为 H_0:孟德尔理论正确;H_1:孟德尔理论不正确.

打开 Mathematica 9 窗口,输入程序,运行后得到总体分布的 χ^2 检验的结果如下:

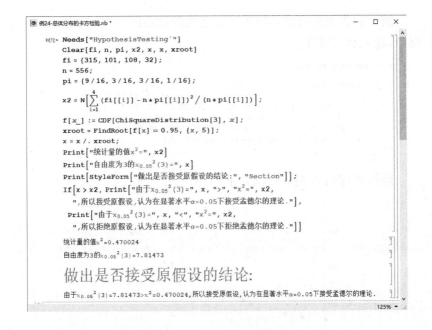

```
例24-总体分布的卡方检验.nb *                                          —   □   ×
In[1]:= Needs["HypothesisTesting`"]
       Clear[fi, n, pi, x2, x, x, xroot]
       fi = {315, 101, 108, 32};
       n = 556;
       pi = {9 / 16, 3 / 16, 3 / 16, 1 / 16};
              4
       x2 = N[ ∑ (fi[[i]] - n * pi[[i]])² / (n * pi[[i]])];
             i=1
       f[x_] := CDF[ChiSquareDistribution[3], x];
       xroot = FindRoot[f[x] == 0.95, {x, 5}];
       x = x /. xroot;
       Print["统计量的值x²=", x2]
       Print["自由度为3的x₀.₀₅²(3)=", x]
       Print[StyleForm["做出是否接受原假设的结论:", "Section"]];
       If[x > x2, Print["由于x₀.₀₅²(3)=", x, ">", "x²=", x2,
         ",所以接受原假设,认为在显著水平α=0.05下接受孟德尔的理论."],
         Print["由于x₀.₀₅²(3)=", x, "<", "x²=", x2,
         ",所以拒绝原假设,认为在显著水平α=0.05下拒绝孟德尔的理论."]]

       统计量的值x²=0.470024
       自由度为3的x₀.₀₅²(3)=7.81473

       做出是否接受原假设的结论:
       由于x₀.₀₅²(3)=7.81473>x²=0.470024,所以接受原假设,认为在显著水平α=0.05下接受孟德尔的理论.
                                                                      125% ▾
```

(八)相关分析和回归分析的有关计算

表 16　相关分析和回归分析函数

命令	说明
Correlation[xlist, ylist]	计算 xlist 和 ylist 的相关系数
LinearModelFit[data, funs, vars]	根据数据 data, 求由基函数表 funs 中的函数的线性组合构成的回归方程, vars 是 funs 中函数的自变量表.
NonlinearModelFit [data, model, vars, parameters]	根据数据 data, 按 model 给出的非线性函数关系式进行数据拟合, vars 是变量表, parameters 是被求的参数表.

例 25　(身高与体重模型)在某一地区, 随机抽查了 16 个不同年龄人的身高 h 与体重 w, 得到统计数据如下:

表 17　16 个不同年龄人的身高与体重

身高 h (米)	0.75	0.86	0.95	1.08	1.12	1.16	1.35	1.51
体重 w (千克)	10.5	12.0	14.5	17.0	20.0	22.0	35.0	41.5
身高 h (米)	1.55	1.60	1.63	1.67	1.71	1.78	1.85	1.86
体重 w (千克)	43.0	47.5	51.0	54.0	59.0	66.0	75.0	78.0

(1) 计算体重 w 与身高 h 之间的相关系数, 并用双边检验其相关性;

(2) 用线性回归和非线性回归求这一地区人口的身高与体重的关系;

(3) 比较线性回归和非线性回归的拟合效果.

解 首先画出身高 h 与体重 w 之间的散点图. 打开 Mathematica 9 窗口, 输入程序如下:

```
例25-身高与体重模型(画散点图).nb *                          —   □   ×
In[1]:= Clear[data]
       data = {{0.75, 10.5}, {0.86, 12.0}, {0.95, 14.5}, {1.08, 17.0},
         {1.12, 20.0}, {1.16, 22.0}, {1.35, 35.0}, {1.51, 41.5},
         {1.55, 43.0}, {1.60, 47.5}, {1.63, 51.0}, {1.67, 54.0},
         {1.71, 59.0}, {1.78, 66.0}, {1.85, 75.0}, {1.86, 78}};
       ListPlot[data, PlotStyle → PointSize[0.02]]
                                                          125%
```

运行程序后得到散点图如下:

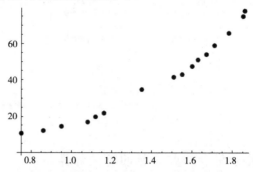

图 1　身高 h 与体重 w 之间的散点图

(1) 计算体重 w 与身高 h 之间的相关系数, 并用双边检验其相关性.

打开 Mathematica 9 窗口, 输入程序并运行得到:

```
例25-身高与体重模型(相关系数的计算与检验).nb *              —   □   ×
In[1]:= Clear[n, data, x, y, cor, t, P]
       n = 16;
       data = {{0.75, 10.5}, {0.86, 12.0}, {0.95, 14.5}, {1.08, 17.0},
         {1.12, 20.0}, {1.16, 22.0}, {1.35, 35.0}, {1.51, 41.5},
         {1.55, 43.0}, {1.60, 47.5}, {1.63, 51.0}, {1.67, 54.0},
         {1.71, 59.0}, {1.78, 66.0}, {1.85, 75.0}, {1.86, 78}};
       y = Table[data[[i]][[1]], {i, 1, n}];
       x = Table[data[[i]][[2]], {i, 1, n}];
       cor = Correlation[x, y]
       t = cor * Sqrt[n - 2] / Sqrt[1 - cor^2]
       P = 2 CDF[StudentTDistribution[n - 2], -t]

Out[6]= 0.971574

Out[7]= 15.356

Out[8]= 3.73025 × 10⁻¹⁰
                                                          125%
```

由程序运行结果可以看到, cor 给出了体重 w 与身高 h 之间的相关系数 $r = 0.971574$, 说明体重 w 与身高 h 之间具有高度相关性. t 给出了统计量的值 $t_i = 15.356$, 在备择假设设为 $H_1 : \rho \neq 0$(即 $t_{\frac{a}{2}}(n-2) \geqslant |t_i|$)时, 计算 t 检验的概率 P 值为 3.73025×10^{-10}, 其中自由度为 $n-2$, 因此接受备择假设.

(2) 用线性回归和非线性回归求这一地区人口的身高与体重的关系.

分别利用 Mathematica 9 中线性回归函数 LinearModelFit[　]和非线性回归函数 NonlinearModelFit[ ]进行数据拟合.

```
例25-身高与体重模型(线性回归和非线性回归方程).nb *                    —  □  ×
In[1]:= Clear[data, lg, nlg]
      data = {{0.75, 10.5}, {0.86, 12.0}, {0.95, 14.5}, {1.08, 17.0},
          {1.12, 20.0}, {1.16, 22.0}, {1.35, 35.0}, {1.51, 41.5},
          {1.55, 43.0}, {1.60, 47.5}, {1.63, 51.0}, {1.67, 54.0},
          {1.71, 59.0}, {1.78, 66.0}, {1.85, 75.0}, {1.86, 78}};
      lg = LinearModelFit[data, {1, h}, h];
      nlg = NonlinearModelFit[data, a * h^b, {a, b}, h];
      Normal[lg]
      Normal[nlg]

Out[5]= -43.7146 + 59.9837 h

Out[6]= 14.6037 h^2.62065
                                                            125% ▲
```

运行程序后,得到身高 h 与体重 w 的线性回归方程和幂函数回归方程分别为

$$w = -43.7146 + 59.9837h \text{ 和 } w = 14.6037h^{2.62065}.$$

(3). 比较线性回归和非线性回归的拟合结果.

下面绘制上面的线性回归曲线和幂函数回归曲线,并将这两条曲线与原始数据的散点图放在同一个坐标系中,比较线性拟合和非线性拟合的效果. 打开 Mathematica 9 窗口,输入程序,运行后得到同一个坐标系的图形如下:

```
例25-身高与体重模型(回归曲线与散点图比较).nb *                    —  □  ×
In[1]:= Clear[w1, w2, h, data, pw1, pw2, pd]
      w1[h_] := -43.7146 + 59.9837 h;
      w2[h_] := 14.6037 * h^2.62065;
      pw1 = Plot[w1[h], {h, 0, 3}, PlotStyle → {Thickness[.01], RGBColor[1, 0, 0]}];
      pw2 = Plot[w2[h], {h, 0, 3}, PlotStyle → {Thickness[.01], RGBColor[0, 0, 1]}];
      data = {{0.75, 10.5}, {0.86, 12.0}, {0.95, 14.5}, {1.08, 17.0},
          {1.12, 20.0}, {1.16, 22.0}, {1.35, 35.0}, {1.51, 41.5}, {1.55, 43.0},
          {1.60, 47.5}, {1.63, 51.0}, {1.67, 54.0}, {1.71, 59.0}, {1.78, 66.0},
          {1.85, 75.0}, {1.86, 78}};
      pd = ListPlot[data, PlotStyle → PointSize[0.02]];
      Show[pw1, pw2, pd]
                                                            125% ▲
```

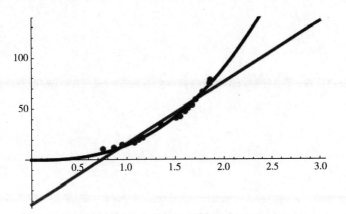

图 2　比较线性回归和非线性回归的拟合效果

从上图可以看出，幂函数曲线 $w = 14.6037h^{2.62065}$ 比直线 $w = -43.7146 + 59.9837h$ 更能近似地表示该地区人口体重 w 与身高 h 之间的关系.

附录3 常用求和与积分公式

1. $1+2+\cdots+n = \dfrac{n(n+1)}{2}$

2. $1+2^2+\cdots+n^2 = \dfrac{n(n+1)(2n+1)}{6}$

3. $\displaystyle\sum_{k=0}^{n} C_M^k C_N^{n-k} = C_{M+N}^n$

4. $1+x+x^2+\cdots+x^{n-1} = \dfrac{1-x^n}{1-x},(x \neq 1)$

5. $1+x+x^2+\cdots+x^{n-1}+\cdots = \dfrac{1}{1-x},|x|<1$

6. $1+2x+3x^2+\cdots+nx^{n-1}+\cdots = \dfrac{1}{(1-x)^2},|x|<1$

7. $\displaystyle\sum_{m=0}^{\infty} C_{r+m}^m q^m = (1-x)^{-(r+1)},(0<x<1)$

8. $1+2^2 x+3^3 x^2+\cdots+n^2 x^{n-1}+\cdots = \dfrac{1+x}{(1-x)^3},|x|<1$

9. $1+x+\dfrac{x^2}{2!}+\cdots+\dfrac{x^n}{n!}+\cdots = \mathrm{e}^x$

10. $\displaystyle\int a^x \mathrm{d}x = \dfrac{a^x}{\ln a}+C$

11. $\displaystyle\int \tan x \mathrm{d}x = -\ln|\cos x|+c$

12. $\displaystyle\int \cot x \mathrm{d}x = \ln|\sin x|+c$

13. $\displaystyle\int \sec x \mathrm{d}x = -\ln|\sec x+\tan x|+c$

14. $\displaystyle\int \csc x \mathrm{d}x = \ln|\csc x-\cot x|+c$

15. $\displaystyle\int \dfrac{1}{\sin^2 x} = \int \csc^2 x \mathrm{d}x = -\cot x+c$

16. $\displaystyle\int \dfrac{1}{\cos^2 x}\mathrm{d}x = \int \sec^2 x \mathrm{d}x = \tan x+c$

17. $\displaystyle\int \dfrac{1}{1+x^2}\mathrm{d}x = \arctan x+C$

18. $\displaystyle\int \dfrac{1}{\sqrt{1-x^2}}\mathrm{d}x = \arcsin x+C$

19. $\displaystyle\int \dfrac{1}{x^2-a^2}\mathrm{d}x = \dfrac{1}{2a}\ln\left|\dfrac{x-a}{x+a}\right|+c$

20. $\int \dfrac{1}{\sqrt{x^2 \pm a^2}}\mathrm{d}x = \ln\left| x + \sqrt{x^2 + a^2} \right| + c$

21. $\int \ln x\,\mathrm{d}x = x(\ln x - 1) + C$

22. $\int x\mathrm{e}^x\,\mathrm{d}x = (x - 1)\mathrm{e}^x + C$

23. $\Gamma(s) = \displaystyle\int_0^{+\infty} x^{s-1}\mathrm{e}^{-x}\mathrm{d}x\,(s > 0)$ 递推公式：

$\Gamma(s+1) = s\Gamma(s),\ \Gamma(1) = 1,\ \Gamma(\dfrac{1}{2}) = \sqrt{\pi},\ \Gamma(n+1) = n!$

附录4 常用三角函数公式

1. 两角和与差公式

$$\sin(\alpha+\beta) = \sin\alpha\cos\beta + \cos\alpha\sin\beta$$
$$\sin(\alpha-\beta) = \sin\alpha\cos\beta - \cos\alpha\sin\beta$$
$$\cos(\alpha+\beta) = \cos\alpha\cos\beta - \sin\alpha\sin\beta$$
$$\cos(\alpha-\beta) = \cos\alpha\cos\beta + \sin\alpha\sin\beta$$

2. 和差化积公式

$$\sin\alpha + \sin\beta = 2\sin\frac{\alpha+\beta}{2}\cos\frac{\alpha-\beta}{2}$$

$$\sin\alpha - \sin\beta = 2\cos\frac{\alpha+\beta}{2}\sin\frac{\alpha-\beta}{2}$$

$$\cos\alpha + \cos\beta = 2\cos\frac{\alpha+\beta}{2}\cos\frac{\alpha-\beta}{2}$$

$$\cos\alpha - \cos\beta = -2\sin\frac{\alpha+\beta}{2}\sin\frac{\alpha-\beta}{2}$$

3. 积化和差公式

$$\cos\alpha\sin\beta = \frac{1}{2}\left[\sin(\alpha+\beta) - \sin(\alpha-\beta)\right]$$

$$\sin\alpha\cos\beta = \frac{1}{2}\left[\sin(\alpha+\beta) + \sin(\alpha-\beta)\right]$$

$$\cos\alpha\cos\beta = \frac{1}{2}\left[\cos(\alpha+\beta) + \cos(\alpha-\beta)\right]$$

$$\sin\alpha\sin\beta = \frac{1}{2}\left[\cos(\alpha+\beta) - \cos(\alpha-\beta)\right]$$

4. 二倍角公式

$$\sin 2\alpha = \sin\alpha\cos\alpha + \sin\alpha\cos\alpha = 2\sin\alpha\cos\alpha$$
$$\cos 2\alpha = \cos^2\alpha - \sin^2\alpha = 2\cos^2\alpha - 1 = 1 - 2\sin^2\alpha$$

5. 半角公式

$$\sin\frac{\alpha}{2} = \pm\sqrt{\frac{1-\cos\alpha}{2}} \qquad \cos\frac{\alpha}{2} = \pm\sqrt{\frac{1+\cos\alpha}{2}}$$

6. 万能公式

$$\sin\alpha = \frac{2\tan\frac{\alpha}{2}}{1+\tan^2\frac{\alpha}{2}} \qquad \cos\alpha = \frac{1-\tan^2\frac{\alpha}{2}}{1+\tan^2\frac{\alpha}{2}}$$

附　表

附表 1　标准正态分布表

$$\Phi(x) = \int_{-\infty}^{x} \frac{1}{\sqrt{2\pi}} e^{-\frac{t^2}{2}} dt = P(X \leqslant x)$$

x	0.00	0.01	0.02	0.03	0.04	0.05	0.06	0.07	0.08	0.09
0.0	0.500 0	0.504 0	0.508 0	0.512 0	0.516 0	0.519 9	0.523 9	0.527 9	0.531 9	0.535 9
0.1	0.539 8	0.543 8	0.547 8	0.551 7	0.555 7	0.559 6	0.563 6	0.567 5	0.571 4	0.575 3
0.2	0.579 3	0.583 2	0.587 1	0.591 0	0.594 8	0.598 7	0.602 6	0.606 4	0.610 3	0.614 1
0.3	0.617 9	0.621 7	0.625 5	0.629 3	0.633 1	0.636 8	0.640 4	0.644 3	0.648 0	0.651 7
0.4	0.655 4	0.659 1	0.662 8	0.666 4	0.670 0	0.673 6	0.677 2	0.680 8	0.684 4	0.687 9
0.5	0.691 5	0.695 0	0.698 5	0.701 9	0.705 4	0.708 8	0.712 3	0.715 7	0.719 0	0.722 4
0.6	0.725 7	0.729 1	0.732 4	0.735 7	0.738 9	0.742 2	0.745 4	0.748 6	0.751 7	0.754 9
0.7	0.758 0	0.761 1	0.764 2	0.767 3	0.770 3	0.773 4	0.776 4	0.779 4	0.782 3	0.785 2
0.8	0.788 1	0.791 0	0.793 9	0.796 7	0.799 5	0.802 3	0.805 1	0.807 8	0.810 6	0.813 3
0.9	0.815 9	0.818 6	0.821 2	0.823 8	0.826 4	0.828 9	0.835 5	0.834 0	0.836 5	0.838 9
1.0	0.841 3	0.843 8	0.846 1	0.848 5	0.850 8	0.853 1	0.855 4	0.857 7	0.859 9	0.862 1
1.1	0.864 3	0.866 5	0.868 6	0.870 8	0.872 9	0.874 9	0.877 0	0.879 0	0.881 0	0.883 0
1.2	0.884 9	0.886 9	0.888 8	0.890 7	0.892 5	0.894 4	0.896 2	0.898 0	0.899 7	0.901 5
1.3	0.903 2	0.904 9	0.906 6	0.908 2	0.909 9	0.911 5	0.913 1	0.914 7	0.916 2	0.917 7
1.4	0.919 2	0.920 7	0.922 2	0.923 6	0.925 1	0.926 5	0.927 9	0.929 2	0.930 6	0.931 9
1.5	0.933 2	0.934 5	0.935 7	0.937 0	0.938 2	0.939 4	0.940 6	0.941 8	0.943 0	0.944 1
1.6	0.945 2	0.946 3	0.947 4	0.948 4	0.949 5	0.950 5	0.951 5	0.952 5	0.953 5	0.953 5
1.7	0.955 4	0.956 4	0.957 3	0.958 2	0.959 1	0.959 9	0.960 8	0.961 6	0.962 5	0.963 3
1.8	0.964 1	0.964 8	0.965 6	0.966 4	0.967 2	0.967 8	0.968 6	0.969 3	0.970 0	0.970 6
1.9	0.971 3	0.971 9	0.972 6	0.973 2	0.973 8	0.974 4	0.975 0	0.975 6	0.976 2	0.976 7
2.0	0.977 2	0.977 8	0.978 3	0.978 8	0.979 3	0.979 8	0.980 3	0.980 8	0.981 2	0.981 7
2.1	0.982 1	0.982 6	0.983 0	0.983 4	0.983 8	0.984 2	0.984 6	0.985 0	0.985 4	0.985 7
2.2	0.986 1	0.986 4	0.986 8	0.987 1	0.987 4	0.987 8	0.988 1	0.988 4	0.988 7	0.989 0
2.3	0.989 3	0.989 6	0.989 8	0.990 1	0.990 4	0.990 6	0.990 9	0.991 1	0.991 3	0.991 6
2.4	0.991 8	0.992 0	0.992 2	0.992 5	0.992 7	0.992 9	0.993 1	0.993 2	0.993 4	0.993 6
2.5	0.993 8	0.994 0	0.994 1	0.994 3	0.994 5	0.994 6	0.994 8	0.994 9	0.995 1	0.995 2
2.6	0.995 3	0.995 5	0.995 6	0.995 7	0.995 9	0.996 0	0.996 1	0.996 2	0.996 3	0.996 4
2.7	0.996 5	0.996 6	0.996 7	0.996 8	0.996 9	0.997 0	0.997 1	0.997 2	0.997 3	0.997 4
2.8	0.997 4	0.997 5	0.997 6	0.997 7	0.997 7	0.997 8	0.997 9	0.997 9	0.998 0	0.998 1
2.9	0.998 1	0.998 2	0.998 2	0.998 3	0.998 4	0.998 4	0.998 5	0.998 5	0.998 6	0.998 6
x	0.0	0.1	0.2	0.3	0.4	0.5	0.6	0.7	0.8	0.9
3	0.998 7	0.999 0	0.999 3	0.999 5	0.999 7	0.999 8	0.999 8	0.999 9	0.999 9	1.000 0

附表 2　χ^2 上临界值表

df	P												
	0.995	0.990	0.975	0.950	0.900	0.750	0.500	0.250	0.100	0.050	0.025	0.010	0.005
1					0.02	0.10	0.45	1.32	2.71	3.84	5.02	6.63	7.88
2	0.01	0.02	0.05	0.10	0.21	0.58	1.39	2.77	4.61	5.99	7.38	9.21	10.60
3	0.07	0.11	0.22	0.35	0.58	1.21	2.37	4.11	6.25	7.81	9.35	11.34	12.84
4	0.21	0.30	0.48	0.71	1.06	1.92	3.36	5.39	7.78	9.49	11.14	13.28	14.86
5	0.41	0.55	0.83	1.15	1.61	2.67	4.35	6.63	9.24	11.07	12.83	15.09	16.75
6	0.68	0.87	1.24	1.64	2.20	3.45	5.35	7.84	10.64	12.59	14.45	16.81	18.55
7	0.99	1.24	1.69	2.17	2.83	4.25	6.35	9.04	12.02	14.07	16.01	18.48	20.28
8	1.34	1.65	2.18	2.73	3.49	5.07	7.34	10.22	13.36	15.51	17.53	20.09	21.96
9	1.73	2.09	2.70	3.33	4.17	5.90	8.34	11.39	14.68	16.92	19.02	21.67	23.59
10	2.16	2.56	3.25	3.94	4.87	6.74	9.34	12.55	15.99	18.31	20.48	23.21	25.19
11	2.60	3.05	3.82	4.57	5.58	7.58	10.34	13.7	17.28	19.68	21.92	24.72	26.76
12	3.07	3.57	4.40	5.23	6.30	8.44	11.34	14.85	18.55	21.03	23.34	26.22	28.30
13	3.57	4.11	5.01	5.89	7.04	9.30	12.34	15.98	19.81	22.36	24.74	27.69	29.82
14	4.07	4.66	5.63	6.57	7.79	10.17	13.34	17.12	21.06	23.68	26.12	29.14	31.32
15	4.60	5.23	6.27	7.26	8.55	11.04	14.34	18.25	22.31	25.00	27.49	30.58	32.80
16	5.14	5.81	6.91	7.96	9.31	11.91	15.34	19.37	23.54	26.30	28.85	32.00	34.27
17	5.70	6.41	7.56	8.67	10.09	12.79	16.34	20.49	24.77	27.59	30.19	33.41	35.72
18	6.26	7.01	8.23	9.39	10.86	13.68	17.34	21.60	25.99	28.87	31.53	34.81	37.16
19	6.84	7.63	8.91	10.12	11.65	14.56	18.34	22.72	27.20	30.14	32.85	36.19	38.59
20	7.43	8.26	9.59	10.85	12.44	15.45	19.34	23.83	28.41	31.41	34.17	37.57	40.00
21	8.03	8.90	10.28	11.59	13.24	16.34	20.34	24.93	29.62	32.67	35.48	38.90	41.40
22	8.64	9.54	10.98	12.34	14.04	17.24	21.34	26.04	30.81	33.92	36.78	40.29	42.80
23	9.26	10.20	11.69	13.09	14.85	18.14	22.34	27.14	32.01	35.17	38.08	41.64	44.18
24	9.89	10.86	12.40	13.85	15.66	19.04	23.34	28.24	33.20	36.42	39.36	42.98	45.56
25	10.52	11.52	13.12	14.61	16.47	19.94	24.34	29.34	34.38	37.65	40.65	44.31	46.93
26	11.16	12.2	13.84	15.36	17.29	20.84	25.34	30.43	35.56	38.89	41.92	45.64	48.29
27	11.81	12.88	14.57	16.15	18.11	21.75	26.34	31.53	36.74	40.11	43.19	46.96	49.64
28	12.46	13.56	15.31	16.93	18.94	22.66	27.34	32.62	37.92	41.34	44.46	48.28	50.99
29	13.12	14.26	16.05	17.71	19.77	23.57	28.34	33.71	39.09	42.56	45.72	49.59	52.34
30	13.79	14.95	16.79	18.49	20.60	24.48	29.34	34.80	40.26	43.77	46.98	50.89	53.67
40	20.71	22.16	24.43	26.51	29.05	33.66	39.34	45.62	51.80	55.76	59.34	63.69	66.77
50	27.99	29.71	32.36	34.76	37.69	42.94	49.33	56.33	63.17	67.50	71.42	76.15	79.49
60	35.53	37.48	40.48	43.19	46.46	52.29	59.33	66.98	74.40	79.08	83.30	88.38	91.95
70	43.28	45.44	48.76	51.74	55.33	61.70	69.33	77.58	85.53	90.53	95.02	100.42	104.22
80	51.17	53.54	57.15	60.39	64.28	71.14	79.33	88.13	96.58	101.88	106.63	112.33	116.32
90	59.20	61.75	65.65	69.13	73.29	80.62	89.33	98.64	107.56	113.14	118.14	124.12	128.30
100	67.33	70.06	74.22	77.93	82.39	90.13	99.33	109.14	118.5	124.34	129.56	135.81	140.17

附表3 t 上临界值表

n \ α	0.25	0.10	0.05	0.025	0.01	0.005	0.0025	0.001	0.0005
1	1.000	3.078	6.314	12.706	31.82	63.657	127.321	318.309	636.619
2	0.816	1.886	2.920	4.303	6.965	9.925	14.089	22.327	31.599
3	0.765	1.638	2.353	3.182	4.541	5.841	7.453	10.215	12.927
4	0.741	1.533	2.132	2.776	3.747	4.604	5.598	7.173	8.610
5	0.727	1.476	2.015	3.571	3.365	4.032	4.773	5.893	6.869
6	0.718	1.440	1.943	3.447	3.143	3.707	4.317	5.208	5.959
7	0.711	1.415	1.895	2.365	2.998	3.499	4.029	4.782	5.408
8	0.706	1.397	1.860	2.306	2.896	3.355	3.833	4.501	5.041
9	0.703	1.383	1.833	2.262	2.821	3.250	3.690	4.297	4.781
10	0.700	1.372	1.812	2.228	2.764	3.169	3.581	4.144	4.587
11	0.697	1.363	1.796	2.201	2.718	3.106	3.497	4.025	4.437
12	0.695	1.356	1.782	2.179	2.681	3.055	3.428	3.930	4.318
13	0.694	1.350	1.771	2.160	2.650	3.012	3.372	3.852	4.221
14	0.692	1.345	1.761	2.145	2.624	2.977	3.326	3.787	4.140
15	0.691	1.341	1.753	2.131	2.602	2.947	3.286	3.733	4.073
16	0.690	1.337	1.746	2.120	2.583	2.921	3.252	3.686	4.015
17	0.689	1.333	1.740	2.110	2.567	2.898	3.222	3.646	3.965
18	0.688	1.330	1.734	2.101	2.552	2.878	3.197	3.610	3.922
19	0.688	1.328	1.729	2.093	2.539	2.861	3.174	3.579	3.883
20	0.687	1.325	1.725	2.086	2.528	2.845	3.153	3.552	3.850
21	0.686	1.323	1.721	2.080	2.518	2.831	3.135	3.527	3.819
22	0.686	1.321	1.717	2.074	2.508	2.819	3.119	3.505	3.792
23	0.685	1.319	1.714	2.069	2.500	2.807	3.104	3.485	3.768
24	0.685	1.318	1.711	2.064	2.492	2.797	3.091	3.467	3.745
25	0.684	1.316	1.708	2.060	2.485	2.787	3.078	3.450	3.725
26	0.684	1.315	1.706	2.056	2.479	2.779	3.067	3.435	3.707
27	0.684	1.314	1.703	2.052	2.473	2.771	3.057	3.421	3.69
28	0.683	1.313	1.701	2.048	2.467	2.763	3.047	3.408	3.674
29	0.683	1.311	1.699	2.045	2.462	2.756	3.038	3.396	3.659
30	0.683	1.310	1.697	2.042	2.457	2.750	3.030	3.385	3.646
31	0.682	1.309	1.696	2.040	2.453	2.744	3.022	3.375	3.633
32	0.682	1.309	1.694	2.037	2.449	2.738	3.015	3.365	3.622
33	0.682	1.308	1.692	2.035	2.445	2.733	3.008	3.356	3.611
34	0.682	1.307	1.691	2.032	2.441	2.728	3.002	3.348	3.601
35	0.682	1.306	1.690	2.030	2.438	2.724	2.996	3.340	3.591
36	0.681	1.306	1.688	2.028	2.434	2.719	2.990	3.333	3.582
37	0.681	1.305	1.687	2.026	2.431	2.715	2.985	3.326	3.574
38	0.681	1.304	1.686	2.024	2.429	2.712	2.980	3.319	3.566
39	0.681	1.304	1.685	2.023	2.426	2.708	2.976	3.313	3.558
40	0.681	1.303	1.684	2.021	2.423	2.704	2.971	3.307	3.551
50	0.679	1.299	1.676	2.009	2.403	2.678	2.937	3.261	3.496
60	0.679	1.296	1.671	2.000	2.390	2.660	2.915	3.232	3.460
70	0.678	1.294	1.667	1.994	2.381	2.648	2.899	3.211	3.435
80	0.678	1.292	1.664	1.990	2.374	2.639	2.887	3.195	3.416
90	0.677	1.291	1.662	1.987	2.368	2.632	2.878	3.183	3.402
100	0.677	1.290	1.660	1.984	2.364	2.636	2.871	3.174	3.390
200	0.676	1.286	1.653	1.972	2.345	2.601	2.839	3.131	3.340
500	0.675	1.283	1.648	1.965	2.334	2.586	2.820	3.107	3.310
1000	0.675	1.282	1.646	1.962	2.330	2.581	2.813	3.098	3.300
∞	0.6745	1.2816	1.6449	1.9600	2.3263	2.5758	2.807	3.0902	3.2905

附表 4　F-分布临界值表(1)

$\alpha = 0.005$　　　　$P\{F(n,m) > F_\alpha\} = \alpha$

F_α		n									
		1	2	3	4	5	6	8	12	24	∞
m	1	16211	20000	21615	22500	23056	23437	23925	24426	24940	25465
	2	198.5	199.0	199.2	199.2	199.3	199.3	199.4	199.4	199.5	199.5
	3	55.55	49.80	47.47	46.19	45.39	44.84	44.13	43.39	42.62	41.83
	4	31.33	26.28	24.26	23.15	22.46	21.97	21.35	20.70	20.03	19.32
	5	22.78	18.31	16.53	15.56	14.94	14.51	13.96	13.38	12.78	12.14
	6	18.63	14.45	12.92	12.03	11.46	11.07	10.57	10.03	9.47	8.88
	7	16.24	12.40	10.88	10.05	9.52	9.16	8.68	8.18	7.65	7.08
	8	14.69	11.04	9.60	8.81	8.30	7.95	7.50	7.01	6.50	5.95
	9	13.61	10.11	8.72	7.96	7.47	7.13	6.69	6.23	5.73	5.19
	10	12.83	9.43	8.08	7.34	6.87	6.54	6.12	5.66	5.17	4.64
	11	12.23	8.91	7.60	6.88	6.42	6.10	5.68	5.24	4.76	4.23
	12	11.75	8.51	7.23	6.52	6.07	5.76	5.35	4.91	4.43	3.90
	13	11.37	8.19	6.93	6.23	5.79	5.48	5.08	4.64	4.17	3.65
	14	11.06	7.92	6.68	6.00	5.56	5.26	4.86	4.43	3.96	3.44
	15	10.80	7.70	6.48	5.80	5.37	5.07	4.67	4.25	3.79	3.26
	16	10.58	7.51	6.30	5.64	5.21	4.91	4.52	4.10	3.64	3.11
	17	10.38	7.35	6.16	5.50	5.07	4.78	4.39	3.97	3.51	2.98
	18	10.22	7.21	6.03	5.37	4.96	4.66	4.28	3.86	3.40	2.87
	19	10.07	7.09	5.92	5.27	4.85	4.56	4.18	3.76	3.31	2.78
	20	9.94	6.99	5.82	5.17	4.76	4.47	4.09	3.68	3.22	2.69
	21	9.83	6.89	5.73	5.09	4.68	4.39	4.01	3.60	3.15	2.61
	22	9.73	6.81	5.65	5.02	4.61	4.32	3.94	3.54	3.08	2.55
	23	9.63	6.73	5.58	4.95	4.54	4.26	3.88	3.47	3.02	2.48
	24	9.55	6.66	5.52	4.89	4.49	4.20	3.83	3.42	2.97	2.43
	25	9.48	6.60	5.46	4.84	4.43	4.15	3.78	3.37	2.92	2.38
	26	9.41	6.54	5.41	4.79	4.38	4.10	3.73	3.33	2.87	2.33
	27	9.34	6.49	5.36	4.74	4.34	4.06	3.69	3.28	2.83	2.29
	28	9.28	6.44	5.32	4.70	4.30	4.02	3.65	3.25	2.79	2.25
	29	9.23	6.40	5.28	4.66	4.26	3.98	3.61	3.21	2.76	2.21
	30	9.18	6.35	5.24	4.62	4.23	3.95	3.58	3.18	2.73	2.18
	40	8.83	6.07	4.98	4.37	3.99	3.71	3.35	2.95	2.50	1.93
	60	8.49	5.79	4.73	4.14	3.76	3.49	3.13	2.74	2.29	1.69
	120	8.18	5.54	4.50	3.92	3.55	3.28	2.93	2.54	2.09	1.43
	∞	7.88	5.30	4.28	3.72	3.35	3.09	2.74	2.36	1.90	1.00

附表4　F-分布临界值表(2)

$\alpha = 0.01$　　　　　　　$P\{F(n,m) > F_\alpha\} = \alpha$

F_α	n									
	1	2	3	4	5	6	8	12	24	∞
1	4052	4999	5403	5625	5764	5859	5981	6106	6234	6366
2	98.49	99.01	99.17	99.25	99.30	99.33	99.36	99.42	99.46	99.50
3	34.12	30.81	29.46	28.71	28.24	27.91	27.49	27.05	26.60	26.12
4	21.20	18.00	16.69	15.98	15.52	15.21	14.80	14.37	13.93	13.46
5	16.26	13.27	12.06	11.39	10.97	10.67	10.29	9.89	9.47	9.02
6	13.74	10.92	9.78	9.15	8.75	8.47	8.10	7.72	7.31	6.88
7	12.25	9.55	8.45	7.85	7.46	7.19	6.84	6.47	6.07	5.65
8	11.26	8.65	7.59	7.01	6.63	6.37	6.03	5.67	5.28	4.86
9	10.56	8.02	6.99	6.42	6.06	5.80	5.47	5.11	4.73	4.31
10	10.04	7.56	6.55	5.99	5.64	5.39	5.06	4.71	4.33	3.91
11	9.65	7.20	6.22	5.67	5.32	5.07	4.74	4.40	4.02	3.60
12	9.33	6.93	5.95	5.41	5.06	4.82	4.50	4.16	3.78	3.36
13	9.07	6.70	5.74	5.20	4.86	4.62	4.30	3.96	3.59	3.16
14	8.86	6.51	5.56	5.03	4.69	4.46	4.14	3.80	3.43	3.00
15	8.68	6.36	5.42	4.89	4.56	4.32	4.00	3.67	3.29	2.87
16	8.53	6.23	5.29	4.77	4.44	4.20	3.89	3.55	3.18	2.75
17	8.40	6.11	5.18	4.67	4.34	4.10	3.79	3.45	3.08	2.65
18	8.28	6.01	5.09	4.58	4.25	4.01	3.71	3.37	3.00	2.57
19	8.18	5.93	5.01	4.50	4.17	3.94	3.63	3.30	2.92	2.49
20	8.10	5.85	4.94	4.43	4.10	3.87	3.56	3.23	2.86	2.42
21	8.02	5.78	4.87	4.37	4.04	3.81	3.51	3.17	2.80	2.36
22	7.94	5.72	4.82	4.31	3.99	3.76	3.45	4.12	2.75	2.31
23	7.88	5.66	4.76	4.26	3.94	3.71	3.41	3.07	2.70	2.26
24	7.82	5.61	4.72	4.22	3.90	3.67	3.36	3.03	2.66	2.21
25	7.77	5.57	4.68	4.18	3.86	3.63	3.32	2.99	2.62	2.17
26	7.72	5.53	4.64	4.14	3.82	3.59	3.29	2.96	2.58	2.13
27	7.68	5.49	4.60	4.11	3.78	3.56	3.26	2.93	2.55	2.10
28	7.64	5.45	4.57	4.07	3.75	3.53	3.23	2.90	2.52	2.06
29	7.60	5.42	4.54	4.04	3.73	3.50	3.20	2.87	2.49	2.03
30	7.56	5.39	4.51	4.02	3.70	3.47	3.17	2.84	2.47	2.01
40	7.31	5.18	4.31	3.83	3.51	3.29	2.99	2.66	2.29	1.80
60	7.08	4.98	4.13	3.65	3.34	3.12	2.82	2.50	2.12	1.60
120	6.85	4.79	3.95	3.48	3.17	2.96	2.66	2.34	1.95	1.38
∞	6.64	4.60	3.78	3.32	3.02	2.80	2.51	2.18	1.79	1.00

注：m 为表左侧纵列标号。

附表4　*F*-分布临界值表(3)

$\alpha = 0.025$　　　　　$P\{F(n,m) > F_a\} = \alpha$

F_a					n					
	1	2	3	4	5	6	8	12	24	∞
1	647.8	799.5	864.2	899.6	921.8	937.1	956.7	976.7	997.2	1018
2	38.51	39.00	39.17	39.25	39.30	39.33	39.37	39.41	39.46	39.50
3	17.44	16.04	15.44	15.10	14.88	14.73	14.54	14.34	14.12	13.90
4	12.22	10.65	9.98	9.60	9.36	9.20	8.98	8.75	8.51	8.26
5	10.01	8.43	7.76	7.39	7.15	6.98	6.76	6.52	6.28	6.02
6	8.81	7.26	6.60	6.23	5.99	5.82	5.60	5.37	5.12	4.85
7	8.07	6.54	5.89	5.52	5.29	5.12	4.90	4.67	4.42	4.14
8	7.57	6.06	5.42	5.05	4.82	4.65	4.43	4.20	3.95	3.67
9	7.21	5.71	5.08	4.72	4.48	4.32	4.10	3.87	3.61	3.33
10	6.94	5.46	4.83	4.47	4.24	4.07	3.85	3.62	3.37	3.08
11	6.72	5.26	4.63	4.28	4.04	3.88	3.66	3.43	3.17	2.88
12	6.55	5.10	4.47	4.12	3.89	3.73	3.51	3.28	3.02	2.72
13	6.41	4.97	4.35	4.00	3.77	3.60	3.39	3.15	2.89	2.60
14	6.30	4.86	4.24	3.89	3.66	3.50	3.29	3.05	2.79	2.49
15	6.20	4.77	4.15	3.80	3.58	3.41	3.20	2.96	2.70	2.40
16	6.12	4.69	4.08	3.73	3.50	3.34	3.12	2.89	2.63	2.32
17	6.04	4.62	4.01	3.66	3.44	3.28	3.06	2.82	2.56	2.25
18	5.98	4.56	3.95	3.61	3.38	3.22	3.01	2.77	2.50	2.19
19	5.92	4.51	3.90	3.56	3.33	3.17	2.96	2.72	2.45	2.13
20	5.87	4.46	3.86	3.51	3.29	3.13	2.91	2.68	2.41	2.09
21	5.83	4.42	3.82	3.48	3.25	3.09	2.87	2.64	2.37	2.04
22	5.79	4.38	3.78	3.44	3.22	3.05	2.84	2.60	2.33	2.00
23	5.75	4.35	3.75	3.41	3.18	3.02	2.81	2.57	2.30	1.97
24	5.72	4.32	3.72	3.38	3.15	2.99	2.78	2.54	2.27	1.94
25	5.69	4.29	3.69	3.35	3.13	2.97	2.75	2.51	2.24	1.91
26	5.66	4.27	3.67	3.33	3.10	2.94	2.73	2.49	2.22	1.88
27	5.63	4.24	3.65	3.31	3.08	2.92	2.71	2.47	2.19	1.85
28	5.61	4.22	3.63	3.29	3.06	2.90	2.69	2.45	2.17	1.83
29	5.59	4.20	3.61	3.27	3.04	2.88	2.67	2.43	2.15	1.81
30	5.57	4.18	3.59	3.25	3.03	2.87	2.65	2.41	2.14	1.79
40	5.42	4.05	3.46	3.13	2.90	2.74	2.53	2.29	2.01	1.64
60	5.29	3.93	3.34	3.01	2.79	2.63	2.41	2.17	1.88	1.48
120	5.15	3.80	3.23	2.89	2.67	2.52	2.30	2.05	1.76	1.31
∞	5.02	3.69	3.12	2.79	2.57	2.41	2.19	1.94	1.64	1.00

m (row label, left of table)

附表 4 *F*-分布临界值表(4)

$$\alpha = 0.05 \qquad P\{F(n,m) > F_\alpha\} = \alpha$$

F_α	n									
	1	2	3	4	5	6	8	12	24	∞
1	161.4	199.5	215.7	224.6	230.2	234.0	238.9	243.9	249.0	254.3
2	18.51	19.00	19.16	19.25	19.30	19.33	19.37	19.41	19.45	19.50
3	10.13	9.55	9.28	9.12	9.01	8.94	8.84	8.74	8.64	8.53
4	7.71	6.94	6.59	6.39	6.26	6.16	6.04	5.91	5.77	5.63
5	6.61	5.79	5.41	5.19	5.05	4.95	4.82	4.68	4.53	4.36
6	5.99	5.14	4.76	4.53	4.39	4.28	4.15	4.00	3.84	3.67
7	5.59	4.74	4.35	4.12	3.97	3.87	3.73	3.57	3.41	3.23
8	5.32	4.46	4.07	3.84	3.69	3.58	3.44	3.28	3.12	2.93
9	5.12	4.26	3.86	3.63	3.48	3.37	3.23	3.07	2.90	2.71
10	4.96	4.10	3.71	3.48	3.33	3.22	3.07	2.91	2.74	2.54
11	4.84	3.98	3.59	3.36	3.20	3.09	2.95	2.79	2.61	2.40
12	4.75	3.88	3.49	3.26	3.11	3.00	2.85	2.69	2.50	2.30
13	4.67	3.80	3.41	3.18	3.02	2.92	2.77	2.60	2.42	2.21
14	4.60	3.74	3.34	3.11	2.96	2.85	2.70	2.53	2.35	2.13
15	4.54	3.68	3.29	3.06	2.90	2.79	2.64	2.48	2.29	2.07
16	4.49	3.63	3.24	3.01	2.85	2.74	2.59	2.42	2.24	2.01
17	4.45	3.59	3.20	2.96	2.81	2.70	2.55	2.38	2.19	1.96
18	4.41	3.55	3.16	2.93	2.77	2.66	2.51	2.34	2.15	1.92
19	4.38	3.52	3.13	2.90	2.74	2.63	2.48	2.31	2.11	1.88
20	4.35	3.49	3.10	2.87	2.71	2.60	2.45	2.28	2.08	1.84
21	4.32	3.47	3.07	2.84	2.68	2.57	2.42	2.25	2.05	1.81
22	4.30	3.44	3.05	2.82	2.66	2.55	2.40	2.23	2.03	1.78
23	4.28	3.42	3.03	2.80	2.64	2.53	2.38	2.20	2.00	1.76
24	4.26	3.40	3.01	2.78	2.62	2.51	2.36	2.18	1.98	1.73
25	4.24	3.38	2.99	2.76	2.60	2.49	2.34	2.16	1.96	1.71
26	4.22	3.37	2.98	2.74	2.59	2.47	2.32	2.15	1.95	1.69
27	4.21	3.35	2.96	2.73	2.57	2.46	2.30	2.13	1.93	1.67
28	4.20	3.34	2.95	2.71	2.56	2.44	2.29	2.12	1.91	1.65
29	4.18	3.33	2.93	2.70	2.54	2.43	2.28	2.10	1.90	1.64
30	4.17	3.32	2.92	2.69	2.53	2.42	2.27	2.09	1.89	1.62
40	4.08	3.23	2.84	2.61	2.45	2.34	2.18	2.00	1.79	1.51
60	4.00	3.15	2.76	2.52	2.37	2.25	2.10	1.92	1.70	1.39
120	3.92	3.07	2.68	2.45	2.29	2.17	2.02	1.83	1.61	1.25
∞	3.84	2.99	2.60	2.37	2.21	2.09	1.94	1.75	1.52	1.00

m 为左侧纵列标记

附表 4 F-分布临界值表(5)

$\alpha = 0.10$ $P\{F(n,m) > F_{\alpha}\} = \alpha$

F_{α}		n									
		1	2	3	4	5	6	8	12	24	∞
m	1	39.86	49.50	53.59	55.83	57.24	58.20	59.44	60.71	62.00	63.33
	2	8.53	9.00	9.16	9.24	9.29	9.33	9.37	9.41	9.45	9.49
	3	5.54	5.46	5.36	5.32	5.31	5.28	5.25	5.22	5.18	5.13
	4	4.54	4.32	4.19	4.11	4.05	4.01	3.95	3.90	3.83	3.76
	5	4.06	3.78	3.62	3.52	3.45	3.40	3.34	3.27	3.19	3.10
	6	3.78	3.46	3.29	3.18	3.11	3.05	2.98	2.90	2.82	2.72
	7	3.59	3.26	3.07	2.96	2.88	2.83	2.75	2.67	2.58	2.47
	8	3.46	3.11	2.92	2.81	2.73	2.67	2.59	2.50	2.40	2.29
	9	3.36	3.01	2.81	2.69	2.61	2.55	2.47	2.38	2.28	2.16
	10	3.29	2.92	2.73	2.61	2.52	2.46	2.38	2.28	2.18	2.06
	11	3.23	2.86	2.66	2.54	2.45	2.39	2.30	2.21	2.10	1.97
	12	3.18	2.81	2.61	2.48	2.39	2.33	2.24	2.15	2.04	1.90
	13	3.14	2.76	2.56	2.43	2.35	2.28	2.20	2.10	1.98	1.85
	14	3.10	2.73	2.52	2.39	2.31	2.24	2.15	2.05	1.94	1.80
	15	3.07	2.70	2.49	2.36	2.27	2.21	2.12	2.02	1.90	1.76
	16	3.05	2.67	2.46	2.33	2.24	2.18	2.09	1.99	1.87	1.72
	17	3.03	2.64	2.44	2.31	2.22	2.15	2.06	1.96	1.84	1.69
	18	3.01	2.62	2.42	2.29	2.20	2.13	2.04	1.93	1.81	1.66
	19	2.99	2.61	2.40	2.27	2.18	2.11	2.02	1.91	1.79	1.63
	20	2.97	2.59	2.38	2.25	2.16	2.09	2.00	1.89	1.77	1.61
	21	2.96	2.57	2.36	2.23	2.14	2.08	1.98	1.87	1.75	1.59
	22	2.95	2.56	2.35	2.22	2.13	2.06	1.97	1.86	1.73	1.57
	23	2.94	2.55	2.34	2.21	2.11	2.05	1.95	1.84	1.72	1.55
	24	2.93	2.54	2.33	2.19	2.10	2.04	1.94	1.83	1.70	1.53
	25	2.92	2.53	2.32	2.18	2.09	2.02	1.93	1.82	1.69	1.52
	26	2.91	2.52	2.31	2.17	2.08	2.01	1.92	1.81	1.68	1.50
	27	2.90	2.51	2.30	2.17	2.07	2.00	1.91	1.80	1.67	1.49
	28	2.89	2.50	2.29	2.16	2.06	2.00	1.90	1.79	1.66	1.48
	29	2.89	2.50	2.28	2.15	2.06	1.99	1.89	1.78	1.65	1.47
	30	2.88	2.49	2.28	2.14	2.05	1.98	1.88	1.77	1.64	1.46
	40	2.84	2.44	2.23	2.09	2.00	1.93	1.83	1.71	1.57	1.38
	60	2.79	2.39	2.18	2.04	1.95	1.87	1.77	1.66	1.51	1.29
	120	2.75	2.35	2.13	1.99	1.90	1.82	1.72	1.60	1.45	1.19
	∞	2.71	2.30	2.08	1.94	1.85	1.17	1.67	1.55	1.38	1.00

作业和自测题答案与提示

【1.1A 本节内容作业】

1.1A-1 (1) $\Omega = \{t \mid t \geqslant 0\}$；(2) $\Omega = \{0,1,2,\cdots\}$；

(3) $\Omega = \{(x,y) \mid x^2 + y^2 \leqslant 1\}$.

1.1A-2 (1) $\Omega = \{1,2,3,4,5,6\}$；$A = \{1,3,5\}$.

(2) $\Omega = \{(正,正),(正,反),(反,正),(反,反)\}$；

$A = \{(正,正),(正,反)\}$；$B = \{(正,正),(反,反)\}$；

$C = \{(正,正),(正,反),(反,正)\}$.

(3) $\Omega = \{(i,j) \mid i = 1,2,3,4; j = 1,2,3,4\}$；$\{(1,2),(2,1),(2,4),(4,2)\}$.

(4) $\Omega = \{(ab,\cdot,\cdot),(\cdot,ab,\cdot),(\cdot,\cdot,ab),(a,b,\cdot),(b,a,\cdot),(a,\cdot,b),(b,\cdot,a),$
$(\cdot,a,b),(\cdot,b,a)\}$；$A = \{(ab,\cdot,\cdot),(a,b,\cdot),(b,a,\cdot),(a,\cdot,b),(b,\cdot,a)\}$.

1.1A-3 (1) $\Omega = \{0,1,2,\cdots,100\}$；(2) $\Omega = \{1,2,3,\cdots\}$.

1.1A-4 记 2 个白球分别为 ω_1，ω_2，3 个黑球分别为 b_1，b_2，b_3，4 个红球分别
为 r_1，r_2，r_3，r_4，则 $\Omega = \{\omega_1,\omega_2,b_1,b_2,b_3,r_1,r_2,r_3,r_4\}$.

(1) $A = \{\omega_1,\omega_2\}$；(2) $B = \{r_1,r_2,r_3,r_4\}$.

1.1A-5 (1) $AB \cup A\overline{B} = A(B \cup \overline{B}) = A\Omega = A$；

(2) $(A \cup B) \cup (\overline{A} \cup \overline{B}) = \Omega$；

(3) $(\overline{A \cup B}) \cap (A - \overline{B}) = \overline{A}\,\overline{B} \cap AB = \varnothing$.

1.1A-6 (1) $A\overline{B}\overline{C}$；(2) $A\overline{B}C$；(3) $\overline{A}\,\overline{B}\,\overline{C}$ 或 $\overline{A \cup B \cup C}$；

(4) $A\overline{B}\overline{C} \cup \overline{A}B\overline{C} \cup \overline{A}\,\overline{B}C$；(5) $AB\overline{C} \cup A\overline{B}C \cup \overline{A}BC$；

(6) $A \cup B \cup C$ 或 $A\overline{B}\overline{C} \cup \overline{A}B\overline{C} \cup \overline{A}\,\overline{B}C \cup AB\overline{C} \cup A\overline{B}C \cup \overline{A}BC \cup ABC$；

(7) $\overline{A} \cup \overline{B} \cup \overline{C}$ 或 $A\overline{B}\overline{C} \cup \overline{A}B\overline{C} \cup \overline{A}\,\overline{B}C \cup AB\overline{C} \cup A\overline{B}C \cup \overline{A}BC \cup \overline{A}\,\overline{B}\,\overline{C}$；

(8) $AB \cup AC \cup BC$ 或 $AB\overline{C} \cup A\overline{B}C \cup \overline{A}BC \cup ABC$.

1.1A-7 (1) $C = A\overline{B} \cup \overline{A}B$；$D = A \cup B$；$E = AB$；

(2) C 与 E 互斥，但不是互逆事件. 因 $C \cup E \neq \Omega$.

1.1A-8 因 $A \cap \overline{A \cup B \cup C} = A(\overline{A}\,\overline{B}\,\overline{C}) = \varnothing$，所以 A 与 $\overline{A \cup B \cup C}$ 互不相容.

1.1A-9 (1) $A_1 \cup A_2 \cup A_3 \cup A_4$；

(2) $A_1 A_2 \overline{A_3}\,\overline{A_4} \cup A_1 \overline{A_2} A_3 \overline{A_4} \cup A_1 \overline{A_2}\,\overline{A_3} A_4 \cup \overline{A_1} A_2 A_3 \overline{A_4} \cup \overline{A_1} A_2 \overline{A_3} A_4 \cup$
$\overline{A_1}\,\overline{A_2} A_3 A_4 \cup A_1 \overline{A_2}\,\overline{A_3}\,\overline{A_4} \cup \overline{A_1} A_2 \overline{A_3}\,\overline{A_4} \cup \overline{A_1}\,\overline{A_2} A_3 \overline{A_4} \cup \overline{A_1}\,\overline{A_2}\,\overline{A_3} A_4$；

(3) $A_1 A_2 \overline{A_3}\,\overline{A_4} \cup A_1 \overline{A_2} A_3 \overline{A_4} \cup A_1 \overline{A_2}\,\overline{A_3} A_4 \cup \overline{A_1} A_2 A_3 \overline{A_4} \cup \overline{A_1} A_2 \overline{A_3} A_4 \cup$

$\overline{A}_1\,\overline{A}_2 A_3 A_4 \bigcup A_1 A_2 A_3\,\overline{A}_4 \bigcup A_1 A_2\,\overline{A}_3 A_4 \bigcup A_1\,\overline{A}_2 A_3 A_4 \bigcup \overline{A}_1 A_2 A_3 A_4 .$

1.1A-10　$A \bigcup B = A\overline{B} \bigcup \overline{A}B \bigcup AB$；

$A \bigcup B \bigcup C = A\overline{B}\,\overline{C} \bigcup \overline{A}B\overline{C} \bigcup \overline{A}\,\overline{B}C \bigcup AB\overline{C} \bigcup A\overline{B}C \bigcup \overline{A}BC \bigcup ABC.$

1.1A-11　(1)、(3)、(4)、(5)成立,(2)不成立.

1.1A-12　(1) 事件 $AB\overline{C}$ 表示该是三年级男生,但不是运动员；

(2) $ABC = C$ 等价于 $C \subset AB$,表示全系运动员都是三年级的男生；

(3) 当全系运动员都是三年级学生时 $C \subset B$；

(4) 当全系女生都在三年级并且三年级学生都是女生时 $\overline{A} = B$.

1.1A-13*　(1) $\overline{A}B = \{\frac{1}{4} \leqslant x \leqslant \frac{1}{2}\} \bigcup \{1 < x < \frac{3}{2}\}$；

(2) $\overline{A} \bigcup B = (-\infty, +\infty)$；

(3) $\overline{\overline{A} \bigcap \overline{B}} = A \bigcup B = B$；(4) $\overline{AB} = \overline{A} = (-\infty, \frac{1}{2}] \bigcup (1, +\infty)$.

1.1A-14*　略.

1.1A-15*　(1) $\bigcap\limits_{i=1}^{n} A_i$；(2) $\overline{\bigcap\limits_{i=1}^{n} A_i} = \bigcup\limits_{i=1}^{n} \overline{A}_i$；(3) $\bigcup\limits_{i=1}^{n} [\overline{A}_i (\bigcap\limits_{\substack{j=1 \\ j\neq i}}^{n} A_j)]$；(4) $\bigcup\limits_{\substack{i,j=1 \\ i\neq j}}^{n} \overline{A}_i\,\overline{A}_j$.

【1.2A 本节内容作业】

1.2A-1　$P(AB) = 0, P(A \bigcup B) = p + q; P(A\overline{B}) = p; P(\overline{A}\,\overline{B}) = 1 - (p + q).$

1.2A-2　$P(AB) = p + q - r, P(A\overline{B}) = r - q, P(\overline{A}B) = r - p, P(\overline{A}\,\overline{B}) = 1 - r.$

1.2A-3　(1) $P(A \bigcup B) = \frac{7}{12}$；(2) $P(A - B) = \frac{1}{4}$；

(3) $P(\overline{A}\,\overline{B}) = \frac{5}{12}$；(4) $P(\overline{A} \bigcup \overline{B}) = 1.$

1.2A-4　(1) $P(A \bigcup B \bigcup C) = 0.7$；(2) $P(\overline{A}\,\overline{B}\,\overline{C}) = 0.3.$

1.2A-5　A 表示订甲报,B 表示订乙报,C 表示订丙报.

(1) $P(A\overline{B}\,\overline{C}) = 0.3$；(2) $P(AB\overline{C}) = 0.07$；

(3) $P(A\overline{B}\,\overline{C} \bigcup B\overline{A}\,\overline{C} \bigcup C\overline{A}\,\overline{B}) = 0.73$；

(4) $P(AB\overline{C} \bigcup AC\overline{B} \bigcup BC\overline{A}) = 0.14$；

(5) $P(A \bigcup B \bigcup C) = 0.9$；(6) $P(\overline{A}\,\overline{B}\,\overline{C}) = 0.1.$

1.2A-6*　(1)提示：$P(A_1 A_2) = P(\overline{\overline{A_1} \bigcup \overline{A_2}})$；

(2)提示：利用(1)和 $P(\overline{A_1}\,\overline{A_2}) \geqslant 0$.

1.2A-7　提示：$P(A) \geqslant P[A(B \bigcup C)].$

1.2A-8*　略.

1.2A-9　$P(A) = \dfrac{P_5^1 P_{95}^1}{P_{100}^2}.$

1.2A-10　$1 - \left(\dfrac{9}{10}\right)^4$

1.2A-11　(1) $\dfrac{C_{400}^{90} C_{1100}^{110}}{C_{1500}^{200}}$；(2) $1 - \dfrac{C_{400}^{1} C_{1100}^{199} + C_{1100}^{200}}{C_{1500}^{200}}.$

1.2A-12　$\dfrac{2!3!2!2!}{13!} = \dfrac{48}{13!}.$

1.2A-13 $P(A) = \dfrac{P_9^7}{9^7}$.

1.2A-14 (1) $\dfrac{1}{6^4}$; (2) $\dfrac{P_6^4}{6^4} = \dfrac{5}{18}$; (3) $1 - \dfrac{5}{18} = \dfrac{13}{18}$.

1.2A-15* $1 - \dfrac{C_5^4 2^4}{C_{10}^4} = \dfrac{13}{21}$.

1.2A-16* $\dfrac{P_4^3}{4^3} = \dfrac{3}{8}$; $\dfrac{C_3^2 P_4^1 P_3^1}{4^3} = \dfrac{9}{16}$; $\dfrac{P_4^1}{4^3} = \dfrac{1}{16}$.

1.2A-17 $\dfrac{3}{5}$.

1.2A-18 ≈ 0.121.

1.2A-19 $\dfrac{5^n - 4^n}{6^n}$.

1.2A-20 (1) $P(A) = \dfrac{n!}{N^n}$; (2) $P(B) = \dfrac{C_N^n n!}{N^n}$; (3) $P(C) = \dfrac{C_n^m (N-1)^{n-m}}{N^n}$.

1.2A-21* $1 - \dfrac{(N-1)^{k-1}}{N^k}$.

1.2A-22* $\dfrac{17}{89}$.

1.2A-23* $\dfrac{(5 \cdot 3 \cdot 1)(4 \cdot 2)}{(5 \cdot 3 \cdot 1)^2} = \dfrac{8}{15}$; $\dfrac{(2n-1)!(2n-2)!}{[(2n-1)!]^2}$.

1.2A-24* ω_1 表示白,ω_2 表示黑白,ω_3 表示黑黑白,$\cdots$ ω_{b+1} 表示 $\overbrace{黑 \cdots 黑}^{b个}$ 白,

则样本空间 $\Omega = \{\omega_1, \omega_2, \cdots, \omega_{b+1}\}$,并且 $P(\{\omega_1\}) = \dfrac{a}{a+b}$,

$P(\{\omega_2\}) = \dfrac{b}{a+b} \cdot \dfrac{a}{a+b-1}$, $P(\{\omega_3\}) = \dfrac{b}{a+b} \cdot \dfrac{b-1}{a+b-1} \cdot \dfrac{a}{a+b-2}$, $\cdots$,

$P(\{\omega_i\}) = \dfrac{b}{a+b} \cdot \dfrac{b-1}{a+b-1} \cdot \cdots \cdot \dfrac{b-(i-2)}{a+b-(i-2)} \cdot \dfrac{a}{a+b-(i-1)}$.

$P(\{\omega_{b+1}\}) = \dfrac{b!a}{(a+b)(a+b-1)\cdots a}$.

甲取胜的概率为 $P(\{\omega_1\}) + P(\{\omega_3\}) + P(\{\omega_5\}) + \cdots$

乙取胜的概率为 $P(\{\omega_2\}) + P(\{\omega_4\}) + P(\{\omega_6\}) + \cdots$

1.2A-25* $C_{2n-r-1}^{n-1} \left(1 - \dfrac{1}{2}\right)^{2n-r-1}$

1.2A-26* $P\left(\bigcup\limits_{i=1}^{N} A_i\right) = \sum\limits_{i=1}^{N} (-1)^{i-1} C_N^i \left(\dfrac{N-i}{N}\right)^n$.

1.2A-27* $\sum\limits_{i=1}^{n} (-1)^{i-1} \dfrac{1}{i!}$.

1.2A-28* $\dfrac{5}{16}$.

1.2A-29* $\dfrac{1}{4}$.

1.2A-30* 提示:作 EF 平行 AB,使 P' 在 EF 上,且 $\dfrac{S_{\triangle ABP'}}{S_{\triangle ABC}} = \dfrac{n-1}{n}$,故 $\dfrac{P'G}{CH} = \dfrac{n-1}{n}$,

这时 $\dfrac{EF}{AB} = \dfrac{CF}{CB} = \dfrac{CO}{CH} = \dfrac{CH-P'G}{CH} = 1 - \dfrac{P'G}{CH} = 1 - \dfrac{n-1}{n} = \dfrac{1}{n}$.

1.2A-31[*] (1) $\dfrac{1}{3}$; (2) $\dfrac{1}{2}$.

1.2A-32[*] $\dfrac{1}{\pi l}(a+b+c)$.

1.2A-33[*] $\dfrac{2\ln 2+1}{4}$.

1.2A-34[*] $\dfrac{1}{2}+\dfrac{1}{\pi}$.

【1.3A 本节内容作业】

1.3A-1 $P(A/B)=\dfrac{3}{14}$; $P(B/A)=\dfrac{3}{8}$.

1.3A-2 $P(\overline{A}/\overline{B})=\dfrac{7}{12}$.

1.3A-3 设 A_i 表示"第 i 个人摸到", $i=1,2,\cdots,n$.

(1) $P(A_k \mid \overline{A_1}\cdots\overline{A_{k-1}})=\dfrac{1}{n-(k-1)}=\dfrac{1}{n-k+1}$;(2) $P(A_k)=\dfrac{1}{n}$.

1.3A-4 $\dfrac{5^n-4^n}{6^n}$.

1.3A-5 (1) $\dfrac{m-1}{2M-m-1}$;(2) $\dfrac{2m}{M+m-1}$.

1.3A-6 $\dfrac{11}{75}$.

1.3A-7 $\dfrac{9}{50}$.

1.3A-8 0.92.

1.3A-9 0.645.

1.3A-10 $\dfrac{25}{69}$; $\dfrac{28}{69}$; $\dfrac{16}{69}$.

1.3A-11 $\dfrac{9}{22}$.

1.3A-12 ≈ 0.9979.

1.3A-13 ≈ 0.1066.

1.3A-14 $\dfrac{3}{8}$.

1.3A-15 $\dfrac{1}{2}$.

1.3A-16 ≈ 0.973.

1.3A-17 (1) 0.0125;(2)来自第二家工厂的可能性最大.

1.3A-18[*] 提示:用 A_k 表示"母鸡生 k 个蛋", B 表示"母鸡恰有 r 个下一代",
则由全概率公式

$$P(B)=\sum_{k=r}^{\infty}P(A_k)P(B\mid A_k).$$

【1.3B 跨节内容作业】

1.3B-1 (3).

1.3B-2 (3).

1.3B-3 (3).

1.3B-4 (1) 0.988；(2) ≈ 0.829.

1.3B-5 $P(B \mid A \cup \overline{B}) = \dfrac{1}{4}$.

1.3B-6 $P(A \mid \overline{A} \cup B) = \dfrac{1}{2}$.

1.3B-7 $\dfrac{5}{8}$.

1.3B-8 $\dfrac{1}{2}$.

1.3B-9 $\dfrac{6}{7}$.

1.3B-10* $\dfrac{m}{m + n2^r}$.

【1.4A 本节内容作业】

1.4A-1 ≈ 0.727.

1.4A-2 第一种工艺得到优等品的概率更大.

1.4A-3 (1) 0.84；(2) $n > \dfrac{\lg 0.01}{\lg 0.4} \approx 5.026$.

1.4A-4 $n \geqslant \dfrac{2}{1 - \lg 2}$.

1.4A-5 0.994.

【1.4B 跨节内容作业】

1.4B-1 (3).

1.4B-2 $P(\overline{B}) = \dfrac{1}{2}$；$P(A \cup B) = \dfrac{5}{8}$.

1.4B-3 (1)成立；(2)成立.

1.4B-4 (1) 0.72；(2) 0.47.

1.4B-5 0.

1.4B-6 0.902.

1.4B-7 $\dfrac{2}{3}$.

1.4B-8 略.

1.4B-9 (1) ≈ 0.0168；(2) ≈ 0.1557；(3) ≈ 0.8587.

1.4B-10 (1) $\displaystyle\prod_{k=1}^{n}(1 - p_k)$；(2) $1 - \displaystyle\prod_{k=1}^{n}(1 - p_k)$；(3) $\displaystyle\sum_{k=1}^{n}\left[p_k \prod_{\substack{j=1 \\ j \neq k}}^{n}(1 - p_j)\right]$.

1.4B-11 略.

1.4B-12* $C_{n+m-1}^m p^n (1-p)^m$.

1.4B-13* 甲胜概率 $\dfrac{\alpha}{\alpha+\beta-\alpha\beta}$；乙胜概率 $\dfrac{(1-\alpha)\beta}{\alpha+\beta-\alpha\beta}$.

1.4B-14* 采用 5 局 3 胜制对甲更有利.

【第 1 章自测题】

一、填空题

1. $\dfrac{2}{5}$；　2. $\dfrac{1}{6}$；　3. $\dfrac{1}{210}$；　4. $\dfrac{2}{5}$；　5. $(1-p)^{n-1}(1-p+np)$；

6. $\dfrac{1}{2}$；　7. $\dfrac{3}{8}$；　8. 1；　9. $\dfrac{1}{4}$；　10. $\dfrac{4^n}{6^n}-\dfrac{3^n}{6^n}$.

二、选择题

1. (D)；2. (B)；3. (B)；4. (A)；5. (B)；6. (B)；7. (B)；8. (D)；
9. (C)；10. (C).

三、解答题

1. $\dfrac{3}{8}$；　2. (1) $\dfrac{29}{90}$，(2) $\dfrac{20}{49}$；　3. $n \geqslant \dfrac{\ln(1-q)}{\ln(1-p)}$；　　4. (1) 0.24，(2) 0.424；

5. $1-\dfrac{1}{2^n}$；　6. 0.496；　7. $\dfrac{mp}{mp+(1-p)}$；　8. $\dfrac{40}{49}$；　9. $n \geqslant \dfrac{\lg 3 + \lg 7}{1-2\lg 3}$；

10. (1) $1-1.58 \times 0.98^{29} \approx 0.1205$；(2) $\dfrac{1-1.58 \times 0.98^{29}}{1-0.98^{30}} \approx 0.2652$.

【2.1A 本节内容作业】

2.1A-1 略.

2.1A-2 略.

2.1A-3 略.

2.1A-4 (1) $X_i = \begin{cases} 1, \text{第 } i \text{ 次试验中 } A \text{ 出现,} \\ 0, \text{第 } i \text{ 次试验中 } A \text{ 不出现,} \end{cases} i=1,2,\cdots,n$；(2) $\sum\limits_{i=1}^{n} X_i$.

2.1A-5 (1)0, 1, 2；(2) $\{X \leqslant 1\} = \{X=0\} \bigcup \{X=1\}$.

2.1A-6* 略.

2.1A-7* 略.

2.1A-8 (1) $P(\xi=a) = F(a)-F(a-0)$；

(2) $P(\xi < a) = F(a-0)$；

(3) $P(\xi \geqslant a) = 1-F(a-0)$；

(4) $P(\xi > a) = 1-F(a)$.

2.1A-9 (1)不能；(2)不能；(3)可以.

2.1A-10 提示:证明 $F(x)$ 具有分布函数的三个性质.

2.1A-11 $F(x) = \begin{cases} 0, & x < 0, \\ \left(\dfrac{x}{R}\right)^3, & 0 \leqslant x \leqslant R, \\ 1, & x > R. \end{cases}$

2.1A-12 $F(x) = \begin{cases} 0, x < -1, \\ \dfrac{5x+7}{16}, -1 \leqslant x < 1, \\ 1, x \geqslant 1. \end{cases}$

2.1A-13 提示:作积分变换 $t = x + \mu$,证明 $\varphi(x)$ 具有分布函数的三个性质.

【2.2A 本节内容作业】

2.2A-1 (1) 是;(2)不是;(3)不是;(4)是.

2.2A-2 (1) $\dfrac{1}{5}$;(2) $\dfrac{1}{5}$;(3) $\dfrac{1}{5}$.

2.2A-3 $C = \dfrac{27}{38}$.

2.2A-4 $a = 0.6$.

2.2A-5 $n = 4$.

2.2A-6 $X \sim \begin{pmatrix} 1 & 0 \\ 0.6 & 0.4 \end{pmatrix}$.

2.2A-7 $P(\xi = N) = \dfrac{6}{\pi^2 N^2}$,$N$ 取正整数.

2.2A-8 $P(\xi = k) = q^{k-1} p + p^{k-1} q$,$k = 2,3,\cdots$,其中 $q = 1 - p$.

2.2A-9 $P(\xi = k) = \left(\dfrac{1}{4}\right)^{k-1} \dfrac{3}{4}$,$k = 1,2,\cdots$.

2.2A-10 $P(\xi = 4) = \dfrac{2}{3} e^{-2}$.

2.2A-11 (1) $P(x = 1) = C_{100}^1 \cdot 0.01^1 \cdot 0.99^{99}$;(2) $1 - 0.99^{100}$.

2.2A-12 (1) $X \sim B(6, 1/3)$;

(2) $P(Y = k) = \left(\dfrac{2}{3}\right)^k \dfrac{1}{3}$,$k = 0,1,2,\cdots,5$,$P(Y = 6) = \left(\dfrac{2}{3}\right)^6$;

(3) $P(X \geqslant 1) = 1 - P(X = 0) = 1 - \left(\dfrac{2}{3}\right)^6 = \dfrac{665}{729}$.

2.2A-13 (1) $P\{N(2) \geqslant 3\} = \sum\limits_{k=3}^{\infty} e^{-6} \dfrac{6^k}{k!}$;(2) $P\{N(5) = 0\} = e^{-15}$.

2.2A-14 ≈ 0.83.

2.2A-15 $1 - \sum\limits_{k=0}^{2} C_{500}^k \left(\dfrac{1}{500}\right)^k \left(\dfrac{499}{500}\right)^{500-k} \approx 1 - \sum\limits_{k=0}^{2} \dfrac{1}{k!} e^{-1} = 1 - \dfrac{5}{2e}$.

2.2A-16 $\dfrac{1}{2} < p < \dfrac{2}{3}$.

2.2A-17 提示:比较等式 $(1+x)^M (1+x)^{N-M} = (1+x)^N$ 两边展开后 x^n 项的系数得.

【2.2B 跨节内容作业】

2.2B-1 (1) X 的分布律:

X	3	4
p_k	2/3	1/3

(2) X 的分布函数：

$$F(x) = \begin{cases} 0, & x < 3, \\ \dfrac{2}{3}, & 3 \leqslant x < 4, \\ 1, & x \geqslant 4; \end{cases}$$

(3) $P(0 < X < 4) = P(X = 3) = \dfrac{2}{3}$.

2.2B-2 $P\{x = k\} = \dfrac{k}{10}, k = 1, 2, 3, 4.$

$$F(x) = \begin{cases} 0, & x < 1, \\ 1/10, & 1 \leqslant x < 2, \\ 3/10, & 2 \leqslant x < 3, \\ 6/10, & 3 \leqslant x < 4, \\ 1, & x \geqslant 4. \end{cases}$$

$P\{X < 3\} = 3/10$；

$P\{X = 3\} = 3/10$；

$P\{X \leqslant 3\} = 6/10.$

2.2B-3 (1) $A = 0$, $B = 1$；(2) X 的分布律：

X	2	4	6
p_k	1/8	2/8	5/8

2.2B-4 $a = 1/6$, $b = 5/6$；X 的分布律：

X	-1	1	2
p_k	1/6	2/6	3/6

2.2B-5 甲投篮次数 $P\{x = k\} = 0.76 \cdot 0.24^{k-1}, k = 1, 2, \cdots$；

乙投篮次数 $P\{Y = 0\} = 0.4$,

$$P\{Y = k\} = 0.76 \cdot 0.6^k 0.4^{k-1}, k = 1, 2, \cdots.$$

2.2B-6 $P(\xi = k) = \dfrac{m(m-1)\cdots(m-k+1)(n-m)}{n(n-1)\cdots(n-k)}, k = 0, 1, \cdots, m.$

【2.2C 跨章内容作业】

2.2C-1 $P(\xi = k) = \dfrac{C_{k-1}^2}{C_5^3}$, $k = 3, 4, 5.$

2.2C-2 $P\{X = 1\} = \dfrac{10}{13}, P\{X = 2\} = \dfrac{3}{13} \cdot \dfrac{10}{12}, P\{X = 3\} = \dfrac{3}{13} \cdot \dfrac{2}{12} \cdot \dfrac{10}{11},$

$P\{X = 4\} = \dfrac{3}{13} \cdot \dfrac{2}{12} \cdot \dfrac{1}{11}$；$P\{X < 3\} = \dfrac{25}{26}.$

2.2C-3 $P\{X = 0\} = \dfrac{C_5^5}{C_9^5} = \dfrac{1}{126}, P\{X = 1\} = \dfrac{C_4^1 C_5^4}{C_9^5} = \dfrac{20}{126},$

$P\{X = 2\} = \dfrac{C_4^2 C_5^3}{C_9^5} = \dfrac{60}{126}, P\{X = 3\} = \dfrac{C_4^3 C_5^2}{C_9^5} = \dfrac{40}{126},$

$P\{X = 4\} = \dfrac{C_4^4 C_5^1}{C_9^5} = \dfrac{5}{126}$；

至少有两个偶数号球的概率为 $\dfrac{105}{126}.$

2.2C-4　(1) $C_5^2 0.6^2 \cdot 0.4^3$；(2) $1 - C_5^4 0.6^4 \cdot 0.4 - C_5^5 0.6^5 \cdot 0.4^0$；

(3) $1 - 0.4^5$.

2.2C-5*　略.

【2.3A 本节内容作业】

2.3A-1　(1) $\dfrac{1}{2}$；(2) $\dfrac{1}{2}$；(3) $A = \dfrac{6}{29}$.

2.3A-2　(1)是；(2)不是；(3)不是.

2.3A-3　(4).

2.3A-4　(1) $b = 1.645$；(2) $b = -1.645$；(3) $b = 0.06$.

2.3A-5　0.2.

2.3A-6　616.5.

2.3A-7　0.0272；0.0037.

2.3A-8　(1) ≈ 0.9236；(2) $x \geqslant 57.75$.

2.3A-9　$\dfrac{3}{5}$.

2.3A-10　略.

2.3A-11　(1).

2.3A-12*　$\sigma = \dfrac{2}{\sqrt{\ln 3}}$.

【2.3B 跨节内容作业】

2.3B-1　$A = \dfrac{1}{2}, B = \dfrac{1}{\pi}$；$p(x) = \dfrac{1}{\pi(1+x^2)}$.

2.3B-2　$p(x) = \begin{cases} x\mathrm{e}^{-x}, & x \geqslant 0 \\ 0, & x < 0 \end{cases}$；$P(\xi \leqslant 1) = 1 - \dfrac{2}{\mathrm{e}}$.

2.3B-3　$A = 1$；$p(x) = \begin{cases} 2x, & 0 \leqslant x < 1, \\ 0, & \text{其他}. \end{cases}$

2.3B-4　(1) $F(x) = \begin{cases} 1 - 2x\mathrm{e}^{-2x} - \mathrm{e}^{-2x}, & x \geqslant 0, \\ 0, & x < 0; \end{cases}$

(2) $P(-\dfrac{1}{2} \leqslant X < 1) = 1 - 3\mathrm{e}^{-2}$；(3) $P(X = \dfrac{3}{2}) = 0$.

2.3B-5

(1) $F(x) = \begin{cases} 0, & x \leqslant 0, \\ \displaystyle\int_0^x y\,\mathrm{d}y = \dfrac{1}{2}x^2, & 0 < x \leqslant 1, \\ \displaystyle\int_0^1 y\,\mathrm{d}y + \int_1^x (2-y)\,\mathrm{d}y = 2x - \dfrac{1}{2}x^2 - 1, & 1 < x \leqslant 2, \\ 1, & x > 2; \end{cases}$

(2) $P\{\xi < 0.5\} = \dfrac{1}{8}$；$P\{\xi > 1.3\} = 0.245$；$P\{0.2 < \xi < 1.2\} = 0.66$.

2.3B-6 (1) $A = \dfrac{1}{2}$; (2) $P(0 < x < 1) = \dfrac{1 - \mathrm{e}^{-1}}{2}$;

$$(3)\ F(x) = \begin{cases} \dfrac{1}{2}\mathrm{e}^x,\ x < 0, \\[2mm] 1 - \dfrac{1}{2}\mathrm{e}^{-x},\ x \geqslant 0. \end{cases}$$

2.3B-7 (1) $A = \dfrac{1}{3}, B = \dfrac{1}{2}$; (2) $F(x) = \begin{cases} 0,\ x \leqslant 1, \\[2mm] \dfrac{1}{6}(x^2 - 1),\ 1 < x < 2, \\[2mm] \dfrac{1}{2}(x - 1),\ 2 \leqslant x < 3, \\[2mm] 1,\ x \geqslant 3. \end{cases}$

2.3B-8 (1) $A = 1, B = -1$;

(2) $P\{X \leqslant 2\} = 1 - \mathrm{e}^{-2\lambda}, P\{X > 3\} = \mathrm{e}^{-3\lambda}$;

(3) X 的概率密度 $f(x) = \begin{cases} \lambda \mathrm{e}^{-\lambda x},\ & x > 0, \\ 0,\ & x \leqslant 0. \end{cases}$

2.3B-9 (1) $c = \dfrac{6}{29}$, 分布函数 $F(x) = \begin{cases} 0, x < 1, \\[2mm] \dfrac{2(x^3 - 1)}{29}, 1 \leqslant x < 2, \\[2mm] \dfrac{14 + 3(x^2 - 4)}{29}, 2 \leqslant x < 3, \\[2mm] 1, x \geqslant 3; \end{cases}$

(2) $x_0 \approx 2.92$.

2.3B-10 (1) $A = \dfrac{1}{2}$; (2) $P\{X > 0.5\} = \dfrac{5}{8}$;

(3) $F(x) = \begin{cases} 0,\ x < 0, \\[2mm] \dfrac{x + x^2}{2},\ 0 \leqslant x < 1, \\[2mm] 1,\ x \geqslant 1. \end{cases}$

2.3B-11 $1 - (1 - 0.4931)^3$.

【2.4A 本节内容作业】

2.4A-1 η 分布律为 $P(\eta = 2) = \dfrac{1}{4}, P(\eta = 2 + \dfrac{\pi}{3}) = \dfrac{1}{2}, P(\eta = 2 + \dfrac{2\pi}{3}) = \dfrac{1}{4}$;

ζ 的分布律为 $P(\zeta = 1) = \dfrac{1}{4}, P(\zeta = 0) = \dfrac{1}{2}, P(\zeta = -1) = \dfrac{1}{4}$.

2.4A-2 $P(\eta = 0) = \dfrac{1}{5}, P(\eta = 1) = \dfrac{7}{30}, P(\eta = 4) = \dfrac{1}{5}, P(\eta = 9) = \dfrac{11}{30}$.

2.4A-3

Y	-1	0	1
p_k	$\dfrac{2}{15}$	$\dfrac{1}{3}$	$\dfrac{8}{15}$

2.4A-4 $f_Y(y) = \begin{cases} \dfrac{1}{3},\ -1 < y < 2, \\[2mm] 0, 其他. \end{cases}$

2.4A-5 $F(y) = \begin{cases} 0, & y < 1, \\ \dfrac{1}{8}(y-1)^{\frac{3}{2}}, & 1 \leqslant y < 5, \\ 1, & y \geqslant 5. \end{cases}$

$f_Y(y) = F'(y) = \begin{cases} \dfrac{3}{16}\sqrt{y-1}, & 1 < y < 5, \\ 0, & \text{其他}. \end{cases}$

2.4A-6 $f_V(y) = F_V'(y) = \begin{cases} \dfrac{2}{\pi\sqrt{A^2-y^2}}, & 0 < y < A, \\ 0, & \text{其他}. \end{cases}$

2.4A-7 $p_\eta(y) = \begin{cases} \dfrac{2}{(b-a)\cdot\sqrt[3]{36\pi y^2}}, & \dfrac{\pi}{6}a^3 \leqslant y \leqslant \dfrac{\pi}{6}b^3, \\ 0, & \text{其他}. \end{cases}$

2.4A-8 (1) $f_Y(y) = \begin{cases} \dfrac{1}{2\sqrt{\pi(y-1)}}e^{-\frac{y-1}{4}}, & y > 1, \\ 0, & y \leqslant 1; \end{cases}$

(2) $f_z(z) = \begin{cases} \sqrt{\dfrac{2}{\pi}}e^{-\frac{z^2}{2}}, & z \geqslant 0, \\ 0, & z < 0. \end{cases}$

2.4A-9 $p_\eta(y) = \begin{cases} \dfrac{1}{\sqrt{2\pi}\sigma y}\cdot\exp\left\{-\dfrac{1}{2\sigma^2}(\ln y - a)^2\right\}, & y > 0, \\ 0, & y \leqslant 0. \end{cases}$

2.4A-10* (1) $f_Y(y) = \begin{cases} \dfrac{2\cdot\sqrt[3]{2}}{3\pi(y\cdot\sqrt[3]{y}+\sqrt[3]{4y^2})}, & y > 0, \\ 0, & y \leqslant 0; \end{cases}$

(2) $f_Y(y) = \dfrac{2\ln 2}{\pi(2^{-y}+2^y)}, \quad -\infty < y < +\infty.$

2.4A-11* Y 的概率密度 $f_Y(y) = \begin{cases} 50(1-y)^{-\frac{3}{2}}, & y < -9999, \\ 0, & \text{其他}; \end{cases}$

E 的概率密度

$f_Z(z) = F_Z'(z) = \begin{cases} \dfrac{50}{z(\ln z)^2}, & 0 < z < e^{-100} \text{ 或 } z > e^{100}, \\ 0, & \text{其他}. \end{cases}$

2.4A-12* (1) $f_Y(y) = \begin{cases} \dfrac{1}{y^2}f\left(\dfrac{1}{y}\right), & y \neq 0, \\ 0, & y = 0; \end{cases}$

(2) $f_Y(y) = \begin{cases} f(y) + f(-y), & y > 0, \\ 0, & y \leqslant 0; \end{cases}$

(3) $f_Y(y) = \dfrac{1}{1+y^2}\displaystyle\sum_{k=-\infty}^{+\infty}f(k\pi + \mathrm{arctg}\, y).$

【2.4B 跨节内容作业】

2.4B-1 $6(1-e^{-1})^2 e^{-2}.$

2.4B-2 (1) $F_Y(y) = \begin{cases} 0, & y < 0, \\ 1 - e^{-5y}, & 0 \leqslant y < 2, \\ 1, & y \geqslant 2; \end{cases}$

(2) $F_Z(y) = \begin{cases} 0, & y < 0, \\ 1 - e^{-5\ln y}, & 1 \leqslant y \leqslant e^2 \text{;不是连续型随机变量.} \\ 1, & y \geqslant e^2, \end{cases}$

2.4B-3 (1) $C = \dfrac{1}{2a}$; (2) $F(x) = \begin{cases} \dfrac{1}{2} e^{\frac{x}{a}}, & x < 0, \\ 1 - \dfrac{1}{2} e^{-\frac{x}{a}}, & x \geqslant 0; \end{cases}$

(3) $1 - e^{-\frac{2}{a}}$; (4) $f_Y(y) = \begin{cases} \dfrac{1}{a} y^{-\frac{1}{2}} e^{-\frac{2\sqrt{y}}{a}}, & y > 0, \\ 0, & y \leqslant 0. \end{cases}$

2.4B-4* 略.

2.4B-5* (1) $F_Z(z) = \begin{cases} \dfrac{\arctan\left(-\dfrac{1}{z}\right)}{2\pi}, & z < 0, \\ \dfrac{1}{2}, & z = 0, \\ \dfrac{1}{2} + \dfrac{1}{2\pi}\left[\dfrac{\pi}{2} - \arctan\left(\dfrac{1}{z}\right)\right], & z > 0; \end{cases}$

(2) $\dfrac{1}{24}$.

【2.4C 跨章内容作业】

2.4C-1 $\dfrac{3}{113}$.

2.4C-2 $a = \sqrt[3]{4}$.

2.4C-3 $\dfrac{27}{27 + e^{-2} \times 25}$.

2.4C-4* X 服从参数为 λp 的泊松分布，Y 服从参数为 $\lambda(1-p)$ 的泊松分布.

2.4C-5* $1 - e^{-\lambda T}$

【第 2 章自测题】

一、填空题

1. $P(X=1) = 0.8, P(X=2) = 0.2 \times \dfrac{8}{9}, P(X=3) = 0.2 \times \dfrac{1}{9}$;

2. $\dfrac{11}{16}$; 3. $\dfrac{10}{243}$; 4. e^{-8}; 5. $\dfrac{1}{6}$; 6. $1 \leqslant k \leqslant 3$;

7. $k = 0.71$; 8. $\mu = 4$; 9. $\dfrac{9}{64}$;

10. $y > 0$ 时 $f_Y(y) = \dfrac{1}{y\sqrt{2\pi}} e^{\frac{(\ln y - 1)^2}{2}}$, $y \leqslant 0$ 时 $f_Y(y) = 0$.

二、选择题

1.(B)；2.(C)；3.(C)；4.(D)；5.(A)；6.(C)；7.(C)；8.(C)；9.(B).

三、解答题

1. X 的分布律：$P(X=1)=\dfrac{3}{6}$，$P(X=2)=\dfrac{2}{6}$，$P(X=3)=\dfrac{1}{6}$；

X 的分布函数：

$$F(x)=\begin{cases}1, & x\geqslant 3,\\[4pt]\dfrac{5}{6}, & 2\leqslant x<3,\\[4pt]\dfrac{3}{6}, & 1\leqslant x<2,\\[4pt]0, & x<1.\end{cases}$$

2. $a=\dfrac{1}{4}$，$q=\dfrac{3}{4}$.

3. $a\approx 57.5$.

4. (1) $C=\dfrac{2}{\pi}$； (2) $P(X>0)=\dfrac{1}{2}$； (3) $\dfrac{1}{2^5}$.

5. $\dfrac{3\ln 0.05}{\ln 0.99}$.

6. X 服从参数为 3.6 的泊松分布.

7. (1) $y\geqslant 0$，$f_Y(y)=\dfrac{1}{2\sqrt{\pi y}}\left[\mathrm{e}^{-y+2\sqrt{y}-1}+\mathrm{e}^{-y-2\sqrt{y}-1}\right]$，$y\leqslant 0$ 时 $f_Y(y)=0$；

(2) $\Phi(2)-0.5$.

8. $\alpha=1-\sum\limits_{k=4}^{100}C_n^k\,0.05^k\,0.95^{100-k}\approx 0.82$.

9. $P(X=k)=q^{k-1}p,k=1,2,\cdots,n-1$，$P(X=n)=q^n$.

10. $F_Y(y)=P(F(X)\leqslant y)=P(X\leqslant F^{-1}(y))=F(F^{-1}(y))=y,0\leqslant y\leqslant 1$.

11. $1/3$.

12. $1-\mathrm{e}^{-2}$.

13. (1) $y>0,F_Y(y)=1-\mathrm{e}^{-y},y<0,F_Y(y)=0$；(2)略.

【3.1A 本节内容作业】

3.1A-1 $F(b,c)-F(a,c)$.

3.1A-2 $f(x,y)=\begin{cases}3^{-x-y}\ln^2 3,x\geqslant 0,y\geqslant 0,\\0,其他.\end{cases}$

3.1A-3

X\Y	0	1	2	3
0	0	0	0	1/8
1	0	0	3/8	0
2	0	3/8	0	0
3	1/8	0	0	0

"至少出现一次正面、一次反面"的概率为 $\dfrac{6}{8}$.

3.1A-4 (1)无放回情形

X \ Y	1	2	3
1	0	2/12	1/12
2	2/12	2/12	2/12
3	1/12	2/12	0

(2)有放回情形

X \ Y	1	2	3
1	1/16	2/16	1/16
2	2/16	4/16	2/16
3	1/16	2/16	1/16

3.1A-5 $\dfrac{7}{8}$.

3.1A-6 (1) $a = 1, b = 0$；(2)0.

3.1A-7 (1)1；(2) $\dfrac{1}{2}$, e^{-1}.

3.1A-8 (1) $\dfrac{15}{64}$；(2)0；(3) $\dfrac{1}{2}$；(4) $\dfrac{1}{2}$.

3.1A-9 (1) 12；(2) $F(x,y) = \begin{cases} (1-e^{-3x})(1-e^{-4y}), x>0, y>0, \\ 0, 其他; \end{cases}$

(3) $(1-e^{-3})(1-e^{-8})$.

3.1A-10 $\dfrac{1}{2}$.

3.1A-11 $A = 20$；$F(x,y) = \dfrac{1}{\pi^2}(\arctan\dfrac{x}{4} + \dfrac{\pi}{2})(\arctan\dfrac{y}{5} + \dfrac{\pi}{2})$.

3.1A-12 (1) $h(x,y) \geqslant -p_1(x)p_2(y)$；(2) $\displaystyle\int_{-\infty}^{+\infty}\int_{-\infty}^{+\infty} h(x,y)\mathrm{d}x\mathrm{d}y = 0$.

3.1A-13

(1) $F(x,y) = \begin{cases} 0, x \leqslant 0 \text{ 或 } y \leqslant 0, \\ \dfrac{1}{3}x^2 y(x + \dfrac{y}{4}), 0 < x \leqslant 1, 0 < y \leqslant 2, \\ \dfrac{1}{3}x^2(2x+1), 0 < x \leqslant 1, y > 2, \\ \dfrac{1}{12}y(4+y), x > 1, 0 < y \leqslant 2, \\ 1, x > 1, y > 2; \end{cases}$

(2) $P(X+Y > 1) = \dfrac{65}{72}$；(3) $P(Y > X) = \dfrac{17}{24}$.

3.1A-14 (1) $A = \dfrac{24}{5}$；(2) $\dfrac{11}{20}$；(3) $F(\dfrac{1}{2}, \dfrac{1}{4}) = \dfrac{107}{1280}$, $F(\dfrac{1}{2}, 1) = \dfrac{13}{80}$.

3.1A-15*

$$F(x,y) = \begin{cases} 0, x < 0 \text{ 或 } y < 0, \\ \dfrac{1}{2}\big[\sin x + \sin y - \sin(x+y)\big], 0 \leqslant x \leqslant \dfrac{\pi}{2}, 0 \leqslant y \leqslant \dfrac{\pi}{2}, \\ \dfrac{1}{2}(\sin x + 1 - \cos x), 0 \leqslant x \leqslant \dfrac{\pi}{2}, y > \dfrac{\pi}{2}, \\ \dfrac{1}{2}(1 + \sin y - \cos y), x > \dfrac{\pi}{2}, 0 \leqslant y \leqslant \dfrac{\pi}{2}, \\ 1, x > \dfrac{\pi}{2}, y > \dfrac{\pi}{2}. \end{cases}$$

3.1A-16* 略.

【3.1C 跨章内容作业】

3.1C-1 $e^{-2.4} \approx 0.09$.

3.1C-2 $P\{X > x, Y > y\} = 1 - F(x, +\infty) - F(+\infty, y) + F(x, y)$.

3.1C-3 3/4.

【3.2A 本节内容作业】

3.2A-1 $P(\xi = n) = \dfrac{\lambda^n e^{-\lambda}}{n!}$, $n = 0, 1, 2, \cdots$;

$P(\eta = m) = \dfrac{(\lambda p)^m}{m!} e^{-\lambda p}$, $m = 0, 1, 2, \cdots$.

3.2A-2 $p_X(x) = 6x(1-x), 0 < x < 1$,其他为 0;

$p_Y(y) = 6(\sqrt{y} - y), 0 < y < 1$,其他为 0.

3.2A-3 (1) 当 $x > 1$ 时 $p_\xi(x) = \dfrac{2}{x^3}$,当 $x \leqslant 1$ 时 $p_\xi(x) = 0$;

当 $y > 1$ 时 $p_\eta(y) = e^{-y+1}$,当 $y \leqslant 1$ 时 $p_\eta(y) = 0$;

(2) $p_\xi(x) = \dfrac{1}{\sqrt{2\pi}} e^{-\frac{x^2}{2}}$, $p_\eta(y) = \dfrac{1}{\sqrt{2\pi}} e^{-\frac{y^2}{2}}$.

3.2A-4 边缘概率密度 $f_Y(y) = \dfrac{1}{2y}, 1 \leqslant y \leqslant e^2$; $f_Y(2) = \dfrac{1}{4}$.

3.2A-5* 当 $x > 0$ 时 $p_\xi(x) = \dfrac{1}{\Gamma(k_1)} x^{k_1-1} e^{-x}$,当 $x \leqslant 0$ 时 $p_\xi(x) = 0$;

当 $y > 0$ 时 $p_\eta(y) = \dfrac{e^{-y}}{\Gamma(k_1+k_2)} y^{k_1+k_2-1}$,当 $y \leqslant 0$ 时 $p_\eta(y) = 0$.

3.2A-6 X 的分布函数为 $F(x, +\infty) = \begin{cases} 1 - x^2, x > 1, \\ 0, \text{其他}; \end{cases}$ Y 的分布函数为

$F(+\infty, y) = \begin{cases} 1 - e^{-y+1}, y > 1, \\ 0, \text{其他}. \end{cases}$

【3.2B 跨节内容作业】

3.2B-1

ξ \ η	1	3	$p_{i.}$
0	0	1/8	1/8
1	3/8	0	3/8
2	3/8	0	3/8
3	0	1/8	1/8
$p_{.j}$	6/8	2/8	

3.2B-2

X \ Y	2	3	4	$p_{i.}$
1	$\frac{1}{8}$	0	0	$\frac{1}{8}$
2	$\frac{1}{2}$	0	0	$\frac{1}{2}$
3	0	$\frac{1}{4}$	0	$\frac{1}{4}$
4	0	0	$\frac{1}{8}$	$\frac{1}{8}$
$p_{.j}$	$\frac{5}{8}$	$\frac{1}{4}$	$\frac{1}{8}$	1

3.2B-3 (1) 3; $f_X(x) = \begin{cases} 3x^2, & 0 < x < 1, \\ 0, & \text{其他;} \end{cases}$

$$f_Y(y) = \begin{cases} \dfrac{3}{2}(1-y^2), & 0 < y < 1, \\ 0, & \text{其他;} \end{cases}$$

(2) 1; $f_X(x) = \begin{cases} 2x^2 + \dfrac{2x}{3}, & 0 < x < 1, \\ 0, & \text{其他;} \end{cases}$

$$f_Y(y) = \begin{cases} \dfrac{1}{3} + \dfrac{y}{6}, & 0 < y < 2, \\ 0, & \text{其他;} \end{cases}$$

(3) 1; $f_X(x) = \begin{cases} -2x, & -1 \leqslant x \leqslant 0, \\ 0, & \text{其他;} \end{cases}$

$$f_Y(y) = \begin{cases} y+1, & -1 < y < 0, \\ -y+1, & 0 < y < 1, \\ 0, & |y| > 1; \end{cases}$$

(4) $\dfrac{21}{4}$; $f_X(x) = \begin{cases} \dfrac{21}{8}x^2(1-x^4), & -1 < x < 1, \\ 0, & \text{其他;} \end{cases}$

$$f_Y(y) = \begin{cases} \dfrac{7}{2}y^{\frac{5}{2}}, & 0 < y < 1, \\ 0, & \text{其他.} \end{cases}$$

3.2B-4 $C = \sqrt{2} + 1$；$\varphi_Y(y) = (\sqrt{2} + 1)\sqrt{2 - \sqrt{2}}\sin\left(\dfrac{\pi}{8} + y\right)$，$0 \leqslant y \leqslant \dfrac{\pi}{4}$.

3.2B-5* $P(\xi = m, \eta = n, \zeta = k) = \dfrac{4!}{m! n! k!} 0.5^m 0.3^n 0.2^k$，

$m, n, k = 0, 1, 2, 3, 4$；$m + n + k = 4$；

$P(\xi = m) = C_4^m 0.5^m 0.5^{4-m}$，$m = 0, 1, 2, 3, 4$；

$P(\eta = n) = C_4^n 0.3^n 0.7^{4-n}$，$n = 0, 1, 2, 3, 4$；

$P(\zeta = k) = C_4^k 0.2^k 0.8^{4-k}$，$k = 0, 1, 2, 3, 4$.

【3.3A 本节内容作业】

3.3A-1 (1) $P(\xi = i \mid \eta = k) = \dfrac{1}{10}$，$i = 0, 1, \cdots, 9$；

(2) $P(\xi = i \mid \eta = k) = \dfrac{1}{9}$，$i = 0, 1, \cdots, 9(i \neq k)$，

$P(\xi = k \mid \eta = k) = 0$.

3.3A-2 $f(x, y) = \begin{cases} \dfrac{1}{\sqrt{2\pi}} e^{-\frac{x^2}{2} - y}，& -\infty < x < \infty，\ y \geqslant 0, \\ 0，& \text{其他.} \end{cases}$

3.3A-3 $\alpha = \dfrac{2}{9}$，$\beta = \dfrac{1}{9}$.

3.3A-4

X \ Y	y_1	y_2	y_3	$p_i.$
x_1	1/24	1/8	1/12	1/4
x_2	1/8	3/8	1/4	3/4
$p._j$	1/6	1/2	1/3	1

3.3A-5 (C).

【3.3B 跨节内容作业】

3.3B-1 $p_{\eta|\xi}(y \mid 1) = \begin{cases} 2^{n-1}(n-1)/(2+y)^n，& y > 0, \\ 0，& \text{其他.} \end{cases}$

3.3B-2 $\dfrac{1}{2}$.

3.3B-3 (1) $f_{X|Y}(x \mid y) = \begin{cases} \dfrac{1}{1 - |y|}，& |y| < x < 1, \\ 0，& \text{其他;} \end{cases}$

$f_{Y|X}(y \mid x) = \begin{cases} \dfrac{1}{2x}，& |y| < x < 1, \\ 0，& \text{其他;} \end{cases}$

(2) $P\{X > \dfrac{1}{2} \mid Y > 0\} = \dfrac{3}{4}$，$P\{Y > \dfrac{1}{2} \mid X > \dfrac{1}{2}\} = \dfrac{1}{6}$.

3.3B-4 （1）—（4）X 与 Y 不独立.

3.3B-5 （1）$f_X(x) = \begin{cases} \dfrac{2\sqrt{R^2-x^2}}{\pi R^2}, & |x| < R, \\[2ex] 0, & \text{其他}; \end{cases}$

$$f_Y(y) = \begin{cases} \dfrac{2\sqrt{R^2-y^2}}{\pi R^2}, & |y| < R, \\[2ex] 0, & \text{其他}; \end{cases}$$

（2）X 与 Y 不独立.

3.3B-6 （1）$\varphi_X(x) = \begin{cases} 4(1-x^3), & 0 < x < 1, \\ 0, & \text{其他}; \end{cases}$

$$\varphi(y \mid x) = \begin{cases} \dfrac{6y(1-x-y)}{(1-x)^3}, & x > 0, y > 0, x+y < 1, \\[2ex] 0, & \text{其他}; \end{cases}$$

$$\varphi\left(y \mid x = \frac{1}{2}\right) = \begin{cases} 24y(1-2y), & 0 < y < \dfrac{1}{2}, \\[2ex] 0, & \text{其他}; \end{cases}$$

（2）$\varphi_Y(y) = \begin{cases} 12y(1-y)^2, & 0 < y < 1, \\ 0, & \text{其他}; \end{cases}$

$$\varphi(x \mid y) = \frac{\varphi(x,y)}{\varphi_Y(y)} = \begin{cases} \dfrac{2(1-x-y)}{(1-y)^3}, & x > 0, y > 0, x+y < 1, \\[2ex] 0, & \text{其他}; \end{cases}$$

$$\varphi\left(x \mid y = \frac{1}{2}\right) = \begin{cases} 8\left(\dfrac{1}{2} - x\right), & 0 < x < \dfrac{1}{2}, \\[2ex] 0, & \text{其他}. \end{cases}$$

3.3B-7 $\eta \sim N(m, \sigma^2 + \tau^2)$；

$\eta = y$ 时，ξ 的条件分布为 $N\left(\dfrac{\sigma^2 m + \tau^2 y}{\sigma^2 + \tau^2}, \dfrac{\sqrt{\sigma^2 \tau^2}}{\sigma^2 + \tau^2}\right)$.

【3.3C 跨章内容作业】

3.3C-1 $\dfrac{1}{2}$.

3.3C-2 略.

3.3C-3 $P(\xi_i = 0 \mid \xi_1 + \xi_2 + \cdots + \xi_n = r) = \dfrac{n-r}{n}$，

$$P(\xi_i = 1 \mid \xi_1 + \xi_2 + \cdots + \xi_n = r) = \frac{r}{n}.$$

3.3C-4* 略.

3.3C-5* 略.

3.3C-6* 略.

【3.4A 本节内容作业】

3.4A-1

$X+Y$	-2	0	1	3	4
P	5/20	2/20	9/20	3/20	1/20

XY	-2	-1	1	2	4
P	9/20	2/20	5/20	3/20	1/20

3.4A-2 $\dfrac{5}{7}$.

3.4A-3 $f_Z(z) = \begin{cases} \dfrac{2-z}{2}, & 0 \leqslant z \leqslant 2, \\ 0, & \text{其他.} \end{cases}$

3.4A-4* $g(u,v) = \begin{cases} 2, & 0 \leqslant u \leqslant v \leqslant 1, \\ 0, & \text{其他.} \end{cases}$

【3.4B 跨节内容作业】

3.4B-1 (B).

3.4B-2 $\begin{pmatrix} 0 & 1 & 2 & 3 & 4 \\ \dfrac{1}{6} & \dfrac{11}{24} & \dfrac{1}{4} & \dfrac{1}{24} & \dfrac{1}{12} \end{pmatrix}$.

3.4B-3 $P(\xi + \eta = n) = \dfrac{n-1}{2^n}, n = 2, 3, \cdots$.

3.4B-4 (1) $\dfrac{7}{24}$; (2) $f_Z(z) = \begin{cases} 2z - z^2, & 0 < z < 1, \\ (z-2)^2, & 1 \leqslant z < 2, \\ 0, & \text{其他.} \end{cases}$

3.4A-5 (B).

3.4B-6 $P\{Z=0\} = \dfrac{1}{4}, P\{Z=1\} = \dfrac{3}{4}$.

3.4B-7 $P\{\max(X,Y) \neq 0\} = 1 - e^{-3}$;
$P\{\min(X,Y) \neq 0\} = (1 - e^{-1})(1 - e^{-2})$.

3.4B-8 $p_X(x) = \begin{cases} 2(1-x), & 0 \leqslant x < 1, \\ 0, & \text{其他.} \end{cases}$

3.4B-9 $P\{a < \min(X,Y) \leqslant b\} = [P\{X > a\}]^2 - [P\{X > b\}]^2$.

3.4B-10 T 服从参数为 3λ 的指数分布.

3.4B-11 $f_Z(z) = \begin{cases} z^3 e^{-z}/6, & z > 0, \\ 0, & z \leqslant 0. \end{cases}$

3.4B-12 (1) Z 的概率密度 $f_Z(z) = \begin{cases} 12e^{-3z} - 12e^{-4z}, & z > 0, \\ 0, & z \leqslant 0; \end{cases}$

(2) M 的概率密度 $f_M(m) = \begin{cases} 3e^{-3m} + 4e^{-4m} - 7e^{-7m}, & m > 0, \\ 0, & m \leqslant 0; \end{cases}$

(3) N 的概率密度 $f_N(n) = \begin{cases} 7e^{-7n}, & n > 0, \\ 0, & n \leqslant 0. \end{cases}$

3.4B-13 $f_Z(z) = \dfrac{1}{\sqrt{8\pi}}\mathrm{e}^{-\frac{(z-16)^2}{16}}$, $-\infty < z < +\infty$.

3.4B-14 (1) $f(x,y) = \begin{cases} 1/x, & 0 < y < x < 1, \\ 0, & 其他; \end{cases}$

(2) $f_Y(y) = \begin{cases} -\ln y, & 0 < y < 1, \\ 0, & 其他; \end{cases}$

(3) $P\{X+Y>1\} = 1 - \ln 2$.

3.4B-15 $P(\xi+\eta=k) = C_{n_1+n_2}^k p^k q^{n_1+n_2-k}$, $k = 0,1,\cdots,n_1+n_2$.

3.4B-16 (1) Z 的概率密度 $f_Z(z) = \begin{cases} 1 - \mathrm{e}^{-z}, & 0 < z < 1, \\ (\mathrm{e}-1)\mathrm{e}^{-z}, & z > 1, \\ 0, & 其他; \end{cases}$

(2) M 的概率密度 $f_M(m) = \begin{cases} 1 - \mathrm{e}^{-m} + m\mathrm{e}^{-m}, & 0 < m < 1, \\ \mathrm{e}^{-m}, & m \geqslant 1, \\ 0, & 其他; \end{cases}$

(3) N 的概率密度 $f_N(n) = \begin{cases} 2\mathrm{e}^{-n} - n\mathrm{e}^{-n}, & 0 < n < 1, \\ 0, & 其他; \end{cases}$

(4) U 的概率密度 $f_U(u) = \begin{cases} \dfrac{\mathrm{e}^u - \mathrm{e}^{u-2}}{2}, & u < 0, \\ \dfrac{1 - \mathrm{e}^{u-2}}{2}, & 0 \leqslant u < 2, \\ 0, & 其他. \end{cases}$

3.4B-17 (x,y) 联合概率密度为

$$f(x,y) = \frac{1}{2\pi}\mathrm{e}^{-\frac{x^2+y^2}{2}}, \quad -\infty < x < +\infty, \ -\infty < y < +\infty.$$

Z	0	1	2
P	e^{-2}	$\mathrm{e}^{-\frac{1}{2}} - \mathrm{e}^{-2}$	$1 - \mathrm{e}^{-\frac{1}{2}}$

3.4B-18 (1)

X \ Y	0	1	2	3	$p_{i\cdot}$
0	$\dfrac{1}{27}$	$\dfrac{1}{9}$	$\dfrac{1}{9}$	$\dfrac{1}{27}$	$\dfrac{8}{27}$
1	$\dfrac{1}{9}$	$\dfrac{2}{9}$	$\dfrac{1}{9}$	0	$\dfrac{4}{9}$
2	$\dfrac{1}{9}$	$\dfrac{1}{9}$	0	0	$\dfrac{2}{9}$
3	$\dfrac{1}{27}$	0	0	0	$\dfrac{1}{27}$
$p_{\cdot j}$	$\dfrac{8}{27}$	$\dfrac{4}{9}$	$\dfrac{2}{9}$	$\dfrac{1}{27}$	1

(2) X,Y 不相互独立;

(3) $P(X=0 \mid Y=1) = \dfrac{1}{4}$,

$P(X=1 \mid Y=1) = \dfrac{1}{2}$,

$P(X=2 \mid Y=1) = \dfrac{1}{4}$,

$P(X=3 \mid Y=1) = 0$.

3.4B-19 略.

3.4B-20 $Z \sim N(-2, 61)$.

3.4B-21* $p_{\xi+\eta}(x) = \frac{1}{4a^2}(a + |x|)\mathrm{e}^{-\frac{|x|}{a}}$.

3.4B-22* $f_Z(z) = \begin{cases} 0, z \leqslant 0, \\ z/2, 0 < z \leqslant 1, \\ \dfrac{1}{2z^2}, z > 1. \end{cases}$

3.4B-23* 提示：由 $P(\xi + \eta = 2) = P(\xi + \eta = 7) = P(\xi + \eta = 12) = 1/11$ 找出矛盾.

3.4B-24* 略.

3.4B-25* 略.

3.4B-26* 略.

3.4B-27* $x \geqslant 0$ 时，$p_{\frac{\xi}{\eta}}(x) = \dfrac{1}{(x+1)^2}$；$x < 0$ 时，$p_{\frac{\xi}{\eta}}(x) = 0$.

3.4B-28* 略.

【3.4C 跨章内容作业】

3.4C-1 $\dfrac{13}{48}$.

3.4C-2 (1) $\dfrac{1}{3}$；

(2) $f_Z(z) = \begin{cases} \dfrac{1}{125}(25 - z^2), -5 < z < 0, \\ \dfrac{1}{125}(5 - z)^2, 0 \leqslant z < 5, \\ 0, 其他. \end{cases}$

3.4C-3 (1) $f_X(x) = \begin{cases} 2x, 0 < x < 1, \\ 0, 其他; \end{cases}$ $f_Y(y) = \begin{cases} 1 - \dfrac{y}{2}, 0 < y < 2, \\ 0, 其他; \end{cases}$

(2) $f_Z(z) = \begin{cases} 1 - \dfrac{1}{2}z, 0 < z < 2, \\ 0, 其他; \end{cases}$

(3) $\dfrac{3}{4}$.

3.4C-4 (1) $\dfrac{1}{2}$；(2) $f(z) = \begin{cases} 1/3, -1 < z < 2, \\ 0, 其他. \end{cases}$

【第 3 章自测题】

一、填空题

1. 1/3.　　2. 1/4.　　3. 1/2.　　4. 80/243.　　5. 0.

6. $P(X = -1, Y = -1) = \dfrac{1}{4}$，$P(X = -1, Y = 1) = 0$，

$P(X = 1, Y = -1) = \dfrac{1}{2}$，　　$P(X = 1, Y = 1) = \dfrac{1}{4}$.

7. $F(x) = \begin{cases} 0, x < 0, \\ x, 0 \leqslant x < 1, \\ 1, x \geqslant 1. \end{cases}$

8. $F(x,y) = \begin{cases} 0, \ x < 0 \ \text{或} \ y < 0, \\ 0.12, \ 0 \leqslant x < 1, 0 \leqslant y < 1, \\ 0.4, \ 0 \leqslant x < 1, y \geqslant 1, \\ 0.3, \ x \geqslant 1, 0 \leqslant y < 1, \\ 1, \ x \geqslant 1, y \geqslant 1. \end{cases}$

9.

X^2	0	1
P	$p^2 + q^2$	$2pq$

10. $f_1(x) = \dfrac{1}{\sqrt{2\pi}} e^{-\frac{x^2}{2}}$, $f_1(y) = \dfrac{1}{\sqrt{2\pi}} e^{-\frac{y^2}{2}}$.

11. $F_Z(Z) = 1 - (1 - F_X(z+1))(1 - F_Y(z+1))$.

12.

X \ Y	0	1	2	$P_{i.}$
0	1/6	1/12	1/12	1/3
1	1/3	1/6	1/6	2/3
$P_{.j}$	1/2	1/4	1/4	1

二、选择题

1.(B).　　2.(D).　　3.(C).　　4.(A).　　5.(B).

三、解答题

1. (1)C=4;　(2) $P(X = Y) = 0$;　(3) $P(X < Y) = \dfrac{1}{2}$.

2. $P(X = k \mid X + Y = n) = C_n^k \left(\dfrac{\lambda_1}{\lambda_1 + \lambda_2}\right)^k \left(1 - \dfrac{\lambda_1}{\lambda_1 + \lambda_2}\right)^{n-k}$, $k = 0, 1, 2, \cdots, n$.

3. 0.998.

4. (1) $f_1(x) = \dfrac{1}{\sqrt{2\pi}} e^{-\frac{x^2}{2}}$, $f_2(y) == \dfrac{1}{\sqrt{2\pi}} e^{-\frac{y^2}{2}}$;　(2) X 与 Y 不独立.

5. $f(x,y) = \begin{cases} 1/8, \ |x| + |y| \leqslant 2, \\ 0, \ \text{其他}; \end{cases}$

$f_1(x) = \begin{cases} \dfrac{1}{2} - \dfrac{|x|}{4}, \ |x| \leqslant 2, \\ 0, \ |x| > 2; \end{cases}$　$f_2(y) = \begin{cases} \dfrac{1}{2} - \dfrac{|y|}{4}, \ |y| \leqslant 2, \\ 0, \ |y| > 2. \end{cases}$

6. $B = C = \dfrac{\pi}{2}$, $A = \dfrac{1}{\pi^2}$; $P(X > 2) = \dfrac{1}{4}$; X 与 Y 相互独立.

7. (1) $b = \dfrac{1}{1 - e^{-1}}$;

(2) $f_X(x) = \begin{cases} \dfrac{e^{-x}}{1 - e^{-1}}, 0 < x < 1, \\ 0, \text{其他}, \end{cases}$　$f_Y(y) = \begin{cases} e^{-y}, y > 0, \\ 0, y \leqslant 0; \end{cases}$

(3) $F_U(u) = \begin{cases} 0, u < 0, \\ \dfrac{(1-e^{-u})^2}{1-e^{-1}}, 0 \leqslant u < 1, \\ 1-e^{-u}, u \geqslant 1. \end{cases}$

8. S 的密度 $f_S(s) = \begin{cases} \dfrac{1}{2}(\ln 2 - \ln s), 0 < s < 2, \\ 0, \text{其他.} \end{cases}$

9. $P(Y = k \mid X = i) = \dfrac{1}{i}, k = 1, 2, \cdots, i \ (1 \leqslant i \leqslant 4)$.

10. (1) $P(Y = m \mid X = n) = C_n^m p^m (1-p)^{n-m}, 0 \leqslant m \leqslant n, n = 1, 2, \cdots$;

   (2) $P(X = n, Y = m) = e^{-\lambda} \dfrac{\lambda^n}{n!} C_n^m p^m (1-p)^{n-m}, 0 \leqslant m \leqslant n, n = 1, 2, \cdots$.

11. (X, Y) 的分布律

$P(X = m, Y = n) = (1-p)^{n-2} p^2, m = 1, 2, \cdots, n = m+1, m+2, \cdots$;

$P(X = m \mid Y = n) = \dfrac{1}{n-1}, m = 1, 2, \cdots, n-1 \ (n \geqslant 2)$;

$P(Y = n \mid X = m) = p(1-p)^{n-m-1}, n = m+1, m+2, \cdots, (m \geqslant 1)$.

12. $P(X = 0, Y = 1) = \dfrac{1}{8}$; $P(X = 1, Y = 0) = \dfrac{1}{8}$;

   $P(X = 1, Y = 1) = \dfrac{1}{8}$; $P(X = 0, Y = 0) = \dfrac{5}{8}$;

   X, Y 不独立.

13. (1) $P\left(\sum\limits_{i=1}^n X_i = k\right) = C_n^k p^k (1-p)^{n-k}$;

   (2) $P\left(\sum\limits_{i=1}^n X_i = k, X_n = 1\right) = C_{n-1}^{k-1} p^{k-1} (1-p)^{n-k} p, k = 1, 2, \cdots, n$;

   (3) $P(\min\{n: X_n \neq 0, n = 1, 2, \cdots\} = k) = (1-p)^{k-1} p, k = 1, 2, \cdots$.

14. Z 的密度函数 $f_Z(z) = F_Z'(z) = \sum\limits_{i=1}^n p_i F'(z - a_i) = \sum\limits_{i=1}^n p_i f(z - a_i)$.

15. (1) $f(x, y) = f_X(x) f_{Y|X}(y \mid x) = \begin{cases} 1/(6-2x), 1 < x < y < 3, \\ 0, \text{其他}; \end{cases}$

   (2) $f_2(y) = \displaystyle\int_{-\infty}^{+\infty} f(x, y) \mathrm{d}x = \begin{cases} \dfrac{\ln 2 - \ln(3-y)}{2}, 1 < y < 3, \\ 0, \text{其他}; \end{cases}$

   (3) $P\{X + Y < 4\} = 1 - \ln 2$.

16. (1) X_1 和 X_2 的联合概率分布

X_1＼X_2	0	1
0	$1-e^{-1}$	0
1	$e^{-1} - e^{-2}$	e^{-2}

(2) U 的概率分布

U	0	1
P	$1-e^{-1}+e^{-2}$	$e^{-1}-e^{-2}$

17. $b=0, A=\dfrac{\sqrt{ac}}{\pi}$.

18. Z 的分布密度为 $f_Z(z) = \begin{cases} 0, & z < 0, \\ \pi, & 0 \leqslant z \leqslant \dfrac{1}{2\pi}, \\ \sin\left(\dfrac{1}{2z}\right) - \dfrac{z}{2}\cos\left(\dfrac{1}{2z}\right), & z > \dfrac{1}{2\pi}. \end{cases}$

四、证明题

1. 略.

2. 略.

【4.1A 本节内容作业】

4.1A-1 ξ 没有数学期望.

4.1A-2 $E\xi = 3, E\xi^2 = 11, E(\xi+2)^2 = 27$.

4.1A-3 $250186(米^2)$.

4.1A-4 略.

4.1A-5 10.

4.1A-6 1.

4.1A-7 $\dfrac{1}{2} + \dfrac{1}{3} + \cdots + \dfrac{1}{11}$.

4.1A-8 0.9.

4.1A-9 0.

4.1A-10 4.

4.1A-11 $\dfrac{\sqrt{2\pi}}{2a}$.

4.1A-12 1/3.

4.1A-13 $E(X) = 4/5, E(Y) = 3/5, E(XY) = 1/2, E(X^2+Y^2) = 16/15$.

4.1A-14 (1) $E(X_1 + X_2) = \dfrac{3}{4}, E(2X_1 - 3X_2^2) = \dfrac{5}{8}$；

(2) $E(X_1 X_2) = \dfrac{1}{8}$.

4.1A-15 当 $t \approx 18.33$ 万台时, 厂家的期望收益最大.

4.1A-16* $\dfrac{3}{4}\sqrt{\pi}$.

4.1A-17* $EY = \dfrac{3}{4}, E\left(\dfrac{1}{XY}\right) = \dfrac{3}{5}$.

4.1A-18* 略.

4.1A-19* 略.

4.1A-20* 略.

【4.1C 跨章内容作业】

4.1C-1 用乙组砝码秤重时所用的砝码个数最少.

4.1C-2 $n \approx 256$.

4.1C-3 $\dfrac{n+2}{3}$.

4.1C-4 $\dfrac{2n+1}{3}$.

4.1C-5 a/n.

4.1C-6 $5.216(万元)$.

4.1C-7 (1) $P(X=0)=\dfrac{1}{2}$，$P(X=1)=\dfrac{1}{4}$，$P(X=2)=\dfrac{1}{8}$，

$$P(X=3)=\dfrac{1}{8}；$$

(2) $E\left(\dfrac{1}{1+X}\right)=\dfrac{67}{96}$.

4.1C-8 $\dfrac{n}{m}$.

4.1C-9 $\dfrac{p^2-p+1}{p(1-p)}$.

4.1C-10 $\dfrac{1-(1-p)^{n+1}}{p}$.

4.1A-11* 提示：$P(\xi < x)=\displaystyle\int_0^x p_\xi(t)\mathrm{d}t=1-\int_x^\infty p_\xi(t)\mathrm{d}t$.

4.1C-12* 提示：$\xi_j / \displaystyle\sum_{i=1}^n \xi_i$ 同分布 $(j=1,\cdots,n)$.，考虑 $E\left[\displaystyle\sum_{i=1}^n \xi_i / \sum_{i=1}^n \xi_i\right]$.

【4.2A 本节内容作业】

4.2A-1 $DX = \displaystyle\sum_{i=1}^n p_i(1-p_i)$.

4.2A-2 $E\xi = 0$，$D\xi = \dfrac{\pi^2}{12}-\dfrac{1}{2}$.

4.2A-3 $D(2X-3Y)=30$.

4.2A-4 $1/2$.

4.2A-5 提示：由随机变量的独立性与方差性质证明.

4.2A-6* 提示：按定义求 $E(X)$，$D(X)=E(X^2)-(EX)^2$.

【4.2B 跨节内容作业】

4.2B-1 $E(X)=0.6$，$E(X^2)=1.6$，$D(X)=1.24$.

4.2B-2 $E\xi = 1$，$D\xi = 1/6$.

4.2B-3 $E(2X^3+5)=15$，$D(2X^3+5)=\dfrac{734}{3}$.

4.2B-4 $E\xi = 2$，$D\xi = 2$.

4.2B-5* 体重的波动程度比身高的波动程度更大.

4.2B-6 $p=0.4$，$n=6$.

4.2B-7 $E\xi = 150(秒)$，$D\xi = 7500(秒^2)$.

4.2B-8 $EZ=4$，$DZ=18$.

4. 2B-9 $E\eta = 0, D\eta = 1/2.$

4. 2B-10 $A = \dfrac{1}{\beta^{\alpha+1} \cdot \Gamma(\alpha+1)}, E\xi = (\alpha+1)\beta, D\xi = (\alpha+1)\beta^2.$

4. 2B-11*   提示：$E\xi = \displaystyle\sum_{n=1}^{\infty} nP\{\xi = n\} = \sum_{n=1}^{\infty}\sum_{i=1}^{n} P\{\xi = n\} = \sum_{i=1}^{\infty}\sum_{n=i}^{\infty} P\{\xi = n\}$

$D\xi = E\xi^2 + E\xi - E\xi(E\xi+1).$

【4.2C 跨章内容作业】

4. 2C-1 $EX = \dfrac{1}{p}, D(X) = \dfrac{1-p}{p^2}.$

4. 2C-2 $EX = 1.04.$

4. 2C-3 $a = 1/2, b = 1/\pi, E\xi = 0, DX = 1/2.$

4. 2C-4 $F(z) = \begin{cases} 0, & z < 0, \\ \dfrac{2\mu}{\lambda + 2\mu}, & 0 \leqslant z < 1, \\ 1, & z > 1. \end{cases} DZ = \dfrac{2\lambda\mu}{(\lambda + 2\mu)^2},$

4. 2C-5 $E\xi = \dfrac{k}{p}, D\xi = \dfrac{k(1-p)}{p^2}.$

4. 2C-6   两点间距离的数学期望为 $l/3$ ，方差为 $l^2/18$.

4. 2C-7* $P\{x = n\} = C_{n-r}^{-1}p^r(1-p)^{n-r}, n = r, r+1, \cdots,$

$EX = \dfrac{r}{p}, DX = \dfrac{r(1-p)}{p^2}.$

4. 2C-8*   (1) $E[2X] = 2/3, D[2X] = 4/9$；

(2) $P\{|X - E(X)| < 2\sqrt{D(X)}\} \geqslant 1 - \dfrac{DX}{4DX} = \dfrac{1}{3}.$

【4.3A 本节内容作业】

4. 3A-1 $\text{cov}(X,Y) = -0.08, \rho_{XY} = -\dfrac{2}{3}, \text{cov}(X^2,Y^2) = -0.08.$

4. 3A-2 $\rho = \dfrac{\text{cov}(X,Y)}{\sqrt{DXDY}} = -\dfrac{1}{11}.$

4. 3A-3 $0.$

4. 3A-4 $\rho = \dfrac{\text{cov}(X,Y)}{\sqrt{DXDY}} = \dfrac{1}{2}.$

4. 3A-5 $\rho_{\xi_1\eta_1} = \begin{cases} \rho, & ac > 0, \\ -\rho, & ac < 0. \end{cases}$

4. 3A-6*   提示：$0 \leqslant E\left[\displaystyle\sum_{i=1}^{n}(\xi_i - E\xi_i)\right]^2.$

【4.3B 跨节内容作业】

4. 3B-1   (1) $EX = 12/7, EY = 2$；(2) $DX = 3/49, DY = 4/5$；

(3) $\rho_{XY} \approx 0.574.$

4.3B-2 $\operatorname{cov}(U,V) = -225$.

4.3B-3 $\rho_{Y_i Y_j} = \dfrac{\operatorname{cov}(Y_i, Y_j)}{\sqrt{DX_i}\ \sqrt{DX_j}} = \dfrac{1}{1-n}$.

4.3B-4 $EW = a$, $DW = \dfrac{1+(n-1)\rho}{n}\sigma^2$.

4.3B-5 (1) $E(X_2 \mid X_1 = n_1) = (n-n_1)\dfrac{p_2}{1-p_1}$;

(2)提示：$E(X_2 X_1) = E[X_1 \cdot E(X_2 \mid X_1)] = E\left[X_1(n-X_1)\dfrac{p_2}{1-p_1}\right]$.

4.3B-6 (1) $DY_i = \dfrac{n-1}{n}\sigma^2$, $i = 1,2,\cdots,n$; (2) $\operatorname{cov}(Y_1, Y_n) = -\dfrac{1}{n}\sigma^2$;

(3) $P\{Y_1 + Y_n \leqslant 0\} = \dfrac{1}{2}$.

【4.3C 跨章内容作业】

4.3C-1 (1)

X_2 \ X_1	0	1
0	1/10	4/5
1	1/10	0

(2) $\rho_{X_1 X_2} = \dfrac{\operatorname{cov}(X_1, X_2)}{\sqrt{DX_1}\ \sqrt{DX_2}} = -\dfrac{2}{3}$.

4.3C-2 (1)

Y \ X	0	1
0	5/8	1/8
1	1/8	1/8

(2) $\operatorname{cov}(X,Y) = 1/16$; (3) $\operatorname{cov}(2X^2, 4Y^3 + 3) = 1/2$.

4.3C-3 (1) (U,V) 的概率分布

U \ V	1	2
1	4/9	0
2	4/9	1/9

(2) $\operatorname{cov}(U,V) = \dfrac{4}{81}$.

4.3C-4 略.

4.3C-5 (1) $EZ = 1/3$, $DZ = 3$; (2) $\rho_{XZ} = 0$; (3) X 与 Z 独立.

4.3C-6 $\rho_{z_1 z_2} = \dfrac{\alpha^2 - \beta^2}{\alpha^2 + \beta^2}$.

4.3C-7 (1) $D(X) = D(Y) = 1/4$, $\rho_{XY} = 0$; (2) X 与 Y 不独立，不相关.

4.3C-8 $\operatorname{cov}(X,Y) = -1/36$, $\rho_{XY} = -1/2$, $D(X+Y) = 1/18$, X,Y 非不相关.

4.3C-9* (1) $f_1(x) = \dfrac{1}{\sqrt{2\pi}}e^{-\frac{x^2}{2}}$, $f_2(y) = \dfrac{1}{\sqrt{2\pi}}e^{-\frac{y^2}{2}}$, $\rho_{XY} = 0$;

        (2) X 与 Y 不独立.

【4.4A 本节内容作业】

4.4A-1 $E(X^3) = 0$, $D(X^3) = \dfrac{\pi^6}{7 \times 4^6}$.

4.4A-2 $E|X-\mu|^k = 2^{\frac{k+1}{2}} \sigma^k \Gamma\left(\dfrac{k+1}{2}\right)$.

4.4A-3*   提示：$P(|\xi| > \varepsilon) = \displaystyle\int_{|x|>\varepsilon} p_\xi(x)\,\mathrm{d}x \leqslant \int_{|x|>\varepsilon} \dfrac{|x|^r}{\varepsilon^r} \cdot p_\xi(x)\,\mathrm{d}x$.

【第4章自测题】

一、填空题

1. 1.35；ã€€2. 1/e；ã€€3. 1/8；ã€€4. $\dfrac{24}{27}$；ã€€5. ≈ 10.2；ã€€6. $2(1-e^{-0.5})$；

7. 5；ã€€8. -1.25；ã€€9. $1-\dfrac{2}{\pi}$；ã€€10. $\dfrac{\sigma^2}{n}$ ã€€11. $1-F(0)-F(0-0)$.

二、选择题

1. (D)；ã€€2. (A)；ã€€3. (A)；ã€€4. (D)；ã€€ 5. (A)；ã€€ 6. (C)；ã€€ 7. (B).

三、解答题

1. $\mu = \dfrac{11 - \ln 2}{2}$ 时，销售一个零件的平均销售利润最大.

2. 应安排 $m_0 = \dfrac{ta + bs}{s + t}$ kg 这种商品，可以使期望销售利润最大.

3. $\dfrac{5}{p}(5q^6 - 6q^5 + 2) + 25q^2$ 元.

4. $EX = DX = 1$.

5. $\dfrac{1}{2} + \dfrac{\ln 2}{\pi}$.

6. $h \approx 504.9$ 小时.

7. $EX = 1/3$.

8. $\mu - \dfrac{\sigma}{\sqrt{\pi}}$

9. $\rho = -\dfrac{\sqrt{6}}{4}$.

10. $\rho = \dfrac{1}{3}$.

11. 略.

12. 7.8.

13. $EX = 1.0556$, $DX = \approx 0.777$.

14. $EX = \displaystyle\sum_{k=1}^{4} kP\{X = k\} = \dfrac{25}{16}$.

15. $EX = \sum\limits_{k=1}^{5} kp\,(1-p)^{k-1} + 6\,(1-p)^5 = \dfrac{1-(1-p)^6}{p}.$

16. $EY = 1/2, DY = 3/4.$

17. $D(XY) = 5/3.$

18. (1) $\mathrm{cov}(Y,Z) = 0$, Y, Z 不相关；

(2)

Z \ Y	0	4
-8	0	0.2
0	0.6	0
8	0	0.2

(3) Y, Z 不独立.

19. (1) $C = 4/7$；(2) X, Y 不独立；(3) X, Y 非不相关.

20. $\min\limits_{c} E\,(X-c)^2 = E\,(X-EX)^2 = DX = \dfrac{1}{\lambda^2} = \dfrac{1}{9\,(\ln2)^2}.$

21. T 服从参数为 3λ 的指数分布；$ET = \dfrac{1}{3\lambda}, DT = \dfrac{1}{9\lambda^2}.$

22. $E\,(XY-Z)^2 = 66$；$D(X+2Y-3Z) = 100.$

23. 11.67 分钟.

24. $E\left(\sum\limits_{i=1}^{n}|X_i - \overline{X}|\right) = \sum\limits_{i=1}^{n} E|X_i - \overline{X}| = \sigma\sqrt{\dfrac{2n(n-1)}{\pi}}.$

25. 略.

26*. $E\theta = \dfrac{\pi}{4} - \dfrac{1}{\pi}, D\theta = E(\theta^2) - (E\theta)^2 = \dfrac{\pi^2}{48} - \dfrac{1}{\pi^2} - \dfrac{3}{8}.$

27*. 略.

28*. 450 万元.

29*. 略.

【5.1A 本节内容作业】

5.1A-1 1/9.

5.1A-2 ≈ 0.037，1/4.

5.1A-3 0.975.

5.1A-4 大于等于 250.

5.1A-5 0.49.

5.1A-6* 略.

5.1A-7 由辛钦大数定律知 $\{\xi_n\}$ 服从大数定律.

5.1A-8 由辛钦大数定律知 $\{\xi_n\}$ 服从大数定律.

5.1A-9* 由辛钦大数定律证明.

5.1A-10 略.

5.1A-11 提示：由切比雪夫大数定理证明.

5.1A-12* 略.

5.1A-13* 略.

5.1A-14* 略.

5.1A-15* 略.

5.1A-16* 略.

【5.1C 跨章内容作业】

5.1C-1* 略.

5.1C-2* 略.

5.1C-3* 略.

5.1C-4* 略.

5.1C-5* 略.

5.1C-6* 略.

【5.2A 本节内容作业】

5.2A-1 （C）.

5.2A-2 (1) 0.1587；(2) 1809900.

5.2A-3 ≈0.72.

5.2A-4 0.927.

5.2A-5 ≈643(件).

5.2A-6 830.

5.2A-7 0.943.

5.2A-8 (1)0; (2) 0.995; 0.5; 0.005.

5.2A-9 能以 0.99 的概率保证其中良种的比例与 1/6 相差不超过 1.25×10^{-4}.

5.2A-10 0.998.

5.2A-11 103 只.

5.2A-12 (1)884;(2)916.

5.2A-13 69.

5.2A-14 0.7698.

5.2A-15 118a 元.

5.2A-16* 略.

【5.2B 跨节内容作业】

5.2B-1* 略.

5.2B-2* 略.

5.2B-3* 略.

5.2B-4* 略.

5.2B-5* 略.

【5.2C 跨章内容作业】

5.2C-1* (1)和;(2)不是;(3)是.

5.2C-2* 不是.

5.2C-3* 略.

5.2B-4* 略.

5.2B-5* 略.

【第5章自测题】

一、填空题

1. 0.489; 2. 0.84; 3. 7/2; 4. 1/12; 5. 810; 6. $N(\lambda,\lambda/n)$.

二、选择题

1. (C); 2. (C); 3. (A); 4. (C).

三、解答题

1. (1) $\alpha = 2\left[1 - \Phi\left(\dfrac{\Delta\sqrt{n}}{\sigma}\right)\right]$; (2) $\Delta = \dfrac{\sigma z_{\alpha/2}}{\sqrt{n}}$; (3) $n = \dfrac{\sigma^2 z_{\alpha/2}^2}{\Delta^2}$.

2. (1) 0.9049; (2) 32; (3) 188.

3. (1)0; (2)≈0.9952; (3) 0.5.

4. 146.

5. (1) 0.8185; (2) $n = 81$.

6. (1)0.1802; (2) $n \leqslant 443$.

7. 略.

8. 0.975.

9. (1) ≥0.889; (2) 0.9974.

10. 由切比雪夫不等式得 $n \geqslant 250$;由中心极限定理得 $n \geqslant 69$.

11. 0.0013.

12. (1) 0.8944; (2) 0.1379.

13. 98箱.

14. ≈1180.3(千瓦).

15. 0.1814.

【6.1A 本节内容作业】

6.1A-1 $f(x_1,x_2,\cdots,x_6) = \begin{cases} \theta^{-6}, & 0 < x_i < \theta, i = 1,2,\cdots,6, \\ 0, & 其他. \end{cases}$

6.1A-2 $f(x_1,x_2,\cdots,x_6) = e^{-6\lambda} \dfrac{\lambda^{\sum\limits_{i=1}^{6} x_i}}{\prod\limits_{i=1}^{6} x_i!}$, $x_i \geqslant 0, i = 1,2,\cdots,6.$

6.1A-3 样本的联合密度

$$f(x_1, x_2, \cdots, x_n) = \begin{cases} \lambda^n e^{-\lambda(x_1 + x_2 + \cdots + x_n)}, & x_i > 0, i = 1, 2, \cdots, n, \\ 0, & \text{其他}. \end{cases}$$

【6.1C 跨章内容作业】

6.1C-1 (1) Z 的密度为 $f(x) = \dfrac{1}{6\sqrt{2\pi}} e^{-\frac{1}{72}(x-60)^2}$ ；

(2) $P(Z > 66) = 1 - \Phi(1)$.

6.1C-2 (1)0.0918；(2)0.6826.

6.1C-3 0.8164.

6.1C-4 略.

【6.2A 本节内容作业】

6.2A-1 (2)中有未知参数,不是;其他是.

6.2A-2 (1)、(3)、(4)中有未知参数,不是;(2)是.

6.2A-3 略.

6.2A-4 (1) T_1 和 T_4 是, T_2 和 T_3 不是.

(2) $\overline{X} = 0.8; S^2 = 0.0433; S = \sqrt{S^2} = \sqrt{0.0433} = 0.2082$.

6.2A-5 $\chi_{0.99}^2(12) = 26.217$, $\chi_{0.01}^2(12) = 3.571$,

$t_{0.99}(12) = 2.6810$, $t_{0.01}(12) = -2.6810$.

6.2A-6 $c = -1.81$.

6.2A-7 α.

6.2A-8 1; 0.5.

6.2A-9 (1) 0.9916；(2) 0.8904；(3) $n = 96.04$.

6.2A-10 0.1336.

6.2A-11 $n \approx 68$.

6.2A-12 $M = \dfrac{1.96\sigma}{\sqrt{n}}$.

6.2A-13 $\dfrac{1}{4} \sum\limits_{i=1}^{n} (X_i - 1)^2 = \sum\limits_{i=1}^{n} \left(\dfrac{X_i - 1}{2} \right)^2 \sim \chi^2(n)$.

6.2A-14 略.

6.2A-15 略.

6.2A-16 $F(1, 1)$.

6.2A-17 (1) $c = 1$;自由度为 2;(2) $d = \dfrac{\sqrt{6}}{2}$;自由度为 3.

6.2A-18 $c = 3$.

6.2A-19 $U = \dfrac{X_1 + \cdots + X_9}{\sqrt{Y_1^2 + \cdots + Y_9^2}} \sim t(n)$.

【6.2B 跨节内容作业】

6.2B-1　$3\overline{X}/S \sim t(9)$，$3X_1^2 / \sum\limits_{i=2}^{4} X_i^2 \sim F(1,3)$．

6.2B-2　略．

6.2B-3　略．

6.2B-4　略．

6.2B-5　(1) $Y \sim \chi^2(n+m)$；(2)$Z \sim t(m)$；(3)$F \sim F(n,m)$．

【6.2C 跨章内容作业】

6.2C-1　$E(\overline{X}) = EX = m$，$D(\overline{X}) = \dfrac{1}{n}DX = \dfrac{2m}{n}$．

6.2C-2　(1) $E(s) = \sigma^2$，$D(s) = 2(n-1) = \dfrac{2\sigma^4}{n-1}$；(2) 0.99．

6.2C-3　(1) $E(\overline{X}) = \lambda$，$D(\overline{X}) = \dfrac{\lambda}{n}$，　$E(S^2) = \left(1 - \dfrac{1}{n}\right)\lambda$；

$\qquad$ (2) $E(\overline{X}) = p$，$D(\overline{X}) = \dfrac{p(1-p)}{n}$，$E(S^2) = \left(1 - \dfrac{1}{n}\right)p(1-p)$；

$\qquad$ (3) $E(\overline{X}) = \dfrac{1}{\lambda}$，$D(\overline{X}) = \dfrac{1}{n\lambda^2}$，$E(S^2) = \left(1 - \dfrac{1}{n}\right)\dfrac{1}{\lambda^2}$；

$\qquad$ (4) $E(\overline{X}) = \theta$，$D(\overline{X}) = \dfrac{\theta^2}{3n}$，$E(S^2) = \left(1 - \dfrac{1}{n}\right)\dfrac{\theta^2}{3}$．

6.2C-4　0.0405．

6.2C-5　$U = a\overline{X} + b\overline{Y} \sim N\left(a\mu_1 + b\mu_2,\ \dfrac{na^2\sigma_1^2 + mb^2\sigma_2^2}{mn}\right)$．

6.2C-6　0.5．

6.2C-7　0.75．

6.2C-8　略．

6.2C-9* $F_n(x)$ 的分布律为

$\qquad P\{F_n(x) = k/n\} = C_n^k F^k(x) [1 - F(x)]^{n-k}, k = 0,1,\cdots, n$；

$\qquad E[F_n(x)] = F(x)$；

$\qquad D[F_n(x)] = \dfrac{F(x)[1 - F(x)]}{n}$．

【第 6 章自测题】

一、填空题

1. $(1,1)$；F．　2. $F(f_2, f_1)$．　3. $F(1, \nu)$．　4. $\chi^2(1)$．　5. $\chi^2(1)$．

6. $t(4)$．　7. $F(10,5)$；　8. $\chi^2(m+n-2)$；　9. $n \geqslant 2 \times 1.96^2 = 7.6832$．

10. $F_7(x) = \begin{cases} 0, & x < 1, \\ 3/7, & 1 \leqslant x < 2, \\ 5/7, & 2 \leqslant x < 3, \\ 6/7, & 3 \leqslant x < 5, \\ 1, & x \geqslant 5. \end{cases}$

二、选择题

1. (D)；2. (D)；3. (C)；4. (C).

三、解答题

1. (1) $n \geqslant 400 \times 1.96^2 = 1536.64$；　(2) $n \geqslant 40$；　(3) $n \geqslant 80000/\pi$.

2. 0.1314；$1 - \Phi^5(1)$；$1 - \Phi^5(1.5)$.

3. (1) $X_1, X_2, \cdots, X_{10}$ 的联合分布律为

$$p(x_1, x_2, \cdots, x_{10}) = e^{-20} \frac{2^{x_1 + x_2 + \cdots + x_{10}}}{x_1! x_2! \cdots x_{10}!}, x_1, x_2, \cdots, x_{10} = 0, 1, \cdots$$

(2) $\overline{X}$ 的分布律为

$$P(\overline{X} = k) = P(\sum_{i=1}^{10} X_i = nk) = e^{-20} \frac{20^{nk}}{(nk)!},$$

$$k = 0, \frac{1}{n}, \frac{2}{n}, \cdots, \frac{n}{n}, \frac{n+1}{n}, \frac{n+2}{n}, \cdots$$

4. 略.

5. $\sigma = \sqrt{\dfrac{36}{\ln 3}}$.

6. (1) $a = 1/20$，$b = 1/125$ 时，X 服从自由度为 2 的 χ^2 分布；

(2) $EX = 2$，$DX = 4$.

7. 略.

8. $1 - \alpha$.

9. (1) $C = \dfrac{t_{0.05}(15)}{4\sqrt{15}}$；(2) 0.05.

10*. $t(m+n-2)$.

【7.1A 本节内容作业】

7.1A-1　θ 的矩估计量为 $\hat{\theta} = 2\overline{X}$.

7.1A-2　θ 的矩估计量为 $\hat{\theta} = \dfrac{3}{2}\overline{X}$.

7.1A-3　θ 的矩估计量为 $\hat{\theta} = 1 - \dfrac{c}{\overline{X}}$.

7.1A-4　m, p 的矩估计量分别是 $\hat{m} = \dfrac{(\overline{X})^2}{\overline{X} - S^2}$，$\hat{p} = 1 - \dfrac{S^2}{\overline{X}}$.

7.1A-5　p 的最大似然估计量为 $\hat{p} = \dfrac{1}{\overline{X}}$.

7.1A-6　λ 的极大似然估计量为 $\hat{\lambda} = \dfrac{n}{\sum\limits_{i=1}^{n} X_i^a}$.

7.1A-7　σ 的最大似然估计量为 $\hat{\sigma} = \dfrac{1}{n} \sum\limits_{i=1}^{n} |X_i|$.

7.1A-8　θ 的极大似然估计量是 $\hat{\theta} = \max\{x_1, \cdots, x_n\}$.

7.1A-9　θ 的最大似然估计量为 $\hat{\theta} = \sqrt{\dfrac{1}{n} \sum\limits_{i=1}^{n} X_i^2}$.

7.1A-10 $P(X > 1)$ 的最大似然估计为 $1 - \Phi\left(\dfrac{1 - \overline{X}}{S}\right)$.

7.1A-11 λ 的矩估计量和最大似然估计量为 $\overline{X}$,估计值为 1.

7.1A-12 θ 的矩估计量为 $\hat\theta = \dfrac{1 - 2\overline{X}}{\overline{X} - 1}$,θ的最大似然估计量为 $\hat\theta = -1 - \dfrac{1}{\overline{X}}$.

7.1A-13 λ 的矩估计值与最大似然估计值都是 $\hat\lambda = \dfrac{1}{\overline{X}} = \dfrac{1}{4}$.

7.1A-14 θ 的矩估计值为 $\hat\theta = \dfrac{1}{4}$,θ 的最大似然估计值为 $\hat\theta = \dfrac{7 - \sqrt{13}}{12}$.

7.1A-15* μ_1, μ_2, σ^2 的极大似然估计分别为

$$\hat\mu_1 = \overline{X}, \quad \hat\mu_2 = \overline{Y}, \quad \hat\sigma^2 = \frac{1}{m + n}\left[\sum_{i=1}^{n}(X_i - \overline{X})^2 + \sum_{i=1}^{m}(Y_i - \overline{Y})^2\right].$$

【7.2A 本节内容作业】

7.2A-1 $\hat\theta = 2\overline{X}$ 是 θ 的无偏估计.

7.2A-2 略.

7.2A-3 略.

7.2A-4 略.

7.2A-5* 略.

7.2A-6 $c = \dfrac{1}{2n}$ 时,$\hat\sigma$ 为 σ 的无偏估计.

7.2A-7* $c = \dfrac{1}{2(n-1)}$ 时,$\hat\sigma^2 = c\sum_{i=1}^{n-1}(X_{i+1} - X_i)^2$ 为 σ^2 的无偏估计.

7.2A-8 所以 $\hat\mu_2$ 最有效.

【7.2B 跨节内容作业】

7.2B-1 p 的矩估计量和的最大似然估计量都是 $\overline{X}$,它是 p 的无偏估计、相合估计.

7.2B-2 略.

7.2B-3 $k_1 = 1/3, k_2 = 2/3$ 时 $k_1\hat\theta_1 + k_2\hat\theta_2$ 是 θ 的无偏估计量,且方差最小.

【7.2C 跨章内容作业】

7.2C-1 略.

7.2C-2 (1) $DY_i = \dfrac{n-1}{n}\sigma^2, i = 1, 2, \cdots, n$;

(2) $\mathrm{cov}(Y_1, Y_n) = -\sigma^2/n$;(3) $c = \dfrac{n}{2(n-2)}$.

7.2C-3 略.

7.2C-4* (1) $\hat\theta_1 = 2\overline{X}$;(2) 略;(3) $n \geqslant 2$ 时 $\hat\theta_2$ 比 $\hat\theta_1$ 有效;(4)略.

7.2C-5[*] 略.

7.2C-6[*] 略.

7.2C-7[*] (1) μ 的最大似然估计 $\hat{\mu}_1 = \min\limits_{0 < i \leqslant n}\{X_i\}$，不是 μ 的无偏估计；

　　　　 (2) μ 的矩估计量 $\hat{\mu}_2 = \overline{X} - 1$.

7.2C-8[*] 略.

【7.3A 本节内容作业】

7.3A-1 $(14.82, 15.08)$；$(14.74, 15.16)$.

7.3A-2 化纤强力均值的置信水平为 0.95 的置信区间为 $(6.117, 6.583)$.

7.3A-3 $n \geqslant 245.86$.

7.3A-4 $n \geqslant \dfrac{4z_{a/2}^2 \sigma^2}{L^2}$.

7.3A-5 置信度 0.95 下这批显像管平均寿命的置信区间为 $(9992.16, 10007.84)$.

7.3A-6 均值的置信区间为 $(9.9281, 10.2553)$.

7.3A-7 μ 的置信度为 0.95 的置信区间为 $(157.616, 182.364)$.

7.3A-8 $(10.0166, 15.9834)$.

7.3A-9 (1) $(2.121, 2.129)$；(2) $(2.1175, 2.1325)$.

7.3A-10 σ^2 的置信度为 0.95 的区间估计为 $(143.911, 445.884)$.

7.3A-11 μ 的 0.95 双侧置信区间为 $(4.786, 6.214)$；

　　　　 σ^2 的 0.95 双侧置信区间为 $(1.825, 5.793)$.

7.3A-12 μ 的 0.95 双侧置信区间为 $(54.74, 75.54)$；

　　　　 σ^2 的 0.9 双侧置信区间为 $(60.3, 464.14)$.

7.3A-13 σ^2 的 0.95 双侧置信区间为 $(55.22, 444.034)$；

　　　　 σ 的 0.95 双侧置信区间为 $(\sqrt{55.22}, \sqrt{444.03}) = (7.43, 21.07)$.

7.3A-14 μ 的 0.9 双侧置信区间为 $(0.606, 3.394)$；

　　　　 σ^2 的 0.9 双侧置信区间为 $(3.074, 15.620)$；

　　　　 σ 的 0.9 双侧置信区间为 $(\sqrt{3.074}, \sqrt{15.620}) = (1.753, 3.952)$.

7.3A-15 $\mu_1 - \mu_2$ 的 0.99 双侧置信区间 $(1.681, 7.681)$.

7.3A-16 均值差的 95% 置信区间为 $(1.476, 5.476)$.

7.3A-17 $\mu_1 - \mu_2$ 的 0.95 双侧置信区间为 $(0.066, 3.094)$.

7.3A-18 方差比 σ_A^2/σ_B^2 的置信水平为 90% 的置信区间为 $(0.281, 2.841)$.

7.3A-19 (1) $\mu_1 - \mu_2$ 置信水平为 95% 的置信区间 $(-0.401, 2.601)$；

　　　　 (2) σ_1^2/σ_2^2 的置信水平为 95% 的置信区间 $(0.174, 1.700)$.

7.3A-20 (1) 电容量的方差比的置信度为 95% 的置信区间 $(0.328, 6.637)$；

　　　　 (2) 电容量的均值差的置信度为 95% 的置信区间 $(-1.769, 2.969)$.

7.3A-21[*] $\mu_1 - \mu_2$ 的 95% 的置信区间为 $(-4.446, -1.854)$.

7.3A-22[*] 该地区大学教师学历合格率的 95% 置信区间为 $(61.02\%, 66.98\%)$.

7.3A-23[*] $(0.745, 0.855)$.

【7.3C 跨章内容作业】

7.3C-1 (1) $EX = e^{\mu + \frac{1}{2}}$; (2)$(-0.98, 0.98)$;(3) $(e^{-0.48}, e^{1.48})$.

7.3C-2* $E(L^2) = (n^2 - 1)\sigma^4 \left(\dfrac{1}{\chi_{\alpha/2}^2(n-1)} - \dfrac{1}{\chi_{1-\alpha/2}^2(n-1)} \right)^2$.

7.3C-3* $(0, M/\sqrt[n]{\alpha})$ 是 θ 的置信度 $1-\alpha$ 的置信区间.

【7.4A 本节内容作业】

7.4A-1 μ 的 0.95 单侧置信下限为 4.285;

μ 的 0.95 单侧置信上限为 4.443.

7.4A-2 180.266 元.

【第7章自测题】

一、填空题

1. $\hat\theta = (2 - \overline{X})/8$; 2. $\hat\theta = \overline{X}/(1 - \overline{X})$;3. $e^{-\overline{X}}(1 + \overline{X})$; 4. $\hat\theta = \overline{X} - 1$;

5. $\hat\mu_3$; 6. $c = 1/n$; 7. $\min\limits_{1 \leqslant i \leqslant n} X_i$; 8. $L = 0.784, n \geqslant 61.4656$.

二、选择题

1. (B); 2. (C); 3. (B); 4. (C); 5. (A); 6. (D).

三、解答题

1. θ 的矩估计为 $\hat\theta = \dfrac{4}{3}\overline{X}$.

2. (1) $\hat\theta = \left(\dfrac{\overline{X}}{1 - \overline{X}} \right)^2$; (2) $\hat\theta = \dfrac{n^2}{\left(\sum\limits_{i=1}^{n} \ln X_i \right)^2}$.

3. 略.

4. (1) $EX = e^{\mu + \frac{\sigma^2}{2}}$;

(2) $e^{\hat\mu + \frac{\hat\sigma^2}{2}}$, 其中 $\hat\mu = \dfrac{1}{n} \sum\limits_{i=1}^{n} \ln X_i, \hat\sigma^2 = \dfrac{1}{n} \sum\limits_{i=1}^{n} (\ln X_i - \hat\mu)^2$;

(3) μ 的置信度为 0.95 的置信区间

$$\left[\hat\mu - t_{0.025}(n-1) \frac{\sqrt{\hat\sigma^2}}{\sqrt{n-1}}, \hat\mu + t_{0.025}(n-1) \frac{\sqrt{\hat\sigma^2}}{\sqrt{n-1}} \right].$$

5. (1) $\hat\theta = \dfrac{2\nu_1 + \nu_2}{2n}$; (2) $\hat\theta = \dfrac{3 - \overline{X}}{2}$;

(3) θ 的最大似然估计值和矩估计值都是 $\dfrac{2}{3}$, θ 的矩估计值为 $\hat\theta = \dfrac{3 - 5/3}{2} = \dfrac{2}{3}$.

6. $\hat{R} = \dfrac{k}{n-k}$.

7. N 的最大似然估计量为 $\hat{N} = \max\{X_1, X_2, \cdots, X_n\}$.

8. $\hat{\theta}_2$ 更有效.

9. $P(X > 2)$ 的极大似然估计为 $1 - \Phi\left(\dfrac{2 - \overline{X}}{S}\right)$.

10. (1) $\hat{\mu}_L = \min(x_1, \cdots, x_n)$；(2) $\hat{\lambda}_M = \dfrac{1}{\overline{X} - \mu}$；(3) $\hat{\mu}_L$ 不是 μ 的无偏估计.

11. $a = \dfrac{n_1}{n_1 + n_2}$.

12. $(8.41, 8.67)$.

13. $(0.04, 1.85)$.

14. $(0.444, 8.244)$.

15. (1) $(1185.612, 1214.388)$；(2) 0.95.

16. $(-0.40, 2.60)$.

17*. $(4.27, 17.33)$；由于此区间位于正半轴并且不含 0，说明此药的疗效显著.

18*. $N = \left[\dfrac{m}{k}\right]$（最大整数部分）.

【8.1A 本节内容作业】

8.1A-1 (C).

8.1A-2 (C).

8.1A-3 (C).

8.1A-4 (D).

8.1A-5 略.

8.1A-6 略.

8.1A-7 (1)犯弃真的错误,即第一类错误；(2)犯取伪的错误,即第二类错误.

8.1A-8 拒绝域 $R = \left\{\dfrac{\overline{X} - \mu_0}{\sigma}\sqrt{n} > z_\alpha\right\}$；在水平 $\alpha = 0.01$ 下不能拒绝 H_0.

【8.1C 跨章内容作业】

8.1C-1 $\theta = 1$ 时的第一类错误概率 $\alpha = \dfrac{1}{3}$；

$\theta = 3$ 时的第二类错误概率 $\beta = \dfrac{1}{5}$.

8.1C-2 $\alpha = \dfrac{1}{3}$；$\beta = \dfrac{4}{9}$.

8.1C-3 $c = 1.176$.

8.1C-4 $\alpha = P(\overline{X} \geqslant 0.5 \mid H_0) = 0.0328$；

$\beta = P(\overline{X} < 0.5 \mid H_1) = 0.6331$.

8.1C-5* (1) $\beta = \Phi\left(z_\alpha - \dfrac{\mu - \mu_0}{\sigma_0}\sqrt{n}\right)$.

当 α 增加时, z_α 减小,从而 β 减小；反之当 α 减少时,则 β 增加.

(2)不犯第二类错误的概率为 0.7257.

8.1C-6[*] (1)犯第一类错误的概率 $\alpha = 0.0037$,

犯第二类错误的概率 $\beta = 0.0367$.

(2) $n \geqslant 33.93$; (3)略.

【8.2A 本节内容作业】

8.2A-1 接受 H_0 ,认为平均袋重合格.

8.2A-2 $R = \{\,|\,\overline{X}\,| > 2z_{\frac{\alpha}{2}}\}$.

8.2A-3 $\dfrac{\overline{X}-0}{S}\sqrt{n} = \dfrac{\overline{X}\,\sqrt{n(n-1)}}{U} \sim t(n-1)$.

8.2A-4 可以认为 $\mu = 1.40$.

8.2A-5 可以认为改进工艺后强力有显著提高.

8.2A-6 认为这条河流每日的 DO 平均浓度大于等于 2.7.

8.2A-7 认为该厂生产的电子元件不符合出厂标准.

8.2A-8 可以认为平均成绩为 70 分.

8.2A-9 可以认为该校这次考试的平均成绩与全市平均成绩差异显著.

8.2A-10 可以认为这种方法训练学生的口算能力显著高于全年级平均水平.

8.2A-11 可以认为两种方法有显著差异.

8.2A-12 可以认为甲、乙两种安眠药的疗效有显著差别.

8.2A-13 可以认为 $\mu_x - \mu_y > 2$.

8.2A-14 可以认为东、西两支矿脉含锌量的均值一样.

8.2A-15 可以认为在这项教学实验中男女生英语成绩无显著性差异.

8.2A-16[*] 可以认为两种种子种植的谷物的产量没有显著差异.

8.2A-17[*] 可以认为高年级思德教育的效果显著地优于中年级. 提示:大样本.

8.2A-18[*] 可以即认为两校学生患近视的比率存在显著性差异.

【8.2C 跨章内容作业】

8.2C-1[*] 可以认为一年后儿童的智商没有显著地提高.

8.2C-2[*] 认为这 50 名学生阅读能力的提高不显著.

【8.3A 本节内容作业】

8.3A-1 认为这天加工的零件方差与以往有显著差异.

8.3A-2 认为这批电池的寿命波动性没有显著变化.

8.3A-3 认为这批导线电阻的标准差显著大于 0.005.

8.3A-4 接受原假设.

8.3A-5 认为男女生成绩的差异不显著.

8.3A-6 认为两台机床的加工精度无显著差异.

8.3A-7 认为两种温度下产品断裂力的方差无显著差异.

【8.3B 跨节内容作业】

8.3B-1 (1) 拒绝 H_0；(2) 不能拒绝 H_0.

8.3B-2 认为每袋平均重 500(g)，标准差大于 10. 这天包装机工作不正常.

8.3B-3 认为方差具有齐性；两品种的产量没有显著差异.

8.3B-4 认为方差具有齐性；两种教学方法的效果有显著差异.

8.3B-5 认为方差具有齐性；这两种温度下的断裂强力有明显差异.

8.3B-6 认为方差具有齐性；认为新方法的得率比旧方法的得率高.

【8.3C 跨章内容作业】

8.3C-1 可以认为两车间加工精度无显著差异；

$\mu_1 - \mu_2$ 的置信度为 90% 的置信区间为 $(-3.521, 2.351)$.

8.3C-2 (1)产品尺寸方差的极大似然估计值为 0.1896；

(2)认为该车床生产的产品没有达到所要求的精度.

【8.4A 本节内容作业】

8.4A-1 略.

8.4A-2 略.

8.4A-3 认为健康状况好、中、差的人数无显著差异.

8.4A-4 认为各种态度差异显著.

8.4A-5 认为学生对思想品德课的 3 种意见差异显著.

8.4A-6 认为儿童读物中词类的比例与 4：3：3：1 有显著差异.

8.4A-7 拒绝 H_0，即等概率的假设不成立.

8.4A-8 认为新旧教法有显著差异.

8.4A-9 认为 6 次试验本质上的差别不显著.

8.4A-10 认为服从二项分布.

8.4A-11 不能否定正态分布的假设.

8.4A-12 认为遗传学理论是可信的.

8.4A-13 认为每分钟呼唤次数服从泊松分布.

8.4A-14 认为训练无显著效果.

8.4A-15 认为体育达标通过与否与性别无关.

8.4A-16 认为 2 天训练无显著效果.

8.4A-17 认为锭子的断头数不服从泊松分布.

8.4A-18* 认为宣传有效.

【第 8 章自测题】

一、填空题

1. 原假设；$H_1: \theta > 1$.　　2. $\alpha = \dfrac{1}{4}, \beta = \dfrac{9}{16}$.

3. $\alpha = \sum\limits_{k=8}^{\infty} e^{-5} \dfrac{5^k}{k!}$; $\beta = \sum\limits_{k=0}^{7} e^{-10} \dfrac{10^k}{k!}$. 4. $W = \{3 \mid \overline{X} \mid > z_{0.025}\}$. 5. $\sigma_X^2 = \sigma_Y^2$.

6. $\left| \dfrac{\overline{x} - \mu_0}{s} \sqrt{n} \right| > t_{a/2}(n-1)$.

二、解答题

1. (1) $P\{U > 1.96 \mid H_0\} = 1 - \Phi(1.96) = 0.025$;

   (2) $P(\sqrt{n}(\overline{X} - \mu_0) > 1.96 \mid H_0^*) = 0.025$.

2. (1) $\alpha \approx 0.0264$, $\beta \approx \Phi(-2.22) = 0.0132$.

3. 认为新产品的抗拉强度比老产品有明显提高.

4. 临界值为 $\overline{X} > 0.825\sigma + 0.001$.

5. 认为这一批袋装食品每袋平均净重和标准差符合标准.

6. 可以认为此肥料提高产量的效力显著.

7. $s > \sqrt{\dfrac{9.448 \times 0.5^2}{5}} = 0.689$ 时认为机床精度降低.

8. (1)接受原假设;(2)接受原假设.

9. 认为此次考试的成绩标准差不符合要求.

10. (1)接受原假设;(2)接受原假设.

11. 认为这批产品合格.

12. 认为两台机床有同样的精度.

13*. 检验的拒绝域为 $W = \{z \leqslant -z_a\}$,其中 $z = \dfrac{\overline{x} - 2\overline{y}}{\sqrt{\dfrac{\sigma_1^2}{n_1} + \dfrac{4\sigma_2^2}{n_2}}}$.

【9.1A 本节内容作业】

9.1A-1 略.

9.1A-2 略.

9.1A-3 (C).

9.1A-4 (A).

9.1A-5 (D).

9.1A-6 (B).

9.1A-7 (D).

9.1A-8 (A).

9.1A-9 (C).

9.1A-10 (B).

9.1A-11 (B).

9.1A-12 (C).

9.1A-13 (C).

9.1A-14 (B).

9.1A-15 (A).

9.1A-16 5/9.

9.1A-17 0.74.

9.1A-18 $r = -0.98$,产量和单位成本高度负相关.

9.1A-19 $r = 0.81$，说明机床使用年限与维修费用存在高度正相关.

9.1A-20 $r = 0.8227$，可以认为身高与前臂长之间存在正相关关系.

【9.2A 本节内容作业】

9.2A-1 不可以.

9.2A-2 $\hat{Y} = 3 + 0.5x$.

9.2A-3 $\hat{Y} = 67.5078 + 0.8706x$.

9.2A-4 $\hat{\beta}_0 = -11.3, \hat{\beta}_1 = 36.95$；拒绝域：$(34.1, +\infty)$.

9.2A-5 (1) $\hat{y} = 0.72 + 0.44x$；(2) 销售额为 18.32 万元.

9.2A-6 (1) $\hat{y} = -14.1359 + 1.67932x$；

(2) 线性相关关系非常显著；

(3) 86.6233（亿元）；

(4) 居民收入应控制在 $57.4415 \leqslant x \leqslant 69.3511$ 范围内（单位：亿元）.

9.2A-7 (1) $\hat{y} = 3.18469 + 0.108422x$；

(2) $(24.7984, 29.2764)$；

(3) 销售收入应该在 $223.801 \leqslant x \leqslant 316.033$ 万元范围内.

9.2A-8 (1) $\hat{Y} = 1.19415 + 3.49819x$；

(2) 线性关系显著；

(3) $(3.52538, 16.3539)$；

(4) $-0.190697 \leqslant x \leqslant 2.0962$.

9.2A-9 $\hat{Y} = 240 + 8.6020e^{0.5062}(x - 1980)$.

9.2A-10* $Q(\hat{\beta}_0, \hat{\beta}_1) = S_{YY}(1 - r^2)$. r 越大，$Q(\hat{\beta}_0, \hat{\beta}_1)$ 越小，X 与 Y 的线性关系越密切.

9.2A-11* (1) $y = \beta_0 + \beta_1 x + \beta_2 x^2 + \varepsilon, \varepsilon \sim N(0, \sigma^2)$；

(2) $\hat{\beta}_1 \approx 12.620, \hat{\beta}_2 \approx -1.564$.

(3) 在 $\alpha = 0.05$ 水平上方程是显著，方程中两项均为显著.

【9.2B 跨节内容作业】

9.2B-1 (1) $r = -0.8538$；

(2) $\hat{y} = 89.74 - 3.1209x$；

(3) $\hat{y}_{15} = 89.74 - 3.1209 \times 15 = 42.93$（吨）.

9.2B-2 (1) $r = 0.9934$；

(2) $\hat{y} = -7.273 + 0.0742x$；

(3) $\hat{y}_{1200} = -7.273 + 0.0742 \times 1200 = 81.77$（万元）.

9.2B-3 (1) 略；

(2) x 预测 y 的回归方程 $\hat{y} = 6.43828 - 1.57531x$；

(3) 相关系数 $r = -0.986864$，高度负线性相关.

9.2B-4　(1) $r = 0.702652$；

　　　　(2) $\hat{y} = 35.8248 + 0.476378x$；

　　　　(3) 在 $\alpha = 0.05$ 的水平上显著.

9.2B-5　(1) $r = 0.947757$，属于高度正相关.

　　　　(2) $\hat{y} = 395.59 + 0.8958x$.

　　　　(3) 1380.97(万元).

9.2B-6　(1) $r = 0.987$，属于高度的正相关关系；

　　　　(2) 回归方程 $\hat{y} = -0.386 + 2.293x$；

　　　　(3) 当每人月平均销售额为 2(千元) 时，估计利润率为 4.2%.

9.2B-7　$\hat{p} = -10562 + 4165.85l$；$\sigma$ 的估计为 655.

9.2B-8　(1) $\hat{y} = 0.0224852 + 1.5355x$；

　　　　(2) $r = 0.892529$，线性相关关系非常显著；

　　　　(3) $(2.36089, 14.5746)$；

　　　　(4) $4.08134 \leqslant x \leqslant 13.1989$.

【第 9 章自测题】

一、填空题

1. 0.85；　2. 最小二乘法；　3. 因变量；4. $[-1, 1]$；　5. $r = \mp 1$.

二、选择题

1. (B)；2. (A)；3. (A)；4. (C)；5. (D)；6. (D)；7. (B)、(C).

三、计算题

1. (1) 略；

　　(2) $r = 0.386638$，低度线性相关.

2. $\hat{y} = -0.0194566 + 0.00156561x$.

3. (1) 相关系数 $r = -0.909091$；

　　(2) $\hat{y} = 77.3636 - 1.81818x$；

　　(3) 当产量每增加 1000 台，单位成本将减少 1.81818 元；

　　(4) 当单位成本为 70 元时，产量将是 4050 台.

4. (1) 相关系数 $r = 0.935663$；

　　(2) $\hat{y} = -2.41144 + 0.00248748x$.

5. (1) 相关系数 $r = 0.982265$；

　　(2) 若文化支出额达 2 亿元，居民的非商品支出将达到 5.42859 (亿元).

6. h 与 E 之间的线性相关关系极显著；$\hat{h} = 0.684 + 0.124E$.

7. $\hat{y} = 1.119 + \dfrac{8.977}{x}$；$y$ 与 $1/x$ 之间的线性相关关系极显著.

参考文献

[1] 董毅,周之虎. 基于应用型人才培养视角的高等数学课程改革优化研究[J]. 中国大学教学,2010(8):54-56.

[2] 董毅,概率统计学习指导与作业设计[M]. 合肥:安徽大学出版社,2009.

[3] 董毅,现代教育统计学[M]. 合肥:合肥工业大学出版社,2008.

[4] 董毅,工程化背景下概率统计教学设计的思路[J]. 滁州学院学报,2012,14(5):97-99.

[5] 董毅,统计中一些相关系数的关系及其在投资组合中的应用研究[J]. 蚌埠学院学报,2012,1(1):29-32.

[6] 董毅,程伟. 应用型人才培养中高等数学的教学质量与教学改革[J]. 大学数学,2011,27(4):15-18.

[7] 盛骤,谢式千,潘承毅. 概率论与数理统计(第三版)[M]. 北京:高等教育出版社,1988.

[8] 杜先能,孙国正. 概率论与数理统计[M]. 合肥:安徽大学出版社,2004.

[9] 严士键,王隽骧,徐承彝. 概率论与数理统计基础[M]. 上海:上海科学技术出版社,1982.

[10] 沈恒范. 概率论与数理统计教程(第三版)[M]. 北京:高等教育出版社,1995.

[11] 钟开来著;刘文,吴让泉译. 概率论教程[M]. 上海:上海科学技术出版社,1989.

[12] 董毅. 用概率模型解基础数学中问题的方法[J]. 高等数学研究,2005(3):49-50.

[13] 董毅. 集中量数的一些注记[J],统计教育,2006,12:31-32.

[14] 董毅. 师范院校概率统计教学改革初探[J]. 阜阳师范学院学报(自然科学版),1997,2:75-77.

[15] 郭大伟,祝东进,张金洪,等.《概率统计》教学中几个疑难问题之辨析[J].安徽师范大学学报(自然科学版).2004,27(3):273—274.

[16] 申广君,范锡良.《概率论》教学中若干疑难问题探究[J].铜陵学院学报,2007(5):108—109,125.

[17] 钟镇权.关于大数定律与中心极限定理的若干注记[J].玉林师范学院学报(自然科学).2001,22(3):8—10.

[18] 李晓莉.概率统计的多元化教学探讨[J].大学数学,2005,21(4):33—35.

[19] 徐向红.求无穷级数和以及多重积分极限的概率方法[J].工科数学,2002,18(1):105—108.

[20] 长春工业大学概率统计精品课程.

[21] 浙江大学概率统计精品课程.

[22] 山东师范大学概率统计精品课程.

[23] 青岛理工大学概率统计精品课程.

[24] 泰山学院概率统计精品课程.

[25] 董毅.概率论与数理统计(理工类)[M].合肥:安徽大学出版社,2014.

[26] 李声锋,董毅.大学数学实验:基于 Mathematica 软件平台[M].上海:上海交通大学出版社,2015.

[27] Mathematica 官网:http://www.wolfram.com/mathematica/.